交流电机
空间离散傅里叶变换理论和
绕组的全息谱分析

侯新贵 著

中国水利水电出版社

www.waterpub.com.cn

·北京·

内 容 提 要

本书是关于交流电机分析理论和交流电机绕组的专著。书中建立了交流电机绕组完整的空间域和频率域数学模型，重点论述作者提出的交流电机空间离散傅里叶变换理论（Theory of Space Discrete Fourier Transform，TSDFT）和交流绕组的全息谱分析（The Holospectrum Analysis of Windings，HAW），并给出了 TSDFT 和 HAW 理论的应用实例。全书共分 7 章：第 1 章为交流电机绕组引论；第 2 章为交流电机绕组的基本理论；第 3 章为交流电机空间离散傅里叶变换理论和绕组的全息谱分析；第 4 章为三相交流整数槽绕组的全息谱分析；第 5 章为三相交流分数槽绕组的全息谱分析；第 6 章为单相交流电机绕组的全息谱分析；第 7 章为交流电机绕组全息谱分析理论的应用。

本书可供从事交流电机理论研究、理论教学、电机设计和制造，尤其是电机绕组设计和研究的工程技术人员和教师参阅；也可作为高等院校电机及其控制专业研究生的教材及电气工程专业高年级本科生和研究生的参考书。

图书在版编目（CIP）数据

交流电机空间离散傅里叶变换理论和绕组的全息谱分析 / 侯新贵著. -- 北京：中国水利水电出版社，2017.12
ISBN 978-7-5170-6166-3

Ⅰ. ①交… Ⅱ. ①侯… Ⅲ. ①交流电机－快速傅里叶变换②交流电机－绕组 Ⅳ. ①TM340.31

中国版本图书馆CIP数据核字(2017)第326736号

书　　名	**交流电机空间离散傅里叶变换理论和绕组的全息谱分析** JIAOLIU DIANJI KONGJIAN LISAN FULIYE BIANHUAN LILUN HE RAOZU DE QUANXIPU FENXI	
作　　者	侯新贵 著	
出版发行	中国水利水电出版社 （北京市海淀区玉渊潭南路 1 号 D 座　100038） 网址：www.waterpub.com.cn E-mail：sales@waterpub.com.cn 电话：（010）68367658（营销中心）	
经　　售	北京科水图书销售中心（零售） 电话：（010）88383994、63202643、68545874 全国各地新华书店和相关出版物销售网点	
排　　版	中国水利水电出版社微机排版中心	
印　　刷	天津嘉恒印务有限公司	
规　　格	184mm×260mm　16 开本　17.25 印张　409 千字	
版　　次	2017 年 12 月第 1 版　2017 年 12 月第 1 次印刷	
定　　价	**69.00**元	

前　　言

　　交流电机是电能生产及应用的基本设备。交流电机绕组是交流电机的主要部件。交流电机性能分析的基础是交流绕组的分析。交流电机绕组及绕组的磁动势和电动势是交流电机分析的三大基本问题。

　　交流电机分析的基本方法有对称分量法、相坐标法、坐标变换法、场路耦合法、多回路分析法、绕组函数法等。采用这些方法，可分析交流电机的稳态性能和暂态性能。其中，电机参数是电机数学模型建立的基础。而计算绕组的自感、互感等参数则常常是问题处理的关键。

　　交流电机绕组的基本分析方法有合成磁动势波形图法、槽矢量图法、槽号相位表法、复数分析法等。这些方法主要用于分析常规绕组及绕组基本问题。绕组分析的目标是：一为绕组的设计，即在已知电机槽数、极数、相数、技术要求的情况下设计合理的绕组；二为绕组及性能分析，即在已知绕组形式的基础上分析绕组及电机的参数，包括绕组因数计算、绕组谐波分析、绕组的自感系数、互感系数、谐波漏抗系数和节距漏抗系数的计算等。

　　随着科技的发展，出现了许多新型绕组和与绕组分析相关的新需求，如低谐波绕组设计分析、真分数槽集中绕组设计分析、多相电机（High-phase-order Machines）分析、故障时电机电感系数计算等，这些问题采用传统绕组理论不能很好地解决。本书旨在传统的交流电机绕组理论基础上，按照数学原理和现代数字信号处理技术，采用作者提出的交流电机空间离散傅里叶变换理论（Theory of Space Discrete Fourier Transform，TSDFT）和交流电机绕组的全息谱分析（The Holospectrum Analysis of Windings，HAW），研究交流电机及交流绕组。对具有多相对称绕组的交流电机，应用 TSDFT，即在空间域对各相的电压、电流、磁链等物理量进行离散傅里叶变换，将电机性能分析由空间域变换到频率域，建立交流电机分析的频率域数学模型。TSD-FT 应用于三相正弦交流系统即为对称分量法。TSDFT 在交流电机坐标变换理论之上，发展了坐标变换并为坐标变换理论提供了坚实的数学基础。HAW方法是将交流绕组离散序列在空间域进行分解与合成，通过空间傅里叶变换

（SDFT），得到交流绕组在频率域的全息谱。交流电机绕组的全息谱为交流绕组在频率域的完备表示。书中提出并定义了连续绕组、散布绕组和量化散布绕组等绕组概念；提出并定义了复绕组因数的概念，修正、完善了传统绕组理论分析中绕组因数的计算方法，特别是分数槽绕组的各次谐波绕组因数计算方法，为绕组的磁动势和感应电动势分析奠定了基础；采用数论和 HAW 理论进行交流电机绕组的谐波分析，导出了忽略槽口影响和计入槽口影响时绕组全息谱分析下的磁动势波形解析计算公式，给出了谐波感应电动势的全息谱计算方法。

本书系统地给出了绕组的空间域表示方法和频率域表示方法，建立了完整的交流电机绕组数学模型。HAW 方法将绕组分析的基本单元由传统方法中的单根导体或单个线圈替代为现代方法中的正弦规律散布绕组（非量化散布绕组），同时将绕组由空间域分析变换到频率域分析，从另一个视点研究和分析交流电机绕组问题。

书中应用 HAW 方法，分析了三相交流电机常规的 $60°$ 相带、大小相带、$120°$ 相带整数槽和分数槽绕组及单相交流电机常规的正弦绕组。就目前已在永磁无刷直流电动机和永磁同步电动机中广泛使用的分数槽集中绕组进行了专门研究，按数论理论系统地分析了此类绕组的槽极组合关系及槽数和极对数选择问题，给出了此类绕组的全息谱计算方法，导出了谐波绕组因数的解析公式。书中还将 HAW 方法应用在交流绕组的优化设计中。可以看到，采用 HAW 方法设计非正规的三相合成正弦绕组和低谐波绕组时，可以根据目标要求准确得出绕组的分布。

正像傅里叶分析之于数学和工程应用一样，建立在严密数学基础上的交流电机空间离散傅里叶变换理论和交流绕组的全息谱分析理论，可广泛应用于交流电机性能分析和交流绕组分析。第 3 章，给出了交流电机空间离散傅里叶变换理论在多相交流电机分析中的应用；第 4~6 章，分析了常用绕组的全息谱；第 7 章，仅就交流绕组的全息谱分析理论在交流电机三相合成正弦绕组和低谐波绕组的设计、绕组谐波漏抗的计算、绕组自感系数和互感系数的计算等方面的应用进行了详细论述。关于交流电机空间离散傅里叶变换理论和交流绕组的全息谱分析理论在交流电机其他方面的应用，本书暂未提及，如单绕组变极绕组设计、电机故障分析、故障诊断、多相（五相、双三相、九相、十二相等）电机绕组分析和数学建模及多相电机矢量控制等方面的应用。

在本书的写作过程中，作者参阅了大量已有的书籍和论文，其中主要的书籍和论文已经列入了本书的参考文献，以供读者查阅，同时也对这些书籍、论文的作者表示感谢。如有遗漏，请与作者或出版社联系，以便及时更正。另外，非常感谢中国水利水电出版社的编辑及同事们为本书付出的辛勤工作，也感谢家人，特别是爸爸、姐姐、姐夫、弟弟、爱妻钟岚和女儿对本书的支持和帮助！

限于作者水平，书中难免存在不妥和错误，恳切希望读者批评指正。电子邮箱：flower12875@163.com。

本书是专门论述交流电机分析理论和交流电机绕组的著作，是作者多年研究总结而成。三十余年前，我在西安交通大学师从有着深厚电机造诣的汪国梁教授，学习、研究交流电机及绕组理论。承蒙先生教诲，受益终生。付梓前，希先生指教已不可得。谨以此书作为对先生的纪念！

谨以此书纪念我敬爱的母亲甘志玉女士！

侯新贵

2017 年 8 月 30 日于南京

目　　录

前言

第1章　交流电机绕组引论 ·· 1

1.1　交流电机绕组的构成要求 ·· 1

1.2　交流电机绕组的分类 ··· 1

1.3　交流电机绕组的基本术语 ·· 3

1.4　交流电机散布绕组的数学模型 ·· 4

1.5　交流电机绕组理论的研究内容 ··· 14

1.6　交流电机绕组的分析方法 ··· 14

第2章　交流电机绕组的基本理论 ·· 24

2.1　单根载流导体的磁动势 ··· 24

2.2　单个载流线圈的磁动势 ··· 28

2.3　槽磁动势星形图及槽电动势星形图 ····································· 31

2.4　一相绕组产生的磁动势 ··· 40

2.5　节距因数、分布因数及绕组因数的特征 ·································· 42

2.6　多相对称绕组的合成磁动势 ··· 51

2.7　绕组中的感应电动势 ··· 56

第3章　交流电机空间离散傅里叶变换理论和绕组的全息谱分析 ·············· 58

3.1　连续傅里叶变换 ··· 58

3.2　离散傅里叶变换 ··· 68

3.3　交流电机绕组的空间域离散序列 ······································· 74

3.4　交流电机空间离散傅里叶变换理论和交流绕组的全息谱分析 ················ 79

3.5　交流电机标准正弦散布绕组的全息谱分析 ································· 87

3.6　交流绕组全息谱的性质 ··· 94

3.7　交流绕组谐波分析的全息谱方法 ······································· 96

3.8　交流绕组磁动势的全息谱分析方法 ····································· 96

3.9　交流绕组感应电动势的全息谱分析方法 ································· 101

3.10　多相交流电机的空间离散傅里叶变换理论 ······························ 102

第4章　三相交流整数槽绕组的全息谱分析 ······························· 123

4.1　三相 60°相带整数槽绕组 ··· 123

4.2　三相大小相带整数槽绕组 ·················· 130

4.3　三相 120°相带整数槽绕组 ················· 131

4.4　三相交流整数槽绕组的全息谱和磁动势 ·········· 132

4.5　三相交流绕组相序全息谱和合成磁动势 ·········· 144

第 5 章　三相交流分数槽绕组的全息谱分析 ············· 149

5.1　分数槽绕组的构成原理 ·················· 149

5.2　三相 60°相带分数槽绕组 ················· 152

5.3　三相大小相带分数槽绕组 ················· 160

5.4　三相 120°相带分数槽绕组 ················ 162

5.5　$q<1$ 的三相分数槽集中绕组 ·············· 162

5.6　三相交流分数槽绕组的全息谱 ··············· 174

5.7　三相正规交流绕组分相及全息谱分析的通用计算机程序 ······ 190

第 6 章　单相交流电机绕组的全息谱分析 ·············· 194

6.1　单相等匝数绕组 ····················· 194

6.2　单相标准正弦绕组 ···················· 200

6.3　单相正弦绕组空间域分析 ················· 203

6.4　单相正弦绕组的全息谱分析 ················ 207

第 7 章　交流电机绕组全息谱分析理论的应用 ············ 212

7.1　三相合成正弦绕组和三相低谐波绕组设计 ········· 212

7.2　交流电机绕组的谐波漏抗计算 ··············· 227

7.3　交流电机绕组自感系数和互感系数的全息谱分析法 ······ 240

附录 ······························· 253

附表 1　单相正弦 A 类、B 类绕组的每槽槽线数分配、基波绕组因数、

平均节距和 $\sum S$ 表 ·················· 253

附表 2　单相正弦 A 类、B 类绕组的谐波绕组因数表 ········ 255

附表 3　单相正弦 A 类、B 类绕组的谐波强度表 ·········· 258

参考文献 ····························· 260

第1章 交流电机绕组引论[1-11]

绕组是电机的主要和关键部件，是电机电气结构的核心，直接影响电机的运行性能和可靠性。一方面，绕组通以电流，产生磁场；另一方面，当绕组交链的磁链发生变化时，如磁场变化或磁场与绕组有相对运动等，便在其中产生感应电动势。从而在电机中产生电磁功率和电磁转矩，以实现机电能量之间的转换。在能量转换过程中，无论电机运行于发电机状态还是电动机状态，能量转换都是通过绕组中的感应电动势及绕组中的电流与磁场产生的电磁转矩完成。绕组理论是电机设计和分析的重要理论。交流电机的绕组及绕组的磁动势和电动势是交流电机分析的三大基本问题。

本书仅分析交流电机绕组。

1.1 交流电机绕组的构成要求

研究电机绕组，需要理论与实践并重。从技术性和经济性方面考虑，设计交流电机绕组时，绕组构成的原则如下：

（1）经济性地获得技术上满足要求的感应电动势和磁动势，包括感应电动势和磁动势的波形接近正弦波，并使其基波分量尽可能大，而其谐波分量尽可能小。

（2）对多相交流电机的绕组，各相绕组应对称分布、匝数及有效匝数相等。如对三相交流电机，各相绕组相同且各相绕组空间上互差 $120°$ 电角度。而对单相交流电机，其主绕组的轴线和辅助绕组的轴线在空间上通常相差 $90°$ 电角度。主绕组和辅助绕组的槽数分配、绕组型式、绕组匝数等可以相同（如单相电容运转电动机中），也可以不同（如单相分相启动电动机中）。

（3）工艺上结构简单，线圈数目少，有合适的槽满率。绕组的制造、嵌线及检修方便。

（4）尽量缩短连接部分，节约材料用量。绕组电阻小，损耗小。

（5）绕组的绝缘和机械强度可靠，散热条件好。

1.2 交流电机绕组的分类

交流电机绕组型式很多，从不同的角度，交流绕组可以分为不同的类型。传统的分类方法如下：

（1）按相数分类，交流绕组可分为单相绕组、三相绕组及多相绕组。

（2）按每极每相槽数分类，交流绕组可分为整数槽绕组和分数槽绕组。

（3）按节距分类，交流绕组可分为短距绕组、整距绕组和长距绕组。

（4）按槽内线圈边的层数分类，交流绕组可分为单层绕组、双层绕组和单双层绕组等。其中单层绕组按线圈绕法分为同心式、链式、交叉式、交叉同心式等；双层绕组按线圈端部连接的形状分为叠绕组和波绕组。多于两层的绕组较少应用。而单双层绕组是在铁芯的一部分槽中嵌入单层线圈边，另一部分槽中嵌有双层线圈边。这种既有单层又有双层的绕组是由双层短距绕组演变过来的[108]。

（5）按相带分类，交流绕组可分为30°、60°、90°、120°、180°及大小相带等绕组。

（6）按线圈组数目与磁极数目的关系分类，交流绕组可分为显极式（Whole Coiled）绕组和庶极式（Half Coiled）绕组。显极式绕组中，每个线圈组形成一个磁极，绕组的线圈组数与磁极数相等。在庶极式绕组中，每个线圈组形成两个磁极，绕组的线圈组数为磁极数的一半[107][108]。

此外，交流电机绕组还有变极绕组、三相 Y-△混合连接的正弦绕组、单相正弦绕组、低谐波绕组等特殊绕组。

本书根据交流电机绕组的全息谱分析（HAW）需要，按绕组在空间的分布方式，将交流电机绕组分为连续绕组、非量化散布绕组和量化散布绕组。

1.2.1 连续绕组（Continuous Winding）

连续绕组是指绕组导电体在空间一定范围内除了有限个间断点以外连续存在的绕组。常见的连续绕组有实心电机中的实心转子、某些控制电机中使用的空心杯转子、考虑阻尼作用时的隐极同步电机转子本体等。特别地，计及导体在槽中分布影响的槽口因数，对它进行分析时，绕组是作为连续绕组（可称为伪连续绕组以区别于连续绕组）考虑的。

1.2.2 非量化散布绕组（Non-quantized Discrete Winding）

散布绕组是指绕组导电体仅在空间上一些离散的位置处存在的绕组，包括非量化散布绕组和量化散布绕组。

通常，交流电机绕组导电体嵌放在圆周上均匀开槽的铁芯槽内，即绕组在空间上离散化分布。对应于连续绕组，称这类绕组为散布绕组。分析散布绕组时不考虑绕组导电体几何形状和集肤效应等的影响。绕组在槽中的导电体数量称为槽线匝数，简称槽线数。非量化散布绕组是指各槽中的槽线数可连续变化，即连续取值的绕组。本书采用交流电机绕组的全息谱分析，所分解后的绕组即属于这种性质的绕组。非量化散布绕组是理论化的抽象绕组而非实际应用的绕组，因为实际绕组槽线数必须为整数。

1.2.3 量化散布绕组（Quantized Discrete Winding）

量化散布绕组是指绕组在空间上离散嵌放在电机槽内，并且各槽中的槽线匝数已量化为整数或进一步量化成其他一些特定要求的整数分布形式散布绕组，如要求各槽中导体数相同等。实际使用的散布绕组必须是经过量化处理后的绕组。也只有通过量化，散布绕组才能应用于工程实践中。

本书除分析槽口因数时使用连续绕组外，仅以非量化散布绕组和量化散布绕组作为绕组研究的对象。

需要特别说明的是：电机学等电机的理论中，将安装在凸形磁极铁芯上的绕组，如直流电机定子上的主磁极绕组、换向极绕组、凸极同步电机中的励磁绕组等，称为集中式绕组（Concentrated Winding）。对于多相电机而言，若每相绕组在每个磁极下只占有一个槽或少于一个槽时，绕组也认为是集中式绕组。目前在永磁无刷直流电动机和永磁同步电动机中常使用这种集中式绕组。相对于集中式绕组，将分散布置于铁芯槽内的绕组，如直流电机电枢绕组，同步电机的电枢绕组，三相异步电机的定子、转子绕组等，称为分布式绕组（Distributed Winding）。本书定义的散布绕组与传统意义的分布绕组，定义相近，但含义有明显差异，应注意其区别。散布绕组与连续绕组相对应，分布式绕组则与集中式绕组相对应。

1.3 交流电机绕组的基本术语

各种交流电机散布绕组均是由沿电机气隙圆周分布的导电体构成。本小节简单说明有关绕组的基本术语。

1.3.1 线圈与导体

线圈是组成绕组的基本元件，可由一匝或多匝构成。它是按一定形状、用相应绝缘等级的电磁线或线棒制成的。线圈的直线部分嵌放在电机铁芯槽内，因其在能量转换过程中所起的重要作用而被称为有效边；而在槽外的、被称为线圈端部的部分，其作用仅是把线圈的两个有效边连接起来。

位于线圈平面上的对称轴，将该线圈分成两半，每一半线圈称为线圈边；或将一匝线圈分成两半，每一半称为导体。

一个线圈中的各个线匝间串联连接，内部没有结点，所以线圈中所有线匝流过相同的电流。

线圈的参数有导电体材料、线规、线圈的形状、线圈匝数、节距等。在绕组的基本分析理论中，线圈的基本要素为线圈匝数和节距。

1.3.2 线圈组、绕组段与绕组支路

普通的交流电机绕组构成时，每相先由一个极下或一对极下同一相带的多个线圈串联，组成一单元，称为线圈组或极相组。区别于线圈组，在变极绕组及其他非正规的绕组中，更一般地，把若干个相关线圈串联在一起构成的部分，称为绕组段。若干个线圈组或绕组段串联在一起，形成的一条支路，称为绕组支路。在交流电机性能分析时，尤其是不对称运行分析、电机故障分析等时，各绕组支路是建立电机数学模型的基本单元。绕组支路也是绕组谐波分析的基本单元。

1.3.3 一相绕组和多相绕组

一相绕组由多个线圈组、绕组段或绕组支路经并联或串并联组成。联合多个相绕组便得到多相绕组，它们按一定规律嵌在电机铁芯槽内，并按一定规律连接。

1.3.4　绕组的基本参数

绕组的基本参数有槽数 Q、相数 m、极数 $2p$、极距 τ、每极每相槽数 q、槽距角 α、节距 y、并联支路数 a、线圈匝数 N_c、每相串联匝数 N 及相带等。请参阅《电机学》[7][8]。

对常规的多相对称交流绕组，有关系式

$$\tau = \frac{Q}{2p}(\text{槽数}) \tag{1-1}$$

$$q = \frac{Q}{2pm} \tag{1-2}$$

$$\alpha = p\,\frac{360^\circ}{Q}(\text{电角度}) \tag{1-3}$$

$$N = \begin{cases} \dfrac{pqN_c}{a}, & \text{单层整数槽绕组} \\[3mm] \dfrac{2pqN_c}{a}, & \text{双层整数槽绕组} \end{cases} \tag{1-4}$$

或

$$N = \begin{cases} \dfrac{QN_c}{2ma}, & \text{单层多相对称绕组} \\[3mm] \dfrac{QN_c}{ma}, & \text{双层多相对称绕组} \end{cases} \tag{1-5}$$

当 q 为整数时，交流电机绕组可构成整数槽绕组；q 为分数时，绕组可构成分数槽绕组。而对应 $y<\tau$ 的绕组称为短距绕组；$y=\tau$ 时称为整距绕组；$y>\tau$ 时称为长距绕组。除单绕组多速交流电动机中会有长距绕组外，一般不采用长距绕组。

1.4　交流电机散布绕组的数学模型

交流电机散布绕组的表示有空间域表示和频率域表示两类。本节论述散布绕组的空间域表示方法，频率域的表示方法在第 3 章中讨论。

交流电机绕组常用绕组展开图表示。绕组展开图是绕组在空间域中最直接、最直观的表示方法。绕组展开图在电机学中有较为详尽的描述，它可以用来表示绕组中各个线圈的连接关系。下面［例 1-1］和［例 1-2］的绕组，其绕组展开图如图 1-1 和图 1-2 所示。但若采用计算机来分析交流电机绕组以及电机性能时，并不能直接使用绕组展开图。为此，必须建立绕组的计算机分析数学模型。

为建立绕组的数学模型，首先对电机铁芯中的槽编号，并选取槽中导体电流的参考方向。将槽数为 Q 的交流电机的槽，顺着电机磁场相对于绕组的运动方向，依次编号为 1，2，3，…，Q。选取槽中导体电流从电机的一个端面到另一端面为电流的参考方向。槽中导体的电流若以与参考方向相同的方向流通，电流为正值；若以与参考方向相反的方向流通，电流为负值。通常取从绕组出线端的首端流入绕组第一个线圈边的电流方向为槽中电流的参考方向。

下面分别论述散布绕组的槽号表示法、相带表示法、槽线数表示法及组合表示法等空间域中的绕组表示法。

1.4.1 槽号表示法

绕组的槽号表示法指采用有向槽号来表示绕组的方法。它是对某相绕组或绕组中的某条支路，用线圈有效边所处的槽号及槽号的正负属性代表组成绕组或绕组支路的线圈边位置及线圈边的连接情况，按绕组连接的顺序，依次将其列出形成一个矩阵，用此矩阵表示绕组或绕组支路的方法。

使用槽号表示法表示绕组时，若一相绕组或一条绕组支路，当其线圈连接顺序对分析绕组没有影响时，此时可以改变槽号表示法中各线圈槽号的前后次序，以方便绕组表示。

在空间域中对绕组分析时，所分析的绕组基本单元是流过相同电流的相绕组，或者相绕组中的某条支路。当一相绕组中各支路电流不同时，对绕组的各支路必须分开处理。而对流过相同电流的各绕组支路，可以将它们合并，作为一个绕组分析。以下将合并后的这种绕组分析单元也简称为绕组，以方便叙述。应注意区别。

绕组的槽号表示法具体的数学表示形式有单行矩阵槽号表示法、双行矩阵槽号表示法以及双层绕组的双行扩展矩阵槽号表示法。

1. 单行矩阵槽号表示法

绕组的单行矩阵槽号表示法采用行矩阵表示绕组，矩阵中的各元素为线圈有效边所处的槽号，并用槽号的正负属性代表绕组的连接方法。正槽号表示正向连接，即连接成绕组时，槽中导体流过的电流与槽电流参考方向相同；槽号表示法中的负槽号表示反向连接，即连接成绕组时，槽中导体流过的电流与参考方向相反，也即与正槽号中导体流过的电流方向相反。

对交流电机中常用的单层绕组和双层绕组，均可使用单行矩阵槽号表示法表示。一般情况，用槽号来表示线圈边，一个槽号代表一个线圈边。但是对线圈节距相同的双层绕组，因节距相同，此时可以用槽号表示线圈，某一个槽号就是指上层边嵌于该槽号的线圈，一个槽号代表一个线圈。注意，采用槽号代表线圈的方法描述双层绕组，还需要同时给出线圈的节距。

【例 1-1】 槽数为 24 的三相 4 极交流电机，绕组为 60°相带单层链式绕组，并联支路数 $a=1$，用槽号表示法表示该绕组。

解： 由电机学，该绕组的展开图如图 1-1 所示。

（1）由图 1-1 可见，A 相绕组占有 1、2、7、8、13、14、19、20 槽。根据绕组连接，并选取槽 2 中的导体电流方向为槽电流的参考方向，按绕组中线圈的连接顺序，A 相绕组的槽号表示法表示是

A 相：2，−7，13，−8，14，−19，1，−20。

同理，B 相和 C 相绕组为

B 相：6，−11，17，−12，18，−23，5，−24；

C 相：10，−15，21，−16，22，−3，9，−4。

（2）当不考虑线圈的连接次序时，将绕组按槽号的顺序排列，并按行矩阵格式，分别用矩阵 **A**、**B**、**C** 表示三相绕组，各相绕组的槽号表示法表示为

$\boldsymbol{A} = \begin{bmatrix} 1 & 2 & -7 & -8 & 13 & 14 & -19 & -20 \end{bmatrix}$

$$\boldsymbol{B}=\begin{bmatrix} 5 & 6 & -11 & -12 & 17 & 18 & -23 & -24 \end{bmatrix}$$

$$\boldsymbol{C}=\begin{bmatrix} 9 & 10 & -15 & -16 & 21 & 22 & -3 & -4 \end{bmatrix}$$ 或 $\boldsymbol{C}=\begin{bmatrix} -3 & -4 & 9 & 10 & -15 & -16 & 21 & 22 \end{bmatrix}$

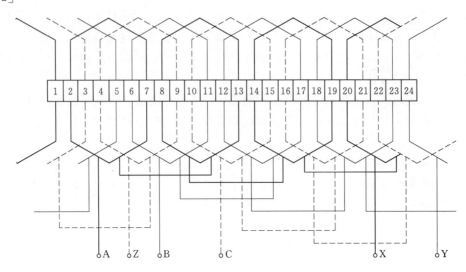

图 1-1 三相 4 极 24 槽、$a=1$、单层 60°相带链式绕组展开图

一般没有特别说明，常采用（2）中的方法表示，因其表示比较简便，且多数电机分析情况与绕组内部的排列顺序无关。

当绕组行矩阵 $\boldsymbol{A}$、$\boldsymbol{B}$、$\boldsymbol{C}$ 的长度相同时，可将 $\boldsymbol{A}$、$\boldsymbol{B}$、$\boldsymbol{C}$ 合并，形成三相绕组的槽号法表示。绕组用矩阵 $\boldsymbol{W}$ 表示，为

$$\boldsymbol{W}=\begin{bmatrix} 1 & 2 & -7 & -8 & 13 & 14 & -19 & -20 \\ 5 & 6 & -11 & -12 & 17 & 18 & -23 & -24 \\ 9 & 10 & -15 & -16 & 21 & 22 & -3 & -4 \end{bmatrix}$$

其中，矩阵的一行表示一相绕组。

【例 1-2】 槽数为 36 的三相 4 极交流电机，绕组为 60°相带双层叠绕组，节距 $y=7$，并联支路数 $a=1$，用槽号表示法表示该绕组。

解： 由电机学，该绕组的展开图如图 1-2 所示。

（1）根据绕组展开图，并选取槽 1 中的上层导体电流方向为槽中电流的参考方向，按绕组中线圈的连接顺序，各相绕组的槽号表示法表示是

A 相：1，−8，2，−9，3，−10，19，−12，18，−11，17，−10，19，−26，20，−27，21，−28，1，−30，36，−29，35，−28；

B 相：7，−14，8，−15，9，−16，25，−18，24，−17，23，−16，25，−32，26，−33，27，−34，7，−36，6，−35，5，−34；

C 相：13，−20，14，−21，15，−22，31，−24，30，−23，29，−22，31，−2，32，−3，33，−4，13，−6，12，−5，11，−4。

（2）当不考虑线圈连接次序时，将绕组按槽号的大小顺序排列，各相绕组的槽号表示法表示为

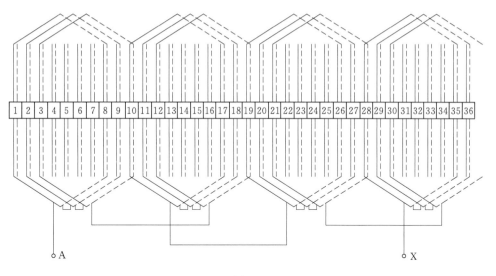

(a)

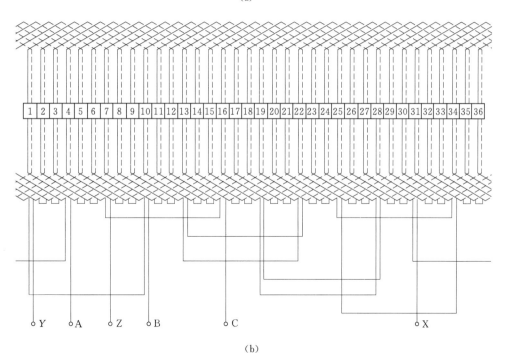

(b)

图 1-2　三相 4 极 36 槽、$y=7$、$a=1$、双层 60°相带叠绕组展开图

（a）A 相绕组展开图；（b）三相绕组展开图

　　A 相：1，2，3，－8，－9，－10，－10，－11，－12，17，18，19，19，20，21，－26，－27，－28，－28，－29，－30，35，36，1；

　　B 相：7，8，9，－14，－15，－16，－16，－17，－18，23，24，25，25，26，27，－32，－33，－34，－34，－35，－36，5，6，7；

　　C 相：13，14，15，－20，－21，－22，－22，－23，－24，29，30，31，31，32，

33，−2，−3，−4，−4，−5，−6，11，12，13。

（3）根据节距 y，按绕组连接规律，将绕组的槽号分成上层、下层两部分，各相绕组的槽号表示法表示为

A 相：上层边 1，2，3，−10，−11，−12，19，20，21，−28，−29，−30，

下层边−8，−9，−10，17，18，19，−26，−27，−28，35，36，1；

B 相：上层边 7，8，9，−16，−17，−18，25，26，27，−34，−35，−36，

下层边−14，−15，−16，23，24，25，−32，−33，−34，5，6，7；

C 相：上层边 13，14，15，−22，−23，−24，31，32，33，−4，−5，−6，

下层边−20，−21，−22，29，30，31，−2，−3，−4，11，12，13。

（4）因各线圈节距相同，可用槽号来表示线圈，但需说明线圈节距大小。若按行矩阵格式分别用矩阵 A、B、C 表示 A 相、B 相、C 相的绕组，各相绕组的槽号表示法表示为

$$A = \begin{bmatrix} 1 & 2 & 3 & -10 & -11 & -12 & 19 & 20 & 21 & -28 & -29 & -30 \end{bmatrix}$$

$$B = \begin{bmatrix} 7 & 8 & 9 & -16 & -17 & -18 & 25 & 26 & 27 & -34 & -35 & -36 \end{bmatrix}$$

$$C = \begin{bmatrix} 13 & 14 & 15 & -22 & -23 & -24 & 31 & 32 & 33 & -4 & -5 & -6 \end{bmatrix}$$

且节距 $y=7$。

当绕组行矩阵 A、B、C 的长度相同时，可将 A、B、C 合并，形成三相绕组的槽号表示。绕组用矩阵 W 表示为

$$W = \begin{bmatrix} 1 & 2 & 3 & -10 & -11 & -12 & 19 & 20 & 21 & -28 & -29 & -30 \\ 7 & 8 & 9 & -16 & -17 & -18 & 25 & 26 & 27 & -34 & -35 & -36 \\ 13 & 14 & 15 & -22 & -23 & -24 & 31 & 32 & 33 & -4 & -5 & -6 \end{bmatrix}$$

其中，矩阵的一行表示一相绕组。

上述双层绕组的 4 种方法中，一般没有特别说明，常采用第 4 种方法表示绕组。注意，方法（4）中需要给出线圈的节距。对于单层绕组，如果令 $y=0$ 来表示单层绕组，从而可将单层绕组和双层绕组的槽号表示法统一起来，以方便计算机分析的编程处理。单层绕组和双层绕组的槽号表示法均可按方法（4）表示。

2. 双行矩阵槽号表示法

绕组单行矩阵槽号表示法中，矩阵的每个元素是线圈边。绕组双行矩阵槽号表示法中，矩阵的每列是一个线圈，即将每个线圈的两个边作为一个单元考虑。

如，［例 1-1］中的绕组，A 相绕组共有 4 个线圈，分别由槽 2 和槽 7、槽 8 和槽 13、槽 14 和槽 19、槽 20 和槽 1 中的线圈边构成。A 相绕组用双行矩阵槽号表示法可表示为

$$A = \begin{bmatrix} 2 & 13 & 14 & 1 \\ -7 & -8 & -19 & -20 \end{bmatrix}$$

或

$$A = \begin{bmatrix} 2 & -8 & 14 & -20 \\ -7 & 13 & -19 & 1 \end{bmatrix}$$

此矩阵中的每一列为一个线圈单元。

同样，B 相和 C 相绕组表示为

$$B = \begin{bmatrix} 6 & 17 & 18 & 5 \\ -11 & -12 & -23 & -24 \end{bmatrix}$$

或

$$B = \begin{bmatrix} 6 & -12 & 18 & -24 \\ -11 & 17 & -23 & 5 \end{bmatrix}$$

$$C = \begin{bmatrix} 10 & 21 & 22 & 9 \\ -15 & -16 & -3 & -4 \end{bmatrix}$$

或

$$C = \begin{bmatrix} 10 & -16 & 22 & -4 \\ -15 & 21 & -3 & 9 \end{bmatrix}$$

而对［例1-2］中的绕组，如用双行矩阵槽号表示法，绕组可表示为

$$A = \begin{bmatrix} 1 & 2 & 3 & 19 & 18 & 17 & 19 & 20 & 21 & 1 & 36 & 35 \\ -8 & -9 & -10 & -12 & -11 & -10 & -26 & -27 & -28 & -30 & -29 & -28 \end{bmatrix}$$

$$B = \begin{bmatrix} 7 & 8 & 9 & 25 & 24 & 23 & 25 & 26 & 27 & 7 & 6 & 5 \\ -14 & -15 & -16 & -18 & -17 & -16 & -32 & -33 & -34 & -36 & -35 & -34 \end{bmatrix}$$

$$C = \begin{bmatrix} 13 & 14 & 15 & 31 & 30 & 29 & 31 & 32 & 33 & 13 & 12 & 11 \\ -20 & -21 & -22 & -24 & -23 & -22 & -2 & -3 & -4 & -6 & -5 & -4 \end{bmatrix}$$

或

$$A = \begin{bmatrix} 1 & 2 & 3 & -12 & -11 & -10 & 19 & 20 & 21 & -30 & -29 & -28 \\ -8 & -9 & -10 & 19 & 18 & 17 & -26 & -27 & -28 & 1 & 36 & 35 \end{bmatrix}$$

$$B = \begin{bmatrix} 7 & 8 & 9 & -18 & -17 & -16 & 25 & 26 & 27 & -36 & -35 & -34 \\ -14 & -15 & -16 & 25 & 24 & 23 & -32 & -33 & -34 & 7 & 6 & 5 \end{bmatrix}$$

$$C = \begin{bmatrix} 13 & 14 & 15 & -24 & -23 & -22 & 31 & 32 & 33 & -6 & -5 & -6 \\ -20 & -21 & -22 & 31 & 30 & 29 & -2 & -3 & -4 & 13 & 12 & 11 \end{bmatrix}$$

这些矩阵中的每一列均为一个线圈单元。

3. 双层绕组的双行扩展矩阵槽号表示法

从双行矩阵槽号表示法给出的例子中可以看出，矩阵中的每列，两个槽号为一正、一负。若从绕组首端到末端严格按线圈边排列槽号，第一行总为正槽号，第二行总为负槽号。即，这种表现方式中，因为槽号在矩阵的连接顺序体现了绕组的连接关系，因此再使用槽号的正负表示连接方式，信息出现冗余。现将槽号的正负属性改为表示线圈在槽中的上下层。对于双层绕组，如果用正槽号表示上层线圈边，负槽号表示下层线圈边，此种双行矩阵槽号表示法可表示双层绕组每一支路连接的全部信息，它与双层绕组展开图完全对应。这种槽号表示法称为双行扩展矩阵槽号表示法。

【例1-3】 用双行扩展矩阵槽号表示法表示［例1-2］中的绕组。

解：根据绕组展开图，［例1-2］中的绕组，用双行扩展矩阵槽号表示法，三相绕组可分别表示为

$$A = \begin{bmatrix} 1 & 2 & 3 & -19 & -18 & -17 & 19 & 20 & 21 & -1 & -36 & -35 \\ -8 & -9 & -10 & 12 & 11 & 10 & -26 & -27 & -28 & 30 & 29 & 28 \end{bmatrix}$$

$$B=\begin{bmatrix} 7 & 8 & 9 & -25 & -24 & -23 & 25 & 26 & 27 & -7 & -6 & -5 \\ -14 & -15 & -16 & 18 & 17 & 16 & -32 & -33 & -34 & 36 & 35 & 34 \end{bmatrix}$$

$$C=\begin{bmatrix} 13 & 14 & 15 & -31 & -30 & -29 & 31 & 32 & 33 & -13 & -12 & -11 \\ -20 & -21 & -22 & 24 & 23 & 22 & -2 & -3 & -4 & 6 & 5 & 4 \end{bmatrix}$$

双行矩阵槽号表示法与单行矩阵槽号表示法相比，绕组表述全面。尤其是表示双层绕组的双行扩展矩阵槽号表示法，表述更为全面，但也稍繁。对一般的绕组分析，绕组常采用单行矩阵槽号表示法。在某些特殊分析中，如绕组的节距漏抗系数计算时，要考虑绕组的上下层位置，此时可采用双行扩展矩阵槽号表示法表示绕组。

再次说明，对于双层绕组，采用双行扩展矩阵槽号表示法时，其槽号的正负属性与单行矩阵槽号表示法中的槽号正负号不同，它不代表绕组的连接，而是代表双层绕组的上层边和下层边。当槽中仅有一层线圈时，不能采用这种绕组表示法。

1.4.2 相带表示法

绕组的相带表示法是指绕组按各槽中线圈边的相带属性来表述绕组。线圈边的相带属性包括线圈的相别和线圈边的电流方向。如对三相交流绕组，当 A、B、C 相绕组中线圈边流过的电流与规定的参考方向电流相同时，相带属性分别表示为"A""B""C"；当 A、B、C 相绕组中线圈边流过的电流与规定的参考方向电流相反时，相带属性分别表示为"X""Y""Z"。

绕组相带表示法具体的数学表示形式是：单层绕组用单行矩阵表示；双层绕组用双行矩阵表示，上下层各占矩阵中的一行。按槽排列的顺序，将 Q 个槽编号为 $1\sim Q$，绕组矩阵中的各列元素是和列对应的槽中线圈边的相带属性。

【例 1-4】 槽数为 24 的三相 4 极交流电机绕组，绕组为 60°相带、节距 $y=5$ 的双层叠绕组，并联支路数 $a=1$，用相带表示法表示该绕组。

解： 首先计算每极每相槽数 q：

$$q=\frac{Q}{2pm}=\frac{24}{4\times3}=2$$

根据 60°相带绕组的 AZBXCY 相带顺序及节距 $y=5$，各槽中的绕组线圈边的相带属性为

槽号	1	2	3	4	5	6	7	8	9	10	11	12
上层边	A	A	Z	Z	B	B	X	X	C	C	Y	Y
下层边	A	Z	Z	B	B	X	X	C	C	Y	Y	A
槽号	13	14	15	16	17	18	19	20	21	22	23	24
上层边	A	A	Z	Z	B	B	X	X	C	C	Y	Y
下层边	A	Z	Z	B	B	X	X	C	C	Y	Y	A

记为：上层边 AAZZBBXXCCYYAAZZBBXXCCYY；

下层边 AZZBBXXCCYYAAZZBBXXCCYYA。

此双层绕组用双行矩阵 **W** 表示，第一行表示绕组上层边，第二行表示绕组下层边。相带表示法表示的该绕组为

$$W=\begin{bmatrix} A & A & Z & Z & B & B & X & X & C & C & Y & Y & A & A & Z & Z & B & B & X & X & C & C & Y & Y \\ A & Z & Z & B & B & X & X & C & C & Y & Y & A & A & Z & Z & B & B & X & X & C & C & Y & Y & A \end{bmatrix}$$

1.4.3　槽线数表示法

上述槽号表示法和相带表示法这两种绕组的表示方法中，相带表示法表示简单，三相绕组可一次表示出来。但相带表示法仅能表示绕组的分相，不反映绕组或绕组支路的连接情况及绕组的各并联支路。在分析电机对称运行等不考虑线圈的连接次序的情况下可以采用相带表示法表示绕组。槽号表示法可以表示绕组或绕组支路的连接情况和连接顺序，尤其是双行扩展矩阵槽号法还能表达双层绕组各线圈的上下层布置关系，比相带表示法表述全面。但用槽号表示法表示绕组的连接关系时，连接次序不直观，容易出错，没有绕组展开图表示清楚。应该注意到，槽号表示法和相带表示法表示绕组，和一般的绕组展开图一样，都仅能表示每个线圈匝数均相同的绕组。对正弦绕组、低谐波绕组、单双层绕组等线圈匝数不同的绕组类型，槽号表示法和相带表示法不能建立适用于绕组分析的数学模型。这时可采用槽线数表示法表述绕组。

槽线数表示法是指采用有向槽线数表示绕组，是用绕组在各槽号中的线匝数及正负号表示其绕组组成，按槽顺序号依次将其列出，形成一个数列（行矩阵），用此数列来表示绕组的方法。数列中各数值的绝对值大小表示此槽中该绕组的线匝数（或线匝数的百分比）；数列中的正数值表示绕组连接时是正向连接，即连接成绕组时槽中导体流过的电流与槽电流参考方向相同；数列中的负数值表示反向连接，即槽中导体流过的电流与参考方向相反，即与正数值的槽中导体流过的电流方向相反。

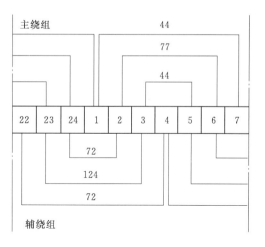

图 1-3　单相 4 极 24 槽 A 类三线圈形式的正弦绕组接线示意图

【例 1-5】　24 槽单相 4 极交流电机绕组，主、辅组均采用 A 类每极面下三线圈形式的正弦绕组，并联支路数为 1，主、辅绕组总导体数分别为 1320 和 2144[21]，试用槽线数表示法表述该电机绕组。

解： 因每极槽数为 $Q/(2p)=24/4=6$，由附表 1 查得 A 类三线圈形式正弦绕组导体分配百分比为 26.79%、46.41% 和 26.79%。根据主绕组总导体数 1320、辅绕组总导体数 2144，计算出主绕组线圈匝数分别为 44、77、44，辅绕组线圈匝数分别为 72、124、72[21]。绕组中各线圈的匝数及其接线示意图如图 1-3 所示。

故槽线数表示法表述的该电机绕组为

槽号	1	2	3	4	5	6	7	8	9	10	11	12
主绕组	88	77	44	0	−44	−77	−88	−77	−44	0	44	77
辅绕组	0	72	124	144	124	72	0	−72	−124	−144	−124	−72
槽号	13	14	15	16	17	18	19	20	21	22	23	24
主绕组	88	77	44	0	−44	−77	−88	−77	−44	0	44	77
辅绕组	0	72	124	144	124	72	0	−72	−124	−144	−124	−72

写成行矩阵格式，主绕组用矩阵 M 表示，辅绕组用矩阵 A 表示，有

$$M = \begin{bmatrix} 88 & 77 & 44 & 0 & -44 & -77 & -88 & -77 & -44 & 0 & 44 & 77 & 88 & 77 & 44 \\ & 0 & -44 & -77 & -88 & -77 & -44 & 0 & 44 & 77 \end{bmatrix}$$

$$A = \begin{bmatrix} 0 & 72 & 124 & 144 & 124 & 72 & 0 & -72 & -124 & -144 & -124 & -72 & 0 & 72 \\ & 124 & 144 & 124 & 72 & 0 & -72 & -124 & -144 & -124 & -72 \end{bmatrix}$$

或将主绕组和辅绕组合并成一个矩阵 W，即

$$W = \begin{bmatrix} 88 & 77 & 44 & 0 & -44 & -77 & -88 & -77 & -44 & 0 & 44 & 77 \\ 0 & 72 & 124 & 144 & 124 & 72 & 0 & -72 & -124 & -144 & -124 & -72 \\ 88 & 77 & 44 & 0 & -44 & -77 & -88 & -77 & -44 & 0 & 44 & 77 \\ 0 & 72 & 124 & 144 & 124 & 72 & 0 & -72 & -124 & -144 & -124 & -72 \end{bmatrix}$$

需要指出，对于线圈匝数相同的绕组，也可使用槽线数表示法表示绕组。当仅需求取交流电机绕组的绕组因数或仅对绕组进行谐波分析等时，这时可取各槽槽线数的大小为 0、1 或 −1，而不用实际的槽线数值，以简化计算。如，[例 1-1] 中的 A、B、C 三相绕组，用槽线数表示法可表示为

$$A = \begin{bmatrix} 1 & 1 & 0 & 0 & 0 & 0 & -1 & -1 & 0 & 0 & 0 & 0 & 1 & 1 & 0 & 0 & 0 & 0 & -1 & -1 \\ 0 & 0 & 0 & 0 \end{bmatrix}$$

$$B = \begin{bmatrix} 0 & 0 & 0 & 0 & 1 & 1 & 0 & 0 & 0 & 0 & -1 & -1 & 0 & 0 & 0 & 0 & 1 & 1 & 0 & 0 & 0 \\ 0 & -1 & -1 \end{bmatrix}$$

$$C = \begin{bmatrix} 0 & 0 & -1 & -1 & 0 & 0 & 0 & 0 & 1 & 1 & 0 & 0 & 0 & 0 & -1 & -1 & 0 & 0 & 0 & 0 \\ 1 & 1 & 0 & 0 \end{bmatrix}$$

或将 A、B、C 合并成一个矩阵 W 来表示三相绕组，即

$$W = \begin{bmatrix} 1 & 1 & 0 & 0 & 0 & 0 & -1 & -1 & 0 & 0 & 0 & 0 & 1 & 1 & 0 & 0 & 0 & 0 & -1 \\ 0 & 0 & 0 & 0 & 1 & 1 & 0 & 0 & 0 & 0 & -1 & -1 & 0 & 0 & 0 & 0 & 1 & 1 & 0 \\ 0 & 0 & -1 & -1 & 0 & 0 & 0 & 0 & 1 & 1 & 0 & 0 & 0 & 0 & -1 & -1 & 0 & 0 & 0 \\ -1 & 0 & 0 & 0 & 0 \\ 0 & 0 & 0 & -1 & -1 \\ 0 & 1 & 1 & 0 & 0 \end{bmatrix}$$

绕组的槽线数表示法能表示各绕组中线圈匝数的分布情况，但其不含线圈的连接次

序信息。交流电机性能分析中，包括交流绕组理论分析在内，多数情况下，其分析与绕组中线圈的连接次序无关。即通常可以采用槽线数表示法表述绕组。后面的相关章节内容展示了这种表示法方便运算的优点。本书在空间域主要采用绕组的这种表示法来表示绕组。

槽线数表示法的主要缺点是绕组数据数量多，矩阵稀疏，数据冗余量大。采用计算机分析，若作为绕组数据输入，此方法不太方便。并且，绕组表示不直观。但对线圈匝数不等的绕组作计算机分析时，只能按槽线数输入绕组数据。在对线圈匝数相等的绕组进行分析时，因槽号表示法的数据量少，输入绕组数据时，绕组常采用槽号表示法，然后经计算机程序内部处理，将槽号表示法表示的绕组转换为槽线数表示法表示的绕组。交流电机绕组经典分析理论的计算机程序，常采用槽号法表示绕组[1][3][4]，而绕组全息谱分析的计算机程序，则采用槽线数表示法表示绕组。

1.4.4　组合表示法

绕组由线圈构成，线圈的基本要素为节距和线圈匝数。更一般的绕组空间域表示，需要槽号表示法和槽线数表示法的组合。槽号表示法给出线圈的连接信息，槽线数表示法给出各个元件（线圈）的线匝数，称绕组的这种表示法为组合表示法。

组合表示法具体的数学表现形式是使用三行矩阵表示。在槽号表示法使用的双行矩阵形式的基础上，将双行槽号矩阵的每一列的线圈单元，增加一行元素来表述该线圈的匝数属性。其中的槽号表示法，单层绕组使用双行矩阵表示，双层绕组可以使用双行扩展矩阵来表示线圈节距及绕组的上、下层线圈边属性。

【例1-6】　[例1-5]中的绕组，若主绕组为下层绕组，辅绕组为上层绕组。使用组合表示法表示该电机绕组。

解：根据图1-3，采用三行矩阵格式，主绕组仍用矩阵 M 表示，辅绕组仍用矩阵 A 表示，M、A 均为三行矩阵。结合扩展的槽号表示法，组合表示法表示的此绕组为

$$M = \begin{bmatrix} -1 & -2 & -3 & -13 & -12 & -11 & -13 & -14 & -15 & -1 & -24 & -23 \\ -7 & -6 & -5 & -7 & -8 & -9 & -19 & -18 & -17 & -19 & -20 & -21 \\ 44 & 77 & 44 & 44 & 77 & 44 & 44 & 77 & 44 & 44 & 77 & 44 \end{bmatrix}$$

$$A = \begin{bmatrix} 22 & 23 & 24 & 10 & 9 & 8 & 10 & 11 & 12 & 22 & 21 & 20 \\ 4 & 3 & 2 & 4 & 5 & 6 & 16 & 15 & 14 & 16 & 17 & 18 \\ 72 & 124 & 72 & 72 & 124 & 72 & 72 & 124 & 72 & 72 & 124 & 72 \end{bmatrix}$$

注意：矩阵 M 和矩阵 A 中，第一行和第二行的对应元素为线圈两个边的槽号，正槽号代表上层线圈边，负槽号代表下层线圈边；矩阵的第三行为线圈的匝数。

本节建立了交流电机绕组在空间域上的数学模型。可根据绕组的类型和绕组分析的不同情况，选用合适的绕组表示方法。其中，组合法表示的绕组信息最完整。因本书暂未讨论槽漏抗系数等与槽上下层分布有关的计算，故在后面的分析中主要使用槽线数表示法在空间域表示绕组。建立了绕组的数学模型之后，即可方便地使用计算机来分析交流绕组及交流电机的其他性能。

1.5　交流电机绕组理论的研究内容

交流电机的绕组理论主要包括交流绕组的设计原理和性能分析两部分。

1.5.1　交流电机绕组的设计原理

建立交流电机绕组理论，指导并选择、确定绕组合适的类型、槽数、各相线圈的槽分布、线圈的节距、线圈的匝数比例及线圈的连接方式等绕组的基本数据，设计出满足技术要求的绕组。

1.5.2　交流电机绕组及电机的性能分析

根据绕组的分布情况，按照交流电机的绕组理论，对绕组进行绕组因数计算及谐波分析，判断绕组的对称性；由磁动势或感应电动势中的基波和各次谐波的成分，评判绕组及定性初判电机性能的优劣；视分析的需要计算绕组的谐波漏抗系数、节距漏抗系数等；结合电机的结构尺寸计算绕组的自感系数和各绕组间的互感系数等。进而可以进行交流电机稳态性能和暂态性能的分析。这些性能分析包括交流电动机的最初启动电流、最初启动转矩、感应电动机的转矩转速曲线、同步电动机的矩角特性、最大转矩、功率因数、效率等稳态性能及电动机启动过程、负载变化、故障发生等暂态时电机电流、转速、转矩、温升等的分析；交流发电机的空载电压波形、外特性、电压变化率、效率等稳态性能及发电机建压过程、负载变化、故障发生等暂态时电压、电流、稳定性等的分析。

1.6　交流电机绕组的分析方法

电机绕组的基本特性是通以电流建立磁场，因而沿气隙圆周分布着磁动势，称为绕组磁动势。电机绕组的另一个基本特性是，当电机气隙中存在磁场，如果磁场与绕组所交链的磁链随时间发生变化，则在绕组中感应出电动势。由于绕组磁动势与电动势在很多方面有很大的相似性，故绕组理论研究的主要内容为绕组磁动势或者感应电动势的波形、变化规律及幅值的大小等。

交流电机绕组传统的分析方法有磁动势波形图法、槽矢量图法、槽号相位表法、复数解析法等。作者提出的交流电机空间离散傅里叶变换理论和绕组的全息谱分析是分析交流电机绕组的新方法。这些方法中，有些方法在后面的章节里有详细论述，在这里就仅作简单介绍。

1.6.1　磁动势波形图法[1][4]

磁动势波形图法是分析交流电机绕组最基本的方法之一。

电机绕组是由一些沿电机气隙圆周分布的导体构成。当绕组中通以电流后，可以用"安导波" $A(x)$ 来描述电机内电流的分布情况。其中变量 x 是空间位置坐标，单位 rad（弧度），整个圆周为 2π 弧度。$A(x)$ 的单位为 A/rad（安/弧度）。槽中的电流可以认为均匀分布于槽口上；也可以认为集中在槽口正中心的一点上，而齿顶处的安导为零。当认为安导集中在槽口一点上时，此处 $A(x)$ 变成冲激函数或称 δ 函数，即此处 $A \to \infty$，槽口其他点处为零。该函数沿槽口的积分等于槽内的安导。

令气隙圆周上磁场强度为零的点处为空间坐标 x 的原点，如图 1-4 所示，并通过原点和空间任意一点 x 处取一闭合回路。根据表示电流分布情况的安导波 $A(x)$ 和安培环路定律，沿闭合回路的总磁压降应等于回路内电流的代数和，即等于 $A(x)$ 沿弧 $\widehat{ox}$ 的积分 $\displaystyle\int_0^x A(x)\mathrm{d}x$ 。

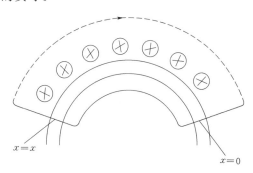

图 1-4　安导及气隙磁动势

磁动势是用来反映磁场分布情况的。气隙磁动势是指沿气隙圆周上各点处的气隙磁压降。忽略铁芯中的磁压降，认为铁芯的相对磁导率为无穷大。由于假定 $x=0$ 点的磁场强度为零，$x=x$ 处的磁压降等于回路的总磁压降，即 x 处的磁动势，用符号 $f(x)$ 表示，有

$$f(x) = \int_0^x A(x)\mathrm{d}x \tag{1-6}$$

$f(x)$ 的波形图称为磁动势波形图。

对于均匀气隙，气隙上某点 x 处的磁感应强度 $B(x)$ 与此处磁动势 $f(x)$ 成正比，波形相同，即

$$B(x) = \mu_0 \frac{f(x)}{\delta} \tag{1-7}$$

式中　δ——气隙长度，m；

μ_0——真空的磁导率，$\mu_0 = 4\pi \times 10^{-7}\,\mathrm{H/m}$。

当然，如果气隙不均匀或由于磁路饱和而不能忽略铁芯中的磁压降时，则磁感应强度分布波形不同于磁动势分布波形，比磁动势波复杂得多。不能直接由 $f(x)$ 来求取磁感应强度波 $B(x)$。磁感应强度波 $B(x)$ 与许多因素有关，而磁动势波形 $f(x)$ 基本上仅取决于绕组本身。故在评判绕组时常采用磁动势波而不采用磁感应强度波[1]。以下主要分析磁动势波形的分布、变化规律及幅值的大小等。

磁动势波形图是根据槽中电流的分布情况和安培环路定律，在忽略铁芯中的磁压降下得到的此瞬间磁动势沿空间分布的波形。认为槽中的电流集中在槽口正中心的一点上时，磁动势波形图的作图方法如下[4]：

（1）任取一电机铁芯的齿面位置作为磁动势波形图的零点。

（2）从零点起，沿空间，每经过一个槽的中心线时，根据槽电流大小和方向，确定磁动势上升或下降的安匝数。

（3）在两槽之间或电流为零处，磁动势保持不变。

（4）根据 N、S 极下磁通量相等，即磁动势曲线的正负部分面积相等的原则，在重新

确定磁动势曲线的零线之后，即得磁动势波形图。

为方便起见，在磁动势波形图的空间坐标中常标注出槽号位置。

【例 1-7】 一台三相 2 极 18 槽、60°相带、$y=7$ 双层短距交流电机绕组，画出 A 相电流最大时的三相合成磁动势波形图。

解： 由电机学，采用槽号表示法，设 A 相的线圈为 1，2，3，-10，-11，-12；B 相的线圈为 7，8，9，-16，-17，-18；C 相的线圈为 13，14，15，-4，-5，-6。节距 $y=7$。令 A 相电流 $i_A=1$A，则 $i_B=-0.5$A，$i_C=-0.5$A。按磁动势波形图的作图方法，绘制的三相合成磁动势波形图如图 1-5 所示。

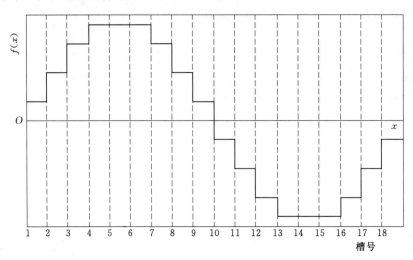

图 1-5　三相 2 极 18 槽双层短距绕组在 A 相电流最大时的合成磁动势波形图

应该指出，上述分析中，若坐标原点的磁场强度不是零，则由安培环路定律可知，$x=x$ 处的磁动势为式（1-6）的磁动势加上 $x=0$ 处的气隙磁压降。可以看出，整个磁动势波形的形状没有改变，仅是曲线上下平移了一段距离。故，曲线包含的谐波分量相同。因此，从谐波分析的观点看，空间位置的坐标原点可以任意选取而不影响磁动势的谐波分析。

实际电机中，绕组出线多为同端面引出，所有槽导体电流瞬时值的代数和为零。在三相或多相电机中，如果没有中线引出，无论绕组同端出线还是两端出线，均满足所有导体电流代数和为零。这说明各导体产生的安导波中，常数分量正好抵消。故在绕组的谐波分析时，无论单根导体还是线圈或者整个绕组，均可不考虑安导波及磁动势的常数分量。

当认为安导在槽内集中于一点时，磁动势波在此处会出现跳变；若认为安导在槽口处均匀分布，则磁动势波为连续变化。图 1-6（a）为匝数为 N_c 的线圈嵌于相距 θ_y 弧度的两个槽中，当有电流 i_c 流过时（电流以流出纸面为参考方向），若考虑槽口宽度 θ_s（单位为弧度）的影响，假定电流在槽口均匀分布，线圈的安导波如图 1-6（b）所示。若不计槽口宽度影响，认为 $\theta_s=0$ 弧度，则线圈边处的安导为冲激函数，冲激函数的大小为 $i_c N_c$，即 $\int_{-\frac{\theta_y}{2}-\frac{\theta_s}{2}}^{\frac{\theta_y}{2}+\frac{\theta_s}{2}} A(x)\mathrm{d}x = i_c N_c$。槽口对磁动势的影响可用槽口因数分析。槽口因数及对磁动势的影响在第 3 章中说明，此处暂不讨论。

磁动势波形图用于分析一相绕组磁动势或三相绕组合成磁动势，它可直观表达磁动势分布接近正弦波的程度。

由磁动势波形图可见，绕组的磁动势沿气隙分布通常比较复杂，一般采用谐波分析法分析。磁动势的谐波分析法是把磁动势的实际波形进行傅里叶级数分解，即认为磁动势是一系列正弦波形的谐波叠加而成。然后，逐个分析各次谐波磁动势的性质和相对大小。其中，对应工作磁场的谐波磁动势（主波），其性质和相对大小是设计电机绕组的主要依据。槽矢量图法、槽号相位表法、复数解析法等均属谐波分析法[1]。

因采用谐波分析法，当然仅适用于线性系统。故本书的理论分析，均认为磁路不饱

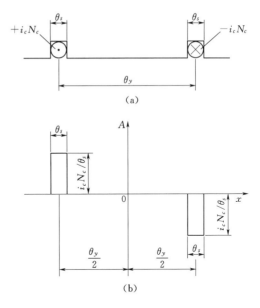

图 1-6 单个线圈的示意图及安导波
(a) 线圈示意图；(b) 单个线圈的安导波

和，且忽略铁芯材料的磁阻及齿槽效应，并不计铁磁材料磁滞、涡流等的影响。

另外，事实上，由于磁动势波是安导波的积分，磁动势波和安导波之间有一一对应的关系。有某次安导波谐波就有某次磁动势谐波与之对应。磁动势谐波的幅值与安导波谐波幅值成正比，与谐波次数成反比。磁动势谐波的相位和安导波谐波的相位相差 $\pi/2$。采用安导波分析，方法较直观。并且，为简化处理，常令线圈电流 i_c 的大小为 1，而在需要考虑电流大小时，再将安导波及相应的磁动势分析结果乘以 i_c。

1.6.2 槽矢量图法

槽矢量图最早是从双层绕组的电动势观点引出来的[4]。双层绕组以槽号代表绕组中一个线圈的感应电动势，此线圈的上层线圈边嵌于该槽中。而对于单层绕组，则用槽号代表处于该槽线圈边的感应电动势。假如绕组处于一个 p 对极正弦分布的圆形旋转磁场中，则槽电动势为随时间按正弦波形变化的交变电动势。由于槽的均匀分布，若将电机各槽线圈（边）按正弦规律变化的电动势用相量表示，两个相邻槽中线圈（边）的感应电动势相量相位相差此极对数下的槽距角 α。这些槽电动势相量将构成一个径向对称的相量星形图——槽电动势星形图。

所谓的槽矢量图包括槽电动势星形图和槽磁动势星形图。槽矢量图中的矢量可表示槽中线圈（边）的感应电动势相量，也可表示槽中电流产生的磁动势矢量，统称槽矢量。各槽磁动势矢量也构成星形图，两种矢量图的相同点和差异处在第 2 章中作相关说明。

槽矢量图法是交流电机绕组理论研究的重要工具，可用来对绕组分相、计算绕组因数、进行绕组谐波分析和判断绕组的对称性等。更详细的分析参见第 2 章。本节只给出槽电动势对应的槽矢量图的作法。

槽矢量图仅与电机的槽数 Q 和极对数 p 有关。

以槽电动势星形图为例。对槽数为 Q 的交流绕组，设极对数为 p，当 Q/p 为整数时，每一对极的槽电动势均相同，且每一对极槽电动势相量构成一个完整的槽电动势星形图。当 Q/p 不为整数时，设 t 是 Q 与 p 的最大公约数，则电机由 t 个所谓的单元电机构成，每个单元电机的槽数为 Q/t，极对数为 p/t。槽电动势星形图有 Q/t 个相量，图中的每个相量对应 t 个单元电机 t 个槽的感应电动势相量。槽矢量图的作法如下：

（1）求单元电机数 t。

$$t = GCD(Q, p) \qquad (1-8)$$

$GCD(Q,p)$ 表示求 Q 和 p 的最大公约数（Greatest Common Divisor，GCD）。

（2）求单元电机的槽数 Q_t 和极对数 p_t。

$$Q_t = \frac{Q}{t} \qquad (1-9)$$

$$p_t = \frac{p}{t} \qquad (1-10)$$

（3）求槽距角 α。

$$\alpha = p\frac{360^\circ}{Q} \qquad (1-11)$$

（4）依据相邻槽的槽矢量相差一槽距角 α，按槽号顺序依次绘制出全部 Q_t 个槽矢量，并在 Q_t 个槽矢量上标出 t 个单元电机全部的 Q 个槽号。

按以上步骤所绘出的槽矢量图，是对电机的基波极对数 p 作出的槽矢量图。考虑谐波时，对 ν 次谐波，上述分析只需将 p 换成 ν 即可。此处谐波次数 ν 是按整个圆周定义的次数，即 $\nu=1$ 的谐波，其波长对应整个圆周，磁极对数为 1；ν 次谐波波长为整个圆周周长的 $1/\nu$，ν 次谐波的磁极对数为 ν。这不同于通常所说的相对于基波的谐波次数。相对于基波的谐波次数用 ν_p 表示，以示区别。它与相对于整个圆周的谐波次数 ν 的关系为

$$\nu_p = \frac{\nu}{p} \qquad (1-12)$$

根据 ν_p，可将谐波分成整数次谐波、分数次谐波、低次谐波、高次谐波、奇次谐波、偶次谐波等。对正规绕组，磁动势所有的谐波次数总是极对数的整数倍；而不正规绕组，谐波次数可能包含分数次。因此，以 2 极磁场作为基波，任何磁动势的谐波次数均为整数。如 4 极电机，4 极磁动势考虑成 2 次谐波；6 极电机，6 极磁动势考虑成 3 次谐波等。即，ν 次谐波对应 ν 对极或 2ν 极。

另外，在绕组理论分析中，还常使用相对于单元电机的谐波次数。相对于单元电机的谐波次数用 ν_t 表示。它与相对于整个圆周的谐波次数 ν 的关系为

$$\nu_t = \frac{\nu}{t} \qquad (1-13)$$

【例 1-8】 一台感应电动机，定子槽数 $Q=36$、极数 $2p=10$，试分别画出 $\nu=5$（基波）和 $\nu=15$（3 次谐波）的槽电动势星形图。

解： 首先计算槽距角。

当 $\nu=p=5$ 时，槽距角 α 为

$$\alpha = p\,\frac{360°}{Q} = 5\,\frac{360°}{36} = 50°$$

当 $\nu = 15$ 时，$\nu_p = \nu/p = 15/5 = 3$。即 $\nu = 15$ 次谐波为相对于基波的 3 次谐波，其对应的槽距角为 3α，$3\alpha = 150°$。

然后，按相邻槽电动势矢量依次相差此极对数下的槽距角，绘制出槽矢量图。此电机的槽矢量图如图 1-7 所示。

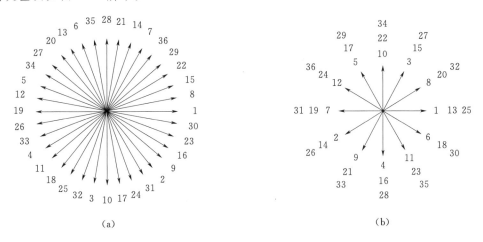

(a)   (b)

图 1-7 $Q = 36$，$2p = 10$ 时电机基波和 3 次谐波槽矢量图
(a) 基波；(b) 3 次谐波

1.6.3   槽号相位表法[1]

槽号相位表法和槽矢量图法具有完全相同的物理意义，它是由槽矢量图发展而来，只是将绘制不太方便的槽矢量图改成了绘制比较方便的表格。

把槽矢量图沿圆周展开成直线，槽号相位表中的列槽号与槽矢量图中的矢量一一对应。相位表中的水平长度相当于 2π 电弧度或 $360°$ 电角度。槽号相位表中同一列上的槽号，槽矢量位置相同，即矢量相位相同；槽号相位表中两个槽号的水平距离则代表相应矢量的相位差。此外，为便于应用，常把负槽号也列于槽号相位表中。负槽号在与正槽号相距 π 电弧度的位置上。

槽号相位表仅与电机的槽数 Q 和极对数 p 有关。其作法如下[5]：

（1）求单元电机数 t。

$$t = GCD(Q, p) \tag{1-14}$$

（2）求单元电机的槽数 Q_t 和极对数 p_t。

$$Q_t = \frac{Q}{t} \tag{1-15}$$

$$p_t = \frac{p}{t} \tag{1-16}$$

（3）确定槽号相位表的列数 Q_p 和步长 x_p。

当 Q_t 为偶数时，

$$\begin{cases} Q_p = Q_t \\ x_p = p_t \end{cases} \tag{1-17}$$

当 Q_t 为奇数时，

$$\begin{cases} Q_p = 2Q_t \\ x_p = 2p_t \end{cases} \tag{1-18}$$

从式（1-17）和式（1-18）可以得出：Q_t 为偶数时，x_p 为奇数；Q_t 为奇数时，x_p 为偶数。

（4）确定槽号相位表的行数 R_p。槽号相位表中每对极对应一行。当正负槽号分开填写时，正槽号有 p 行，负槽号也有 p 行，故槽号相位表的行数 R_p 为

$$R_p = 2p \tag{1-19}$$

此时每一行中有很多的空格。

因为单元电机的每个槽号相位均不相同，当把每一单元电机的槽号放在同一水平线上时，若 Q_t 为偶数，$Q_p = Q_t$，一个单元电机的正槽号或负槽号正好占满槽号相位表一行的 Q_p 个小格，t 个单元电机的槽号相位表共有 $2t$ 行；若 Q_t 为奇数，$Q_p = 2Q_t$，一个单元电机的正槽号或负槽号的 Q_t 个槽号占有槽号相位表一行的 Q_p 个小格的一半，正槽号若在槽号相位表的奇数列上，负槽号则在偶数列上，正负槽号交错排列。若将单元电机正负槽号合并，它们将占满槽号相位表的一行，故 t 个单元电机组成的槽号相位表共有 t 行。这种排列整齐、没有空格的相位表称为"整理后的槽号相位表"[1]。即整理后的槽号相位表行数 R_p 为

$$\begin{cases} R_p = 2t, & Q_t \text{ 为偶数} \\ R_p = t, & Q_t \text{ 为奇数} \end{cases} \tag{1-20}$$

下面讨论中使用的槽号相位表是有空格且有负槽号的槽号相位表，即为式（1-19）表示的行数 $R_p = 2p$ 的槽号相位表。

（5）绘制槽号相位表。按行数 R_p 和列数 Q_p 画表格，并按步长 x_p 在表格里顺序地填写上槽号。负槽号按与正槽号相差 π 电弧度，即相差 $Q_p/2$ 个小格作出。

按以上步骤所得到的槽号相位表，是对应于基波极对数 p 的槽号相位表。对 ν 次谐波的槽号相位表，只需将上述步骤中的 p 换成 ν 即可得出。

槽号相位表法和槽矢量图法一样，可用来设计绕组、进行绕组分布因数计算、判断绕组是否对称等。作槽号相位表比画槽矢量图简便。槽号相位表的缺点是没有槽矢量图直观。

【例 1-9】 已知一台交流电机，槽数 $Q = 36$，极数 $2p = 8$，试作出基波的槽号相位表。

解：（1）求单元电机数 t。

$$t = GCD(Q, p) = GCD(36, 4) = 4$$

（2）求单元电机的槽数 Q_t 和极对数 p_t。

$$Q_t = \frac{Q}{t} = \frac{36}{4} = 9$$

$$p_t = \frac{p}{t} = \frac{4}{4} = 1$$

（3）确定槽号相位表的列数 Q_p 和步长 x_p。因 $Q_t=9$，为奇数，由式（1-18）得

$$\begin{cases} Q_p=2Q_t=2\times9=18 \\ x_p=2p_t=2\times1=2 \end{cases}$$

（4）确定槽号相位表的行数 R_p。由式（1-19）得

$$R_p=2p=8$$

（5）绘槽号相位表。按行数 $R_p=8$，列数 $Q_p=18$，制作表格，并按步长 $x_p=2$ 在表格里顺序地填写上槽号。负槽号按与正槽号相差 π 电弧度，即相差 $9\left(\dfrac{Q_p}{2}\right)$ 个小格作出。作出的槽号相位表见表 1-1。

表 1-1　　　　　　　　　　　　8 极 36 槽的基波槽号相位表

1		2		3		4		5		6		7		8		9	
10		11		12		13		14		15		16		17		18	
19		20		21		22		23		24		25		26		27	
28		29		30		31		32		33		34		35		36	
	−33		−34		−35		−36		−1		−2		−3		−4		−5
	−6		−7		−8		−9		−10		−11		−12		−13		−14
	−15		−16		−17		−18		−19		−20		−21		−22		−23
	−24		−25		−26		−27		−28		−29		−30		−31		−32

1.6.4　复数解析法[1]

前述的槽矢量法和槽号相位表法，若应用于交流电机绕组谐波分析，对每一种极对数的谐波都需要逐次画出图形和表格。而复数分析法是根据代数公式，把槽矢量图中的每个矢量用一复数表示，并采用复数运算法得出解析式，求取每相合成矢量的大小。对不同的谐波 ν，分别代入解析公式中计算，即得所需结果。分析过程比槽矢量法和槽号相位表法简便。

同前，当仅求取交流电机绕组的绕组因数或进行谐波分析等时，可令槽矢量图中各矢量的大小为 1，以方便计算。下面举例说明。

【例 1-10】　［例 1-8］中交流电机，若绕组为三相 60° 相带分数槽绕组，求相绕组对应 $p=5$ 的基波和 $\nu_p=3$ 的 3 次谐波分布因数。

解：根据图 1-7，基波槽距角 $\alpha=50°$。对 60° 相带分数槽绕组，以 A 相为例，如 A 相绕组占 1、30、23、16、9、2 和 −19、−12、−5、−34、−27、−20 号槽，其正、负相带排列规律相同。正相带中相邻的矢量间、负相带中相邻的矢量间均相差 29 槽；正负相带间相隔 18 槽。对 $p=5$ 的基波和 $\nu_p=3$ 的 3 次谐波，因为是奇次谐波，正负相带相差 180° 电角度。取正负相带分析均可。现取正相带计算。对 ν_p 次谐波，如取 1 号槽矢量作为参考矢量，并设矢量大小为 1，相位角为 0°，则 30 号槽矢量为 $e^{-j29\nu_p\alpha}$，23 号槽矢量为 $e^{-j58\nu_p\alpha}$，以此类推。得 ν_p 次谐波 A 相正相带各槽矢量的和 $\vec{F}_{A_{\nu_p}}$ 为

$$\vec{F}_{A_{\nu_p}} = 1 + e^{-j29\nu_p\alpha} + e^{-j2\times29\nu_p\alpha} + e^{-j3\times29\nu_p\alpha} + e^{-j4\times29\nu_p\alpha} + e^{-j5\times29\nu_p\alpha}$$

经推导与简化，有

$$|\vec{F}_{A_{\nu_p}}| = \frac{\sin\dfrac{145\nu_p\pi}{6}}{\sin\dfrac{145\nu_p\pi}{36}}$$

因各槽矢量的算术和为 6，所以 ν_p 次谐波分布因数 $k_{q\nu p}$ 为

$$k_{q\nu p} = \frac{|\vec{F}_{A_{\nu_p}}|}{6} = \frac{\sin\dfrac{145\nu_p\pi}{6}}{6\sin\dfrac{145\nu_p\pi}{36}}$$

将 $\nu_p = 1$ 代入，得基波分布因数 $k_{q1p} = 0.9561$。

将 $\nu_p = 3$ 代入，得 3 次谐波分布因数 $k_{q3p} = 0.64395$。

复数分析法是一种普遍方法。对各类交流电机绕组，通过相应的分析计算，均可以得到绕组因数及绕组谐波分析的解析表达式。

1.6.5 交流电机空间离散傅里叶变换理论和绕组的全息谱分析

合成磁动势波形图法、槽矢量图法、槽号相位表法、复数分析法等是交流电机绕组传统的分析方法。这些方法主要用于分析常规绕组及绕组基本问题。随着科技的发展，出现了许多新型绕组和与绕组分析相关的新需求，如低谐波绕组设计分析、真分数槽集中绕组设计分析、多相电机（High – phase – order Machines）分析、故障时电机电感系数计算等，这些问题采用传统绕组理论不能很好地解决。在这些绕组分析方法的基础上，按照数学原理和现代数字信号处理技术，本书提出了交流电机空间离散傅里叶变换理论（Theory of Space Discrete Fourier Transform，TSDFT）和绕组的全息谱分析（The Holospectrum Analysis of Windings，HAW）。

对具有多相对称绕组的交流电机，采用 TSDFT 方法，即在空间域对各相电压、电流、磁链等物理量进行离散傅里叶变换，将电机性能分析由空间域变换到频率域，建立交流电机分析的频率域数学模型。TSDFT 应用于三相正弦交流系统即为对称分量法。TSDFT 在交流电机坐标变换理论之上，发展了坐标变换并为坐标变换理论提供了坚实的数学基础。HAW 方法是将交流绕组离散序列在空间域进行分解与合成，通过空间傅里叶变换（SDFT），得到交流绕组在频率域的全息谱。交流电机绕组的全息谱为交流绕组在频率域的完备表示。HAW 方法修正、完善了传统绕组理论分析中绕组因数的计算方法，特别是分数槽绕组的各次谐波绕组因数计算方法。同时，将数论理论和全息谱分析方法用于交流电机绕组的谐波分析，导出了忽略槽口影响时和计入槽口影响时绕组全息谱分析下的磁动势波形解析计算公式，并给出谐波感应电动势的全息谱计算方法。交流电机空间离散傅里叶变换理论和交流电机绕组的全息谱分析是本书的主要内容，其原理将在第 3 章中详细阐述。

交流绕组全息谱分析理论系统地给出了绕组的空间域表示方法和频率域表示方法，定义了复绕组因数，建立了完整的交流电机绕组的数学模型。HAW 方法将绕组分析的基本

单元由传统方法中的单根导体或单个线圈替代为现代方法中的正弦规律散布绕组（非量化散布绕组），同时将绕组由空间域分析变换到频率域分析，从另一个视点来研究和分析交流电机绕组问题。常用交流绕组的全息谱分析将在 4～6 章中论述。采用 HAW 方法，先后分析了三相交流电机常规的 60°相带、大小相带、120°相带整数槽和分数槽绕组及单相交流电机常规的正弦绕组。并就目前已在永磁无刷直流电动机和永磁同步电动机中广泛使用的分数槽集中绕组进行了专门研究，按数论理论系统地分析了此类绕组的槽极组合关系及槽数和极对数的选择，给出了此类绕组的全息谱计算方法，导出了谐波绕组因数的解析公式。另外，还将 HAW 方法应用在交流绕组的优化设计中。采用 HAW 方法设计非正规的三相合成正弦绕组和低谐波绕组时，可以根据目标要求准确得出绕组的分布，详细内容参见 7.1 节。

正像傅里叶分析之于数学和工程应用一样，建立在严密数学基础上的交流电机空间离散傅里叶变换理论和交流电机绕组的全息谱分析，可广泛应用于交流电机性能分析及交流绕组分析。交流电机空间离散傅里叶变换理论在多相交流电机分析中的应用参见第 3 章；交流电机绕组全息谱分析理论在交流电机三相合成正弦绕组和低谐波绕组的设计、绕组谐波漏抗的计算、绕组自感系数和互感系数的计算等方面的应用参见第 7 章。关于交流电机空间离散傅里叶变换理论和交流绕组全息谱分析在交流电机其他方面的应用，本书暂未提及，如单绕组变极绕组设计、电机故障分析、故障诊断、多相（五相、双三相、九相、十二相等）电机绕组分析和数学建模及多相电机矢量控制等方面的应用。

第2章　交流电机绕组的基本理论

绕组的磁动势和电动势是发生于电机绕组中的电磁过程的两个方面。绕组电动势随时间变化的实际波形和磁动势沿空间分布的实际波形，通常都比较复杂，一般都采用谐波分析法。它们都是绕组所包含线圈的空间函数[1]，有很大的相似性。如绕组磁动势和电动势分析中的分布因数、节距因数、绕组因数、谐波含量、三相的对称性等内容，均是相似的。从磁动势观点分析所得结果往往可以直接用于电动势分析中。本章采用传统方法对绕组的这两个方面，重点是磁动势方面，进行分析。交流电机磁动势的分析是交流电机工作特性分析的关键内容之一。在讨论交流电机空间离散傅里叶变换理论和绕组的全息谱分析之前，本章首先论述交流电机绕组的基本理论。

2.1　单根载流导体的磁动势

电机绕组是由一些沿电机气隙圆周分布、通常放置于槽中的导体，按某种方式连接而成，其最基本的单元是导体。故研究绕组的磁动势可首先分析一根导体的磁动势，并在此基础上来分析线圈、线圈组直至一相及多相绕组合成的磁动势。

2.1.1　单根载流导体或线圈边产生的磁动势[6]

设有单根导体置于气隙中，并通以电流 i_c，如图 2-1 所示。电流以流入纸面为参考方向，用⊗表示。定转子铁芯的相对磁导率 $\mu_{Fe}=\infty$，坐标选用极坐标 (ρ, θ)，导体置于 $\theta=0°$ 处的气隙中，R_1 为定子内圆半径，R_2 为转子外圆半径。

由电磁场理论及铁磁材料性质，有

$$H_\theta = \begin{cases} 0, & \rho=R_2 \\ -\dfrac{i_c}{2\pi R_1}, & \rho=R_1 \end{cases} \qquad (2-1)$$

式中　H_θ——磁场强度的切向分量。

式 (2-1) 表明转子外表面磁场强度切向分量为零，定子内表面磁场强度切向分量为一正比于电流 i_c 的常量，与位置 θ 无关。

由磁场对称性，$\theta=\pi$ 处，气隙磁场强度 H_δ 为

$$H_\delta = 0 \qquad (2-2)$$

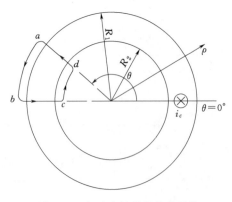

图 2-1　气隙中的单根载流导体

设磁动势以从转子铁芯到定子铁芯的方向为磁动势的参考方向。根据安培环路定律，若选取回路 abcda，参见图 2-1，θ 处单根导体产生的气隙磁动势 $f_s(\theta)$ 为

$$f_S(\theta) = -\int_{abcd} \boldsymbol{H} \cdot \mathrm{d}\boldsymbol{l} = -\int_{ab} \boldsymbol{H} \cdot \mathrm{d}\boldsymbol{l} = \frac{i_c}{2}\left(1 - \frac{\theta}{\pi}\right), \quad 0 < \theta < 2\pi \quad (2-3)$$

$f_S(\theta)$ 的波形如图 2-2 所示。

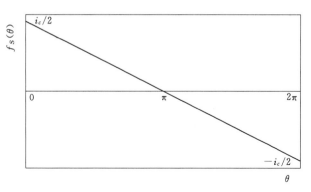

图 2-2　单根载流导体产生的气隙磁动势波形

根据磁动势波 $f_S(\theta)$ 的波形特点，将 $f_S(\theta)$ 按傅里叶级数展开，得

$$f_S(\theta) = \sum_{\nu=1}^{\infty} F_{S\nu} \sin(\nu\theta), \quad 0 < \theta < 2\pi \quad (2-4)$$

式中　$F_{S\nu}$——$f_S(\theta)$ 中 ν 次谐波磁动势的幅值，有

$$F_{S\nu} = \frac{2}{\pi}\int_0^{\pi} f_S(\theta)\sin(\nu\theta)\mathrm{d}\theta = \frac{i_c}{\pi\nu}, \quad \nu = 1,2,3,\cdots \quad (2-5)$$

于是单根导体产生的磁动势 $f_S(\theta)$ 为

$$f_S(\theta) = \sum_{\nu=1}^{\infty} \frac{i_c}{\pi\nu}\sin(\nu\theta), \quad 0 < \theta < 2\pi \quad (2-6)$$

如果气隙中是线圈的一个边，设线圈匝数为 N_c，则其总电流为 $i_c N_c$，根据式（2-3）、式（2-6），线圈边产生的磁动势为

$$f_S(\theta) = \frac{i_c N_c}{2}\left(1 - \frac{\theta}{\pi}\right), \quad 0 < \theta < 2\pi \quad (2-7)$$

或

$$f_S(\theta) = \sum_{\nu=1}^{\infty} \frac{i_c N_c}{\pi\nu}\sin(\nu\theta), \quad 0 < \theta < 2\pi \quad (2-8)$$

其中的 ν 次谐波 $f_{S\nu}(\theta)$ 为

$$f_{S\nu}(\theta) = \frac{i_c N_c}{\pi\nu}\sin(\nu\theta), \quad 0 < \theta < 2\pi \quad (2-9)$$

$\nu=1$、2、3 时 $f_S(\theta)$ 的波形如图 2-3（a）所示，ν 次谐波 $f_{S\nu}(\theta)$ 的波形如图 2-3（b）所示。ν 次谐波是对应 ν 对极谐波磁动势的谐波。

式（2-6）和式（2-8）表明：

（1）单根载流导体或一线圈边产生的磁动势包含极对数为 $1,2,3,\cdots,\infty$ 的所有整数极对数的一系列谐波，各谐波均为沿气隙圆周按正弦规律分布的磁动势波。

（2）谐波的幅值与电流大小成正比，与匝数成正比，与谐波的次数（极对数）成反

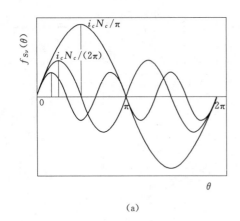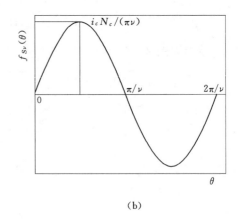

图 2-3　单根导体或线圈边产生磁动势的各次谐波波形

(a) 1 次、2 次、3 次谐波；(b) ν 次谐波

比，谐波次数越大，其幅值越小。

（3）载流导体或线圈边处（即 $\theta=0°$ 处），为所有谐波磁动势的公共零点。且若电流为正，其为所有谐波磁动势从负到正的公共零点；若电流为负，其为所有谐波磁动势从正到负的公共零点。

注意，尽管每一导体或线圈边产生一系列谐波磁动势，但作为旋转电机，通常只有其中一个谐波磁动势是需要的工作磁动势波，即电机理论分析中的基波。

上述的分析，由于沿圆周电流之和不为零，定子铁芯中有磁压降。如第 1 章中磁动势波形图法中所述，对于实际电机，如单端面出线的普通单层、双层、单相、三相绕组以及对称运行的双端面出线具有半匝线圈的绕组等，一般均有整个圆周电流之平均值为零。认为铁芯不消耗磁动势、铁磁材料相对磁导率 $\mu_{\mathrm{Fe}}=\infty$，不会给分析带来大的误差。

2.1.2　空间矢量与磁动势的矢量表示

与随时间按正弦规律变化的量可以用时间相量来表示一样，磁动势波分解出的各次谐波均为空间上按正弦规律分布的波形，也可以用空间矢量来表示。空间矢量的长度表示磁动势的幅值大小，空间矢量的方向（矢量所在的位置）表示幅值所在的位置，箭头方向为正幅值位置。用符号 $\vec{F}_1$、$\vec{F}_2$、$\cdots$、$\vec{F}_\nu$ 等表示 1 次、2 次、$\cdots$、ν 次谐波磁动势的空间矢量。图 2-4 所示为单根导体或一线圈边产生的磁动势 1 次、2 次、3 次谐波和 ν 次谐波分量的矢量表示。ν 次谐波有 ν 个矢量位置，图 2-4 (b) 是 $\vec{F}_\nu$ 的示意图。

需要特别指出，这种坐标方式表示的空间矢量，理论上不尽正确。因为这种空间矢量不能按常规矢量处理，如矢量的平行四边形法则相加、矢量分解等。它们必须经过处理后才能使用。图 2-4 只是为了说明各次谐波磁动势在空间上的实际位置。

2.1.3　采用电角度描述磁动势分布

在研究电机问题时，经常采用电角度或电弧度。为了使两谐波磁动势在空间上的相位差直接等于两谐波对应点在空间上的距离，定义以正弦波分布的磁场，每对极磁场所对应

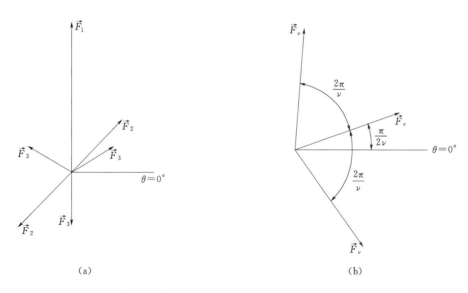

图 2-4　单根导体或一线圈边产生的谐波磁动势空间位置示意图

(a) 1次、2次、3次谐波；(b) ν次谐波

的空间角度为 360° 电角度或 2π 电弧度。而实际的空间角度，一个圆周所对应的角度是 360° 或 2π 弧度。在电机学中习惯称这种角度为机械角以示区别。对于 ν 对极磁动势波，空间上某一角度，其电角度值等于 ν 倍机械角度值。空间上同一机械角度，对不同次数的谐波磁场有不同的电角度。由于这种电角度随谐波次数不同而不同，用起来好处并不多[1]。要视应用情况而定。

采用电角度后，图 2-3 (a) 中的各谐波磁动势波如图 2-5 (a) 所示，对应的空间矢量表示如图 2-5 (b) 所示。图 2-5 (b) 中的整个圆周对应各次谐波的 360° 电角度。

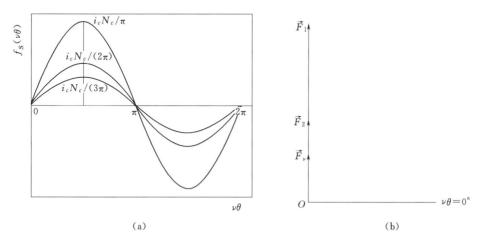

图 2-5　以电角度表示的单根导体或一线圈边产生的谐波磁动势波形及其空间矢量表示

(a) 磁动势波形；(b) 空间矢量图

与图 2-4 相比，图 2-5 (b) 中，采用电角度后，在一个圆周空间上，对应 360° 电角度，磁动势矢量空间唯一。但在实际图中矢量有多个位置，ν 对极磁动势有 ν 个正幅值

处，即空间矢量有 ν 个位置。以下的矢量图中均使用电角度。这样，若选取导体处是空间坐标的原点（$\theta=0°$），则单根导体或线圈边产生的各次谐波磁动势空间矢量相位相同，均处于 90°电角度的空间位置处。电流为负值时，各次谐波磁动势空间矢量位于 $-90°$ 电角度的空间位置处。

2.2　单个载流线圈的磁动势

2.2.1　单个载流线圈产生的磁动势

一个线圈由两个线圈组成。为了求出单个线圈产生的磁动势，可以采用叠加原理。把线圈的两个线圈边所产生的磁动势叠加，得到整个线圈产生的磁动势。

设有匝数为 N_c、载有电流 i_c 的线圈，线圈的两有效边编号为 1、2，如图 2-6 所示。线圈节距为 y 个槽，相应的角度为 γ 机械弧度。若电机槽均匀分布在整个圆周，槽数为 Q，则有

$$\gamma=y\frac{2\pi}{Q} \tag{2-10}$$

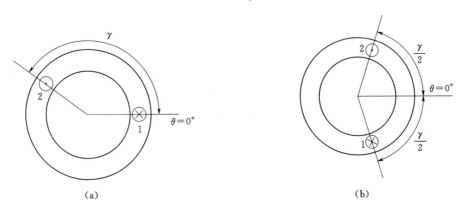

（a）　　　　　　　　　　　　　　　　（b）

图 2-6　气隙中的单个载流线圈
（a）坐标原点在线圈边 1 处；（b）坐标原点在线圈轴线处

电流 i_c 的参考方向以及空间坐标位置如图 2-6（a）所示，线圈边 1 位于 $\theta=0$ 处，线圈边 2 位于 $\theta=\gamma$ 处。由式（2-7），线圈边 1 产生的磁动势 $f_{S_1}(\theta)$ 为

$$f_{S_1}(\theta)=\frac{i_c N_c}{2}\left(1-\frac{\theta}{\pi}\right), \quad 0<\theta<2\pi \tag{2-11}$$

线圈边 2 产生的磁动势 $f_{S_2}(\theta)$（注意其电流为负）为

$$f_{S_2}(\theta)=\begin{cases} -\dfrac{i_c N_c}{2}\left(1-\dfrac{\theta+2\pi-\gamma}{\pi}\right)=\dfrac{i_c N_c}{2}\left(1+\dfrac{\theta-\gamma}{\pi}\right), 0\leqslant\theta<\gamma \\ -\dfrac{i_c N_c}{2}\left(1-\dfrac{\theta-\gamma}{\pi}\right), \quad\quad\quad\quad\quad\quad\quad \gamma<\theta<2\pi \end{cases} \tag{2-12}$$

所以整个线圈产生的磁动势 $f_c(\theta)$ 为

$$f_c(\theta) = f_{S_1}(\theta) + f_{S_2}(\theta) = \begin{cases} \dfrac{2\pi - \gamma}{2\pi} i_c N_c, & 0 < \theta < \gamma \\[3mm] -\dfrac{\gamma}{2\pi} i_c N_c, & \gamma < \theta < 2\pi \end{cases} \qquad (2-13)$$

其波形如图 2-7（a）所示，为矩形波。若以线圈的轴线为坐标原点，参见图 2-6（b），则 $f_c(\theta)$ 的波形如图 2-7（b）所示。将图 2-7（b）中的磁动势进行傅里叶分解，有

$$f_c(\theta) = \sum_{\nu=1}^{\infty} F_{c\nu} \cos(\nu\theta) \qquad (2-14)$$

式中 $F_{c\nu}$——$f_c(\theta)$ 中 ν 次谐波磁动势的幅值，且

$$F_{c\nu} = \frac{2}{\pi} \int_0^\pi f_c(\theta) \cos(\nu\theta) \mathrm{d}\theta = \frac{2i_c N_c}{\pi\nu} \sin\left(\nu \frac{\gamma}{2}\right) \qquad (2-15)$$

$f_c(\theta)$ 中的 ν 次谐波 $f_{c\nu}(\theta)$ 为

$$f_{c\nu}(\theta) = \frac{2i_c N_c}{\pi\nu} \sin\left(\nu \frac{\gamma}{2}\right) \cos(\nu\theta) \qquad (2-16)$$

ν 为 1、2、3 时的谐波磁动势 $f_{c\nu}(\theta)$ 波形如图 2-7（b）所示。

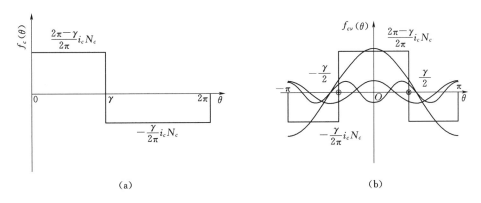

(a)   (b)

图 2-7　单个载流线圈产生的磁动势

（a）线圈磁动势 $f_c(\theta)$；（b）ν 为 1、2、3 时的谐波磁动势 $f_{c\nu}(\theta)$

由式（2-14）和式（2-15），单个线圈产生的磁动势 $f_c(\theta)$ 为

$$f_c(\theta) = \sum_{\nu=1}^{\infty} \frac{2i_c N_c}{\pi\nu} k_{y\nu} \cos(\nu\theta) \qquad (2-17)$$

其中

$$k_{y\nu} = \sin\left(\nu \frac{\gamma}{2}\right) = \sin\left(\nu y \frac{\pi}{Q}\right) \qquad (2-18)$$

式中 $k_{y\nu}$——线圈 ν 次谐波的节距因数或短距因数。

由式（2-18）可见，节距因数 $|k_{y\nu}| \leqslant 1$，它表征由于线圈分布在两个槽中所产生的磁动势 ν 次谐波幅值，与两个线圈边单独产生的 ν 次谐波磁动势幅值的算术和相比，其幅值减小的程度。$k_{y\nu}$ 的正负影响线圈轴线处谐波磁动势幅值的正负。

式（2-17）表明：

（1）单个线圈产生的磁动势波包含极对数为 $1, 2, 3, \cdots, \infty$ 的所有整数极对数的一系列

谐波，除非某次谐波因其节距因数为零而不存在。

（2）谐波的幅值除与电流和匝数成正比，与谐波的次数（极对数）成反比外，还与节距因数成正比。谐波节距因数越大，此谐波磁动势幅值越大。

（3）线圈的轴线位置为所有谐波磁动势的公共幅值点。$i_c k_{yv}$ 为正时，轴线处对应谐波磁动势正波幅；$i_c k_{yv}$ 为负时，轴线处对应谐波磁动势负波幅。

应当指出，通常各次谐波幅值应大于零，而按式（2-15）计算出的幅值随 $i_c k_{yv}$ 的正负而变化，其正负反映了各谐波磁动势的相位关系。磁动势负波幅的位置与正波幅位置在空间上相差 π 电弧度。

2.2.2 单个载流线圈磁动势的矢量表示

对图 2-6（b）中的线圈，用其两个线圈边 ν 次谐波磁动势的空间矢量合成，来表示

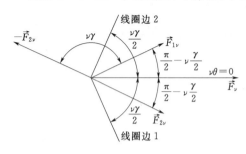

图 2-8 单个载流线圈磁动势 ν 次谐波的矢量表示

一线圈产生的 ν 次谐波磁动势矢量。由于线圈边 1、2 所处位置及电流方向不同，但电流大小相等，两线圈边产生的沿圆周正弦规律分布的 ν 次谐波磁动势波形相同、幅值相等，但在空间存在相位差，分别超前和滞后线圈边所在位置 $\pi/2$ 电弧度。如图 2-8 所示，线圈边 1 的 ν 次谐波磁动势 $\vec{F}_{1\nu}$ 超前线圈边 1 位置 $\pi/2$ 电弧度，线圈边 2 的 ν 次谐波磁动势 $\vec{F}_{2\nu}$ 滞后线圈边 2 位置 $\pi/2$ 电弧度。合成的 ν 次谐波磁动势矢量 $\vec{F}_\nu$ 在线圈的轴线处。

流过相同方向的电流，并在空间相距 γ 机械角度的两线圈边，它们产生的 ν 次谐波磁动势空间矢量，相位在空间相差 $\nu\gamma$ 电弧度，即是以 ν 次谐波的电角来度量这两个线圈边空间上的角度。而当两线圈边流过相反方向的电流时，它们产生的 ν 次谐波磁动势空间矢量，相位在空间相差 $\nu\gamma\pm\pi$ 电弧度。

由图 2-8 及节距因数 k_{yv} 的定义，有

$$k_{yv} = \frac{F_\nu}{F_{1\nu} + F_{2\nu}} = \cos\left(\frac{\pi}{2} - \nu\frac{\gamma}{2}\right) = \cos\left(\frac{1}{2}\beta_\nu\right) = \sin\left(\nu\frac{\gamma}{2}\right) \quad (2-19)$$

其中

$$\beta_\nu = \pi - \nu\gamma \quad (2-20)$$

且令

$$\beta = \pi - \gamma \quad (2-21)$$

式中 β_ν——对应 ν 次谐波线圈的短距角；

       β——短距角，注意 $\beta_\nu \neq \nu\beta$。

从上面的分析过程可以看出，采用矢量表示空间正弦分布的量时，使用电角度的方便之处。

2.3 槽磁动势星形图及槽电动势星形图

2.3.1 时间相量和空间矢量的比较

设两个随时间按余弦规律变化的量 $i_1(t)$、$i_2(t)$，有效值分别为 I_1、I_2，初相位角分别为 φ 和 $\varphi+\alpha$，即

$$\begin{cases} i_1(t)=\sqrt{2}I_1\cos(\omega t+\varphi) \\ i_2(t)=\sqrt{2}I_2\cos(\omega t+\varphi+\alpha) \end{cases} \qquad (2-22)$$

其相量表示和图形曲线如图 2-9 所示。图 2-9（a）中 +1 轴为实轴，+j 轴为虚轴。

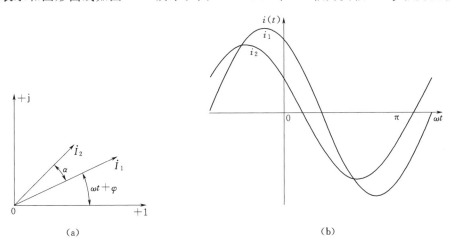

图 2-9　时间量的相量表示和图形曲线
（a）相量图；（b）波形图

设两个沿空间按余弦规律分布的磁动势为

$$\begin{cases} f_1(\theta)=F_1\cos(\nu\theta+\psi) \\ f_2(\theta)=F_2\cos(\nu\theta+\psi+\beta) \end{cases} \qquad (2-23)$$

其空间矢量表示和图形曲线如图 2-10 所示。

比较式（2-22）时间量和式（2-23）空间量的数学表达式和相应的波形图，以及它们对应的时间相量和空间矢量图，有以下结论：

（1）时间相量的大小常用有效值表示，而空间矢量的大小常用幅值表示。

（2）当两者变化的表达式相同、波形相同时，时间相量和空间矢量表示的位置不同。

（3）时间相量随时间以 ω 速度逆时针旋转；而空间矢量位置随空间相位角 ψ（或 $\psi+\beta$）的变化而变化。空间相位角不变时，空间矢量不旋转；当空间相位角 ψ 随时间按 ωt 变化时，矢量则以角速度 ω 顺时针方向旋转；空间相位角 ψ 随时间按 $-\omega t$ 变化时，矢量则以角速度 ω 逆时针方向旋转。

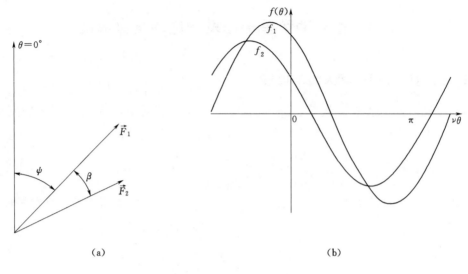

图 2-10　空间量的矢量表示和图形曲线
(a) 矢量图；(b) 波形图

（4）时间量在时刻 t 的瞬时值，等于相量逆时针方向转过 ωt 角后，相量实部的 $\sqrt{2}$ 倍；而空间量在空间某一位置的值等于空间矢量在此位置的投影。

（5）由于认知时间量之间的所谓"超前"与"滞后"，表示其到达某一相位，如正最大值，到达的先后顺序关系，先到的量称为超前。图 2-9 中，相量 $\dot{I}_2$ 超前 $\dot{I}_1\alpha$ 角，一般无歧义。但对于空间量，如图 2-10 所示，空间量的波形图形及数学表达式与时间量相似，但因为处理成时间相量和空间矢量的方式不同，以及时间和空间认知推理上"前""后"的语言差异，超前或滞后容易出现歧义[74-76]。本书对于空间量采用按其在空间矢量图中的关系定义超前和滞后。在图 2-10 中，说 $\vec{F}_1$ 超前 $\vec{F}_2\beta$ 角或 $\vec{F}_2$ 滞后 $\vec{F}_1\beta$ 角。必须说明，按这样定义的空间矢量超前、滞后的关系，列写空间量表达式时，与列写时间量表达式不同；但画空间矢量图时，空间矢量超前与滞后关系与时间相量图中时间相量超前与滞后关系相同。应注意空间矢量和时间相量的差别。

当然，作为同样的余弦（或正弦）规律变化的量，空间矢量也可以和时间相量以相同的矢量形式表示。但上面的空间矢量和时间相量表示方法已经形成习惯和定式。特别的说明只是因为它们应用在电机分析时，要注意时间相量图和空间矢量图中的差异，避免出现错误。许多文献包括教科书时常有此类错误。

2.3.2　槽磁动势星形图

电机每个槽中的线圈边流过电流都在空间产生按正弦规律分布的 ν 对极谐波磁动势，这些谐波磁动势都可以用矢量表示。若绕组是嵌在均匀分布的 Q 个槽中，假定每个槽中的线圈边匝数相同，且载有同方向、同大小的电流，这些线圈边产生的各次谐波磁动势空间矢量则大小相等，各矢量间的夹角为线圈边在空间上以电角度度量的距离。这些矢量均匀分布在空间的整个圆周上，构成径向对称的槽磁动势星形图。

2.3.2.1 ν对极谐波槽磁动势星形图的一般规律

1. 每对极的槽数为整数时

当ν次谐波每对极的槽数$\dfrac{Q}{\nu}$为整数时，相距两个ν次谐波极距的两个槽，其ν次谐波磁动势同相位，槽磁动势矢量重合。故每一对极，槽磁动势星形图都相同，且各自由$\dfrac{Q}{\nu}$个矢量组成径向对称的星形图。相邻槽磁动势的相位差α_ν为

$$\alpha_\nu=\frac{360^\circ}{\dfrac{Q}{\nu}}=\frac{\nu\times360^\circ}{Q} \tag{2-24}$$

α_ν是ν对极的槽距角。将槽顺着空间参考方向依次编号，对ν次谐波，槽1的磁动势矢量与槽$\dfrac{Q}{\nu}+1$、$2\dfrac{Q}{\nu}+1$、…、$(\nu-1)\dfrac{Q}{\nu}+1$的磁动势矢量重合，槽2的磁动势矢量与槽$\dfrac{Q}{\nu}+2$、$2\dfrac{Q}{\nu}+2$、…、$(\nu-1)\dfrac{Q}{\nu}+2$的磁动势矢量重合，…，全部槽磁动势矢量组成ν个分布相同的星形图。

【例2-1】 对槽数$Q=24$的电机，作出谐波次数$\nu=2$时的槽磁动势星形图。

解： 因

$$\frac{Q}{\nu}=\frac{24}{2}=12$$

$\dfrac{Q}{\nu}=12$，为整数，全部槽磁动势矢量组成ν个分布相同的星形图。即24个槽磁动势矢量组成2个相同的星形图，相邻槽矢量之间的相位差为

$$\alpha_\nu=\frac{\nu\times360^\circ}{Q}=\frac{2\times360^\circ}{24}=30^\circ$$

选逆时针方向为空间的参考方向，同时，按逆时针方向对电机槽编号。取槽号1处为坐标原点，如图2-11（a）所示，并以流入纸面的方向为电流的参考方向，则槽磁动势

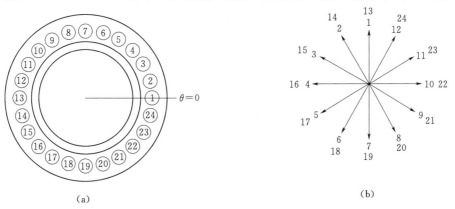

图2-11　$Q=24$，$\nu=2$的电机及其槽磁动势星形图
（a）电机示意图；（b）槽磁动势星形图

星形图如图 2-11（b）所示。

2. 每对极的槽数为分数时

当 ν 次谐波每对极的槽数 $\dfrac{Q}{\nu}$ 不为整数时，令 t 是 Q 和 ν 的最大公因数，即 $t=GCD(Q,\nu)$。定义

$$\begin{cases} Q_t=\dfrac{Q}{t} \\[2mm] \nu_t=\dfrac{\nu}{t} \end{cases} \tag{2-25}$$

且 Q_t 与 ν_t 互素。

空间相差 2π 电弧度整数倍的两个槽的磁动势，在矢量图中槽磁动势矢量重合。对 ν 对极谐波，Q 个槽对应 $2\pi\nu$ 电弧度，即 $\dfrac{Q}{\nu}$ 个槽对应 2π 电弧度。但 $\dfrac{Q}{\nu}$ 不为整数时，与某一槽号同相位，即空间相距 $2\pi k$（k 为正整数）电弧度处是否有槽，取决于 $k\dfrac{Q}{\nu}$ 是不是整数。当 $k\dfrac{Q}{\nu}$ 为整数时，槽 1 的磁动势矢量与槽 $k\dfrac{Q}{\nu}+1$ 的磁动势矢量相位相同、槽 2 的磁动势矢量与槽 $k\dfrac{Q}{\nu}+2$ 的磁动势矢量相位相同……，即从槽 $k\dfrac{Q}{\nu}+1$ 的磁动势矢量开始，槽磁动势矢量重复前面的矢量分布情况。因为 $k\dfrac{Q}{\nu}=k\dfrac{Q_t}{\nu_t}$，$Q_t$ 与 ν_t 互素，$k\dfrac{Q}{\nu}$ 为整数中，k 的最小值为 $k=\nu_t$。即从 $k\dfrac{Q}{\nu}+1=Q_t+1$ 槽开始，槽磁动势矢量开始与前面槽磁动势矢量重合。每 Q_t 个矢量，矢量图重复一次，矢量图共重复 t 次。Q_t 个槽构成 ν 对极谐波的一个单元电机。

结论：槽数为 Q、谐波极对数为 ν 时的交流电机，t 为 Q 和 ν 的最大公因数，其槽磁动势星形图由 t 个单元电机组成。每个单元电机的槽数为 Q_t，Q_t 个磁动势矢量构成一个槽磁动势星形图。相邻的两个磁动势矢量相位差为 $\alpha_t=\dfrac{360^\circ}{Q_t}$ 电角度，称为矢距角。而槽距角 $\alpha_\nu=\dfrac{\nu\times360^\circ}{Q}=\dfrac{\nu_t\times360^\circ}{Q_t}$，它是矢距角的 ν_t 倍。这表明磁动势星形图中，相邻槽号磁动势矢量间相隔（ν_t-1）个矢量。

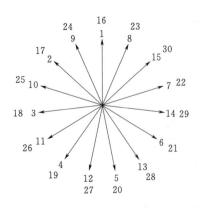

图 2-12　$Q=30$，$\nu=4$ 的电机槽磁动势星形图

【例 2-2】　画出槽数 $Q=30$，谐波极对数 $\nu=4$ 时的交流电机绕组槽磁动势星形图。

解：因 $\dfrac{Q}{\nu}=\dfrac{30}{4}=\dfrac{15}{2}$，不为整数，$Q_t=15$，$\nu_t=2$，$t=2$。故槽磁动势星形图由 2 个单元电机的矢量图组成，每个单元电机的槽矢量为 15 个，相邻槽号磁动势矢量之间相隔 $\nu_t-1=1$ 个槽磁动势矢量。槽号定义及空间的参考方向选取同［例 2-1］，槽磁动势星形图如图 2-12

所示。

2.3.2.2　槽磁动势星形图中相邻槽矢量之间的关系

设槽磁动势星形图中，两相邻槽矢量相距 X 槽。如选取 1 号槽分析，设 $1+X$ 号槽磁动势矢量与 1 号槽磁动势矢量相邻，并超前 1 号槽矢量一个矢距角，即有

$$X\left(\nu\frac{2\pi}{Q}\right)=(kQ_t+1)\frac{2\pi}{Q_t} \tag{2-26}$$

式中　k——整数，且 $0\leqslant k<\nu_t$；

　　　X——矢距槽数。

因 $\dfrac{Q}{\nu}=\dfrac{Q_t}{\nu_t}$，式（2-26）化为

$$X\nu_t=kQ_t+1 \tag{2-27}$$

式（2-27）是一次不定式方程。3 世纪时古希腊数学家丢番图（Diophantus）曾致力于不定方程的求解，因此国际上通常把不定方程称为丢番图方程（Diophantine Equation）[112]。式（2-27）为有两个变量的整系数丢番图方程，该方程求解仅在整数范围内进行。

在讨论式（2-27）之前，首先给出绕组分析时所要使用的数论知识和相关的几个定理[110-112]。第 5 章分析三相交流分数槽绕组时，也将用到这些概念和定理，并在那里还会作些补充。

定义 1：设 a，b 是整数，且 $b\neq0$，若存在一个整数 q 使得等式

$$a=bq \tag{2-28}$$

成立，则称 b 整除 a，记作 $b\mid a$。b 叫作 a 的因子，a 叫作 b 的倍数。若不存在 q 使得式（2-28）成立，则称 b 不能整除 a，记作 $b\nmid a$。

定义 2：设 $a_1,a_2,\cdots,a_n$ 是 $n(n\geqslant2)$ 个整数，若整数 d 是它们当中每一个的因数，则称 d 为 $a_1,a_2,\cdots,a_n$ 的一个公因数。当 $a_1,a_2,\cdots,a_n$ 不全为零时，$a_1,a_2,\cdots,a_n$ 的公因数中最大的一个叫作 $a_1,a_2,\cdots,a_n$ 的最大公因数或最大公约数，记作 $(a_1,a_2,\cdots,a_n)$。

定义 3：若 $(a_1,a_2,\cdots,a_n)=1$，则称 $a_1,a_2,\cdots,a_n$ 互素。

定义 4：欧拉函数 $\varphi(n)$ 是定义在正整数 n 上的函数，它的取值等于序列 $1,2,3,\cdots,n$ 中与 n 互质的数的个数，即

$$\varphi(n)=\sum_{\substack{1\leqslant i\leqslant n \\ (i,n)=1}}1 \tag{2-29}$$

欧拉函数可通过公式计算，$\varphi(n)$ 为

$$\varphi(n)=n\left(1-\frac{1}{p_1}\right)\left(1-\frac{1}{p_2}\right)\cdots\left(1-\frac{1}{p_k}\right) \tag{2-30}$$

式中　$p_1,p_2,\cdots,p_k$——n 的所有质因数。

例如，$\varphi(24)=24\left(1-\dfrac{1}{2}\right)\left(1-\dfrac{1}{3}\right)=8$。

定义 5：取定一个正整数 m，称之为模，如果用 m 去除两个整数 a 和 b，所得的余数相同，这种情形叫作 a，b 对模 m 同余，记作 $a\equiv b(\bmod m)$。如果余数不同，叫作 a，b 对模 m 不同余，记作 $a\not\equiv b(\bmod m)$。

注意：本书中，当单独使用符号 $b(\bmod m)$ 时，表示为求余数的函数，即求取对模 m

与 b 同余的最小非负整数！

定义 6：对于整数 a、p，如果存在整数 b，满足 $ab(\mod p)=1$，则说，b 是 a 的模 p 乘法逆元。

定理 1：设 a，b，c 是任意 3 个不全为零的整数，且 $a=bq+c$，其中 q 为整数，则 $(a,b)=(b,c)$。

定理 2：若 $a\equiv b(\mod m)$，则 $(a,m)=(b,m)$。

定理 3：对于整数 a、p，a 存在模 p 的乘法逆元的充要条件是 $(a,p)=1$。如果 a，p 不互素，无乘法逆元。

定理 4〔贝祖定理（Bezout's Identity）〕：(a,b) 代表整数 a，b 的最大公因数，设 a，b 是不全为零的整数，则存在整数 x，y，使得

$$ax+by=(a,b) \tag{2-31}$$

定理 5（欧拉定理）：对于互质的正整数 a 和 n，有

$$a^{\varphi(n)}\equiv 1(\mod n) \tag{2-32}$$

式中　$\varphi(n)$——欧拉函数。

下面讨论式（2-27）中矢距槽数 X 的求解。

（1）采用欧拉定理求解矢距槽数 X。根据定义 6，式（2-27）可化为 $X\nu_t\equiv 1(\mod Q_t)$，即 X 是 ν_t 的模 Q_t 乘法逆元。根据定理 4 的贝祖定理，因为 $(Q_t,\nu_t)=1$，可见式（2-27）的方程有解。根据定理 5 的欧拉定理，因 Q_t、ν_t 互质，式（2-27）的方程可采用欧拉定理求解。即式（2-27）中 X 为

$$X=\nu_t^{\varphi(Q_t)-1}(\mod Q_t) \tag{2-33}$$

（2）采用扩展欧几里得算法求解式（2-27）中的矢距槽数 X 和 k。由定理 1，对任意两个正整数 a、b，$a>b$，$d=(a,b)$，如果 b 不为零，那么 $(a,b)=[b,a(\mod b)]$。因此求 (a,b) 就转移到求 $[b,a(\mod b)]$。这是一个递归过程，当处理到 $b=0$ 时，a 即为最大公因数。此方法称为欧几里得算法（Euclidean Algorithm）或辗转相除法。

对电机槽数 Q 和谐波次数 ν，Q 和 ν 的最大公因数可采用欧几里得算法求出。

采用欧几里得算法求 Q 和 ν 最大公因数的步骤为：①令 $r_1=Q$，$r_2=\nu$；②$r_3=r_1(\mod r_2)$，$q_1=\text{floor}(r_1/r_2)$，$0<r_3<r_2$；③$r_4=r_2(\mod r_3)$，$q_2=\text{floor}(r_2/r_3)$，$0<r_4<r_3$；④……；⑤直到 $r_{n+2}=r_n(\mod r_{n+1})=0$，$q_n=\text{floor}(r_n/r_{n+1})$；⑥ $(Q,\nu)=r_{n+1}$。其中 floor 函数表示向下取整，数学符号为 $\lfloor\rfloor$。

式（2-27）的方程可采用建立在欧几里得算法之上的扩展欧几里得算法（Extended Euclidean Algorithm）求解。将式（2-27）写为 $Q_tx+\nu_ty=(Q_t,\nu_t)=1$，其中大于零的最小正整数解 y 即对应矢距槽数 X。求解的步骤如下：

1）令 $r_1=Q$，$r_2=\nu$。

2）$r_1=r_2q_1+r_3$，q_1 为整数，$0<r_3<r_2$。

3）$r_2=r_3q_2+r_4$，q_2 为整数，$0<r_4<r_3$。

4）……

5）$r_i=r_{i+1}q_i+r_{i+2}$，q_i 为整数，$0<r_{i+2}<r_{i+1}$。

6）……

7）$r_{n-1}=r_nq_{n-1}+r_{n+1}$，$q_{n-1}$ 为整数，$0<r_{n+1}<r_n$。

8）$r_n=r_{n+1}q_n+r_{n+2}$，q_n 为整数，$r_{n+2}=0$。

9）$(Q，\nu)=r_{n+1}$。

10）令 $d_n=1$。

11）令 $d_{n-1}=-q_{n-1}$，有 $(Q，\nu)=r_{n+1}=d_nr_{n-1}+d_{n-1}r_n$。

（因为 $r_{n-1}=r_nq_{n-1}+r_{n+1}$，即 $r_{n+1}=r_{n-1}-r_nq_{n-1}$，所以 $r_{n+1}=d_nr_{n-1}+d_{n-1}r_n$）

12）令 $d_{n-2}=d_n-d_{n-1}q_{n-2}$，有 $r_{n+1}=d_{n-1}r_{n-2}+d_{n-2}r_{n-1}$。

（因为 $r_{n-2}=r_{n-1}q_{n-2}+r_n$，即 $r_n=r_{n-2}-r_{n-1}q_{n-2}$，所以 $r_{n+1}=d_nr_{n-1}+d_{n-1}r_n=d_nr_{n-1}+d_{n-1}(r_{n-2}-r_{n-1}q_{n-2})=d_{n-1}r_{n-2}+d_{n-2}r_{n-1}$）

13）……

14）令 $d_{i-2}=d_i-d_{i-1}q_{i-2}$，有 $r_{n+1}=d_{i-1}r_{i-2}+d_{i-2}r_{i-1}$。

15）……

16）令 $d_1=d_3-d_2q_1$，有 $r_{n+1}=d_2r_1+d_1r_2$，即对应等式 $(Q，\nu)=r_{n+1}=d_2Q+d_1\nu$。

17）方程 $Qx+\nu y=(Q，\nu)$ 的一组整数解为：$x_0=d_2$，$y_0=d_1$。

18）方程的全部解为：$x=x_0+t[\nu/(Q，\nu)]$，$y=y_0-t[Q/(Q，\nu)]$，式中，$t=0$，±1，±2，……。

19）$Q_t=Q/(Q，\nu)$，$\nu_t=\nu/(Q，\nu)$。

20）$X=d_1-\mathrm{floor}(d_1/Q_t)Q_t$，$k=-[d_2+\mathrm{floor}(d_1/Q_t)\nu_t]$。

当然，在计算机普遍使用的今天，有很多方法可以求出 Q 和 ν 的最大公因数 t 和矢距槽数 X，包括简单的试探法等。但是，有理论支撑和计算快速特点的欧拉定理算法、扩展欧几里得算法及更快速的二进制扩展欧几里得算法[113][114]，仍有很大的理论价值和实用价值。尤其是在槽数较多或计算的谐波次数较高，以及手工计算的情形，此方法更为有效。

【例 2-3】 槽数 Q 为 36 的交流电机绕组，求 $\nu=5$ 时槽磁动势星形图中的矢距槽数 X，并作出槽矢量图。

解：$(Q，\nu)=(36，5)=1$

$\qquad Q_t=Q/(Q，\nu)=36$

$\qquad \nu_t=\nu/(Q，\nu)=5$

$\qquad \alpha_t=\dfrac{360°}{Q_t}=\dfrac{360°}{36}=10°$

（1）采用试探法，矢距槽数 $X=\dfrac{kQ+1}{\nu_t}=\dfrac{36k+1}{5}=$ 整数，且 $0\leqslant k<\nu_t$，$\nu_t=5$，求出 $k=4$，$X=29$。即 1 号槽与 30 号槽的槽磁动势矢量相邻，30 号槽与 23 号槽（$\langle30+29\rangle_{36}=23$）的磁动势矢量相邻，等等。$\langle n\rangle_Q$ 表示整数 n 模 Q 的最小正剩余。且 30 号槽磁动势矢量超前 1 号槽磁动势矢量一个矢距角 α_t，23 号槽磁动势矢量超前 30 号槽磁动势矢量一个矢距角 α_t，等等。

（2）采用欧拉定理，有

$$\varphi(Q_t)=\varphi(36)=36\left(1-\frac{1}{2}\right)\left(1-\frac{1}{3}\right)=12$$

$$X=\nu_t^{\varphi(Q_t)-1}(\mathrm{mod}Q_t)=5^{12-1}(\mathrm{mod}36)=29$$

$$k=\frac{X\nu_t-1}{Q_t}=\frac{29\times5-1}{36}=4$$

（3）采用扩展欧几里得算法，求 k 和 X：

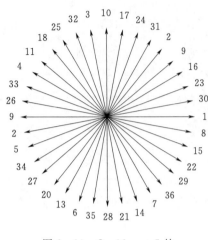

图 2-13 $Q=36$，$\nu=5$ 的
电机槽磁动势星形图

1）$36=5\times7+1$，$r_1=36$，$r_2=5$，$r_3=1$；$q_1=7$。

2）$5=5\times1$，$r_2=5$，$r_3=1$，$r_4=0$；$q_2=5$；所以 $(Q, \nu)=r_3=1$。

3）令 $d_n=1$，$d_{n-1}=-q_{n-1}$；$n=2$；即 $d_2=1$，$d_1=-q_1=-7$。

4）$X=d_1-\mathrm{floor}(d_1/Q_t)Q_t=-7-\mathrm{floor}(-7/36)\times36=29$。

$$k=-[d_2+\mathrm{floor}(d_1/Q_t)\nu_t]=-[1+\mathrm{floor}(-7/36)\times5]=4$$

根据矢距槽数 $X=29$ 和矢距角 $\alpha_t=10°$，做出槽磁动势星形图，如图 2-13 所示。图中取 1 号槽的 ν 次谐波磁动势矢量处为空间坐标的原点（图中水平位置）。

2.3.3　槽电动势星形图

若有一按正弦规律分布的旋转磁场匀速切割绕组，在每个线圈边里产生随时间按正弦规律交变的感应电动势，则这些电动势可用相量来表示，即电动势的时间相量。对槽中导体数相等、槽均匀分布在气隙圆周上的电机，各槽的电动势相量将构成一个径向对称的星形，称为槽电动势星形图。它与槽磁动势星形图相似但有差别。下面通过一实例来说明。

【例 2-4】　一台交流电机，转子极对数 $p=1$，定子上均匀分布 12 个槽，即 $Q=12$。由原动机拖动电机转子以恒速 n 逆时针方向旋转，如图 2-14（a）所示。当磁极转到图 2-14（a）中所示的位置时，以此瞬间作为时间的起点，即时间 $t=0$ 的时刻。空间上以 1 号槽处为坐标原点，逆时针为空间参考方向；并规定图中各槽感应电动势和电流的方向以流入纸面为正。作槽电动势星形图和槽磁动势星形图。

解：$\alpha=\dfrac{p\times360°}{Q}=\dfrac{1\times360°}{12}=30°$

即槽距角为 $30°$。由图 2-14（a）可以看到，4 号槽中的线圈边处于 S 极下，它对于基波磁场的感应电动势为正最大值；5 号槽中的线圈边感应电动势滞后 4 号槽感应电动势一个槽距角，即 $30°$，……，以此类推。按照相邻两槽线圈边的基波电动势相量相差 α 角的规律，作出全部槽的基波感应电动势相量，如图 2-14（b）所示。图 2-14（b）中的时间坐标轴与图 2-9 相同。

作为与槽电动势星形图的对比，按槽磁动势星形图的作法，在图 2-14（c）给出了此参考方向下的槽磁动势星形图。

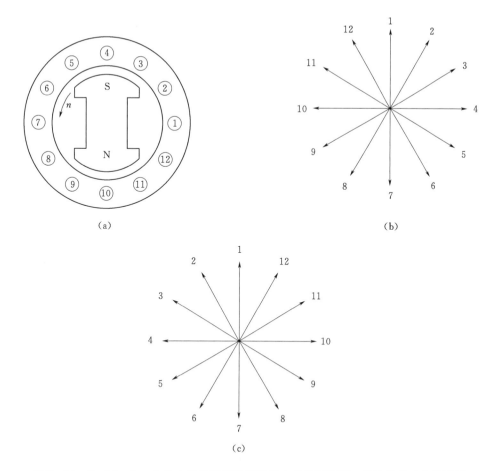

图 2-14　$Q=12$，$2p=2$ 的电机示意图及基波槽电动势星形图、基波槽磁动势星形图

(a) 电机示意图；(b) 槽电动势星形图；(c) 槽磁动势星形图

由图 2-14 可见，槽电动势星形图与槽磁动势星形图相似。两种图中槽矢量的分布情况一样，槽矢量分布的槽号顺序正好相反。各槽矢量的初相位角不同，各槽矢量的初相位角与参考方向及坐标的选取有关。此例的两矢量图中仅有 1 号槽和 7 号槽的磁动势和电动势矢量初相位相同，其余槽矢量均不同。槽与槽之间的时间相量相位差和与之对应的槽与槽之间的空间矢量相位差，差值相同，这称为时空对应关系。

比较两种星形图，虽然有不同之处，但对下述的绕组因数计算、磁动势及电动势大小计算等没有影响。因为它们仅取决于各矢量之间的相对相位关系，而与各矢量的实际相位无关。因此，若仅求绕组因数等，可以使用槽磁动势星形图或槽电动势星形图，且可任意给出时间相量和空间矢量的参考相位及矢量间的超前或滞后关系。同时也不关心矢量的实际长度，常将矢量大小取为 1，以方便计算。这种"粗略"的处理对建立绕组完整的数学模型是不足的。

正因为多数情况下不关心槽矢量的相位及超前、滞后关系，许多文献，包括经典的、流行的一些教科书，尤其是电机学教材中，将时间相量和空间矢量的相位关系表述得不正确，应引起关注。

另外还要指出，对于双层绕组，槽线圈边（导体）矢量星形图还经常扩展为槽线圈星形图，两者矢量排列次序和分布规律完全一致，只是幅值和相位不同，在此不再赘述。

2.4　一相绕组产生的磁动势[1]

电机绕组是由导体或线圈按一定规律连接而成。前面对单根导体和单个线圈产生的磁动势进行了分析。在此基础上，对一相绕组产生的磁动势，亦采用谐波分析法分析，并将相绕组磁动势的各次谐波分量用空间矢量表示。这样，一相绕组磁动势的各次谐波空间矢量，分别用组成相绕组的导体或线圈的各次谐波磁动势空间矢量叠加，从叠加后的矢量中得到此相绕组磁动势此次谐波分量的幅值和幅值位置。

计算相绕组磁动势可以以导体为基本单元，也可以以线圈为基本单元。

2.4.1　以导体为基本单元

因为电机绕组都是由导体构成，从导体出发分析绕组具有最大的普遍性。

以导体为基本单元，根据 2.1 节和 2.3 节的分析，每根导体都产生所有整数极对数的谐波。所不同的是，由于各导体所嵌的槽不同，因此各谐波磁动势之间存在相位差。由式（2-6）、式（2-8）可得，一相绕组 ν 次谐波磁动势幅值 $F_{\phi\nu}$ 为

$$F_{\phi\nu} = \frac{i_c}{\pi\nu}(k_{w\nu}Z), \quad \nu=1,2,3,\cdots \tag{2-34}$$

式中　i_c——导体中的电流；

　　　Z——组成相绕组的导体总数；

　　　$k_{w\nu}$——ν 次谐波的绕组因数。

$k_{w\nu}$ 定义为

$$k_{w\nu} = \frac{\text{相绕组中各导体 }\nu\text{ 对极谐波磁动势矢量和的幅值}}{\text{相绕组中各导体 }\nu\text{ 对极谐波磁动势算术和的幅值}} \tag{2-35}$$

绕组因数 $k_{w\nu}$ 集中表征了一相绕组中包含的导体在电机槽中的分布情况和连接情况，是绕组理论中绕组的一个重要参数。

当相绕组由 a 条并联支路组成，若每条支路具有相同的串联匝数 N 和相同的电流 i_c 时，相电流 $i=ai_c$，每相串联匝数 $N=\dfrac{Z/2}{a}$，式（2-34）可化为

$$F_{\phi\nu} = \frac{2}{\pi\nu}k_{w\nu}Ni, \quad \nu=1,2,3,\cdots \tag{2-36}$$

2.4.2　以线圈为基本单元

许多电机绕组是由匝数相同、节距相等的线圈构成。对这种绕组，以线圈作为基本单元来分析绕组较为简便。

当绕组由相同节距的各线圈组成时，若以线圈为基本单元，根据 2.2 节和 2.3 节的分析，由式（2-17）、式（2-18）可得，一相绕组 ν 对极谐波磁动势幅值 $F_{\phi\nu}$ 为

$$F_{\phi\nu} = \frac{2i_c N_c}{\pi\nu} k_{y\nu}(k_{q\nu} N_\phi), \quad \nu = 1, 2, 3, \cdots \qquad (2-37)$$

式中　N_ϕ——组成一相绕组的线圈总数;

　　　$k_{y\nu}$——ν 次谐波的节距因数;

　　　$k_{q\nu}$——ν 次谐波的分布因数。

　　$k_{q\nu}$ 定义为

$$k_{q\nu} = \frac{相绕组中各线圈 \nu 对极谐波磁动势矢量和的幅值}{相绕组中各线圈 \nu 对极谐波磁动势算术和的幅值} \qquad (2-38)$$

　　当相绕组由 a 条并联支路组成,若每条支路具有相同的串联匝数 N 和相同的电流 i_c 时,相电流 $i = ai_c$,每相串联匝数 $N = \dfrac{N_\phi N_c}{a}$,式(2-37)可化为

$$F_{\phi\nu} = \frac{2}{\pi\nu} k_{w\nu} Ni, \quad \nu = 1, 2, 3, \cdots \qquad (2-39)$$

　　其中

$$k_{w\nu} = k_{y\nu} k_{q\nu} \qquad (2-40)$$

式中　$k_{w\nu}$——ν 次谐波的绕组因数。

　　比较式(2-36)和式(2-39),相绕组磁动势幅值的表达式相同,但式(2-36)有更为普遍的意义。而式(2-39)仅对由相同线圈组成的等元件式绕组适用,此时可将绕组因数分为节距因数和分布因数两部分。$k_{w\nu}$、$k_{y\nu}$ 和 $k_{q\nu}$ 均反映了由于绕组的导体或线圈散布在槽中,对磁动势幅值的影响。

　　在实际应用中,经常只需知道磁动势谐波幅值相对于电机基波磁动势幅值的百分数,而不需要计算谐波磁动势的实际幅值。由式(2-36)、式(2-39),可以求出谐波磁动势幅值的百分数 $F_{\phi\nu}(\%)$(谐波强度)为

$$F_{\phi\nu}(\%) = \frac{F_{\phi\nu}}{F_{\phi p}} \times 100 = \frac{p}{\nu} \frac{k_{w\nu}}{k_{wp}} \times 100 \qquad (2-41)$$

式中　$F_{\phi p}$——相绕组基波磁动势幅值;

　　　k_{wp}——基波绕组因数。

　　以上的分析表明:

　　(1)一相绕组产生的磁动势波包含极对数为 $1, 2, 3, \cdots, \infty$ 的所有整数极对数的一系列谐波磁动势,除非其绕组因数为零。

　　(2)谐波的幅值除与电流和匝数成正比,与谐波的次数(极对数)成反比外,还与绕组因数成正比,绕组因数越大,谐波磁动势幅值越大。

　　(3)一相绕组磁动势空间分布波形形状与绕组的分布有关,与电流无关,但磁动势的大小随电流变化而变化。若电流随时间按正弦规律变化,相磁动势即为脉振磁动势。

　　(4)一般而言,各次谐波可能没有公共的零点或幅值点。当然,在某些情况下,各次谐波可具有公共的零点或幅值点。例如绕组有对称轴线时,各次谐波具有公共幅值点。

　　一相绕组产生的磁动势 $f_\phi(\theta)$ 沿空间分布的一般表达式为

$$f_\phi(\theta) = \sum_{\nu=1}^{\infty} \frac{2}{\pi\nu} k_{w\nu} Ni \cos(\nu\theta + \varphi_\nu) \qquad (2-42)$$

式中　φ_ν——ν 次谐波磁动势的相位角。

本小节仅给出了绕组分布因数 k_q 和绕组因数 k_w 的一般定义和物理意义，没有讨论相位角 φ_ν。k_q、k_w 和 φ_ν 更详细的分析在下节中进行。在第 3 章，采用 HAW 理论，将系统地分析绕组产生的磁动势，给出磁动势的通用表达式。

2.5　节距因数、分布因数及绕组因数的特征

绕组因数出现在每相合成磁动势的一般关系式中，它考虑了线圈边分布（包括短距）对合成磁动势幅值的影响，直接反映了绕组磁动势的谐波含量情况。下面研究构成绕组因数的节距因数和分布因数的特征，以及绕组因数本身的特征。

2.5.1　节距因数

由式（2-18），ν 次谐波节距因数 $k_{y\nu}$ 的定义为

$$k_{y\nu} = \sin\left(\nu\frac{\gamma}{2}\right) = \sin\left(\nu y \frac{\pi}{Q}\right)$$

若令短距角 β 为

$$\beta = \pi - \gamma \tag{2-43}$$

定义绕组的 ν 次谐波分层因数 $k'_{y\nu}$ [10]，以区别于线圈的 ν 次谐波节距因数 $k_{y\nu}$。ν 次谐波分层因数 $k'_{y\nu}$ 为

$$k'_{y\nu} = \cos\left(\nu\frac{\beta}{2}\right) \tag{2-44}$$

节距因数与分层因数的关系为

$$k'_{y\nu} = \cos\left(\nu\frac{\beta}{2}\right) = \begin{cases} \sin\left(\nu\frac{\pi}{2}\right)\sin\left(\nu\frac{\gamma}{2}\right) = \sin\left(\nu\frac{\pi}{2}\right)k_{y\nu}, & \nu \text{ 为奇数时} \\ \cos\left(\nu\frac{\pi}{2}\right)\cos\left(\nu\frac{\gamma}{2}\right), & \nu \text{ 为偶数时} \end{cases}$$

即

$$\begin{cases} |k'_{y\nu}| = |k_{y\nu}|, & \nu \text{ 为奇数时} \\ |k'_{y\nu}| = \sqrt{1-(k_{y\nu})^2}, & \nu \text{ 为偶数时} \end{cases} \tag{2-45}$$

上述分析表明，节距因数与分层系数不可等同使用。而在文献中，存在式（2-18）和式（2-44）两种节距因数定义，应注意其差别。对奇次谐波，两式绝对值相等，若仅需计算谐波大小，两者都可以使用。对偶次谐波，使用式（2-18）和式（2-44）计算节距因数，结果不同，不能混淆使用。尽管在大多数常用的无偶数次谐波的电机中，$k'_{y\nu}$ 和 $k_{y\nu}$ 数值大小相等，仅其正负号有差别。对 $4k+1(k=0,1,2,\cdots)$ 次谐波，$k'_{y\nu}$ 和 $k_{y\nu}$ 完全相同；对 $4k+3(k=0,1,2,\cdots)$ 次谐波，$k'_{y\nu}$ 和 $k_{y\nu}$ 大小相等，符号一正一负。所以在需列写磁动势表达式时（磁动势解析公式见第 3 章），要注意其符号的差别。这是因为正负号影响磁动势的相位。正负号的差别主要是坐标原点选取的差别引起的。用式（2-18）时，坐标原点为线圈轴线；用式（2-44）时，坐标原点为两线圈组的中心线位置。电机学中

因分析的常规绕组无偶次谐波，故两种分析的结果相同。此时 $k'_{y\nu} = \cos\left(\nu\dfrac{\beta}{2}\right) = \sin\left(\nu\dfrac{\pi}{2}\right)k_{y\nu}$，其中 $\sin\left(\nu\dfrac{\pi}{2}\right)$ 为考虑整距线圈构成线圈组时引入的节距因数。更详细内容参见第 4 章。

以下的分析，节距因数采用式（2-18）的定义。

由式（2-18），将 ν 看成是连续变化的量，则 $k_{y\nu}$ 随 ν 按正弦函数变化。例如，$Q=24$，$y=5$ 时 $k_{y\nu}$ 随 ν 变化的曲线如图 2-15 所示。

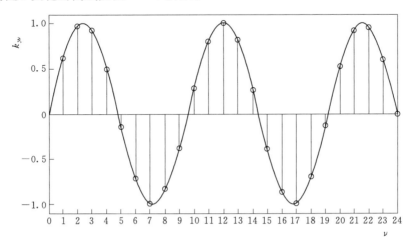

图 2-15　$Q=24$，$y=5$ 时的 $k_{y\nu}$ 随 ν 变化的曲线

由图可见，$k_{y\nu}$ 随 ν 按正弦规律变化，$\nu\dfrac{y}{Q}\pi=2\pi$ 对应于正弦波的一个周波，但由于 y、Q 为整数，ν 也仅能取整数，$k_{y\nu}$ 随 ν 的变化是曲线上一些不连续的点。

下面研究 $k_{y\nu}$ 的周期性。

将 $k_{y\nu}=0$ 的点称为 $k_{y\nu}$ 的零点，并分为正零点（$k_{y\nu}$ 从负到正的零点）和负零点（$k_{y\nu}$ 从正到负的零点）。可以看出 $\nu=0$ 点是 $k_{y\nu}$ 理论上的正零点。

如果对所有的 ν，存在一个最小的正整数 N，满足

$$k_{y\nu}=k_{y(\nu+N)} \tag{2-46}$$

则称 N 是 $k_{y\nu}$ 的周期。

由于

$$k_{y(\nu+N)}=\sin\left[(\nu+N)\dfrac{y}{Q}\pi\right]=\sin\left(\nu\dfrac{y}{Q}\pi+N\dfrac{y}{Q}\pi\right) \tag{2-47}$$

若

$$N\dfrac{y}{Q}\pi=2\pi k, \quad k \text{ 为整数} \tag{2-48}$$

则

$$k_{y\nu} = k_{y(\nu+N)}$$

满足式（2-48）的周期 N 为

$$N = 2k\frac{Q}{y}, \quad N \text{ 和 } k \text{ 为整数} \tag{2-49}$$

设 Q 和 y 有最大公约数 H，令 $Q_H = Q/H$，$y_H = y/H$，Q_H 和 y_H 互质。由式（2-49），有

$$N = 2k\frac{Q}{y} = 2k\frac{Q_H}{y_H}$$

得：

（1）当 y_H 为奇数时，$k = y_H$，$N = 2Q_H$。即 $k_{y\nu}$ 的周期为 $2Q_H$，半周期为 Q_H，Q_H 次谐波 $k_{y\nu}$ 为负零点。故有关系式

$$\begin{cases} k_{y\nu} = k_{y(\nu+2Q_H)} = -k_{y(\nu+Q_H)}, & \nu \text{ 为整数} \\ k_{y\nu} = k_{y(Q_H-\nu)}, & \nu < Q_H \end{cases} \tag{2-50}$$

（2）当 y_H 为偶数时，$k = y_H/2$，$N = Q_H$。即 $k_{y\nu}$ 的周期为 Q_H，Q_H 次谐波 $k_{y\nu}$ 为正零点。故有关系式

$$\begin{cases} k_{y\nu} = k_{y(\nu+Q_H)}, & \nu \text{ 为整数} \\ k_{y\nu} = -k_{y(Q_H-\nu)}, & \nu < Q_H \end{cases} \tag{2-51}$$

（3）Q_H 次谐波是 $k_{y\nu}$ 的第一个零点。

（4）当 y_H 为奇数时，$k_{y\nu}$ 的周期是正弦曲线周期的 y_H 倍；当 y_H 为偶数时，$k_{y\nu}$ 的周期是正弦曲线周期的 $y_H/2$ 倍。只有当 $y_H = 1$ 或 $y_H = 2$ 时，正弦曲线上的一个周期才对应于 $k_{y\nu}$ 的一个循环。

根据上面的分析，因为节距因数的周期性，计算绕组任意次数谐波节距因数的步骤如下：

1）求 Q 与 y 的最大公约数 H，即

$$H = (Q, y)$$

2）计算 Q_H 和 y_H，即

$$Q_H = Q/H$$

$$y_H = y/H$$

3）Q_H 为奇数时，计算 $\nu = 1 \sim (Q_H - 1)/2$ 次谐波节距因数 $k_{y\nu}$；Q_H 为偶数时，计算 $\nu = 1 \sim Q_H/2$ 次谐波节距因数 $k_{y\nu}$。公式为 $k_{y\nu} = \sin\left(\nu y \dfrac{\pi}{Q}\right)$。

4）y_H 为奇数时，根据式（2-50）得出其他次数谐波的节距因数 $k_{y\nu}$；y_H 为偶数时，根据式（2-51）得出其他次数谐波的节距因数。

特别指出，当 Q 与 y 的最大公约数 $H = 1$，即 Q、y 互质时，节距因数需计算到 $Q/2$ 次谐波。其实 Q 次谐波是 $k_{y\nu}$ 的必然零点。因此，不论 Q、y 的配合情况如何，谐波节距因数最多只需计算到 $Q/2$ 次谐波。

对于整数槽多相对称绕组，因可以看成是槽数 $Q = 2\tau$、节距为 y 的单元电机。表 2-1

给出了几种 y/τ 下，基波和部分谐波的节距因数。注意，通常因为偶数次谐波磁动势或电动势为零，一般不计算偶数次谐波节距因数。但在分析电机内部故障等的情况下，需要计算偶数次谐波节距因数，其值并不为零。

表 2-1 基波和部分谐波的节距因数表

y/τ	k_{y1}	k_{y2}	k_{y3}	k_{y4}	k_{y5}	k_{y6}	k_{y7}	k_{y8}	k_{y9}
8/9	0.9848	0.342	−0.866	−0.6428	0.6428	0.866	−0.342	−0.9848	0
5/6	0.9659	0.5	−0.7071	−0.866	0.2588	1	0.2588	−0.866	−0.7071
4/5	0.9511	0.5878	−0.5878	−0.9511	0	0.9511	0.5878	−0.5878	−0.9511
7/9	0.9397	0.6428	−0.5	−0.9848	−0.1736	0.866	0.766	−0.342	−1

从以上分析可以看出，对槽数为 Q 的电机，选取合适的节距 y，能够消除 Q_H，$2Q_H$，$3Q_H$，…，Q，…，$2Q$，… 等 Q_H 整数倍次谐波的磁动势和电动势，因其谐波节距因数 $k_{y\nu}=0$。

2.5.2 分布因数

对于某次谐波，分布因数是所有线圈谐波磁动势矢量和的幅值与所有线圈谐波磁动势算术和的幅值之比。它取决于线圈的实际分布情况和连接方式，因而多种多样，比较复杂。下面首先分析最简单的情况，即由 b 个相距 θ 机械角度的相同线圈（同匝数、同节距）串联构成的线圈组[1]，分析这种线圈组产生的磁动势。

由电机学，b 个线圈的线圈组产生的 ν 次谐波磁动势的幅值 $F_{b\nu}$ 与单个线圈产生的 ν 次谐波磁动势的幅值 $F_{C\nu}$ 相比，有关系式

$$F_{b\nu}=bk_{q\nu}F_{C\nu} \tag{2-52}$$

其中

$$k_{q\nu}=\frac{\sin\left(\nu\dfrac{b\theta}{2}\right)}{b\sin\left(\nu\dfrac{\theta}{2}\right)} \tag{2-53}$$

$k_{q\nu}$ 为线圈组 ν 次谐波分布因数。根据定义，由于磁动势的矢量和小于算术和，因此 $|k_{q\nu}|\leqslant1$。$k_{q\nu}$ 的大小表征磁动势由于线圈分布所造成的幅值减小程度，$k_{q\nu}$ 的正负号表征合成磁动势在线圈组中心处的磁动势极性关系。

对于给定的一电机绕组线圈组，即 b 和 θ 确定后，其分布因数是 ν 的函数，它随 ν 的变化而变化。下面分析其变化规律。

先将 ν 看成连续变化的量，当 $\nu\to0$ 时，由式（2-53），$k_{q\nu}$ 为

$$k_{q\nu}=\lim_{\nu\to0}\frac{\sin\left(\nu\dfrac{b\theta}{2}\right)}{b\sin\left(\nu\dfrac{\theta}{2}\right)}=1$$

即 $\nu=0$ 时，分布因数达到正最大值。$\nu=0$ 为分布因数的正幅值点（最大点）。

对于所谓的 $k_{q\nu}$ 幅值点，$k_{q\nu}$ 须满足公式

$$k_{q\nu} = \pm 1$$

由分布因数的概念可知，这要求各线圈磁动势矢量同相位。当 $\nu\theta = 2\pi k$，k 为整数时，$|k_{q\nu}| = 1$；否则，$|k_{q\nu}| < 1$。

当 $\nu\theta = 2\pi k$，k 为整数时，

$$k_{q\nu} = \lim_{\nu\theta \to 2k\pi} \frac{\sin\left(\nu\dfrac{b\theta}{2}\right)}{b\sin\left(\nu\dfrac{\theta}{2}\right)} = \frac{\cos(bk\pi)}{\cos(k\pi)}, k \text{ 为整数}$$

可得

$$k_{q\nu} = \begin{cases} 1, & k \text{ 为偶数} \\ -1, & k \text{ 为奇数},b \text{ 为偶数} \\ 1, & k \text{ 为奇数},b \text{ 为奇数} \end{cases} \tag{2-54}$$

或

$$k_{q\nu} = \begin{cases} 1, & b \text{ 为奇数} \\ -1, & b \text{ 为偶数},k \text{ 为奇数} \\ 1, & b \text{ 为偶数},k \text{ 为偶数} \end{cases} \tag{2-55}$$

对于普通的交流电机整数槽多相对称绕组，一个线圈组有 q 个线圈，各线圈依次相差一个齿槽间隔 α 弧度，$\alpha = \dfrac{2\pi}{Q}$。取 $b = q$，$\theta = \alpha$，分布因数 $k_{q\nu}$ 为

$$k_{q\nu} = \frac{\sin\left(\nu\dfrac{q\alpha}{2}\right)}{q\sin\left(\nu\dfrac{\alpha}{2}\right)} \tag{2-56}$$

其中

$$\begin{cases} \nu\dfrac{q\alpha}{2} = k\pi \\ \nu\dfrac{\alpha}{2} = \dfrac{k\pi}{q} \end{cases}, \quad k \text{ 不等于 } q \text{ 的整数倍数}$$

代入式（2-56），得 $k_{q\nu} = 0$。即 $\nu = 2\pi k/(q\alpha) = kQ/q$（$k$ 为不等于 q 整数倍的整数时）次谐波分布因数为分布因数的零点。

当 $\nu = kQ$、k 为整数时，有 $\nu\alpha = 2\pi k$，$|k_{q\nu}| = 1$，即 $\nu = kQ$ 为分布因数的幅值点。取 $k = 1$，得分布因数幅值点对应的最小谐波次数为 Q。并根据式（2-54）可得，q 为奇数时，Q 次谐波分布因数是谐波次数最小的分布因数正幅值点；q 为偶数时，Q 次谐波分布因数是谐波次数最小的分布因数负幅值点，$2Q$ 次谐波分布因数是谐波次数最小的分布因数正幅值点。

综合以上内容，普通交流电机整数槽绕组中，由 q 个线圈构成的线圈组，其分布因数具有以下性质：

（1）$\nu = 2\pi k/(q\alpha) = kQ/q$，$k$ 为不等于 q 的整数倍的整数时，$k_{q\nu} = 0$，即 $\nu = kQ/q$ 为分布因数的零点。对于 $60°$ 相带整数槽绕组，因 $q\alpha = 60°$，故 $\nu = 6k$，k 为不等于 q 的整数倍的整数时，$k_{q\nu} = 0$。对于 $120°$ 相带整数槽绕组，因 $q\alpha = 120°$，故 $\nu = 3k$，k 为不等于 q 的整

数倍的整数时，$k_{qv}=0$。对于 180°相带整数槽绕组，因 $q\alpha=180°$，故 $\nu=2k$，k 为不等于 q 的整数倍的整数时，$k_{qv}=0$。即，若采用分布绕组的分布因数消除谐波，线圈组所占相带越大，谐波含量越小。然而，基波分布因数也会随之减小。

（2）$\nu=kQ$，k 为整数时，有 $|k_{qv}|=1$，即 $\nu=kQ$ 次谐波分布因数为分布因数的幅值点。

（3）k_{qv} 随 ν 的变化呈周期性的变化。q 为奇数时，周期为 Q；q 为偶数时，周期为 $2Q$。证明如下：

q 为奇数、k 为整数时

$$k_{q(kQ+\nu)}=\frac{\sin\left[(kQ+\nu)\dfrac{q\alpha}{2}\right]}{q\sin\left[(kQ+\nu)\dfrac{\alpha}{2}\right]}=\frac{\sin\left(\nu\dfrac{q\alpha}{2}\right)}{q\sin\left(\nu\dfrac{\alpha}{2}\right)}=k_{qv} \tag{2-57}$$

q 为偶数、k 为整数时

$$k_{q(2kQ+\nu)}=\frac{\sin\left[(2kQ+\nu)\dfrac{q\alpha}{2}\right]}{q\sin\left[(2kQ+\nu)\dfrac{\alpha}{2}\right]}=\frac{\sin\left(\nu\dfrac{q\alpha}{2}\right)}{q\sin\left(\nu\dfrac{\alpha}{2}\right)}=k_{qv} \tag{2-58}$$

故有：k_{qv} 随 ν 的变化呈周期性的变化。

证毕。

（4）k_{qv} 有对称性，即分布因数关于其幅值点（$\nu=kQ$）左右对称，幅值点两边的谐波分布因数大小相等、符号相同。证明如下：

当 q 为奇数、k 为整数时

$$k_{q(kQ-\nu)}=\frac{\sin\left[(kQ-\nu)\dfrac{q\alpha}{2}\right]}{q\sin\left[(kQ-\nu)\dfrac{\alpha}{2}\right]}=\frac{\sin\left(\nu\dfrac{q\alpha}{2}\right)}{q\sin\left(\nu\dfrac{\alpha}{2}\right)}=k_{qv} \tag{2-59}$$

同理可证

$$k_{q(kQ+\nu)}=k_{qv}$$

所以

$$k_{q(kQ+\nu)}=k_{q(kQ-\nu)} \tag{2-60}$$

当 q 为偶数、k 为整数时，因 Q 次谐波分布因数是分布因数正幅值点或负幅值点的最小谐波次数，有

$$k_{q(kQ-\nu)}=\frac{\sin\left[(kQ-\nu)\dfrac{q\alpha}{2}\right]}{q\sin\left[(kQ-\nu)\dfrac{\alpha}{2}\right]}=\begin{cases}\dfrac{\sin\left(\nu\dfrac{q\alpha}{2}\right)}{q\sin\left(\nu\dfrac{\alpha}{2}\right)}=k_{qv}, & k \text{ 为偶数时}\\[6mm] -\dfrac{\sin\left(\nu\dfrac{q\alpha}{2}\right)}{q\sin\left(\nu\dfrac{\alpha}{2}\right)}=-k_{qv}, & k \text{ 为奇数时}\end{cases} \tag{2-61}$$

$$k_{q(kQ+\nu)}=\frac{\sin\left[(kQ+\nu)\dfrac{q\alpha}{2}\right]}{q\sin\left[(kQ+\nu)\dfrac{\alpha}{2}\right]}=\begin{cases}\dfrac{\sin\left(\nu\dfrac{q\alpha}{2}\right)}{q\sin\left(\nu\dfrac{\alpha}{2}\right)}=k_{q\nu}, & k\text{ 为偶数时}\\[4mm]-\dfrac{\sin\left(\nu\dfrac{q\alpha}{2}\right)}{q\sin\left(\nu\dfrac{\alpha}{2}\right)}=-k_{q\nu}, & k\text{ 为奇数时}\end{cases} \qquad (2-62)$$

所以

$$k_{q(kQ+\nu)}=k_{q(kQ-\nu)} \qquad (2-63)$$

故，分布因数 $k_{q\nu}$ 关于幅值点左右对称，即 $kQ+\nu$ 和 $kQ-\nu$ 次谐波分布因数大小相等、符号相同。

证毕。

（5）因为分布因数的周期性，计算分布因数 $k_{q\nu}$ 时，只需计算 $\nu=1\sim Q/2$（Q 为偶数）或 $\nu=1\sim(Q-1)/2$（Q 为奇数）次谐波的分布因数，然后由式（2-57）~式（2-63）计算其他次谐波的分布因数。

例如，三相 2 极 60°相带整数槽绕组，$q=2\sim6$ 的分布因数随 ν 变化的曲线如图 2-16 所示。由图可见分布因数的周期性、对称性和零点及幅值点的规律。分布因数消除了 $\nu=6k$，k 为不等于 q 的整数倍的谐波。

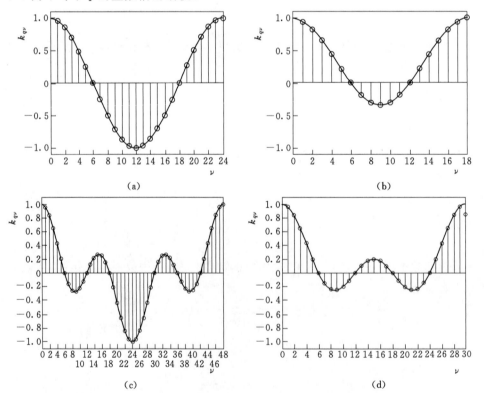

图 2-16（一）　三相 2 极 60°相带整数槽绕组 $q=2\sim6$ 的分布因数随 ν 变化的曲线

(a) $q=2$；(b) $q=3$；(c) $q=4$；(d) $q=5$

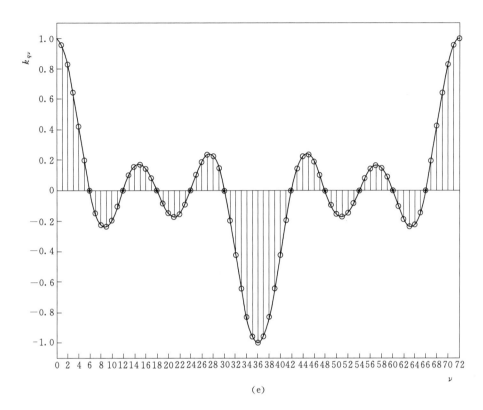

图 2-16（二）　三相 2 极 60°相带整数槽绕组 $q=2\sim6$ 的分布因数随 ν 变化的曲线

（e）$q=6$

表 2-2 给出了三相 2 极 60°相带整数槽绕组基波和部分谐波的分布因数。从表中可以看出，当 q 增加时，基波的分布因数减小不多，但高次谐波的分布因数却显著减小，从而改善了磁动势和电动势的波形。

表 2-2　　三相 2 极 60°相带整数槽绕组基波和部分谐波的分布因数表

q	k_{q1}	k_{q2}	k_{q3}	k_{q4}	k_{q5}	k_{q6}	k_{q7}	k_{q8}	k_{q9}	k_{q10}	k_{q11}
2	0.9659	0.8660	0.7071	0.5000	0.2588	0	-0.2588	-0.5000	-0.7071	-0.8660	-0.9659
3	0.9598	0.8440	0.6667	0.4491	0.2176	0	-0.1774	-0.2931	-0.3333	-0.2931	-0.1774
4	0.9577	0.8365	0.6533	0.4330	0.2053	0	-0.1576	-0.2500	-0.2706	-0.2241	-0.1261
5	0.9567	0.8331	0.6472	0.4258	0.2000	0	-0.1494	-0.2331	-0.2472	-0.2000	-0.1095
6	0.9561	0.8312	0.6440	0.4220	0.1972	0	-0.1453	-0.2245	-0.2357	-0.1884	-0.1017

2.5.3　绕组因数

按电机学，绕组因数包含节距因数和分布因数。由节距因数和分布因数的周期性，可知绕组因数也随谐波次数 ν 的变化呈周期性的变化。

当绕组是特殊形式的绕组时，有时不能应用上面的节距因数和分布因数的计算方法来计算绕组因数。这时可采用的方法很多。下面讨论用矢量图法导出绕组因数的公式，这是绕组因数计算的一般方法。本小节先分析线圈匝数相同的绕组。对线圈匝数不等的绕组，根据 HAW 理论，绕组因数的通用计算方法在下一章中给出。计算绕组因数 k_{wv} 时，同样最多只需计算 $\nu=1\sim Q/2$（Q 为偶数）或 $\nu=1\sim(Q-1)/2$（Q 为奇数）次谐波的绕组因数。然后，其余谐波的绕组因数按绕组因数的周期性相应求出。说明如下：

选用槽电动势星形图计算绕组因数。

对 ν 对极谐波，首先画出槽电动势星形图，以 1 号槽的槽电动势相量作为参考相量，并取各相量的长度为 1。槽 1，2，3，…，$Q-1$，Q 等的电动势相量依次相差 $\nu\alpha$ 角，α 为机械槽距角，$\alpha=\dfrac{360°}{Q}$。用复数表示时，这些相量分别为 1，$\mathrm{e}^{-\mathrm{j}\nu\alpha}$，$\mathrm{e}^{-\mathrm{j}2\nu\alpha}$，…，$\mathrm{e}^{-\mathrm{j}(Q-2)\nu\alpha}$，$\mathrm{e}^{-\mathrm{j}(Q-1)\nu\alpha}$。这样，对任意一个正槽号 M，槽电动势相量可以表示为 $\mathrm{e}^{-\mathrm{j}(M-1)\nu\alpha}$；对任意一个负槽号 M，槽电动势相量可以表示为 $-\mathrm{e}^{-\mathrm{j}(|M|-1)\nu\alpha}$。负槽号代表此线圈为反向连接。

设某一相绕组，用槽号表示法表示，其所占槽号分别为 M_1，M_2，…，M_n，共 n 个槽。此相合成的 ν 次谐波电动势相量 $\dot{E}_{\phi\nu}$ 为[1]

$$\dot{E}_{\phi\nu}=\sum_{i=1}^{n}\frac{M_i}{|M_i|}\mathrm{e}^{-\mathrm{j}(|M_i|-1)\nu\alpha}=E_{\phi\nu}\angle\varphi_{\phi\nu} \qquad (2-64)$$

从而可求得绕组因数 k_{wv} 为

$$k_{wv}=\frac{E_{\phi\nu}}{n} \qquad (2-65)$$

式（2-64）中的 $\varphi_{\phi\nu}$ 为相 ν 次谐波电动势的相位角，为相对于 1 号槽电动势的角度。

从上面的分析过程可以看出，因为 $\alpha=\dfrac{360°}{Q}$，对任意槽号 M，相量 $\mathrm{e}^{-\mathrm{j}(M-1)\nu\alpha}$ 或 $-\mathrm{e}^{-\mathrm{j}(|M|-1)\nu\alpha}$ 随 ν 的变化均呈周期性变化，周期为 Q。对于 $\nu'=kQ+\nu$ 次谐波，k 为正整数，$\mathrm{e}^{-\mathrm{j}(M-1)\nu'\alpha}=\mathrm{e}^{-\mathrm{j}(M-1)\nu\alpha}$，$-\mathrm{e}^{-\mathrm{j}(|M|-1)\nu'\alpha}=-\mathrm{e}^{-\mathrm{j}(|M|-1)\nu\alpha}$，由式（2-64）得，$\dot{E}_{\phi\nu'}=\dot{E}_{\phi\nu}$，即有

$$\begin{cases}k_{w(kQ+\nu)}=k_{wv}\\ \varphi_{\phi(kQ+\nu)}=\varphi_{\phi\nu}\end{cases} \qquad (2-66)$$

同理，对于 $\nu'=kQ-\nu$，k 为正整数，由式（2-64）可得，$\dot{E}_{\phi\nu'}=\dot{E}_{\phi\nu}^*=E_{\phi\nu}\angle-\varphi_{\phi\nu}$，即

$$\begin{cases}k_{w(kQ-\nu)}=k_{wv}\\ \varphi_{\phi(kQ-\nu)}=-\varphi_{\phi\nu}\end{cases} \qquad (2-67)$$

$\dot{E}_{\phi\nu}^*$ 表示 $\dot{E}_{\phi\nu}$ 的共轭。

需要说明的是，按式（2-65）计算的绕组因数总为正值，它是绕组因数的绝对值。这与前面讨论的由节距因数和分布因数构成的绕组因数不同。式（2-18）的节距因数、式（2-53）的分布因数均有正负，正负值中含有相位信息，只是通常忽略了相位。后文将此类有正负的量称为符幅量。而式（2-64）中含有相位信息。另外，也容易证明，对于线圈匝数不等的绕组，式（2-66）、式（2-67）仍然成立，即绕组因数仍有周期性。

因为绕组因数随 ν 的变化呈周期性变化，根据绕组因数的周期性，对绕组因数的计算仅需计算到 $\nu\leqslant\dfrac{Q}{2}$ 次谐波的绕组因数及相位角，其余谐波的绕组因数及其相位角按下式

求出

$$\begin{cases} k_{w\nu} = k_{w(Q-\nu)} \\ \varphi_{\phi\nu} = -\varphi_{\phi(Q-\nu)} \end{cases}, \frac{Q}{2} < \nu < Q \qquad (2-68)$$

$$\begin{cases} k_{w\nu} = k_{w(\nu-kQ)} \\ \varphi_{\phi\nu} = \varphi_{\phi(\nu-kQ)} \end{cases}, kQ \leqslant \nu < (k+1)Q, k \text{ 为正整数} \qquad (2-69)$$

【例 2-5】 已知一个三相 36 槽 8 极双层绕组[1]，用槽号表示法表示：

A 相绕组的槽号矩阵 $\boldsymbol{M}_A$ 为

$$\boldsymbol{M}_A = \begin{bmatrix} 2 & -7 & 11 & 12 & -15 & -16 & 20 & -25 & 29 & 30 & -33 & -34 \end{bmatrix}$$

B 相绕组的槽号矩阵 $\boldsymbol{M}_B$ 为

$$\boldsymbol{M}_B = \begin{bmatrix} -1 & 5 & 6 & -9 & -10 & 14 & -19 & 23 & 24 & -27 & -28 & 32 \end{bmatrix}$$

C 相绕组的槽号矩阵 $\boldsymbol{M}_C$ 为

$$\boldsymbol{M}_C = \begin{bmatrix} -3 & -4 & 8 & -13 & 17 & 18 & -21 & -22 & 26 & -31 & 35 & 36 \end{bmatrix}$$

求 $\nu = 4$ 时的分布因数及其相位角。

解： $\alpha = \dfrac{360°}{Q} = \dfrac{360°}{36} = 10°$

以 1 号槽中的感应电动势作为参考相量，并取相量长度为 1。

由式（2-64）得 $\nu = 4$ 时

$$\dot{E}_{A\nu} = \sum_{i=1}^{n} \frac{M_{Ai}}{|M_{Ai}|} e^{-j(|M_{Ai}|-1)\nu\alpha} = 11.3426\angle 50°$$

$$\dot{E}_{B\nu} = \sum_{i=1}^{n} \frac{M_{Bi}}{|M_{Bi}|} e^{-j(|M_{Bi}|-1)\nu\alpha} = 11.3426\angle -70°$$

$$\dot{E}_{C\nu} = \sum_{i=1}^{n} \frac{M_{Ci}}{|M_{Ci}|} e^{-j(|M_{Ci}|-1)\nu\alpha} = 11.3426\angle 170°$$

由式（2-64）和式（2-65），因为 $n = 12$，所以 $\nu = 4$ 时绕组的分布因数及其相位角为

$$k_{qA4} = k_{qB4} = k_{qC4} = 11.3426/12 = 0.9452$$

$$\varphi_{A4} = 50°$$

$$\varphi_{B4} = -70°$$

$$\varphi_{C4} = 170°$$

2.6 多相对称绕组的合成磁动势

多相对称绕组流过对称电流将产生圆形旋转磁动势。为构成多相对称绕组，常常希望这些绕组在空间上（整个圆周上）均匀分布。图 2-17 所示为径向对称的多相对称系统[10]。

但应注意，对电机而言，图 2-17 中相数 $m=2$ 的两相系统并不是真正的两相系统，它不能产生圆形旋转磁动势。因为其两相相差 180° 电角度，正如一相绕组的正、负相带一

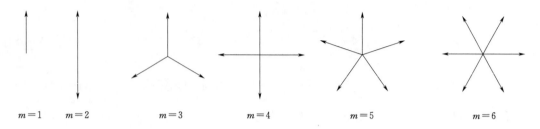

$$m=1 \qquad m=2 \qquad m=3 \qquad m=4 \qquad m=5 \qquad m=6$$

图 2-17　径向对称的多相系统

样，仅能产生脉振磁动势。也正因为如此，图 2-17 中，对偶数多相对称系统，相差 180°
的两相可合为一相，并且也有这个必要。于是，图 2-17 中偶数多相对称系统，相数减
半，形成了在半个圆周范围内的简化多相对称系统。再加上图 2-17 中标准的奇数多相对
称系统（它是在整个圆周范围内均匀分布的对称系统），构成了电机中的对称多相系统，
如图 2-18 所示。

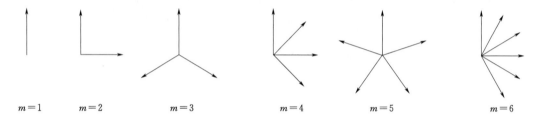

$$m=1 \qquad m=2 \qquad m=3 \qquad m=4 \qquad m=5 \qquad m=6$$

图 2-18　电机中的对称多相系统

从图 2-18 中可见，电机中相数为 m 的多相对称系统，各相间的相位差 α_{ph} 为

$$\alpha_{ph}=\begin{cases}\dfrac{2\pi}{m}, & m \text{ 为奇数} \\[3mm] \dfrac{\pi}{m}, & m \text{ 为偶数}\end{cases} \qquad (2-70)$$

另外，对于感应电机相数的定义，E. A. Klingshirn 提出，根据绕组在每极下的相带
数定义相数[101][102]。例如，常用的三相 60°相带整数槽绕组电机，每极下有 3 个相带，当
有 6 个出线端时，称为六相电机；当有 3 个出线端时，称为半六相电机。以此类推，可得
其他的多相定义，详情请参见相关文献。这与图 2-18 所示定义的相数不同。

特别地，对 m 为 6、9、12 等 3 的倍数的多相系统，有时采用所谓的多三相系统概
念。如图 2-19 所示的两种六相系统和图 2-20 所示的两种十二相系统[125]。图 2-19（b）
可称为双三相对称系统，图 2-20（b）可称为四三相对称系统。这些相数的定义，本质
相同。

下面分析多相对称绕组的合成磁动势。

首先分析相数 $m>2$，当各相绕组均匀分布在 360°范围内，即绕组全圆周对称分布、
各相绕组在空间相差 $\dfrac{2\pi}{m}$ 弧度、各相绕组匝数相同、绕组中流过互差 $\dfrac{2\pi}{m}$ 弧度的多相对称电
流时，多相绕组产生的合成磁动势。此时，设 m 相电流 $i_1,i_2,\cdots,i_m$ 的表达式为

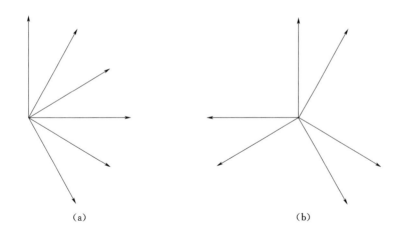

(a)   (b)

图 2-19　六相系统和双三相系统

(a) 六相系统；(b) 双三相系统

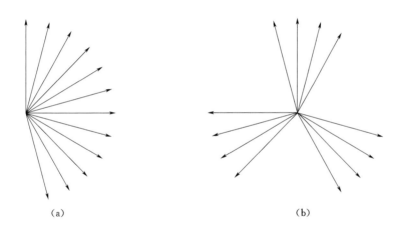

(a)   (b)

图 2-20　十二相系统和四三相系统

(a) 十二相系统；(b) 四三相系统

$$\begin{cases} i_1 = \sqrt{2}I\cos(\omega t) \\ i_2 = \sqrt{2}I\cos\left(\omega t - \dfrac{2\pi}{m}\right) \\ i_3 = \sqrt{2}I\cos\left(\omega t - \dfrac{4\pi}{m}\right) \\ \quad\vdots \\ i_m = \sqrt{2}I\cos\left[\omega t - \dfrac{(m-1)2\pi}{m}\right] \end{cases} \tag{2-71}$$

式中　I——每相电流的有效值；

　　　ω——电流的角频率，$\omega = 2\pi f$。

由式 (2-42)，一般情况下，各相绕组产生的磁动势分别为

53

$$\begin{cases} f_{\phi 1}(\theta) = \sum_{\nu=1}^{\infty} \dfrac{2i_1}{\pi\nu}Nk_{w}\cos(\nu\theta+\varphi_\nu) \\[2mm] f_{\phi 2}(\theta) = \sum_{\nu=1}^{\infty} \dfrac{2i_2}{\pi\nu}Nk_{w}\cos\left[\nu\left(\theta-\dfrac{2\pi}{m}\right)+\varphi_\nu\right] \\[2mm] f_{\phi 3}(\theta) = \sum_{\nu=1}^{\infty} \dfrac{2i_3}{\pi\nu}Nk_{w}\cos\left[\nu\left(\theta-\dfrac{4\pi}{m}\right)+\varphi_\nu\right] \\[2mm] \vdots \\[2mm] f_{\phi m}(\theta) = \sum_{\nu=1}^{\infty} \dfrac{2i_m}{\pi\nu}Nk_{w}\cos\left[\nu\left(\theta-\dfrac{m-1}{m}2\pi\right)+\varphi_\nu\right] \end{cases} \qquad (2-72)$$

m 相合成磁动势的 ν 次谐波分量 $f_\nu(\theta)$ 为

$$f_\nu(\theta) = F_{\phi\nu}\sum_{j=0}^{m-1}\cos\left(\omega t-j\frac{2\pi}{m}\right)\cos\left[\nu\left(\theta-j\frac{2\pi}{m}\right)+\varphi_\nu\right] \qquad (2-73)$$

式中 $F_{\phi\nu}$——一相绕组磁动势的幅值，$F_{\phi\nu}$ 为

$$F_{\phi\nu} = \frac{2\sqrt{2}I}{\pi\nu}Nk_{w}$$

用三角函数积化和差公式，处理并化简式（2-73），得

$$f_\nu(\theta) = \frac{F_{\phi\nu}}{2}\frac{\sin[(\nu-1)\pi]}{\sin\left(\dfrac{\nu-1}{m}\pi\right)}\cos\left[\omega t-\nu\theta+\frac{m-1}{m}(\nu-1)\pi-\varphi_\nu\right]$$

$$+\frac{F_{\phi\nu}}{2}\frac{\sin[(\nu+1)\pi]}{\sin\left(\dfrac{\nu+1}{m}\pi\right)}\cos\left[\omega t+\nu\theta-\frac{m-1}{m}(\nu+1)\pi+\varphi_\nu\right] \qquad (2-74)$$

式（2-74）表明 ν 次谐波合成磁动势由转速相等、转向相反的两个旋转磁动势分量组成。

因为 $\sin[(\nu\mp1)\pi]=0$，所以谐波磁动势存在的条件为

$$\sin\left(\frac{\nu\mp1}{m}\pi\right)=0 \qquad (2-75)$$

即

$$\frac{\nu\mp1}{m}\pi=k\pi$$

其中，k 为正整数或零，且 ν 大于零。得

$$\nu=km\pm1 \qquad (2-76)$$

代入式（2-74），m 相合成磁动势的 ν 次谐波分量 $f_\nu(\theta)$ 为

$$f_\nu(\theta)=\begin{cases} \dfrac{m}{2}F_{\phi\nu}\cos(\omega t-\nu\theta-\varphi_\nu), & \text{当 } \nu=km+1 \text{ 时} \\[3mm] \dfrac{m}{2}F_{\phi\nu}\cos(\omega t+\nu\theta+\varphi_\nu), & \text{当 } \nu=km-1 \text{ 时} \end{cases} \qquad (2-77)$$

故有结论：相数大于 2 的全圆周对称多相绕组，流过对称的多相对称电流，产生的合成磁动势中只存在 $\nu=km\pm1$ 次的谐波，各次谐波磁动势均为圆形旋转磁动势。其中 $\nu=km+1$ 次谐波磁动势为正向旋转磁动势，$\nu=km-1$ 次谐波磁动势为反向旋转磁动势。ν 次合成磁动势的幅值等于一相绕组该次谐波磁动势幅值的 $m/2$ 倍。

对于 m 相半圆周对称多相绕组，通常为了获得圆形旋转磁场，要求其每相绕组的任一线圈边（正相带或负相带）必有与之对应的相距基波 π 电弧度的同一相中另一线圈边（负相带或正相带）存在，且其中流过的电流互为反向。故从电机内部来看，可以认为是 $2m$ 相绕组均匀分布在整个圆周内。绕组产生的磁动势的谐波次数 ν 为

$$\nu = 2km \pm 1, \quad k \text{ 为整数且 } \nu > 0 \tag{2-78}$$

同理，对 m 相全圆周对称多相正常相带绕组，如三相 $60°$ 相带整数槽绕组，从内部也可看成为 $2m$ 相全圆周对称绕组，故流过对称电流时，产生的磁动势谐波次数也为 $\nu = 2km \pm 1$ 次；而三相 $120°$ 相带整数槽绕组产生的磁动势谐波次数则为 $\nu = km \pm 1$ 次。

以上讨论，基波和谐波的次数均是对应于一个单元电机的次数。

根据上面的分析，可得出下列几种绕组流过对称电流时产生的磁动势谐波情况[1]：

（1）三相 $60°$ 相带整数槽绕组，1 对极即为 1 个单元电机，绕组产生 $\nu_p = 6k \pm 1$ 次合成谐波磁动势。若用谐波次数的正负表示合成磁动势的正反向，即三相 $60°$ 相带整数槽绕组产生 1、-5、7、-11、13 等次谐波磁动势。谐波次数是相对于基波的次数。

（2）三相 $120°$ 相带整数槽绕组，1 对极即为 1 个单元电机，绕组产生 $\nu_p = 3k \pm 1$ 次合成谐波磁动势，即 1、-2、4、-5、7、-8 等次谐波磁动势。谐波次数是相对于基波的次数。

（3）两相 $90°$ 相带整数槽绕组，1 对极即为 1 个单元电机，绕组产生 $\nu_p = 4k \pm 1$ 次合成谐波磁动势，即 1、-3、5、-7、9 等次谐波磁动势。谐波次数是相对于基波的次数。

（4）三相分数槽绕组，令单元电机数为 t，单元电机槽数为 Q_t、极对数为 p_t。

1）对 $60°$ 相带绕组，当 Q_t 为偶数时，因为每个线圈边都有相距 π 电弧度的线圈边，故内部可将绕组看成六相，绕组产生相对于单元电机为 $\nu_t = 6k \pm 1$ 次的合成谐波磁动势，对整个电机为 $(6k \pm 1)t$ 对极谐波，相对于 p 对极基波为 $\dfrac{6k \pm 1}{p_t}$ 次谐波。

2）对 $60°$ 相带绕组，当 Q_t 为奇数时，因为绕组线圈没有相距 π 电弧度的线圈边，内部不能将绕组看成六相，即绕组产生相对于单元电机为 $\nu_t = 3k \pm 1$ 次的合成谐波磁动势，对整个电机为 $(3k \pm 1)t$ 对极谐波，相对于 p 对极基波为 $\dfrac{3k \pm 1}{p_t}$ 次谐波。

3）对 $120°$ 相带和大小相带绕组，与上述分析类似，绕组产生相对于单元电机为 $\nu_t = 3k \pm 1$ 次的合成谐波磁动势，对整个电机为 $(3k \pm 1)t$ 对极谐波，相对于 p 对极基波为 $\dfrac{3k \pm 1}{p_t}$ 次谐波。

至于不对称的绕组或流入不对称电流的对称绕组，其产生的磁动势，由电机学可知，若相绕组产生某次谐波磁动势，合成的此次谐波磁动势一般为椭圆形旋转磁动势。可以把椭圆形旋转磁动势分解为正、反向两个圆形旋转磁动势。一般情况下，正、反向谐波磁动势的幅值不相等。但当正、反向两个谐波磁动势幅值相等时，合成谐波磁动势为脉振磁动势；而若正、反向谐波磁动势的幅值中有一个为零时，则合成谐波磁动势为圆形旋转磁动势。

2.7 绕组中的感应电动势[1]

2.7.1 单个线圈的感应电动势

设有匝数为 N_c 的线圈，如图 2-6（b）所示，并以线圈的轴线为坐标 θ 的原点。线圈节距为 y 个槽，相应的角度为 γ 机械弧度。当气隙中存在磁场，如果该磁场与线圈交链的磁链随时间发生变化，根据电磁感应定律，则在线圈中产生感应电动势。为便于分析，将沿气隙圆周分布的磁通密度 $B(\theta, t)$ 分解为一系列空间按正弦规律分布的旋转磁通密度波。参见式（2-77），设其中 ν 次正向旋转磁通密度 $B_\nu(\theta, t)$ 为

$$B_\nu(\theta, t) = B_{\nu m} \cos[\omega_\nu t - (\nu\theta + \varphi_\nu)] \qquad (2-79)$$

式中 $B_{\nu m}$——ν 次正向旋转磁通密度的幅值；

ω_ν——磁通密度随时间变化的角频率，$\omega_\nu = 2\pi f_\nu$，f_ν 为频率。

选取感应电动势的参考方向与磁通的参考方向为右手螺旋关系。由电机学可知，若线圈与气隙磁场交链的磁链仅仅是由于线圈和磁场间相对运动的作用，则两线圈边上有感应电动势，且电动势的大小与气隙磁通密度成正比。即有，ν 次正向谐波旋转磁场在线圈中产生的感应电动势 $e_{C\nu}(t)$ 为

$$e_{C\nu}(t) = -N_c \frac{d\Phi}{dt} = -N_c \frac{d}{dt} \int_{-\frac{\gamma}{2}}^{\frac{\gamma}{2}} B_\nu L R \, d\theta$$

$$= \frac{2}{\nu} N_c B_{\nu m} L R \omega_\nu k_{y\nu} \sin(\omega_\nu t - \varphi_\nu) \qquad (2-80)$$

式中 Φ——与线圈交链的磁通，Wb；

L——气隙的轴向长度，m；

R——气隙圆周的半径，m；

$k_{y\nu}$——线圈的 ν 次谐波节距因数，$k_{y\nu} = \sin\left(\nu \frac{\gamma}{2}\right)$。

同理可得出 ν 次反向谐波旋转磁场在线圈中产生的感应电动势。此处不拟论述。

当气隙中存在一系列旋转的谐波磁场时，则相应地在线圈中产生出一系列的谐波电动势。一个谐波磁场对应一个谐波感应电动势。线圈中的感应电动势为所有谐波感应电动势之和。

2.7.2 一相绕组的感应电动势

相绕组由线圈串并联而成。线圈中有一系列的谐波电动势，相感应电动势中也会有各次谐波。各次谐波相感应电动势可用相量法求出。对一相绕组产生的各次谐波感应电动势，分别用组成相绕组的串联线圈中各次谐波电动势相量相加，即可获得此相绕组电动势各次谐波分量的大小和相位。与谐波磁动势分析过程相似，以等节距双层绕组为例，可导出 ν 对极谐波磁场相感应电动势的有效值 $E_{\phi\nu}$ 为

$$E_{\phi\nu} = N_\phi k_{q\nu} E_{C\nu} \tag{2-81}$$

式中　N_ϕ——相绕组串联的线圈数；

$\quad\quad k_{q\nu}$——相绕组 ν 对极谐波的分布因数；

$\quad\quad E_{C\nu}$——ν 对极谐波旋转磁场在线圈中产生的感应电动势的有效值。

由式（2-80），$E_{C\nu}$ 为

$$E_{C\nu} = \frac{1}{\sqrt{2}} \frac{2}{\nu} N_c B_{\nu m} L R \omega_\nu k_{y\nu} \tag{2-82}$$

若令 Φ_ν 为 ν 对极谐波磁场的每极磁通，即

$$\Phi_\nu = \frac{2}{\pi} B_{\nu m} L \tau_\nu = \frac{2}{\pi} B_{\nu m} L \frac{2\pi R}{2\nu} = \frac{2}{\nu} B_{\nu m} L R \tag{2-83}$$

式中　τ_ν——对应 ν 对极的极距，m。

将式（2-82）、式（2-83）代入式（2-81），得

$$E_{\phi\nu} = \sqrt{2}\pi f_\nu \Phi_\nu N_\phi N_c k_{y\nu} k_{q\nu} \tag{2-84}$$

可以证明[1]，计算谐波电动势时的相绕组分布因数 $k_{q\nu}$ 与计算谐波磁动势时所用的相绕组分布因数 $k_{q\nu}$ 在数值上是相同的。

2.7.3　绕组的磁动势和电动势的相似性

绕组的磁动势与电动势具有不同的物理意义，磁动势是由绕组中的电流产生的，电动势是由气隙中的磁场产生的。但在数学分析上，两者都可采用矢量分析法，且各线圈对应的磁动势和电动势矢量相位关系相似，因此绕组产生的磁动势和绕组中的感应电动势有许多相似性。如：电动势计算中的节距因数、分布因数及绕组因数与磁动势分析中的节距因数、分布因数及绕组因数相同；凡是磁动势中不存在的谐波，电动势中也必定不存在由这些极对数的谐波磁场感应的电动势；对某一极对数的谐波，如果三相磁动势对称，则绕组的三相电动势也是对称的；等等。因为电动势与磁动势的相似性，故本书重点研究绕组的磁动势，而对电动势只作简单分析。

第3章 交流电机空间离散傅里叶变换理论和绕组的全息谱分析

在第 2 章中，按经典的绕组理论对交流电机绕组进行了分析。本章首先简单介绍与回顾傅里叶级数（Fourier Series）和傅里叶变换（Fourier Transform）的基本理论、基本方法，继而将之用于交流电机及交流绕组的理论分析。此理论即为作者提出的空间离散傅里叶变换理论和交流电机绕组的全息谱分析。

傅里叶级数和傅里叶变换是应用于线性系统中的一种重要的分析工具和求解问题的普遍方法。它使我们可以从一个全新的观点来研究一些传统领域中的问题。交流电机的空间离散傅里叶变换理论和交流电机绕组的全息谱分析即是其新的应用。

交流电机绕组全息谱分析的数学基础是傅里叶级数和傅里叶变换。通过应用傅里叶级数和傅里叶变换，将空间域分布的交流电机绕组变换到频率域进行研究，为设计、分析交流绕组提供了新的工具和方法。这是本书的主要理论，也将是绕组分析中重要的理论部分。

3.1 连续傅里叶变换[12-19]

在科学和工程技术的应用研究中，傅里叶变换又称为谱分析方法。它是理论研究中非常有用的工具之一，具有普适性（ubiquitous）[12]。无论在数学上还是其他研究领域上，傅里叶变换都是相当重要的。具体地说，傅里叶变换通常指傅里叶级数和傅里叶变换两种分析技术。

3.1.1 函数的正交性及三角级数完备正交集

"正交"这个词广泛应用于正交函数和正交变换。它最初是用于形容矢量。例如，两个矢量 V_1 和 V_2 相互垂直，则 V_1 沿 V_2 没有分量，称它们是正交的。更一般的情况是 n 维空间，如果 n 个正交矢量 V_1，V_2，…，V_n 构成一个完备的正交集，n 维空间中任一矢量 V，若用这个完备正交集中正交矢量的线性组合来表示，则可毫无误差，即

$$V = C_1 V_1 + C_2 V_2 + \cdots + C_n V_n = \sum_{i=1}^{n} C_i V_i$$

其正交系数 C_i 为

$$C_i = \frac{V \cdot V_i}{|V_i|^2}, \quad i = 1, 2, \cdots, n$$

系数 C_i 只与 V 和 V_i 有关，可以彼此独立地被分别求出。

正交函数的概念与正交矢量相似。例如，$\{f_n\}$ 及 $\{g_n\}$ 是两个函数 $f(x)$ 和 $g(x)$

的样本集，将样本集 $\{f_n\}$ 及 $\{g_n\}$ 看成是 N 维空间的向量集，当且仅当

$$\sum_{n=0}^{N-1} f_n g_n = 0$$

则称函数 $\{f_n\}$ 及 $\{g_n\}$ 对于抽样点 $\{x_n\}$ 是正交的。

对于连续函数 $f(x)$ 和 $g(x)$，正交的定义为，当且仅当

$$\int_{x_1}^{x_2} f(x)g(x)\mathrm{d}x = 0$$

则称函数 $f(x)$ 和 $g(x)$ 在区间 $[x_1, x_2]$ 上正交。

若在区间 $[x_1, x_2]$ 内有 n 个函数 $g_1(x), g_2(x), \cdots, g_n(x)$ 构成一个完备正交集 $\{g_1(x), g_2(x), \cdots, g_n(x)\}$（所谓完备，是指除此 n 个函数之外，再也找不出与之正交的函数），在此区间 $[x_1, x_2]$ 内的任意函数 $f(x)$，可以毫无误差地用这个完备正交集中的正交函数的线性组合表示，即

$$f(x) = C_1 g_1(x) + C_2 g_2(x) + \cdots + C_n g_n(x) = \sum_{i=1}^{n} C_i g_i(x), \quad x_1 < x < x_2$$

各分量的系数 C_i 为

$$C_i = \frac{\int_{x_1}^{x_2} f(x)g_i(x)\mathrm{d}x}{\int_{x_1}^{x_2} g_i^2(x)\mathrm{d}x} = \frac{\int_{x_1}^{x_2} f(x)g_i(x)\mathrm{d}x}{K_i}, \quad i = 1, 2, \cdots, n$$

其中

$$K_i = \int_{x_1}^{x_2} g_i^2(x)\mathrm{d}x$$

若 $g_i(x)$ 是 x 的复函数，$g_i^*(x)$ 为 $g_i(x)$ 的共轭函数，则各分量的系数 C_i 为

$$C_i = \frac{\int_{x_1}^{x_2} f(x)g_i^*(x)\mathrm{d}x}{\int_{x_1}^{x_2} g_i(x)g_i^*(x)\mathrm{d}x} = \frac{\int_{x_1}^{x_2} f(x)g_i^*(x)\mathrm{d}x}{K_i}, \quad i = 1, 2, \cdots, n$$

其中

$$K_i = \int_{x_1}^{x_2} g_i(x)g_i^*(x)\mathrm{d}x$$

三角函数正交函数集、指数正交函数集等都是常用的完备正交函数集。

例如，三角函数集 $\{1, \cos x, \sin x, \cos(2x), \sin(2x), \cdots, \cos(kx), \sin(kx), \cdots\}$，$\cos(kx)$、$\sin(kx)$（$k$ 为正整数）皆为周期 2π 的周期函数。设 x_0 为任意实数，l 为正整数，在区间 $[x_0, x_0+2\pi]$ 内满足

$$\int_{x_0}^{x_0+2\pi} \cos(kx)\cos(lx)\mathrm{d}x = \begin{cases} 2\pi, k = l = 0 \\ \pi, k = l \neq 0 \\ 0, k \neq l \end{cases}$$

$$\int_{x_0}^{x_0+2\pi} \cos(kx)\sin(lx)\mathrm{d}x = 0$$

$$\int_{x_0}^{x_0+2\pi} \sin(kx)\sin(lx)\mathrm{d}x = \begin{cases} 0, k = l = 0 \\ \pi, k = l \neq 0 \\ 0, k \neq l \end{cases}$$

即三角函数集中任意两个不同函数的乘积在区间 $[x_0, x_0+2\pi]$ 上的积分等于 0。这个函数集在长为 2π 的区间上具有正交性。当 $k=0$ 时，取 $\cos(kx)=1$。当 $k\to\infty$ 时，这个函数集构成一个完备正交函数集。以后为确定起见，该函数集的区间，其长度为 2π，常取 $x_0=0$ 或 $-\pi$，对应的积分区间取为 $[0, 2\pi]$ 或 $[-\pi, \pi]$。

应当指出，在决定两个函数是否正交时，正交区间的选择和函数本身一样重要。一般来说，函数对于某一个区间是正交的，对于另一个区间并不一定正交。

3.1.2 周期函数的傅里叶级数

因为三角函数集 $\{1, \cos x, \sin x, \cos(2x), \sin(2x), \cdots, \cos(kx), \sin(kx), \cdots\}$ 在区间 $[x_0, x_0+2\pi]$ 内构成一个完备的正交函数集，因此可以在这个正交区间内，用这个完备正交函数集的线性组合来表示任意函数。

设 $f_p(x)$ 是周期函数，周期为 T_1，角频率 $\omega_1 = \dfrac{2\pi}{T_1}$，频率 $f_1 = \dfrac{1}{T_1}$，且在区间 $\left[-\dfrac{T_1}{2}, \dfrac{T_1}{2}\right]$ 上绝对可积，则三角级数

$$a_0 + \sum_{k=1}^{\infty}\left[a_k\cos(k\omega_1 x) + b_k\sin(k\omega_1 x)\right] \tag{3-1}$$

称为函数 $f_p(x)$ 的傅里叶级数，其中

$$\begin{cases} a_0 = \dfrac{1}{T_1}\int_{-\frac{T_1}{2}}^{\frac{T_1}{2}} f_p(x)\mathrm{d}x \\[2em] a_k = \dfrac{2}{T_1}\int_{-\frac{T_1}{2}}^{\frac{T_1}{2}} f_p(x)\cos(k\omega_1 x)\mathrm{d}x, \quad k = 1,2,3,\cdots \\[2em] b_k = \dfrac{2}{T_1}\int_{-\frac{T_1}{2}}^{\frac{T_1}{2}} f_p(x)\sin(k\omega_1 x)\mathrm{d}x, \quad k = 1,2,3,\cdots \end{cases} \tag{3-2}$$

当 $f_p(x)$ 在区间 $\left[-\dfrac{T_1}{2}, \dfrac{T_1}{2}\right]$ 上至多只有有限个第一类间断点及极值点时，则 $f_p(x)$

的傅里叶级数收敛，且在 $\left[-\dfrac{T_1}{2}, \dfrac{T_1}{2}\right]$ 上有

$$a_0 + \sum_{k=1}^{\infty}\left[a_k\cos(k\omega_1 x) + b_k\sin(k\omega_1 x)\right] = \begin{cases} f_p(x), & x\ 为连续点 \\[2mm] \dfrac{f_p(x-0)+f_p(x+0)}{2}, & x\ 为间断点 \\[3mm] \dfrac{f_p\left(-\dfrac{T_1}{2}+0\right)+f_p\left(\dfrac{T_1}{2}-0\right)}{2}, & x\ 为端点 \end{cases}$$

$$(3-3)$$

在工程实践中，周期函数的傅里叶级数常以如下方式表述：

设 $f_p(x)$ 是以 T_1 为周期的函数，如果 $f_p(x)$ 满足以下狄利赫里（Dirichlet）条件：

（1）在一个周期内只有有限个间断点。

（2）在一个周期内极大值和极小值的个数有限。

（3）在一个周期内函数绝对可积，即 $\displaystyle\int_{x_0}^{x_0+T_1}|f_p(x)|\,\mathrm{d}x < \infty$ ，x_0 为任意实数。

则 $f_p(x)$ 在整个区间 $(-\infty, \infty)$ 内都可以展成式（3-1）形式的三角级数，并将式（3-3）简记为

$$f_p(x) = a_0 + \sum_{k=1}^{\infty}\left[a_k\cos(k\omega_1 x) + b_k\sin(k\omega_1 x)\right] \tag{3-4}$$

即展成"正交函数线性组合"的无穷级数。这就是任意函数 $f_p(x)$ 在有限区间 $\left[-\dfrac{T_1}{2}, \dfrac{T_1}{2}\right]$ 内正弦余弦形式的傅里叶级数（Fourier Series，FS）展开式。式（3-4）中的系数 a_0、a_k、b_k 称为傅里叶级数的展开系数。

本书假定所分析的周期函数都能满足狄利赫里条件，所以，本书后面不再考虑这个条件。

若将式（3-4）中同频率的余弦项和正弦项加以合并，并写成下面的余弦形式

$$f_p(x) = c_0 + \sum_{k=1}^{\infty}c_k\cos(k\omega_1 x + \varphi_k) \tag{3-5}$$

比较式（3-4）和式（3-5）中的同频率三角函数，可以看出傅里叶级数中各个量之间有如下关系

$$c_0 = a_0 \tag{3-6}$$

$$c_k = \sqrt{a_k^2 + b_k^2}, \quad k=1,2,3,\cdots \tag{3-7}$$

$$\varphi_k = -\arctan\frac{b_k}{a_k}, \quad k=1,2,3,\cdots \tag{3-8}$$

$$a_k = c_k\cos\varphi_k, \quad k=1,2,3,\cdots \tag{3-9}$$

$$b_k = -c_k\sin\varphi_k, \quad k=1,2,3,\cdots \tag{3-10}$$

在实际中，c_0 称为周期函数 $f_p(x)$ 的直流分量或恒定分量，c_1 和 φ_1 分别称为周期函数 $f_p(x)$ 基波分量的幅值和初相位，c_k 和 $\varphi_k(k\geqslant 2)$ 分别称为周期函数 $f_p(x)$ 第 k 次谐波分量的幅值和初相位。

式（3-5）表明，任何周期函数只要满足狄利赫里条件就可以分解成直流分量、基波分量和各次谐波分量。也就是说这些频率分量组成了该周期函数。由于周期函数与其直流分量、基波分量和各次谐波分量存在着一一对应的关系，因此，分析一个周期函数可以转化为对该周期函数的各个频率分量的频域分析。这些频率分量称为周期函数的频率谱，简称频谱（FS Spectrum）。以角频率或频率为横坐标画出的各个频率分量的图形称为周期函数的频谱图。其中，以各个频率分量的幅值画出的频谱图称为幅度频谱图，简称幅度谱（Magnitude Spectrum）；以各个频率分量的初相位画出的频谱图称为相位频谱图，简称相位谱（Phase Spectrum）。幅度谱中的每条线代表某一频率分量的幅度，称为谱线。连接各谱线顶点的曲线称为包络线，它反映各频谱分量的幅度变化情况。因周期函数的频谱只会出现在 0，ω_1，$2\omega_1$，… 离散的频谱点上，这种频谱称为傅里叶离散频谱（Fourier Discrete Spectrum），离散间隔是 ω_1。

周期函数的傅里叶级数展开也可表示为指数形式。利用 Euler 公式

$$\begin{cases} e^{jk\omega_1 x} = \cos(k\omega_1 x) + j\sin(k\omega_1 x) \\ e^{-jk\omega_1 x} = \cos(k\omega_1 x) - j\sin(k\omega_1 x) \end{cases}$$

即

$$\begin{cases} \cos(k\omega_1 x) = \dfrac{1}{2}(e^{jk\omega_1 x} + e^{-jk\omega_1 x}) \\ \sin(k\omega_1 x) = \dfrac{1}{2j}(e^{jk\omega_1 x} - e^{-jk\omega_1 x}) \end{cases} \tag{3-11}$$

将式（3-11）代入式（3-4），有

$$f_p(x) = a_0 + \sum_{k=1}^{\infty} \left(\frac{1}{2}a_k + \frac{1}{2j}b_k \right) e^{jk\omega_1 x} + \sum_{k=1}^{\infty} \left(\frac{1}{2}a_k - \frac{1}{2j}b_k \right) e^{-jk\omega_1 x}$$

$$= \sum_{k=-\infty}^{\infty} F_k e^{jk\omega_1 x} \tag{3-12}$$

式（3-12）称为周期函数 $f_p(x)$ 的指数形式的傅里叶级数。其中

$$F_0 = a_0 = c_0 \tag{3-13}$$

$$F_k = \begin{cases} \dfrac{1}{2}(a_k - jb_k) = \dfrac{c_k}{2}e^{j\varphi_k}, & k = 1, 2, 3, \cdots \\ \dfrac{1}{2}(a_{-k} + jb_{-k}) = \dfrac{c_{-k}}{2}e^{-j\varphi_{-k}}, & k = -1, -2, -3, \cdots \end{cases} \tag{3-14}$$

F_k 是复数。令

$$F_k = |F_k| e^{j\theta_k}, \quad k = 1, 2, 3, \cdots \tag{3-15}$$

$$F_{-k} = |F_{-k}| e^{j\theta_{-k}}, \quad k = 1, 2, 3, \cdots \tag{3-16}$$

有

$$|F_k| = |F_{-k}| = \frac{c_k}{2}, \quad k = 1, 2, 3, \cdots \tag{3-17}$$

$$\theta_k = -\theta_{-k} = \varphi_k, \quad k = 1, 2, 3, \cdots \tag{3-18}$$

根据式（3-13）、式（3-14）及式（3-2），并将 k 扩展到 $k = 0, \pm1, \pm2, \pm3, \cdots$，有

$$F_k = \frac{1}{T_1} \int_{-\frac{T_1}{2}}^{\frac{T_1}{2}} f_p(x) \mathrm{e}^{-jk\omega_1 x} \mathrm{d}x, \quad k = 0, \pm 1, \pm 2, \cdots \qquad (3-19)$$

如果知道傅里叶级数的指数形式，由式（3-13）～式（3-18）也可以得出转换为傅里叶级数余弦形式的计算公式，即

$$c_0 = F_0 \qquad (3-20)$$

$$c_k = 2|F_k| = 2|F_{-k}|, \quad k = 1, 2, 3, \cdots \qquad (3-21)$$

$$\varphi_k = \theta_k = -\theta_{-k}, \quad k = 1, 2, 3, \cdots \qquad (3-22)$$

同余弦形式表示的函数频谱一样，可以画出指数形式表示的函数频谱。因为 F_k 一般是复数，所以称这种频谱为 $f_p(x)$ 的傅里叶级数复数频谱（FS Complex Spectrum）。根据 $F_k = |F_k| \mathrm{e}^{j\theta_k}$，复数频谱也包含幅度频谱和相位频谱。从式（3-12）看出，周期函数的复数频谱中不仅仅包含正的角频率项和直流项，还含有负的角频率项。式（3-17）表明复数频谱的幅度谱关于纵轴左右对称，即 $|F_k|$ 是 k 的偶序列；式（3-18）表明复数频谱的相位谱关于纵轴左右反对称，即 θ_k 是 k 的奇序列。利用复数频谱的这个性质，就可以从它的正角频率项推导出它的负角频率项。然而，当 F_k 为实数时，可以用 F_k 的正负表示 θ_k 的 0、π，从而把幅度谱和相位谱合在一起。同样，在一些线性相位的频谱中，也常使用可正可负的 F_k，以简化分析。

关于周期函数的傅里叶级数，有以下结论：

（1）周期函数 $f_p(x)$ 展开成傅里叶级数，若记为 $\sum\limits_{k=1}^{\infty}$ 的形式，某一频率分量用正频率和负频率表示均可。一般表示为正频率函数，但应注意只可取一个频率，或正或负。用正频率函数表示时为 $a_k\cos(k\omega_1 x) + b_k\sin(k\omega_1 x)$；用负频率函数表示时为 $a_k\cos(-k\omega_1 x) - b_k\sin(-k\omega_1 x)$。若表示成合成形式（将正弦余弦合并成余弦的形式），它们分别为 $c_k\cos(k\omega_1 x + \varphi_k)$ 和 $c_k\cos(-k\omega_1 x - \varphi_k)$。

（2）周期函数 $f_p(x)$ 展开成傅里叶级数，若记为 $\sum\limits_{k=-\infty}^{\infty}$ 的形式，某一频率有正频率和负频率两个分量。对实数的周期性函数，其正负频率的两个分量互为共轭。分析时正负频率分量均需考虑。

【例 3-1】 图 3-1（a）所示形状为周期矩形函数的一个周期，若脉宽为 τ、脉高为 A、周期为 2π，函数记为 $f(x) = AR_\tau(x)$，求此周期函数 $f(x)$ 的傅里叶系数。

解： 因 $f(x)$ 函数为偶函数，所以傅里叶展开时的系数 $b_k = 0$，$F_k = a_k/2$，且

$$a_0 = \frac{1}{T_1} \int_{-\frac{T_1}{2}}^{\frac{T_1}{2}} f(x)\mathrm{d}x = \frac{1}{2\pi} \int_{-\tau/2}^{\tau/2} A\mathrm{d}x = \frac{A\tau}{2\pi}$$

$$a_k = \frac{2}{T_1} \int_{-\frac{T_1}{2}}^{\frac{T_1}{2}} f(x)\cos(k\omega_1 x)\mathrm{d}x = \frac{1}{\pi} \int_{-\tau/2}^{\tau/2} A\cos(kx)\mathrm{d}x = \frac{2A}{k\pi}\sin\frac{k\tau}{2}, \quad k = 1, 2, 3, \cdots$$

$$F_0 = a_0 = \frac{A\tau}{2\pi}$$

$$F_k = \frac{a_k}{2} = \frac{A}{k\pi}\sin\frac{k\tau}{2} = \frac{A\tau}{2\pi}Sa\left(\frac{k\tau}{2}\right), \quad k = 1, 2, 3, \cdots$$

其中，函数 Sa 称为采样函数或抽样函数，Sa 定义为

$$Sa(x) = \frac{\sin x}{x}$$

图 3-1（a）所示为周期 2π、脉宽 $\tau = 2$、脉高 $A = 1$ 时 $f(x)$ 的波形；图 3-1（b）为函数 $f(x)$ 的幅度频谱 F_k。

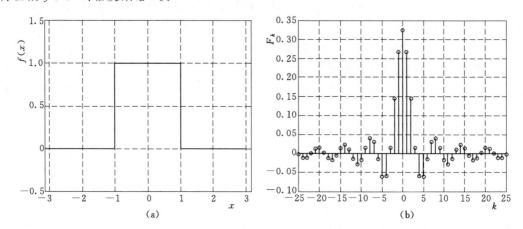

图 3-1 矩形周期脉冲函数及幅度频谱
（a）矩形周期脉冲函数；（b）幅度频谱

3.1.3 非周期函数的傅里叶变换[12-19]

傅里叶变换可以用于时间域分析和频率域分析，也可以用于空间域及其频率域分析。本书主要是傅里叶变换应用于空间域及其频率域上的。但鉴于多数文献中以时域和频域间的变换来表述傅里叶变换，本小节的理论论述部分也采用时间函数说明傅里叶变换的过程。当应用于交流电机绕组分析时，再将时间变量 t 换成空间变量 x。两种情形下对应的数学关系相同。后面，根据情况选用时间函数和空间函数表述变换过程，而不再加以说明。

1. 从周期函数的傅里叶级数到非周期函数的傅里叶变换

从周期函数的傅里叶级数分解，推广到非周期函数的傅里叶变换时，非周期函数 $f(t)$ 可以认为是一周期为 $T_1(T_1 \rightarrow \infty)$ 的周期函数，则周期函数频谱的间隔 $\omega_1 = \frac{2\pi}{T_1} \rightarrow 0$，同时

周期函数频谱 $F_k = \frac{1}{T_1}\int_{-\frac{T_1}{2}}^{\frac{T_1}{2}} f(t)\mathrm{e}^{-jk\omega_1 t}\mathrm{d}t \rightarrow 0$。此时，在频域中，改用频谱密度函数 $F(\omega)$ 表示频谱，有

$$F(\omega) = T_1 F_k = \lim_{T_1 \to \infty} T_1 \cdot \frac{1}{T_1} \int_{-\frac{T_1}{2}}^{\frac{T_1}{2}} f(t) \mathrm{e}^{-\mathrm{j}k\omega_1 t} \mathrm{d}t = \int_{-\infty}^{\infty} f(t) \mathrm{e}^{-\mathrm{j}\omega t} \mathrm{d}t \qquad (3-23)$$

故有

$$f(t) = \sum_{k=-\infty}^{\infty} F_k \mathrm{e}^{\mathrm{j}k\omega_1 t} = \lim_{T_1 \to \infty} \sum_{k=-\infty}^{\infty} \frac{F(\omega)}{T_1} \mathrm{e}^{\mathrm{j}k\omega_1 t} = \sum_{k=-\infty}^{\infty} \lim_{T_1 \to \infty} \frac{1}{T_1} F(\omega) \mathrm{e}^{\mathrm{j}k\omega_1 t}$$

$$= \sum_{k=-\infty}^{\infty} \lim_{T_1 \to \infty} \frac{\omega_1}{2\pi} F(\omega) \mathrm{e}^{\mathrm{j}k\omega_1 t} = \frac{1}{2\pi} \int_{-\infty}^{\infty} F(\omega) \mathrm{e}^{\mathrm{j}\omega t} \mathrm{d}\omega \qquad (3-24)$$

式 (3-24) 中，ω_1 意义为积分中的 $\mathrm{d}\omega$，$k\omega_1$ 意义为积分中的 ω。

式 (3-23)、式 (3-24) 是用周期函数的傅里叶级数通过极限方法导出的非周期函数频谱表达式，其式称为傅里叶变换。通常，式 (3-23) 称为傅里叶正变换，式 (3-24) 称为傅里叶反变换，它们构成一个傅里叶变换对。为书写方便，习惯上采用如下符号：

傅里叶正变换 (Fourier Transform，FT) 为

$$F(\omega) = \mathrm{FT}[f(t)] = \int_{-\infty}^{\infty} f(t) \mathrm{e}^{-\mathrm{j}\omega t} \mathrm{d}t \qquad (3-25)$$

傅里叶反变换 (Inverse Fourier Transform，IFT) 为

$$f(t) = \mathrm{IFT}[F(\omega)] = \frac{1}{2\pi} \int_{-\infty}^{\infty} F(\omega) \mathrm{e}^{\mathrm{j}\omega t} \mathrm{d}\omega \qquad (3-26)$$

$F(\omega)$ 称为 $f(t)$ 的傅里叶变换或谱函数，$f(t)$ 称为 $F(\omega)$ 的傅里叶反变换或原函数。在物理学上，t 表示时间，ω 表示频率。傅里叶变换建立了时间域和频率域函数之间的互换关系。

$F(\omega)$ 一般是复函数，可以写作

$$F(\omega) = |F(\omega)| \mathrm{e}^{\mathrm{j}\varphi(\omega)}$$

其中 $|F(\omega)|$ 是 $F(\omega)$ 的模，表示函数 $f(t)$ 中各频率分量的相对大小。$\varphi(\omega)$ 是 $F(\omega)$ 的相位函数，表示函数 $f(t)$ 中各频率分量之间的相位关系。为了与周期函数的频谱相一致，习惯上也把 $|F(\omega)|$ 与 ω 的曲线称为非周期函数的幅度频谱，$\varphi(\omega)$ 与 ω 的曲线称为非周期函数的相位频谱。它们都是角频率 ω 的连续函数。

必须指出，在前面推导傅里叶变换时，并未遵循数学上的严格步骤。从理论上讲，傅里叶变换也应满足一定的条件才能存在。类似于傅里叶级数的狄利赫里条件，非周期函数 $f(t)$ 存在傅里叶变换的充分条件是函数在无限区间内应绝对可积，即

$$\int_{-\infty}^{\infty} |f(t)| \mathrm{d}t < \infty \qquad (3-27)$$

实际的物理问题，这个条件总是可以满足的。另外，许多不满足式 (3-27) 的奇异信号及周期信号，在引入广义函数 $\delta(\omega)$ 后，也能应用傅里叶积分变换作分析，可以有其傅里叶变换对。例如：周期函数 $\cos(\omega_0 t)$ 的傅里叶变换为 $\pi\delta(\omega+\omega_0)+\pi\delta(\omega-\omega_0)$；$\sin(\omega_0 t)$ 的傅里叶变换为 $\mathrm{j}\pi\delta(\omega+\omega_0)-\mathrm{j}\pi\delta(\omega-\omega_0)$；$\mathrm{e}^{\mathrm{j}\omega_1 t}$ 的傅里叶变换为 $2\pi\delta(\omega-\omega_1)$。

傅里叶变换的基本性质有线性性、对称性、标度变换特性、时延特性、频移特性、时域卷积定理、频域卷积定理、自相关定理、互相关定理、Parseval 定理等。详细内容可参见文献 [13]、[14]。

2. 周期函数的傅里叶变换

假设周期为 T_1 的周期函数 $f_p(t)$，其在第一个周期内的函数为 $f(t)$。设 $f_p(t)$ 的傅里叶变换为 $F_p(\omega)$，$f(t)$ 的傅里叶变换为 $F(\omega)$，并设周期函数 $f_p(t)$ 的指数傅里叶级数展开系数为 F_k。将周期函数 $f_p(t)$ 按式（3-12）作傅里叶级数展开，即

$$f_p(t) = \sum_{k=-\infty}^{\infty} F_k e^{jk\omega_1 t} \tag{3-28}$$

其中，$\omega_1 = \dfrac{2\pi}{T_1}$；$F_k$ 由式（3-19）给出，即

$$F_k = \frac{1}{T_1} \int_{-\frac{T_1}{2}}^{\frac{T_1}{2}} f_p(t) e^{-jk\omega_1 t} dt, \quad k = 0, \pm 1, \pm 2, \cdots \tag{3-29}$$

对式（3-28）的周期函数 $f_p(t)$ 作傅里叶变换，得

$$F_p(\omega) = 2\pi \sum_{k=-\infty}^{\infty} F_k \delta(\omega - k\omega_1) \tag{3-30}$$

周期函数 $f_p(t)$ 也可以通过其第一个周期内的函数 $f(t)$ 平移得到，即

$$f_p(t) = \sum_{k=-\infty}^{\infty} f(t - kT_1) \tag{3-31}$$

利用冲激函数的搬移特性

$$f(t) * \delta(t - t_0) = f(t - t_0)$$

有

$$f_p(t) = \sum_{k=-\infty}^{\infty} f(t) * \delta(t - kT_1) = f(t) * \sum_{k=-\infty}^{\infty} \delta(t - kT_1) \tag{3-32}$$

定义冲激函数序列 $\delta_{T_1}(t)$

$$\delta_{T_1}(t) = \sum_{k=-\infty}^{\infty} \delta(t - kT_1) \tag{3-33}$$

该函数为周期函数，周期为 T_1。$\delta_{T_1}(t)$ 的傅里叶级数系数 Δ_k 为

$$\Delta_k = \frac{1}{T_1} \int_{t_1}^{t_1+T_1} f(t) e^{-jk\omega_1 t} dt = \frac{1}{T_1}$$

所以，$\delta_{T_1}(t)$ 的傅里叶级数展开式为

$$\delta_{T_1}(t) = \sum_{k=-\infty}^{\infty} \frac{1}{T_1} e^{jk\omega_1 t} \tag{3-34}$$

$\delta_{T_1}(t)$ 的傅里叶变换 $\Delta_{T_1}(\omega)$ 为

$$\Delta_{T_1}(\omega) = \omega_1 \sum_{k=-\infty}^{\infty} \delta(\omega - k\omega_1) \tag{3-35}$$

由卷积定理，根据式（3-32）、式（3-33）和式（3-35），可得周期函数 $f_p(t)$ 的傅里叶变换 $F_p(\omega)$ 为

$$F_p(\omega) = F(\omega) \cdot \omega_1 \sum_{k=-\infty}^{\infty} \delta(\omega - k\omega_1) = \omega_1 \sum_{k=-\infty}^{\infty} F(k\omega_1) \delta(\omega - k\omega_1) \qquad (3-36)$$

而由式（3-25），$F(\omega)$ 为

$$F(\omega) = \int_{-\infty}^{\infty} f(t) \mathrm{e}^{-\mathrm{j}\omega t} \mathrm{d}t = \int_{-\frac{T_1}{2}}^{\frac{T_1}{2}} f_p(t) \mathrm{e}^{-\mathrm{j}\omega t} \mathrm{d}t \qquad (3-37)$$

式（3-37）与式（3-29）对比，可得

$$F_k = \frac{1}{T_1} \int_{-\frac{T_1}{2}}^{\frac{T_1}{2}} f_p(t) \mathrm{e}^{-\mathrm{j}k\omega_1 t} \mathrm{d}t = \frac{1}{T_1} F(\omega) \big|_{\omega = k\omega_1} \qquad (3-38)$$

式（3-30）和式（3-36）相同。由式（3-30）和式（3-36）都可以得到，周期为 T_1 的周期函数 $f_p(t)$，其傅里叶变换 $F_p(\omega)$ 是一个离散间隔为 $\omega_1 = \frac{2\pi}{T_1}$ 的冲激序列。式（3-36）表明，$F_p(\omega)$ 在频率 $k\omega_1$ 处的冲激强度，等于该函数第一个周期内函数 $f(t)$ 的傅里叶变换 $F(\omega)$ 在该频率处抽样值的 ω_1 倍；$F_p(\omega)$ 的包络，是 $F(\omega)$ 的 ω_1 倍。式（3-38）表明，周期函数 $f_p(t)$ 展开成傅里叶级数时的傅里叶系数 F_k，等于截取该周期函数一个周期波形 $f(t)$ 的傅里叶变换在对应谐波频率点的频谱密度值 $F(k\omega_1)$ 除以周期函数的周期 T_1。

【例 3-2】 求函数

$$f(x) = \begin{cases} A, & |x| < \frac{\tau}{2} \\ \dfrac{A}{2}, & x = \pm \dfrac{\tau}{2} \\ 0, & |x| > \dfrac{\tau}{2} \end{cases}$$

的傅里叶变换 $F(\omega)$，这里 $\tau > 0$。［此 $f(x)$ 记为 $AR_\tau(x)$，它是脉宽为 τ、脉高为 A 的矩形函数。］

解： $\quad F(\omega) = \int_{-\infty}^{\infty} f(x) \mathrm{e}^{-\mathrm{j}\omega x} \mathrm{d}x = \int_{-\frac{\tau}{2}}^{\frac{\tau}{2}} A \mathrm{e}^{-\mathrm{j}\omega x} \mathrm{d}x = A\tau \dfrac{\sin \frac{\omega\tau}{2}}{\frac{\omega\tau}{2}} = A\tau Sa\left(\dfrac{\omega\tau}{2}\right)$

脉宽 $\tau = 2$、脉高 $A = 1$ 时的 $f(x)$ 和 $F(\omega)$ 波形如图 3-2 所示。

与［例 3-1］的周期矩形函数相比，非周期函数的频谱密度是连续的。而周期函数的频谱是离散的，其离散角频率的间隔为周期函数的基波角频率。如［例 3-1］中，周期 $T_1 = 2\pi$，基波角频率 $\omega_1 = 1$，频谱中是离散的角频率，角频率间隔为 1，且有 $F_k = \dfrac{A\tau}{2\pi} Sa\left(\dfrac{k\tau}{2}\right)$，$F(k\omega_1) = A\tau Sa\left(\dfrac{k\omega_1\tau}{2}\right) = A\tau Sa\left(\dfrac{k\tau}{2}\right)$。$F_k$ 和 $F(k\omega_1)$ 的关系为 $F_k = \dfrac{1}{T_1} F(k\omega_1)$。

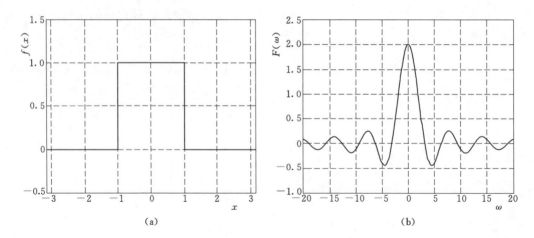

图 3-2　矩形脉冲函数及其傅里叶变换

（a）矩形脉冲函数；（b）傅里叶变换

3.2　离 散 傅 里 叶 变 换[12-15]

3.2.1　离散非周期函数的傅里叶变换和抽样定理

对非周期连续函数 $f(t)$，按均匀时间间隔 T_s 进行理想抽样，抽样后得到时间为离散变量的函数 $f_s(t)$，称 $f_s(t)$ 为离散时间序列（Discrete Time Series），$f_s(t)=f(nT_s)$，n 为整数。由定义，抽样后的 $f_s(t)$ 可表示为

$$f_s(t) = \sum_{n=-\infty}^{\infty} f(t)\delta(t-nT_s) = f(t)\sum_{n=-\infty}^{\infty} \delta(t-nT_s) \tag{3-39}$$

其中，$\displaystyle\sum_{n=-\infty}^{\infty} \delta(t-nT_s)$ 为单位冲激串抽样函数 $\delta_{T_s}(t)$，它的傅里叶变换 $\Delta_{T_s}(\omega)$ 亦为冲激序列。$\Delta_{T_s}(\omega)$ 为

$$\Delta_{T_s}(\omega) = FT\Big[\sum_{n=-\infty}^{\infty} \delta(t-nT_s)\Big] = \omega_s \sum_{n=-\infty}^{\infty} \delta(\omega-n\omega_s) \tag{3-40}$$

式中　ω_s——抽样角频率，$\omega_s=\dfrac{2\pi}{T_s}$。

设函数 $f(t)$ 的频谱是 $F(\omega)$。根据卷积定理，时域中两函数相乘的函数，其傅里叶变换是这两个函数频谱的卷积。由式（3-39），有

$$F_s(\omega) = \frac{1}{2\pi}F(\omega) * \omega_s \sum_{n=-\infty}^{\infty} \delta(\omega-n\omega_s) \tag{3-41}$$

由卷积的性质，得

$$\begin{aligned} F_s(\omega) &= \frac{1}{T_s}\sum_{n=-\infty}^{\infty} F(\omega) * \delta(\omega-n\omega_s) \\ &= \frac{1}{T_s}\sum_{n=-\infty}^{\infty} F(\omega-n\omega_s) \end{aligned} \tag{3-42}$$

故得结论：一个连续函数，按间隔 T_s 进行冲激串抽样后，其傅里叶变换是原函数傅里叶变换后函数的 $\frac{1}{T_s}$ 按周期 $\omega_s = \frac{2\pi}{T_s}$ 所进行的周期延拓。也就是说，理想抽样后的离散时间序列，其频谱是频率的周期函数，周期为 ω_s。并由此可以得出下面的抽样定理。

抽样定理：要从函数抽样后的离散函数无失真地恢复原始连续函数，必须满足以下两个条件：

(1) 函数必须是频带受限的，设其最高角频率为 ω_c。

(2) 抽样角频率 ω_s 必须不小于 $2\omega_c$。

在满足抽样定理的条件下，可以导出[17]

$$f(t) = \sum_{n=-\infty}^{\infty} f(nT_s) Sa\left[\frac{\pi}{T_s}(t - nT_s)\right] \tag{3-43}$$

式 (3-43) 称为抽样内插公式，即由函数的抽样值 $f(nT_s)$ 经此公式而得到连续函数 $f(t)$。$f(nT_s)$ 表示信号 $f(t)$ 在 nT_s 点上的值。为了书写方便，常用 n 代替 nT_s。$Sa\left[\frac{\pi}{T_s}(t - nT_s)\right]$ 称为内插函数，在抽样点 nT_s 上函数值为 1，在其余抽样点上，函数值为零。在每一个抽样点上，只有该点所对应的内插函数不为零，这使得各抽样点上函数值不变，而抽样点之间的函数值则由各加权抽样函数波形的延伸叠加而成。

应该注意到：离散的时间序列，其傅里叶变换是周期的；非周期的离散时间序列，其傅里叶变换是连续的周期函数。若认为，非周期离散时间序列 $f(n)$，是对应的连续周期函数 $F(\omega)$ 的傅里叶级数展开系数，则有

$$F(\omega) = \sum_{n=-\infty}^{\infty} f(n) e^{-j\omega n} \tag{3-44}$$

称 $F(\omega)$ 为序列 $f(n)$ 的离散时间傅里叶变换（Discrete Time Fourier Transform, DTFT），此序列是以完备正交函数集 $e^{j\omega n}$ 对序列做正交展开。记作

$$F(\omega) = \text{DTFT}[f(n)]$$

由于时域是离散的，故频域特性一定是周期的。因为

$$e^{j\omega n} = e^{j(\omega + 2\pi)n}$$

可以看出，$e^{j\omega n}$ 是以 2π 为周期关于 ω 的周期性函数，所以 $F(\omega)$ 也是以 2π 为周期的周期性函数。

由式 (3-44) 可以导出

$$f(n) = \frac{1}{2\pi} \int_{-\pi}^{\pi} F(\omega) e^{j\omega n} \, d\omega \tag{3-45}$$

称序列 $f(n)$ 为 $F(\omega)$ 的离散时间傅里叶反变换（Inverse Discrete Time Fourier Transform, IDTFT）。记作

$$f(n) = \text{IDTFT}[F(\omega)]$$

因为 $F(\omega)$ 是连续函数，称 $F(\omega)$ 为 $f(n)$ 的频谱密度，简称频谱，它是 ω 的复函数。$F(\omega)$ 可表示为

$$F(\omega) = |F(\omega)| e^{j\varphi(\omega)}$$

式中 $|F(\omega)|$ ——幅度谱；

$\varphi(\omega)$——相位谱。

它们都是 ω 的连续、周期函数，周期为 2π。

离散时间傅里叶变换 DTFT 的基本性质有线性性、时移特性、时域卷积定理、频域卷积定理、Parseval 定理等。详细内容可参见文献 [13]、[14]。

【例 3 - 3】 设有离散时间序列

$$x(n)=\begin{cases} A, & n=0,\pm 1,\pm 2,\cdots,\pm M \\ 0, & \text{其他} \end{cases}$$

这里 A 为常数，M 为正整数，求其离散时间傅里叶变换 DTFT。

解：记 $x(n)$ 的离散时间傅里叶变换 DTFT 为 $X(\omega)$。

$$X(\omega)=\sum_{n=-\infty}^{\infty}x(n)\mathrm{e}^{-\mathrm{j}\omega n}=A\sum_{n=-M}^{M}\mathrm{e}^{-\mathrm{j}\omega n}=A\frac{\sin\dfrac{N\omega}{2}}{\sin\dfrac{\omega}{2}}$$

其中，$N=2M+1$。$X(\omega)$ 是以 2π 为周期的周期性函数，在 $(-\pi,\pi)$ 内它和 Sa 函数图形相似。

将此例中的 N 与 [例 3-1]、[例 3-2] 中的 τ 相比，有 $NT_s=\tau$，即相当于采样周期 $T_s=\dfrac{\tau}{N}$。$X(\omega)$ 可看成 [例 3-2] 中的 $F(\omega)$ 按周期 $\omega_s=\dfrac{2\pi}{T_s}$ 所进行的周期延拓除以 T_s。

$X(\omega)$ 中的 ω 为数字频率，实际角频率 $\omega'=\dfrac{\omega}{T_s}$。

取 $A=1$、$N=9$ 时，$x(n)$ 的幅度谱 $|X(\omega)|$ 如图 3-3 所示。

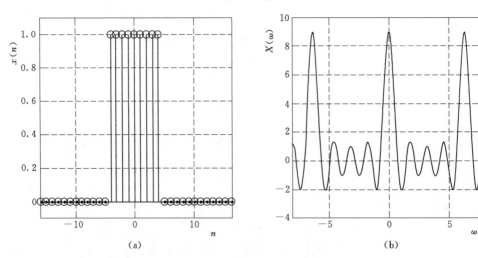

图 3-3 离散时间序列 $x(n)$ 及其幅度谱
(a) 离散时间序列；(b) 幅度谱

与 [例 3-1] 和 [例 3-2] 相比，$\tau=2$，$N=9$，即 $T_s=\dfrac{\tau}{N}=\dfrac{2}{9}$。图 3-4 为 [例 3-3] 的 DTFT 频谱。图中细实线为 DTFT 频谱。将 [例 3-2] 中傅里叶变换的频谱除以 T_s 且化为数字频率后所得的频谱，也示于图 3-4 中。此频谱用粗实线表示，作为与对应的连续函数傅里叶变换频谱的对比。可以看出，在 DTFT 的第一个主瓣，两者基本相同。

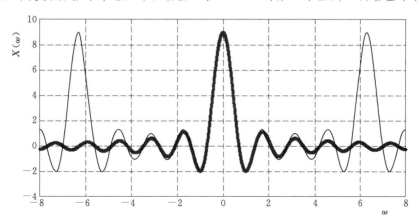

图 3 - 4　离散时间序列频谱和对应的连续函数的傅里叶变换频谱图

3.2.2　离散周期性序列的傅里叶变换[15]

周期为 N 的周期性序列 $f(n)$，可以看成是一个有限长序列 $f_0(n)$，经以 N 为周期的周期延拓所形成的序列。而此有限长序列 $f_0(n)$ 是 $f(n)$ 中一个周期的序列，即

$$f(n) = \sum_{i=-\infty}^{\infty} f_0(n-iN) = f_0(n) * \sum_{i=-\infty}^{\infty} \delta(n-iN) \qquad (3-46)$$

式（3 - 46）意味着周期性序列 $f(n)$ 可以看成是有限长序列 $f_0(n)$ 与周期为 N 的周期性单位抽样序列串 $\sum\limits_{i=-\infty}^{\infty} \delta(n-iN)$ 的卷积。

令 $f_0(n)$ 的离散时间傅里叶变换为

$$\mathrm{DTFT}[f_0(n)] = F_0(\omega) \qquad (3-47)$$

而 $\sum\limits_{i=-\infty}^{\infty} \delta(n-iN)$ 的离散时间傅里叶变换为[15]

$$\mathrm{DTFT}\Big[\sum_{i=-\infty}^{\infty} \delta(n-iN)\Big] = \frac{2\pi}{N} \sum_{k=-\infty}^{\infty} \delta\Big(\omega - \frac{2\pi}{N}k\Big) \qquad (3-48)$$

根据离散时间傅里叶变换的时域卷积定理，有

$$\mathrm{DTFT}[f(n)] = F_0(\omega) \cdot \frac{2\pi}{N} \sum_{k=-\infty}^{\infty} \delta\Big(\omega - \frac{2\pi}{N}k\Big)$$

$$= \frac{2\pi}{N} \cdot \sum_{k=-\infty}^{\infty} F_0\Big(\frac{2\pi}{N}k\Big)\delta\Big(\omega - \frac{2\pi}{N}k\Big)$$

令

$$F(k) = F_0\Big(\frac{2\pi}{N}k\Big)$$

$$\mathrm{DTFT}[f(n)] = \frac{2\pi}{N} \cdot \sum_{k=-\infty}^{\infty} F(k)\delta\Big(\omega - \frac{2\pi}{N}k\Big) \qquad (3-49)$$

式（3 - 49）说明：周期为 N 的周期性序列 $f(n)$，其离散时间傅里叶变换是一系列

冲激函数串，且冲激函数的积分面积等于 $F(k)$ 乘以 $\dfrac{2\pi}{N}$。而 $F(k)$ 是 $f(n)$ 一个周期中的

序列 $f_0(n)$ 的傅里叶变换 $F_0(\omega)$，在 ω 等于 $\dfrac{2\pi}{N}$ 整数倍处的抽样值。

由式（3-44），式（3-49）中的 $F(k)$ 可表示成

$$F(k) = \sum_{n=0}^{N-1} f(n) \mathrm{e}^{-\mathrm{j}\frac{2\pi}{N}nk} \tag{3-50}$$

对式（3-49）求傅里叶反变换，可以证明

$$f(n) = \frac{1}{N} \sum_{k=0}^{N-1} F(k) \mathrm{e}^{\mathrm{j}\frac{2\pi}{N}nk} \tag{3-51}$$

实际上，式（3-50）和式（3-51）构成了周期序列的离散傅里叶级数（Discrete Fourier Series，DFS）对，记为

$$F(k) = \mathrm{DFS}[f(n)] = \sum_{n=0}^{N-1} f(n) \mathrm{e}^{-\mathrm{j}\frac{2\pi}{N}nk} \tag{3-52}$$

$$f(n) = \mathrm{IDFS}[F(k)] = \frac{1}{N} \sum_{k=0}^{N-1} F(k) \mathrm{e}^{\mathrm{j}\frac{2\pi}{N}nk} \tag{3-53}$$

DFS[·] 表示离散傅里叶级数正变换，IDFS[·] 表示离散傅里叶级数反变换。

周期序列的离散傅里叶级数基本性质有线性性、移位特性、调制特性、对偶性、对称性、周期卷积和等。详细内容可参见文献 [15]。

3.2.3 有限长序列的离散傅里叶变换[15]

从上一小节中可以看出，周期序列实际上只有有限个序列值有意义。因而，周期序列的离散傅里叶级数表达式也适用于有限长序列，这就得到了有限长序列的离散傅里叶变换。

给定有限长离散序列 $x(n)$ 为

$$x(n) = \begin{cases} x(n), & 0 \leqslant n \leqslant N-1 \\ 0, & n \geqslant N \end{cases} \tag{3-54}$$

定义 $x(n)$ 的离散傅里叶正变换（Discrete Fourier Transform，DFT）为

$$X(k) = \sum_{n=0}^{N-1} x(n) \mathrm{e}^{-\mathrm{j}\frac{2\pi}{N}nk}, \quad k = 0, 1, \cdots, N-1 \tag{3-55}$$

其中，$X(k)$ 是 $x(n)$ 的离散傅里叶系数，即频谱。

如果对离散傅里叶变换系数作离散傅里叶反变换（Inverse Discrete Fourier Transform，IDFT），可以获得原序列 $x(n)$，即

$$x(n) = \frac{1}{N} \sum_{k=0}^{N-1} X(k) \mathrm{e}^{\mathrm{j}\frac{2\pi}{N}nk}, \quad n = 0, 1, \cdots, N-1 \tag{3-56}$$

式（3-55）和式（3-56）形成离散傅里叶变换对。记作

$$X(k) = \mathrm{DFT}[x(n)]$$

$$x(n) = \mathrm{IDFT}[X(k)]$$

或

$$x(n) \longleftrightarrow X(k)$$

3.2.4　离散傅里叶变换的性质

1. 线性组合特性

若 $x_1(n)$ 和 $x_2(n)$ 为有限长序列，长度为 N。$X_1(k)=\mathrm{DFT}[x_1(n)]$，$X_2(k)=\mathrm{DFT}[x_2(n)]$。其线性组合序列 $x(n)$ 为

$$x(n)=ax_1(n)+bx_2(n) \tag{3-57}$$

式中　a,b——任意常数。

则有

$$X(k)=aX_1(k)+bX_2(k) \tag{3-58}$$

需要指出的是，当序列 $x_1(n)$ 和 $x_2(n)$ 的长度不相等时，例如长度分别为 N_1 和 N_2，式（3-58）的线性性质依然成立。此时序列的长度 N 取 N_1 和 N_2 中的大数值，并将短序列通过补零，使其长度为 N，然后对补零后的序列进行离散傅里叶变换。

2. 对称性质

设 $x(n)$ 为实序列，$X(k)=\mathrm{DFT}[x(n)]$，且令

$$X(k)=X_r(k)+\mathrm{j}X_i(k) \tag{3-59}$$

式中　$X_r(k)$——$X(k)$ 的实部；

$X_i(k)$——$X(k)$ 的虚部。

由式（3-55）得

$$X(k)=\sum_{n=0}^{N-1}x(n)\mathrm{e}^{-\mathrm{j}\frac{2\pi}{N}nk}=\sum_{n=0}^{N-1}x(n)\cos\left(\frac{2\pi}{N}nk\right)-j\sum_{n=0}^{N-1}x(n)\sin\left(\frac{2\pi}{N}nk\right)$$

与式（3-59）对比，有

$$X_r(k)=\sum_{n=0}^{N-1}x(n)\cos\left(\frac{2\pi}{N}nk\right) \tag{3-60}$$

$$X_i(k)=-\sum_{n=0}^{N-1}x(n)\sin\left(\frac{2\pi}{N}nk\right) \tag{3-61}$$

如果将式（3-60）、式（3-61）的 $X_r(k)$ 和 $X_i(k)$ 进行周期延拓，由于余弦周期序列的偶对称性和正弦周期序列的奇对称性，式（3-60）中的 $X_r(k)$ 为偶序列，式（3-61）的 $X_i(k)$ 为奇序列。

同理，当 $x(n)$ 为虚序列时，可以做类似的讨论。表 3-1 汇总了序列离散傅里叶变换的这些对称性质[15]。

表 3-1　　　　　　　　　　　　　　离散傅里叶变换的对称性质

$x(n)$［或 $X(k)$］	$X(k)$［或 $x(n)$］	$x(n)$［或 $X(k)$］	$X(k)$［或 $x(n)$］
实序列	实部为偶序列、虚部为奇序列	实奇序列	虚奇序列
虚序列	实部为奇序列、虚部为偶序列	虚偶序列	虚偶序列
实偶序列	实偶序列	虚奇序列	实奇序列

3. 帕塞瓦尔定理（Parseval's Identity）

设 $X(k)=\mathrm{DFT}[x(n)]$，有

$$\sum_{n=0}^{N-1} |x(n)|^2 = \frac{1}{N}\sum_{k=0}^{N-1} |X(k)|^2 \tag{3-62}$$

此即帕塞瓦尔定理。证明参见文献 [17]。

如果 $x(n)$ 为实序列，则式（3-62）变为

$$\sum_{n=0}^{N-1} x^2(n) = \frac{1}{N}\sum_{k=0}^{N-1} |X(k)|^2 \tag{3-63}$$

式（3-63）表明，在时域上计算的序列能量等于在频域上用其频谱计算的能量。

另外，关于离散傅里叶变换的时域循环移位特性、频域循环移位特性、调制特性、对偶性、圆周共轭对称性、循环卷积等，可参见文献 [13-15]。

下面介绍傅里叶变换理论在电机中的应用，即交流电机的空间离散傅里叶变换理论和交流绕组的全息谱分析。

3.3　交流电机绕组的空间域离散序列

3.3.1　交流电机绕组的空间域离散序列及其图形描述

通常，交流电机的散布绕组嵌于均匀开槽的电机铁芯中，绕组经由槽中各导体的串并联连接而成。绕组可以有不同的描述形式，在 1.4 节给出了绕组在空间域中的几种表示方法。如果选用空间角度 x 为交流绕组数学模型的自变量，可将绕组表示为 x 的函数，并使用函数 $d(x)$ 来表示绕组的分布。明显可见，交流电机的散布绕组函数 $d(x)$ 只在空间上离散的点上取值，因为在铁芯的开槽处才有导体或线圈边。因此，函数 $d(x)$ 为离散函数。如以数字 n 表示空间上的离散位置，即表示槽号为 n 的槽位置处，则在空间域中不连续的交流电机散布绕组，可以用 $d(n)$ 代替 $d(x)$，直接表示绕组在第 n 个槽中线圈的有向线匝数，此即为绕组在空间域的槽线数表示法。$d(n)$ 的大小表示绕组在第 n 个槽中线圈的线匝数；$d(n)$ 的正负表示该槽中线圈边的连接方向，$d(n)$ 为正值时，代表线圈边正向连接；$d(n)$ 为负值时，代表线圈边反向连接。同时，使用序列 $\{d(n)\}$ 来表示绕组或绕组的一条支路。为了方便起见，下面就用 $d(n)$ 表示序列 $\{d(n)\}$。$d(n)$ 有时表示整个序列，有时表示序列中序号为 n 处这一项的取值。一般可根据上下文自行区分。注意，$d(n)$ 只在 n 为整数时才有意义。n 不是整数时，$d(n)$ 没有定义，数字信号处理中一般不可视为零，但在绕组分析时认为为零不会有何影响。绕组的这种特征称为绕组的散布或分布特性，序列 $d(n)$ 称为绕组的空间域离散序列。

绕组的空间域离散序列 $d(n)$ 可以用图形来描述。图 3-5 所示为 ［例 1-1］ 的交流电机 A 相绕组、取各线圈匝数均为 1 时绕组空间域离散序列的图形表示。图中横坐标为槽号，横坐标虽为连续直线，但只有 n 为整数时才有意义。n 表示槽的编号，即槽号。槽号从 1 到 Q，以符合使用习惯。Q 为电机槽数，图 3-5 中 $Q=24$。图 3-5 中纵坐标上线段的长短和正负代表绕组各槽中线匝数的多少和线圈边的连接方向。

图 3-6 所示为另一绕组空间域离散序列的图形。它是对应极数为 2 的 24 槽电机、空间域绕组离散序列 $d(n)=88\sin\left[(n-1)\dfrac{2\pi}{24}\right]$ 的图形。图 3-6 中的 $d(n)$ 是幅值为 88 的正

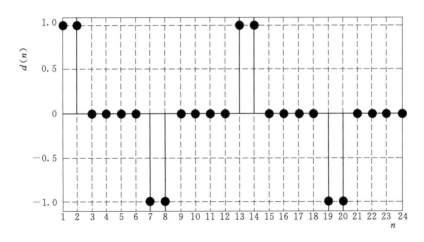

图 3-5 [例 1-1] 的交流电机 A 相绕组空间域离散序列的图形表示

弦分布的散布绕组，是非量化的、离散的正弦分布绕组（下文称这种分布绕组为标准正弦散布绕组），而图中的量化绕组是量化步长为 20 时的 $d(n)$ 序列，各线圈匝数均是 20 的倍数。实际应用的绕组必须经过某种方式的量化处理。最常用的绕组量化方式是线圈匝数取 0、$+N_c$ 或 $-N_c$，N_c 为线圈匝数，即各线圈的匝数均相等。当量化步长很小时，量化后的绕组与非量化的绕组，两者之间的差别也很小。这时，绕组的分析可以将绕组按非量化散布绕组近似处理。

绕组空间域离散序列 $d(n)$ 还可以用行矩阵 $\boldsymbol{d}$ 表示，$\boldsymbol{d}$ 为

$$\boldsymbol{d}=\begin{bmatrix} d(1) & d(2) & d(3) & \cdots & d(Q) \end{bmatrix}$$

这也是 MATLAB 语言中采用的表现形式。

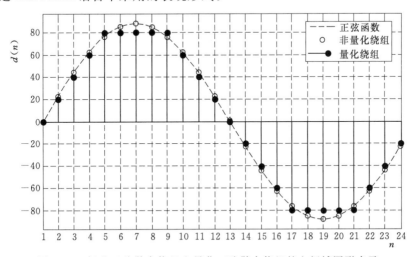

图 3-6 标准正弦散布绕组和量化正弦散布绕组的空间域图形表示

3.3.2 交流电机绕组离散序列的基本运算

1. 绕组离散序列的圆周移位

槽数为 Q 的一个绕组离散序列 $d(n)$，其圆周移位是指以槽数 Q 为周期，将其延拓成

75

周期序列，对周期序列加以移位，然后在主值区间（$n=1\sim Q$）上取出的序列值。若绕组离散序列 $d(n)$ 圆周上移 m 位后的序列记为 $z(n)$，有

$$z(n)=d(<n+m>_Q) \tag{3-64}$$

式中　$<n+m>_Q$——整数 $n+m$ 模 Q 的最小正剩余。

圆周移位后的绕组离散序列 $z(n)$ 仍然是一个长度为 Q 的离散序列。当 m 为正时，$z(n)$ 是 $d(n)$ 在空间上滞后（左移）（在空间的负参考方向上）m 个槽后得到的新序列；当 m 为负时，$z(n)$ 是 $d(n)$ 在空间上超前（右移）（在空间的参考方向上）m 个槽后得到的新序列。

例如，三相对称交流电机绕组，设 120°电角度对应 m 个槽，则 B 相绕组离散序列为 A 相绕组离散序列右移（超前）m 个槽后的序列，C 相绕组离散序列为 A 相绕组离散序列左移（滞后）m 个槽后的序列。

2. 绕组离散序列丢槽运算

绕组离散序列 $d(n)$，丢槽 n_0，$n_0 \in [1,Q]$，是将 $d(n)$ 在 n_0 位置的值置零，即令元素 $d(n_0)$ 为

$$d(n_0)=0 \tag{3-65}$$

例如，单相电机的正弦绕组，常丢弃节距小的线圈，即令该槽线匝数为零，以提高正弦绕组的绕组因数。

3. 绕组离散序列的和运算（序列相加）

对两个绕组离散序列 $d_1(n)$ 和 $d_2(n)$，其序列和 $d(n)$ 是指此两个序列中同序号的序列值逐项对应相加后而构成的一个新的离散序列。$d(n)$ 可表示为

$$d(n)=d_1(n)+d_2(n) \tag{3-66}$$

当两个绕组正向串联时，合成绕组的离散序列即为这两个绕组离散序列相加。

4. 绕组离散序列的差运算（序列相减）

对两个绕组离散序列 $d_1(n)$ 和 $d_2(n)$，其序列差 $d(n)$ 是指此两个序列中同序号的序列值逐项对应相减后而构成的一个新的离散序列。$d(n)$ 可表示为

$$d(n)=d_1(n)-d_2(n) \tag{3-67}$$

当两个绕组反向串联时，合成绕组的离散序列即为这两个绕组离散序列相减。

5. 绕组离散序列的标量积

绕组离散序列 $d(n)$ 与常数 C 的标量积是指将 $d(n)$ 在所有 n 位置处的值都乘以 C 后得到的离散序列，若将此序列记为 $z(n)$，即有

$$z(n)=Cd(n) \tag{3-68}$$

6. 绕组离散序列的反接运算

绕组离散序列 $d(n)$ 的反接运算，是将序列 $d(n)$ 在所有 n 位置处的值都反向。设反接后的离散序列为 $z(n)$，即有

$$z(n)=-d(n) \tag{3-69}$$

7. 绕组离散序列的积

对两个绕组离散序列 $d_1(n)$ 和 $d_2(n)$，其积 $d(n)$ 是指此两序列中同序号的序列值逐

项对应相乘后而构成的一个新的离散序列。$d(n)$ 可表示为

$$d(n)=d_1(n)d_2(n) \tag{3-70}$$

采用反向法实现变极的极幅调制法（Pole - amplitude Modulation）即属于这种运算，它是通过在原绕组离散序列基础上乘以调制序列后得到的新序列。

8. 绕组离散序列的能量 E

绕组离散序列 $d(n)$ 的能量 E 由下式定义

$$E=\sum_{n=1}^{Q}|d(n)|^2 \tag{3-71}$$

3.3.3 交流电机基本的绕组离散序列

交流电机基本的绕组离散序列是指那些简单的绕组序列。在一定的条件下，复杂的绕组离散序列可以分解为这些基本的绕组离散序列，即绕组是基本绕组离散序列的加权叠加。

1. 单根正向导体的离散序列 $\delta(n-n_0)$

在 n_0 处有单根正向导体的绕组离散序列 $\delta(n-n_0)$ 定义为

$$\delta(n-n_0)=\begin{cases}1, & n=n_0 \text{ 时} \\ 0, & n\neq n_0 \text{ 时}\end{cases}, \quad n=1,2,\cdots,Q \tag{3-72}$$

单根正向导体离散序列 $\delta(n-n_0)$ 的空间域图形如图 3 - 7 所示。

【例 3 - 4】 求［例 1 - 1］的交流电机 A 相绕组，1 号槽导体和 7 号槽导体的绕组离散序列。

解： 按前述的参考方向规定，A 相绕组的 1 号槽导体电流为正，7 号槽导体电流为负。故 1 号槽导体的绕组离散序列 $d_1(n)$ 用矩阵方式表示为

$$\boldsymbol{d}_1=[1\ \ 0\ \ 0\ \ 0\ \ 0\ \ 0\ \ 0\ \ 0\ \ 0\ \ 0\ \ 0\ \ 0\ \ 0\ \ 0\ \ 0\ \ 0\ \ 0\ \ 0\ \ 0\ \ 0\ \ 0\ \ 0\ \ 0\ \ 0]$$

7 号槽导体的绕组离散序列 $d_7(n)$ 用矩阵方式表示为

$$\boldsymbol{d}_7=[0\ \ 0\ \ 0\ \ 0\ \ 0\ \ 0\ \ -1\ \ 0\ \ 0\ \ 0\ \ 0\ \ 0\ \ 0\ \ 0\ \ 0\ \ 0\ \ 0\ \ 0\ \ 0\ \ 0\ \ 0\ \ 0\ \ 0\ \ 0\ \ 0]$$

2. 线圈的离散序列 $C_{n_1,n_2}(n)$

使用线圈离散序列 $C_{n_1,n_2}(n)$ 来表示一线圈。设线圈匝数为 N_c，线圈中的正槽号为 n_1，线圈中的负槽号为 n_2，则线圈的离散序列 $C_{n_1,n_2}(n)$ 定义为

$$C_{n_1,n_2}(n)=N_c\delta(n-n_1)-N_c\delta(n-n_2) \tag{3-73}$$

线圈离散序列 $C_{n_1,n_2}(n)$ 的空间域图形如图 3 - 8 所示。当 $N_c=1$ 时，$C_{n_1,n_2}(n)$ 为单匝线圈的离散序列。

例如，［例 1 - 1］的交流电机 A 相绕组，1 号槽和 7 号槽构成的线圈，其离散序列 $C_{1,7}(n)$ 可表示为（用矩阵方式表示）

$$\boldsymbol{C}_{1,7}=N_c[1\ \ 0\ \ 0\ \ 0\ \ 0\ \ 0\ \ -1\ \ 0\ \ 0\ \ 0\ \ 0\ \ 0\ \ 0\ \ 0\ \ 0\ \ 0\ \ 0\ \ 0\ \ 0\ \ 0\ \ 0\ \ 0\ \ 0\ \ 0\ \ 0]$$

3. 相带的离散序列 $g_q(n-n_0)$

相带离散序列 $g_q(n-n_0)$ 表示由从槽 n_0 始连续 q 个槽组成的导体离散序列，即

$$g_q(n-n_0)=\begin{cases}1, & n=\langle n_0+l\rangle_Q, l=0,1,2,\cdots,q-1 \\ 0, & \text{其他 } n\end{cases}, \quad n=1,2,\cdots,Q \tag{3-74}$$

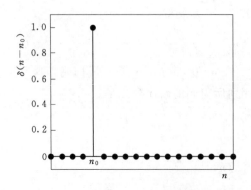

图 3-7　单根正向导体离散序列
　　　　的空间域图形表示

图 3-8　线圈离散序列的空间
　　　　域图形表示

式中　$<n_0+l>_Q$——整数 n_0+l 模 Q 的最小正剩余。

相带离散序列 $g_q(n-n_0)$ 的空间域图形如图 3-9 所示。

4. 复正弦（复指数）的绕组离散序列

复正弦（复指数）的离散序列 $d(n)$ 为

$$d(n)=\mathrm{e}^{\mathrm{j}\omega_0 n},\quad n=1,2,\cdots,Q \tag{3-75}$$

式中　ω_0——复正弦的角频率。

5. 正弦分布的绕组离散序列

正弦分布的离散序列与余弦分布的离散序列统称为正弦离散序列，一般写成如下的余弦函数形式

$$d(n)=A\cos(\omega_0 n+\varphi),\quad n=1,2,\cdots,Q \tag{3-76}$$

式中　A——幅值；

　　　ω_0——角频率，rad/s；

　　　φ——初相位角，rad。

正弦分布绕组离散序列的空间域图形如图 3-10 所示。

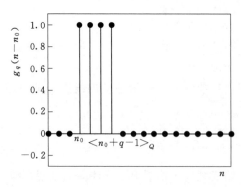
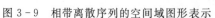
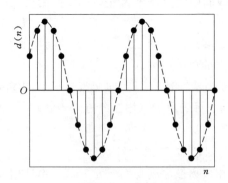

图 3-9　相带离散序列的空间域图形表示

图 3-10　正弦分布绕组离散序列
　　　　　的空间域图形表示

3.4　交流电机空间离散傅里叶变换理论和交流绕组的全息谱分析

3.4.1　交流电机空间离散傅里叶变换和交流绕组的全息谱分析

由傅里叶变换理论可知，任何一个周期序列都可以通过傅里叶分析建立它的离散谱。这表明，任何非正弦的周期序列可以用正弦序列、余弦序列或复指数序列之和表示，即可以使用傅里叶级数的形式来分析周期序列。并且，一个离散周期序列，它的傅里叶变换同样是离散周期序列。将傅里叶变换理论应用到空间域时，即是空间域的一个离散周期序列，可由傅里叶变换，变成频率域的一个离散周期序列。它也可表述成空间域的一个离散周期序列对应频率域的一个离散周期序列。

以 N 为周期的周期序列 $x(n)$ 虽然可以分解为一系列正弦、余弦序列或复指数序列，但是它与连续周期函数的分解有一个明显不同之处，就是周期序列的分解仅包含 N 个分量，而不是像连续周期函数的傅里叶级数那样包含无穷多个分量。这是因为，分解出的复指数分量 $e^{j\frac{2\pi}{N}nk}$，也是周期为 N 的周期函数，而且仅包含有 N 个不同的 $X(k)$ 值。因此，仅用 N 个分量就可以把周期序列表示出来。故有下面的傅里叶变换对

$$\begin{cases} X(k) = \sum_{n=0}^{N-1} x(n) e^{-j\frac{2\pi}{N}nk}, & k = 0,1,\cdots,N-1 \\ x(n) = \frac{1}{N} \sum_{k=0}^{N-1} X(k) e^{j\frac{2\pi}{N}nk}, & n = 0,1,\cdots,N-1 \end{cases} \tag{3-77}$$

其中，$k=0$ 时分量的角频率为 0，称为直流分量。$k=1$ 时的分量称为基波分量，其周期为 N，角频率为 $2\pi/N$。$e^{j\frac{2\pi}{N}n}$ 为基频序列，它是一个随 n 作周期变化的序列。其余各分量可依此说明。对于 $k \geqslant 2$ 时的分量，称为 k 次谐波分量，周期为 N/k，角频率为 $2\pi k/N$。$X(k)$ 为 k 次分量的系数。

将表示交流电机散布绕组的空间域离散序列 $d(n)$，看成是一长度为电机槽数 Q 的离散序列。采用离散傅里叶变换，将绕组空间域离散序列 $d(n)$ 变换到频率域，其频率域的绕组离散序列记为 $D(k)$。根据式（3-77），并按交流电机绕组分析要求和电机分析惯例，定义交流电机的空间离散傅里叶变换（Space Discrete Fourier Transform，SDFT）及逆变换（Inverse Space Discrete Fourier Transform，ISDFT）为

$$\begin{cases} D(k) = \frac{1}{Q} \sum_{n=1}^{Q} d(n) e^{-j\frac{2\pi}{Q}(n-1)k}, & k = 0,1,\cdots,Q-1 \\ d(n) = \sum_{k=0}^{Q-1} D(k) e^{j\frac{2\pi}{Q}(n-1)k}, & n = 1,2,\cdots,Q \end{cases} \tag{3-78}$$

记作

$$D(k) = \text{SDFT}[d(n)]$$
$$d(n) = \text{ISDFT}[D(k)]$$

并把此理论称为交流电机空间离散傅里叶变换理论（Theory of Space Discrete Fourier Transform，TSDFT）。

变换后的离散序列 $D(k)$ 可以看成是交流绕组空间域离散序列 $d(n)$ 在频率域上的表示。且 $D(k)$ 为 $d(n)$ 的完备表示。所谓完备，是指由频率域中的离散周期序列 $D(k)$ 可以完全表示空间域的离散序列 $d(n)$，即在傅里叶变换的过程中，变换后的频率域离散序列 $D(k)$ 包含的信息和原离散序列 $d(n)$ 在空间域的信息完全相同，所不同的只是信息的表现形式。故将离散周期序列 $D(k)$ 称为交流电机散布绕组的全息谱（Holospectrum）。绕组的这种分析理论称为交流绕组的全息谱分析（The Holospectrum Analysis of Windings，HAW）。式（3-78）中的 k 称为谐波次数，是频域中归一化的频率值。k 的物理意义为相对于整个圆周的谐波极对数，即谐波次数。对应某一 k 值的 $D(k)$ 为空间域散布绕组 $d(n)$ 的频率域 k 次谐波绕组分量。$D(k)$ 通常为复数，是非量化正弦散布绕组的频域表示。$D(k)$ 可用幅值和相位角表示为

$$D(k) = |D(k)| e^{j\varphi(k)} \tag{3-79}$$

式中　$|D(k)|$——$D(k)$ 的幅值，有时简记为 D_k，$|D(k)|$ 与谐波次数 k 的关系称为绕组的幅度频谱（Magnitude Spectrum）；

　　　$\varphi(k)$——$D(k)$ 的相位角，有时简记为 φ_k，$\varphi(k)$ 与谐波次数 k 的关系称为绕组的相位频谱（Phase Spectrum）。

即　　　$$D(k) = \frac{1}{Q} \sum_{n=1}^{Q} d(n) e^{-j\frac{2\pi}{Q}(n-1)k} = |D(k)| e^{j\varphi(k)} = D_k e^{j\varphi_k}, k = 0, 1, \cdots, Q-1 \tag{3-80}$$

$$d(n) = \sum_{k=0}^{Q-1} D(k) e^{j\frac{2\pi}{Q}(n-1)k} = \sum_{k=0}^{Q-1} |D(k)| e^{j\varphi(k)} e^{j\frac{2\pi}{Q}(n-1)k} = \sum_{k=0}^{Q-1} D_k e^{j\varphi_k} e^{j\frac{2\pi}{Q}(n-1)k}, n = 1, 2, \cdots, Q \tag{3-81}$$

注意式中的 D_k，当 $k=0$ 时，因 D_k 为实数，此时常设 $D_k = D(0)$，而 $\varphi_k = 0$。

取序列 $d(n)$ 的平均值 $\dfrac{\sum\limits_{n=1}^{Q} |d(n)|}{Q}$ 为 $D(k)$ 的基值，将序列 $D(k)$ 化为标幺值形式，并用 $D_{pu}(k)$ 来表示，有

$$D_{pu}(k) = \frac{Q}{\sum\limits_{n=1}^{Q} |d(n)|} D(k), \quad k = 0, 1, \cdots, Q-1 \tag{3-82}$$

在传统的交流电机绕组理论中，使用绕组因数表征绕组的性能，绕组因数是交流电机绕组的重要参数。参照式（2-64）和式（2-65），对线圈匝数不等的绕组，若绕组离散序列为 $d(n)$，令

$$\dot{E}_{\phi\nu} = \sum_{n=1}^{Q} d(n) e^{-j(n-1)\nu \frac{2\pi}{Q}} = E_{\phi\nu} \angle \varphi_{\phi\nu} \tag{3-83}$$

根据绕组因数的定义，ν 次谐波的绕组因数 $k_{w\nu}$ 为

$$k_{w\nu} = \frac{E_{\phi\nu}}{\sum\limits_{n=1}^{Q} |d(n)|} \tag{3-84}$$

比照式（3-78）和式（3-82），绕组因数 $k_{w\nu}$ 可表示为

$$k_{w\nu} = \frac{Q}{\sum\limits_{n=1}^{Q} |d(n)|} |D(\nu)| = |D_{pu}(\nu)|, \quad \nu = 0, 1, \cdots, Q-1 \tag{3-85}$$

即绕组因数等于 $|D_{pu}(\nu)|$。$D_{pu}(\nu)$ 为绕组因数的复数形式，称为复绕组因数。$D_{pu}(\nu)$ 的幅值等于绕组因数，简记为 D_ν^*，或记为传统方式的 $k_{w\nu}$。$D_{pu}(\nu)$ 的相位角对应 $k=\nu$ 时的 $\varphi(k)$，简记为 φ_ν。故 $D_{pu}(\nu)$ 可记为

$$D_{pu}(\nu) = k_{w\nu}e^{j\varphi_\nu}, \quad \nu = 0,1,\cdots,Q-1 \tag{3-86}$$

当绕组中各线圈匝数相同时，可取匝数为 1 来计算绕组因数和复绕组因数，以简化分析。此时 $\sum\limits_{n=1}^{Q} |d(n)|$ 等于绕组总占槽数。

另外，绕组 ν 次谐波的等效匝数 $N_{ef\nu}$ 为

$$N_{ef\nu} = \frac{\sum\limits_{n=1}^{Q} |d(n)| k_{w\nu}}{2} = \frac{D_\nu Q}{2} \tag{3-87}$$

由式（3-85）可见，若采用绕组因数分析电机绕组，因绕组因数等于绕组频谱幅值的标幺值，它仅能部分反映原绕组的性能参数，丢失了频率域中各谐波绕组分量的相位信息。而序列 $D(k)$ 或与 $D(k)$ 对应的复绕组因数 $D_{pu}(k)$，由式（3-78）可知，是原绕组空间域离散序列 $d(n)$ 在频率域的完备表示，能全面反映绕组的性能。

根据序列 $D(k)$，除幅度频谱和相位频谱外，还可按复数方式作出 $D(k)$ 的频谱。将绕组频域中从 0 到 $Q-1$ 各次谐波分量全部按复数方式图形表示，称为绕组的全息谱图（Holography）。对于三相交流电机，A、B、C 各相绕组在空间域的离散序列分别表示为 $d_A(n)$、$d_B(n)$、$d_C(n)$，在频率域的离散序列分别表示成 $D_A(k)$、$D_B(k)$、$D_C(k)$。各相绕组的全息谱图可以分别画出，也可将三相全息谱图合在一起。如若按谐波次数，将相同次数的三相频谱 $D_A(k)$、$D_B(k)$、$D_C(k)$ 作在一张图上时，可得到各次谐波的频谱图。特别是对于基波，使用绕组的这种全息谱图能方便地研究三相绕组的对称情况。

绕组的全息谱 $D(k)$ 还可以用行矩阵 $\boldsymbol{D}$ 表示，$\boldsymbol{D}$ 为

$$\boldsymbol{D} = [D(0) \quad D(1) \quad D(2) \quad \cdots \quad D(Q-1)]$$

【例 3-5】 三相交流电机整数槽绕组，相绕组的一个相带在空间域的离散序列为

$$d(n) = \begin{cases} 1, & 1 \leqslant n \leqslant q \\ 0, & q+1 \leqslant n \leqslant Q \end{cases}$$

q 为每极每相槽数。按全息谱分析方法求绕组 ν 次谐波的分布因数 $k_{q\nu}$。

解： 由式（3-78），绕组空间域离散序列 $d(n)$ 的全息谱 $D(k)$ 为

$$D(k) = \frac{1}{Q} \sum_{n=1}^{Q} d(n) e^{-j\frac{2\pi}{Q}(n-1)k}, \quad k = 0,1,\cdots,Q-1$$

得

$$D(k) = \frac{1}{Q} \sum_{n=1}^{q} e^{-j\frac{2\pi}{Q}(n-1)k} = \frac{1}{Q} \frac{1-e^{-j\frac{2\pi}{Q}qk}}{1-e^{-j\frac{2\pi}{Q}k}} = \frac{\sin\left(kq\frac{\pi}{Q}\right)}{Q\sin\left(k\frac{\pi}{Q}\right)} e^{-jk(q-1)\frac{\pi}{Q}} \tag{3-88}$$

由式（3-85），绕组因数 $k_{w\nu}$ 为

$$k_{w\nu} = \frac{Q}{\sum\limits_{n=1}^{Q} |d(n)|} |D(\nu)|, \quad \nu = 1,2,\cdots,Q-1$$

此即绕组的分布因数 k_q。k_q 为

$$k_q = \frac{Q}{\sum\limits_{n=1}^{Q}|d(n)|}|D(\nu)| = \left|\frac{\sin\left(\nu q \dfrac{\pi}{Q}\right)}{q\sin\left(\nu \dfrac{\pi}{Q}\right)}\right|, \nu = 1,2,\cdots,Q-1$$

【例 3-6】 ［例 1-1］中槽数为 24 的三相四极交流电机 60° 相带单层绕组，并联支路数 $a=1$，求此绕组的全息谱。

解：对于 A 相，其绕组离散序列 $d_A(n)=[1\,1\,0\,0\,0\,0\,-1\,-1\,0\,0\,0\,0\,1\,1\,0\,0\,0\,0\,-1\,-1\,0\,0\,0\,0]$。图 3-5 为 A 相绕组离散序列在空间域的图形表示。

由式（3-78），求得 A 相绕组的全息谱 $D_A(k)$ 为（用矩阵方式表示）

$\boldsymbol{D}_A = [\,0\quad 0\quad 0.321975\angle-15°\quad 0\quad 0\quad 0\quad 0.235702\angle-45°\quad 0\quad 0\quad 0\quad 0.086273\angle-75°\quad 0$

$\qquad 0\quad 0\quad 0.086273\angle75°\quad 0\quad 0\quad 0\quad 0.235702\angle45°\quad 0\quad 0\quad 0\quad 0.321975\angle15°\quad 0\,]$

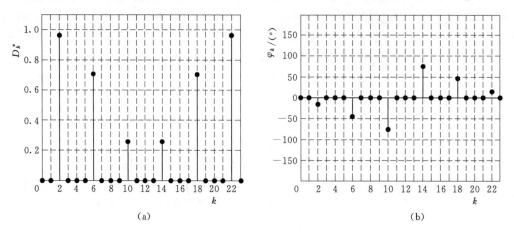

(a)　　　　　　　　　　　　　　　　(b)

图 3-11　［例 1-1］交流电机 A 相绕组的幅度频谱和相位频谱

（a）幅度频谱；（b）相位频谱

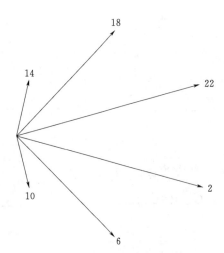

图 3-12　［例 1-1］交流电机 A 相
绕组的全息谱

全息谱 $D_A(k)$ 的基值为

$$\frac{\sum\limits_{n=1}^{Q}|d_A(n)|}{Q} = \frac{8}{24} = \frac{1}{3}$$

A 相绕组的幅度谱（标幺值）、相位谱如图 3-11 所示，全息谱 $D_A(k)$ 如图 3-12 所示。图 3-12 中的实轴和虚轴均按常规选取，实轴在水平位置，虚轴在垂直位置。这里没有作出坐标轴。图 3-12 中的数字为谐波次数，且图中没有标出幅值为零的谐波次数。

同理可得到 B 相和 C 相绕组的全息谱。图 3-13 为此交流电机三相绕组频域的全息图。从图中可看出三相绕组对称，因为三相的基波（$k=2$）绕组因数大小相等，基波复绕组因数相位互

差 120°。

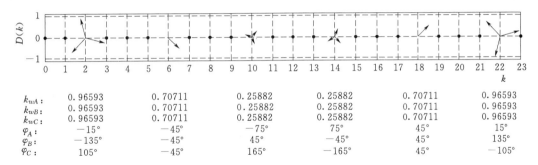

k_{wA}:	0.96593	0.70711	0.25882	0.25882	0.70711	0.96593
k_{wB}:	0.96593	0.70711	0.25882	0.25882	0.70711	0.96593
k_{wC}:	0.96593	0.70711	0.25882	0.25882	0.70711	0.96593
φ_A:	$-15°$	$-45°$	$-75°$	$75°$	$45°$	$15°$
φ_B:	$-135°$	$-45°$	$45°$	$-45°$	$45°$	$135°$
φ_C:	$105°$	$-45°$	$165°$	$-165°$	$45°$	$-105°$

图 3-13 ［例 1-1］中的三相交流电机绕组的全息谱

3.4.2 交流电机绕组的幅度频谱和符幅频谱

通常，对于绕组空间域离散序列 $d(n)$ 在频域的全息谱 $D(k)$，用 $|D(k)|$ 表示其幅频特性。$D(k)$ 是复数，在复平面上可看作矢量。$|D(k)|$ 是此矢量的长度，因此 $|D(k)|$ 永远取正值。其实矢量的幅度可以取负值。幅频特性的负号可以用相频特性上相位加或减 π 角来补偿。在不关心相频特性的情况下，可以让 $|D(k)|$ 常取正值。当特殊情况，相频特性不容许随便增减时，幅频特性就必须分出正、负。

一个变量的幅值（Magnitude）是其偏离零点大小的度量，此值总是正的。可用符号 $|\ |$ 表示幅值。一个变量的振幅（Amplitude）是其在某一方向上偏离零点大小的度量，此值可以是正值也可以是负值。文献［20］中称有正负的振幅为符幅，以与无符号的幅值相区别。在英文中，不考虑正负的幅度频谱称为 Magnitude Spectrum，而考虑正、负号的幅度频谱称为 Amplitude Spectrum。参照文献［19］、［20］，本书亦将有正负的幅度频谱称为符幅频谱。

常规的节距因数、分布因数即是符幅。式（2-18）的节距因数，$k_y = \sin\left(\nu\dfrac{y}{Q}\pi\right)$；

式（2-56）的分布因数，$k_q = \dfrac{\sin\left(\nu\dfrac{q\alpha}{2}\right)}{q\sin\left(\nu\dfrac{\alpha}{2}\right)}$，$k_y$ 和 k_q 均可正可负。

另外，式（2-15）的 F_G 亦为符幅。

对于节距因数、分布因数等类似性质的物理量，作频谱分析时，若其幅度频谱采用符幅频谱，有可能使对应的相频特性具有线性相位关系。如图 3-11（b）所示的相频特性，不是线性相位。但若采用符幅频谱，例如式（3-88）的频谱，$D(k)$ 可以为线性相位。在第 4～6 章中即使用符幅频谱表示全息谱。

3.4.3 交流电机绕组的单边频谱及交流绕组的分解与合成原理

在空间域，绕组离散序列 $d(n)$ 是实数序列。根据离散傅里叶变换理论，已经证明，对应于实数序列 $d(n)$ 的全息谱 $D(k)$，其幅值离散序列 $|D(k)|$ 相对于 $k=Q/2$ 为偶对称序列，其相位离散序列 $\varphi(k)$ 相对于 $k=Q/2$ 为奇对称序列。根据欧拉公式，由式

(3-81) 可得：

Q 为奇数时，$d(n)$ 为

$$d(n) = \sum_{k=0}^{Q-1} D(k) e^{j\frac{2\pi}{Q}(n-1)k} = D(0) + 2\sum_{k=1}^{\frac{Q-1}{2}} |D(k)| \cos\left[k(n-1)\frac{2\pi}{Q} + \varphi(k)\right], \quad n = 1,2,\cdots,Q$$

$$(3-89)$$

Q 为偶数时，$d(n)$ 为

$$d(n) = D(0) + 2\sum_{k=1}^{\frac{Q}{2}-1} |D(k)| \cos\left[k(n-1)\frac{2\pi}{Q} + \varphi(k)\right]$$

$$+ \left|D\left(\frac{Q}{2}\right)\right| \cos\left[(n-1)\pi + \varphi\left(\frac{Q}{2}\right)\right], \quad n = 1,2,\cdots,Q \qquad (3-90)$$

式（3-89）、式（3-90）称为实数序列 $d(n)$ 的单边频谱表示。在一些文献中，称这种变换为实数离散傅里叶变换（Real DFT）。相对应地，式（3-81）中的序列 $|D(k)|$ 和 $\varphi(k)$ 称为实数序列 $d(n)$ 的双边频谱，即

$$d(n) = D(0) + \sum_{k=1}^{Q-1} |D(k)| \cos\left[k(n-1)\frac{2\pi}{Q} + \varphi(k)\right], \quad n = 1,2,\cdots,Q \quad (3-91)$$

式（3-89）表明：当 Q 为奇数时，绕组空间域离散序列 $d(n)$ 可以分解为一个空间域均匀分布的离散序列与 $\frac{Q-1}{2}$ 个谐波次数 k 分别为 $1 \sim \frac{Q-1}{2}$ 的空间域正弦分布离散序列之和。这 $\frac{Q-1}{2}$ 个正弦分布离散序列的幅值是其对应的双边频谱幅值的两倍，而均匀分布的离散序列与对应的双边频谱相等。

式（3-90）表明：当 Q 为偶数时，绕组空间域离散序列 $d(n)$ 可以分解为一个空间域均匀分布的离散序列与 $\frac{Q}{2}$ 个谐波次数 k 分别为 $1 \sim \frac{Q}{2}$ 的空间域正弦分布离散序列之和。其中，谐波次数为 $1 \sim \frac{Q}{2}-1$ 的正弦分布离散序列的幅值是其对应的双边频谱幅值的两倍，谐波次数为 $\frac{Q}{2}$ 的正弦分布离散序列的幅值与对应的双边频谱相等，而均匀分布的离散序列与其对应的双边频谱也相等。

交流绕组空间域离散序列的式（3-89）和式（3-90）表示，称为交流电机绕组的分解原理（Principle of Winding Decomposition，PWD）。

与此相反，式（3-89）也表明：当 Q 为奇数时，由一个空间域均匀分布的绕组离散序列和 $\frac{Q-1}{2}$ 个谐波次数分别为 $1 \sim \frac{Q-1}{2}$ 的空间域正弦分布的绕组离散序列，可以构成任意分布的空间域长度为 Q 的绕组离散序列。式（3-90）也表明：当 Q 为偶数时，由一个空间域均匀分布的绕组离散序列和 $\frac{Q}{2}$ 个谐波次数分别为 $1 \sim \frac{Q}{2}$ 的空间域正弦分布的绕组离散序列，可以构成任意分布的空间域长度为 Q 的绕组离散序列。这称为交流电机绕组的合成原理（Principle of Winding Composition，PWC）。

如令

$$N = \begin{cases} \dfrac{Q-1}{2}, & \text{当 } Q \text{ 为奇数时} \\ \dfrac{Q}{2}, & \text{当 } Q \text{ 为偶数时} \end{cases} \tag{3-92}$$

$$\varphi(0) = 0 \tag{3-93}$$

式（3-89）和式（3-90）可统一写成

$$d(n) = \sum_{k=0}^{N} A_k \cos\left[k(n-1)\frac{2\pi}{Q} + \varphi(k) \right], n = 1, 2, \cdots, Q \tag{3-94}$$

式中 A_k——k 次谐波正弦分布绕组离散序列单边频谱的幅值。

$$A_k = \begin{cases} D(0), & \text{当 } k=0 \text{ 时} \\ 2\left| D(k) \right|, & \text{当 } k \neq 0 \text{ 和 } k \neq \dfrac{Q}{2}(Q \text{ 为偶数})\text{时} \\ \left| D\left(\dfrac{Q}{2}\right) \right|, & \text{当 } k = \dfrac{Q}{2}(Q \text{ 为偶数})\text{时} \end{cases} \tag{3-95}$$

【例 3-7】 ［例 1-1］中槽数为 24 的三相 4 极交流电机 60°相带单层绕组，并联支路数 $a=1$，试将此电机的 A 相绕组进行谐波绕组分解。

解： 图 3-5 所示为［例 1-1］的交流电机 A 相绕组离散序列 $d_A(n)$ 在空间域的图形表示。

因 $Q=24$，Q 为偶数，由式（3-90），A 相绕组离散序列 $d_A(n)$ 可分解为

$$d_A(n) = D(0) + 2\sum_{k=1}^{\frac{Q}{2}-1} \left| D(k) \right| \cos\left[k(n-1)\frac{2\pi}{Q} + \varphi(k) \right] + \left| D\left(\frac{Q}{2}\right) \right| \cos\left[(n-1)\pi + \varphi\left(\frac{Q}{2}\right) \right]$$

$$= D(0) + 2\sum_{k=1}^{11} \left| D(k) \right| \cos\left[k(n-1)\frac{2\pi}{24} + \varphi(k) \right] + D(12)\cos\left[(n-1)\pi \right], n = 1, 2, \cdots, Q$$

由［例 3-6］中的 $D(k)$，得

$$\begin{aligned} d_A(n) &= 2 \times 0.321975275\cos\left[2(n-1)15° - 15° \right] \\ &\quad + 2 \times 0.235702260\cos\left[6(n-1)15° - 45° \right] \\ &\quad + 2 \times 0.086273015\cos\left[10(n-1)15° - 75° \right] \\ &= 0.64395055\cos\left[(n-1)30° - 15° \right] \\ &\quad + 0.471404520\cos\left[(n-1)90° - 45° \right] \\ &\quad + 0.172546030\cos\left[(n-1)150° - 75° \right], n = 1, 2, \cdots, Q \end{aligned}$$

即 A 相绕组离散序列 $d_A(n)$ 分解为 3 个正弦分布的谐波绕组离散序列，$d_2(n)$、$d_6(n)$ 和 $d_{10}(n)$。各次谐波绕组离散序列如图 3-14（a）～（c）所示，图中虚线所示为序列对应的正弦波形。图示序列幅值是双边频谱的幅值。合成的绕组离散序列如图 3-14（d）所示。

【例 3-8】 槽数为 18 的交流电机，绕组为低谐波绕组，参见 7.1 节，已知其一相绕组由幅值分别为 100，44.9098785，5.0901215 的 1 次、3 次和 9 次谐波绕组构成，各谐波绕组的相位均为 0°，求合成的相绕组离散序列 $d(n)$。

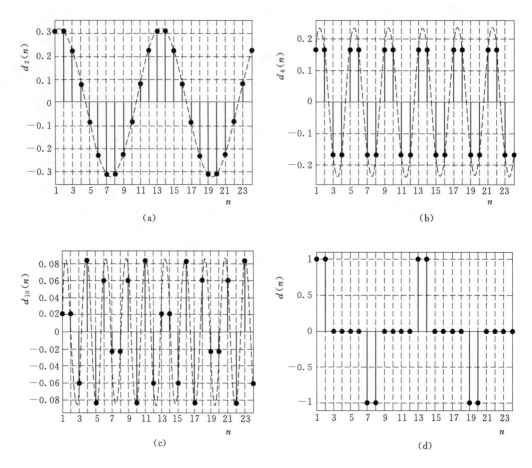

图 3-14　三相 4 极 24 槽、60°相带交流电机 A 相绕组的分解与合成

(a) 2 次谐波正弦分布离散序列；(b) 6 次谐波正弦分布离散序列；

(c) 10 次谐波正弦分布离散序列；(d) 合成的绕组离散序列

解： 由式（3-94），得

$$d(n) = \sum_{k=0}^{N} A_k \cos\left[k(n-1)\frac{2\pi}{Q} + \varphi(k)\right], \quad n = 1, 2, \cdots, Q$$

$$d(n) = A_1 \cos\left[(n-1)\frac{2\pi}{Q} + \varphi_1\right] + A_3 \cos\left[3(n-1)\frac{2\pi}{Q} + \varphi_3\right] + A_9 \cos\left[9(n-1)\frac{2\pi}{Q} + \varphi_9\right]$$

$$= 100\cos[(n-1)20°] + 44.9098785\cos[(n-1)60°] + 5.0901215\cos[(n-1)180°]$$

合成的绕组离散序列 $d(n)$ 为（用矩阵方式表示）

$$\boldsymbol{d} = [150 \quad 111.33 \quad 59.24 \quad 0 \quad 0 \quad 0 \quad 0 \quad -59.24 \quad -111.33 \quad -150 \quad -111.33$$
$$-59.24 \quad 0 \quad 0 \quad 0 \quad 0 \quad 59.24 \quad 111.33]$$

$d(n)$ 的空间域图形如图 3-15（d）所示。各次谐波绕组离散序列空间域图形如图 3-15（a）～（c）所示。

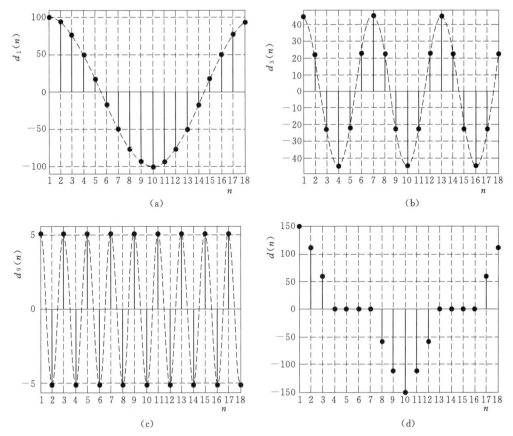

图 3-15 三相 18 槽、低谐波绕组合成的相绕组离散序列

(a) 1 次谐波正弦分布离散序列；(b) 3 次谐波正弦分布离散序列；

(c) 9 次谐波正弦分布离散序列；(d) 合成的绕组离散序列

3.5 交流电机标准正弦散布绕组的全息谱分析

3.5.1 交流电机标准正弦散布绕组的全息谱和绕组因数

这里的标准正弦散布绕组与常规的单相正弦绕组或三相正弦绕组不同，比常规的正弦绕组具有更为普遍的物理意义。

对槽数为 Q 的交流电机，理想的、相对于整个圆周极对数为 p 的标准正弦散布绕组，其在空间域的绕组离散序列 $d(n)$ 定义为

$$d(n) = A_p \cos\left[(n-1)p\frac{2\pi}{Q} + \varphi_p\right], \quad n = 1, 2, \cdots, Q \tag{3-96}$$

其中，$1 \leqslant p < \dfrac{Q}{2}$；$A_p$、$\varphi_p$ 为标准正弦散布绕组离散序列 $d(n)$ 的幅值和初相位。称这种绕组为标准正弦散布绕组，一是因为它是绕组分解与合成时的基本绕组离散序列，二是用以区别单相电机的正弦绕组及三相电机的 Y-△ 连接正弦绕组。标准正弦散布绕组离散序列 $d(n)$ 的示意图如图 3-10 所示。特别地，当 $p=0$ 时，式（3-96）可设为

$$d(n) = A_0, \quad n = 1, 2, \cdots, Q \tag{3-97}$$

当 $p = \dfrac{Q}{2}$（Q 为偶数）时，式（3-96）可设为

$$d(n) = A_{\frac{Q}{2}} \cos[(n-1)\pi], \quad n = 1, 2, \cdots, Q \tag{3-98}$$

注意，A_0、$A_{\frac{Q}{2}}$ 均为实数，且可正可负。

对式（3-96）表示的标准正弦散布绕组离散序列 $d(n)$，按式（3-78）进行变换，容易得出，$d(n)$ 的全息谱 $D(k)$ 为

$$D(k) = \begin{cases} 0, & \text{当 } k \neq p \text{ 和 } k \neq Q-p \\ \dfrac{1}{2} A_p \mathrm{e}^{\mathrm{j}\varphi_p}, & \text{当 } k = p \\ \dfrac{1}{2} A_p \mathrm{e}^{-\mathrm{j}\varphi_p}, & \text{当 } k = Q-p \end{cases} \tag{3-99}$$

即 $D(k)$ 仅包含 p 次及 $Q-p$ 次谐波，且这两个谐波幅值相等，相位角互为相反数，其幅值为标准正弦散布绕组幅值的一半，p 次谐波相位角和标准正弦散布绕组离散序列的相位角相等，$Q-p$ 次谐波与 p 次谐波的频谱相互共轭。其实，众所周知，$Q-p$ 次谐波亦即为 $-p$ 次谐波。

对式（3-97）表示的绕组离散序列 $d(n)$ 按式（3-78）进行变换，得出 $d(n)$ 的全息谱 $D(k)$ 为

$$D(k) = \begin{cases} 0, & \text{当 } k \neq 0 \\ A_0, & \text{当 } k = 0 \end{cases} \tag{3-100}$$

对式（3-98）表示的绕组离散序列 $d(n)$ 按式（3-78）进行变换，得出 $d(n)$ 的全息谱 $D(k)$ 为

$$D(k) = \begin{cases} 0, & \text{当 } k \neq \dfrac{Q}{2} \\ A_{\frac{Q}{2}}, & \text{当 } k = \dfrac{Q}{2} \end{cases} \tag{3-101}$$

下面仅讨论 $1 \leqslant p < \dfrac{Q}{2}$ 的情形，而 $p = 0$ 时不需分析。$p = \dfrac{Q}{2}$（Q 为偶数）时，分析较简单，其 $\dfrac{Q}{2}$ 次绕组因数 $k_{w\frac{Q}{2}} = 1$，略去。

根据式（3-85）和式（3-99），$1 \leqslant p < \dfrac{Q}{2}$ 时标准正弦散布绕组离散序列 $d(n)$ 的 ν 次谐波绕组因数 k_w 为

$$\begin{aligned} k_{w\nu} &= \dfrac{Q}{\displaystyle\sum_{n=1}^{Q} |d(n)|} |D_\nu| \\ &= \begin{cases} 0, & \text{当 } \nu \neq p \text{ 和 } \nu \neq Q-p \\ \dfrac{QA_p}{2\displaystyle\sum_{n=1}^{Q} |d(n)|}, & \text{当 } \nu = p \text{ 或 } \nu = Q-p \end{cases} \end{aligned} \tag{3-102}$$

对于标准正弦散布绕组，$\displaystyle\sum_{n=1}^{Q} |d(n)|$ 可以用矢量法求取。将正弦变化的 $d(n)$ 看成大

小相等、相位不同的矢量在实轴上的投影，这些矢量将构成星形图。可以按求 180° 相带绕组绕组因数的方法求 $\sum\limits_{n=1}^{Q}|d(n)|$。设 Q 与 p 的最大公约数为 t，参见 1.6 节和 2.3 节的矢量图。当 $\dfrac{Q}{t}$ 为奇数时，反向半个圆周后的星形图矢量为 $\dfrac{Q}{t}$ 个，矢量间夹角为 $\dfrac{\pi}{\dfrac{Q}{t}}$；当 $\dfrac{Q}{t}$ 为偶数时，反向半个圆周后的矢量图矢量为 $\dfrac{Q}{2t}$ 个，矢量间夹角为 $\dfrac{\pi}{\dfrac{Q}{2t}}$。合成的矢量大小与标准正弦散布绕组的初相位 φ_p 无关，但 $\sum\limits_{n=1}^{Q}|d(n)|$ 为合成矢量在实轴上的投影，故 $\sum\limits_{n=1}^{Q}|d(n)|$ 与 φ_p 有关。从而，绕组因数也与 φ_p 有关，但绕组因数和 $\sum\limits_{n=1}^{Q}|d(n)|$ 的乘积与 φ_p 无关，参见式（3 - 102）。

常用的正弦散布绕组分为 A 类、B 类两大类绕组[21]，它们分别对应式（3 - 96）中 $\varphi_p=0$ 和 $\varphi_p=p\dfrac{\pi}{Q}$。多极旋转变压器中还常使用第Ⅲ型正弦绕组[37][38]，两个正交的绕组分别对应式（3 - 96）中 $\varphi_p=\dfrac{\pi}{4}$ 和 $\varphi_p=-\dfrac{\pi}{4}$。本书不分析Ⅲ型正弦绕组，相关内容可见参考文献。对于 A 类绕组，节距最大的线圈有 1/2 导体放在另一个极下，其节距等于每极槽数；对于 B 类绕组，全部线圈处在同一个极下，最大节距线圈的节距比每极槽数小 1 个槽距。例如，每极 9 槽的正弦散布 A 类和 B 类绕组分别如图 3 - 16（a）、（b）所示，A

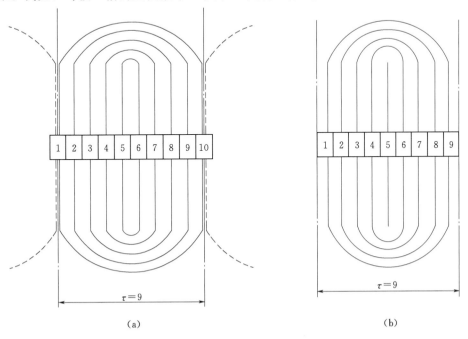

（a）

（b）

图 3 - 16　每极槽数为 9 的标准正弦散布绕组示意图

（a）A 类绕组；（b）B 类绕组

类绕组中线圈的最大节距为 9，节距等于每极槽数；B 类绕组中线圈的最大节距为 8，节距比每极槽数小 1 个槽距。对常用的 A 类和 B 类标准正弦绕组，单元电机数 $t=p$，且 $\dfrac{Q}{t}$ 为偶数，即每极槽数 $\dfrac{Q}{2p}$ 应为整数。

1. A 类标准正弦散布绕组

按槽电动势或磁动势矢量图计算 $\sum\limits_{n=1}^{Q} |d(n)|$，A 类绕组矢量图中有一矢量处在投影为最大值处，即在实轴位置。所有矢量对称于实轴。若 $\dfrac{Q}{2p}$ 为奇数，在虚轴位置处无槽矢量，求 $\sum\limits_{n=1}^{Q} |d(n)|$ 时所需的合成后的矢量在实轴处；若 $\dfrac{Q}{2p}$ 为偶数，在虚轴位置处有 2 个矢量，此时若按 180°相带方式计算 $\sum\limits_{n=1}^{Q} |d(n)|$，则虚轴处的 2 个矢量只能计算其一，并且合成后的矢量与实轴有半个槽距角的偏移角，求投影时需要考虑。或可将虚轴位置处的 2 个矢量都不计入，因为其值投影为零。这时等效的相带角度比 180°少了 1 个槽距角。矢量的个数比 $\dfrac{Q}{2p}$ 少 1 个，为奇数。但合成的矢量是在实轴上，求 $\sum\limits_{n=1}^{Q} |d(n)|$ 不需要投影处理。故有

$$\sum_{n=1}^{Q} |d(n)| = \begin{cases} 2p\,\dfrac{A_p}{\sin\dfrac{p\pi}{Q}}, & \text{当}\dfrac{Q}{2p}\text{为奇数时} \\[4mm] 2p\,\dfrac{A_p}{\sin\dfrac{p\pi}{Q}}\cos\dfrac{p\pi}{Q}, & \text{当}\dfrac{Q}{2p}\text{为偶数时} \end{cases}$$

所以 A 类标准正弦散布绕组的绕组因数，当 $\dfrac{Q}{2p}$ 为奇数时，有

$$k_{u\nu} = \dfrac{Q}{\sum\limits_{n=1}^{Q} |d(n)|} D_\nu = \begin{cases} 0, & \text{当}\nu \neq p\text{ 和}\nu \neq Q-p\text{ 时} \\[3mm] \dfrac{Q}{4p}\sin\dfrac{p\pi}{Q}, & \text{当}\nu = p\text{ 或}\nu = Q-p\text{ 时} \end{cases} \qquad (3-103)$$

当 $\dfrac{Q}{2p}$ 为偶数时，有

$$k_{u\nu} = \dfrac{Q}{\sum\limits_{n=1}^{Q} |d(n)|} D_\nu = \begin{cases} 0, & \text{当}\nu \neq p\text{ 和}\nu \neq Q-p\text{ 时} \\[3mm] \dfrac{Q}{4p}\tan\dfrac{p\pi}{Q}, & \text{当}\nu = p\text{ 或}\nu = Q-p\text{ 时} \end{cases} \qquad (3-104)$$

2. B 类标准正弦散布绕组

按槽电动势或磁动势矢量图计算 $\sum\limits_{n=1}^{Q} |d(n)|$，B 类绕组的矢量图没有矢量处在投影最大值处，即在实轴位置无矢量。但矢量仍对称于实轴。若 $\dfrac{Q}{2p}$ 为偶数，在虚轴位置处无槽矢量，求 $\sum\limits_{n=1}^{Q} |d(n)|$ 所需的合成后的矢量在实轴处；若 $\dfrac{Q}{2p}$ 为奇数，在虚轴位置处有 2

个矢量，此时若按 180°相带方式计算 $\sum\limits_{n=1}^{Q}|d(n)|$，则虚轴处的 2 个矢量只能计算其一，并且合成后的矢量与实轴有半个槽距角的偏移角，求投影时需要考虑。或可将虚轴位置处的 2 个矢量都不计入，因为其投影值为零。这时等效的相带角度比 180°少 1 个槽距角。矢量的个数比 $\dfrac{Q}{2p}$ 少 1 个，为偶数。但合成的矢量是在实轴上，不需要投影处理。故有

$$\sum_{n=1}^{Q}|d(n)|=\begin{cases}2p\,\dfrac{A_p}{\sin\dfrac{p\pi}{Q}}, & \text{当}\dfrac{Q}{2p}\text{为偶数时}\\[4mm]2p\,\dfrac{A_p}{\sin\dfrac{p\pi}{Q}}\cos\dfrac{p\pi}{Q}, & \text{当}\dfrac{Q}{2p}\text{为奇数时}\end{cases}$$

所以 B 类标准正弦散布绕组的绕组因数，当 $\dfrac{Q}{2p}$ 为偶数时，有

$$k_{w\nu}=\dfrac{Q}{\sum\limits_{n=1}^{Q}|d(n)|}D_\nu=\begin{cases}0, & \text{当}\nu\neq p\text{ 和}\nu\neq Q-p\text{ 时}\\[4mm]\dfrac{Q}{4p}\sin\dfrac{p\pi}{Q}, & \text{当}\nu=p\text{ 或}\nu=Q-p\text{ 时}\end{cases}\qquad(3-105)$$

当 $\dfrac{Q}{2p}$ 为奇数时，有

$$k_{w\nu}=\dfrac{Q}{\sum\limits_{n=1}^{Q}|d(n)|}D_\nu=\begin{cases}0, & \text{当}\nu\neq p\text{ 和}\nu\neq Q-p\text{ 时}\\[4mm]\dfrac{Q}{4p}\tan\dfrac{p\pi}{Q}, & \text{当}\nu=p\text{ 或}\nu=Q-p\text{ 时}\end{cases}\qquad(3-106)$$

【例 3-9】 标准正弦散布绕组离散序列 $d(n)=120\cos\left[(n-1)\nu\dfrac{2\pi}{Q}+\dfrac{\pi}{6}\right]$，$\nu=2$，$Q=24$，$n=1,2,\cdots,Q$。求 $d(n)$ 的频谱 $D(k)$。

解： 根据式 (3-78)，求得绕组离散序列 $d(n)$ 的全息谱 $D(k)$ 为（用矩阵方式表示）

$$\boldsymbol{D}=[\begin{matrix}0 & 0 & 60\angle 30° & 0 & 0 & 0 & 0 & 0 & 0 & 0 & 0 & 0\end{matrix}$$
$$\begin{matrix}0 & 0 & 0 & 0 & 0 & 0 & 0 & 0 & 0 & 0 & 60\angle -30° & 0\end{matrix}]$$

全息谱 $D(k)$ 如图 3-17 所示，图 3-17 (a) 为 $D(k)$ 的幅度频谱，图 3-17 (b) 为

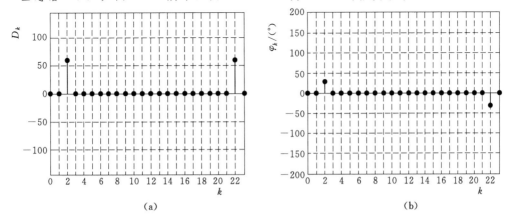

(a)　　　　　　　　　　　　　　　　(b)

图 3-17　标准正弦散布绕组离散序列 $d(n)$ 的全息谱
(a) 幅度频谱；(b) 相位频谱

$D(k)$ 的相位频谱。

由图 3-17 可见，$D(k)$ 中仅有 2 次和 22 次谐波分量，2 次和 22 次谐波的幅值均为 60（即 120/2），且 2 次谐波的相位为 30°，22 次谐波的相位为 -30°。

3.5.2 交流电机标准正弦散布绕组的磁动势

当式（3-96）的标准正弦散布绕组中流过电流 i 时，将在气隙中产生磁动势。电流取流出纸面为参考方向，磁动势取向上为参考方向，如图 3-18 所示。在不考虑均匀分布的磁动势分量时，标准正弦散布绕组中流过电流 i 产生的气隙磁动势与图 3-18 中的磁动势等效，即包含相同的谐波成分。

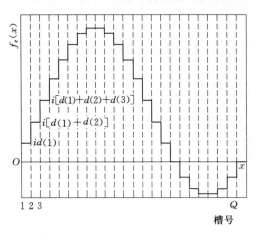

图 3-18 标准正弦散布绕组及其磁动势的等效波形

图 3-18 中的 x 为空间的机械角度，并选取 1 号槽处为坐标 x 的原点。根据 1.6.1 节，等效磁动势 $f_e(x)$ 为

$$f_e(x) = i \sum_{n=1}^{J} d(n), \quad 当 (J-1)\frac{2\pi}{Q} < x$$

$$< J\frac{2\pi}{Q} 时，J = 1, 2, \cdots, Q \tag{3-107}$$

而

$$\sum_{n=1}^{J} d(n) = \sum_{n=1}^{J} A_p \cos\left[(n-1)p\frac{2\pi}{Q} + \varphi_p\right] = A_p \frac{\sin\left(\frac{J}{2}p\frac{2\pi}{Q}\right)}{\sin\left(\frac{1}{2}p\frac{2\pi}{Q}\right)} \cos\left(\frac{J-1}{2}p\frac{2\pi}{Q} + \varphi_p\right) \tag{3-108}$$

当 $J=Q$ 时，代入式（3-108），$\sum_{n=1}^{Q} d(n) = 0$。这表明，若在 1 号槽处从零开始计算等效磁动势波形，则 Q 号槽和 1 号槽之间的等效磁动势波形又回到零值。

将 $f_e(x)$ 分解为傅里叶级数，并令 $\alpha = \frac{2\pi}{Q}$，α 为机械槽距角，有

$$f_e(x) = a_0 + \sum_{k=1}^{\infty} [a_k \cos(kx) + b_k \sin(kx)] \tag{3-109}$$

其中

$$a_0 = \frac{1}{2\pi} \int_0^{2\pi} f_e(x) \mathrm{d}x = \frac{iA_p}{2\sin\left(\frac{1}{2}p\alpha\right)} \sin\left(\frac{1}{2}p\alpha - \varphi_p\right) \tag{3-110}$$

$$a_k = \frac{1}{\pi}\int_0^{2\pi} f_e(x)\cos(kx)\mathrm{d}x$$

$$= \frac{iA_p}{\pi k}\frac{\sin\left(\frac{1}{2}k\alpha\right)}{\sin\left(\frac{1}{2}p\alpha\right)}\sum_{J=1}^{Q}\frac{1}{2}\left\{\sin\left[\left(J-\frac{1}{2}\right)(p+k)\alpha+\varphi_p\right]+\sin\left[\left(J-\frac{1}{2}\right)(p-k)\alpha+\varphi_p\right]\right\}$$

$$(3-111)$$

$$b_k = \frac{1}{\pi}\int_0^{2\pi} f_e(x)\sin(kx)\mathrm{d}x$$

$$= \frac{iA_p}{\pi k}\frac{\sin\left(\frac{1}{2}k\alpha\right)}{\sin\left(\frac{1}{2}p\alpha\right)}\sum_{J=1}^{Q}\frac{1}{2}\left\{\cos\left[\left(J-\frac{1}{2}\right)(p-k)\alpha+\varphi_p\right]-\sin\left[\left(J-\frac{1}{2}\right)(p+k)\alpha+\varphi_p\right]\right\}$$

$$(3-112)$$

只有当 $\frac{1}{2}(k\pm p)\alpha=l\pi$，即 $k=lQ\mp p$，l 为整数时，式（3-111）的 a_k、式（3-112）的 b_k 才不等于零。

（1）当 $k=lQ+p$，l 为整数时

$$a_k = \frac{1}{\pi}\int_0^{2\pi} f_e(x)\cos(kx)\mathrm{d}x = \frac{iA_pQ}{2\pi k}\sin\varphi_p \tag{3-113}$$

$$b_k = \frac{1}{\pi}\int_0^{2\pi} f_e(x)\sin(kx)\mathrm{d}x = \frac{iA_pQ}{2\pi k}\cos\varphi_p \tag{3-114}$$

（2）当 $k=lQ-p$，l 为整数时

$$a_k = \frac{1}{\pi}\int_0^{2\pi} f_e(x)\cos(kx)\mathrm{d}x = -\frac{iA_pQ}{2\pi k}\sin\varphi_p \tag{3-115}$$

$$b_k = \frac{1}{\pi}\int_0^{2\pi} f_e(x)\sin(kx)\mathrm{d}x = \frac{iA_pQ}{2\pi k}\cos\varphi_p \tag{3-116}$$

故气隙磁动势 $f(x)$ 为

$$f(x) = f_e(x)-a_0 = \sum_{k=1}^{\infty}\left[a_k\cos(kx)+b_k\sin(kx)\right]$$

$$= \sum_{k=lQ+p}\frac{iA_pQ}{2\pi k}\sin(kx+\varphi_p)+\sum_{k=lQ-p}\frac{iA_pQ}{2\pi k}\sin(kx-\varphi_p)$$

即

$$f(x) = \sum_{\substack{k=lQ+p \\ l=0,1,2,\cdots}}\frac{iA_pQ}{2\pi k}\sin(kx+\varphi_p)+\sum_{\substack{k=lQ-p \\ l=1,2,\cdots}}\frac{iA_pQ}{2\pi k}\sin(kx-\varphi_p)$$

$$= \sum_{k=lQ+p,\,l\text{为整数}}\frac{iA_pQ}{2\pi k}\sin(kx+\varphi_p) \tag{3-117}$$

式（3-117）说明，槽数为 Q 的电机，p 次标准正弦散布绕组产生的磁动势中包含的谐波磁动势次数为

$$k = lQ + p, \quad l \text{ 为整数} \tag{3-118}$$

其中，$l \neq 0$ 时的 $k = lQ + p$ 次谐波称为齿谐波。$k = lQ + p$ 次谐波磁动势的幅值 F_k 为

$$F_k = \frac{iA_p Q}{2|k|\pi} \tag{3-119}$$

幅值 F_k 和谐波次数 k 成反比，与标准正弦散布绕组的幅值 A_p 成正比。由此也可推论，任何散布的谐波绕组均存在与此谐波共存的齿谐波磁动势。这里的齿谐波是由绕组的散布因素产生，和铁芯上电机的齿槽无关。当然，由于铁芯开槽，按槽周期变化的磁阻也会产生齿谐波磁场。

另外，对式（3-117），当 $(J-1)\dfrac{2\pi}{Q} < x < J\dfrac{2\pi}{Q}$ 时，$J = 1, 2, \cdots, Q$，取 $x = \left(J - \dfrac{1}{2}\right)\dfrac{2\pi}{Q}$，有

$$\begin{aligned}
f(x) &= \frac{iA_p Q}{2\pi} \sum_{l=-\infty}^{\infty} \frac{1}{lQ+p} \sin\left[(lQ+p)\left(J - \frac{1}{2}\right)\frac{2\pi}{Q} + \varphi_p \right] \\
&= \frac{iA_p Q}{2\pi} \sum_{l=-\infty}^{\infty} \frac{(-1)^l}{lQ+p} \sin\left[\left(J - \frac{1}{2}\right)p\frac{2\pi}{Q} + \varphi_p \right]
\end{aligned} \tag{3-120}$$

由恒等式

$$\sum_{l=-\infty}^{\infty} \frac{(-1)^l}{lQ+p} = \frac{\pi}{Q\sin\left(p\dfrac{\pi}{Q}\right)} \tag{3-121}$$

化简式（3-120），得

$$f(x) = \frac{iA_p}{2\sin\left(p\dfrac{\pi}{Q}\right)} \sin\left[\left(J - \frac{1}{2}\right)p\frac{2\pi}{Q} + \varphi_p \right], (J-1)\frac{2\pi}{Q} < x < J\frac{2\pi}{Q}, \quad J = 1, 2, \cdots, Q \tag{3-122}$$

利用此式，分别取 $J = 1, 2, \cdots, Q$，即可求出标准正弦散布绕组产生的阶梯形磁动势波各槽间的磁动势大小。

3.6 交流绕组全息谱的性质

设长度为 Q 的绕组空间域离散序列 $d(n)$，令 $D(k) = \text{SDFT}[d(n)]$。

1. 线性组合特性

若 $d_1(n)$ 及 $d_2(n)$ 为有限长序列，长度均为 Q，$D_1(k) = \text{SDFT}[d_1(n)]$，$D_2(k) = \text{SDFT}[d_2(n)]$。其线性组合序列 $d(n)$ 为

$$d(n) = ad_1(n) + bd_2(n) \tag{3-123}$$

式中 a，b——任意常数。则有

$$D(k) = aD_1(k) + bD_2(k) \tag{3-124}$$

2. 圆周循环移位特性

设 $d_1(n)$ 是 $d(n)$ 在空间上超前（右移）m 个槽后的序列，若 $D_1(k) = \text{SDFT}[d_1(n)]$，有

$$D_1(k) = \mathrm{e}^{-\mathrm{j}\frac{2\pi}{Q}mk}D(k) \tag{3-125}$$

空间移位特性表明，若绕组离散序列 $d(n)$ 在空间移位了 m 个槽，移位后的幅度频谱保持不变，而相位频谱在频域中产生了附加的相移，k 次谐波相位滞后了 $\frac{2\pi}{Q}mk$。

3. 奇偶特性

根据离散傅里叶变换的性质容易证明，交流电机绕组的全息谱有表 3-2 所示的对称性质。表中 $d(n)$ 的奇对称或偶对称是指 $d(n)$ 相对于 $n=1$ 为奇对称或偶对称序列。

表 3-2　　　　　　　　　交流电机绕组全息谱的对称性质

$d(n)$［或 $D(k)$］	$D(k)$［或 $d(n)$］	$d(n)$［或 $D(k)$］	$D(k)$［或 $d(n)$］
实序列	实部为偶序列、虚部为奇序列	实奇序列	虚奇序列
虚序列	实部为奇序列、虚部为偶序列	虚偶序列	虚偶序列
实偶序列	实偶序列	虚奇序列	实奇序列

在实际的绕组分析中，$d(n)$ 一般为实序列，其对应的全息谱为复数，且实部为偶函数，虚部为奇函数。这种谱函数也称为 Hemitian 型函数。但在分析多相绕组的综合绕组因数时，可以将多相绕组在空间域合成的离散序列采用复数形式表示，并计算绕组综合的全息谱。此时的全息谱不再具有实序列的奇偶特性。

4. 帕塞瓦尔定理（Parseval's Identity）

采用式（3-78）的离散傅里叶变换对时，容易证明，帕塞瓦尔定理的形式为

$$\frac{1}{Q}\sum_{n=1}^{Q}|d(n)|^2 = \sum_{k=0}^{Q-1}|D(k)|^2 \tag{3-126}$$

例如，对式（3-96）的 $d(n)$，$1 \leqslant p < \dfrac{Q}{2}$，有

$$d(n) = A_p\cos\left[(n-1)p\frac{2\pi}{Q}+\varphi_p\right], n=1,2,\cdots,Q$$

其 $D(k)$ 为式（3-99），即

$$D(k) = \begin{cases} 0, & \text{当 } k \neq p \text{ 和 } k \neq Q-p \\ \dfrac{1}{2}A_p\mathrm{e}^{\mathrm{j}\varphi_p}, & \text{当 } k=p \\ \dfrac{1}{2}A_p\mathrm{e}^{-\mathrm{j}\varphi_p}, & \text{当 } k=Q-p \end{cases}$$

故

$$\sum_{n=1}^{Q}|d(n)|^2 = \sum_{n=1}^{Q}\left|A_p\cos\left[(n-1)p\frac{2\pi}{Q}+\varphi_p\right]\right|^2$$
$$= A_p^2\sum_{n=1}^{Q}\frac{1}{2}\left\{1+\cos\left[2(n-1)p\frac{2\pi}{Q}+2\varphi_p\right]\right\} = \frac{1}{2}A_p^2 Q$$

而

$$\sum_{k=0}^{Q-1}|D(k)|^2 = \left|\frac{1}{2}A_p\mathrm{e}^{\mathrm{j}\varphi_\nu}\right|^2 + \left|\frac{1}{2}A_p\mathrm{e}^{-\mathrm{j}\varphi_p}\right|^2 = \frac{1}{2}A_p^2$$

所以

$$\frac{1}{Q}\sum_{n=1}^{Q}|d(n)|^2 = \sum_{k=0}^{Q-1}|D(k)|^2$$

另外，关于全息谱的频率域循环移位特性、调制特性、对偶性、圆周共轭对称性、循环卷积等，与离散傅里叶变换的性质相同，不再详述。

3.7　交流绕组谐波分析的全息谱方法

根据交流电机绕组的全息谱分析理论及交流电机绕组的分解与合成原理，均匀开槽、槽数为 Q 的任意分布的交流电机绕组均可分解为一个空间域均匀分布的绕组离散序列（直流分量）和 $(Q-1)/2$（Q 为奇数）个或 $Q/2$（Q 为偶数）个标准正弦散布绕组离散序列。而每个标准正弦散布绕组序列产生此次谐波磁动势和相应的齿谐波磁动势。各谐波散布绕组之间相互独立。因此，按交流电机全息谱分析方法进行绕组谐波分析，首先将绕组离散序列由空间域变换到频域，得出绕组的全息谱，然后根据全息谱，得到全息谱中每个谐波分量对应的各次齿谐波。

【例 3-10】　［例 1-1］中槽数为 24 的三相四极交流电机 60°相带单层绕组，并联支路数 $a=1$，试对 A 相绕组进行谐波分析。

解：由［例 3-7］中，根据绕组的全息谱 $D(k)$，得

$$\begin{aligned}
d_A(n)=&2\times0.321975275\cos[2(n-1)15°-15°]\\
&+2\times0.235702260\cos[6(n-1)15°-45°]\\
&+2\times0.086273015\cos[10(n-1)15°-75°]\\
=&0.64395055\cos[(n-1)30°-15°]\\
&+0.471404520\cos[(n-1)90°-45°]\\
&+0.172546030\cos[(n-1)150°-75°],\quad n=1,2,\cdots,Q
\end{aligned}$$

所以，A 相绕组的谐波除有 2 次、6 次、10 次谐波外，其他谐波共分为三组。

(1) $lQ\pm2$ 次谐波，$l=1$，2，3，$\cdots$。

(2) $lQ\pm6$ 次谐波，$l=1$，2，3，$\cdots$。

(3) $lQ\pm10$ 次谐波，$l=1$，2，3，$\cdots$。

各谐波磁动势的大小可以按式（3-119）求出。3.8 节将给出包含各次谐波分量的磁动势通用表示公式。

3.8　交流绕组磁动势的全息谱分析方法

3.8.1　忽略槽口影响时的磁动势波形

对交流电机的一相绕组或一绕组支路，设其空间域离散序列为 $d(n)$，$n=1\sim Q$，流过的电流为 i。如认为各槽内电流集中于槽口正中一点位置，并取空间坐标 x（x 为机械角度，rad）的原点为 1 号槽中心处，则绕组的安导波 $A(x)$ 为

$$A(x) = i \sum_{n=1}^{Q} d(n)\delta\left[x - (n-1)\frac{2\pi}{Q}\right] \qquad (3-127)$$

式中 δ——冲激函数。

由式（1-6），若不计磁动势中的常数项的影响，绕组产生的磁动势波 $f(x)$ 可等效为

$$f(x) = \int_0^x A(x)\mathrm{d}x \qquad (3-128)$$

因安导波函数 $A(x)$ 为周期函数，$A(x)$ 可表示成傅里叶级数，即

$$A(x) = \sum_{k=-\infty}^{\infty} A_k \mathrm{e}^{\mathrm{j}kx} \qquad (3-129)$$

式中 A_k——安导波函数 $A(x)$ 的傅里叶系数，且 A_k 为

$$A_k = \frac{1}{2\pi}\int_0^{2\pi} A(x)\mathrm{e}^{-\mathrm{j}kx}\mathrm{d}x = \frac{1}{2\pi}\int_0^{2\pi} i\sum_{n=1}^{Q} d(n)\delta\left[x-(n-1)\frac{2\pi}{Q}\right]\mathrm{e}^{-\mathrm{j}kx}\mathrm{d}x = \frac{i}{2\pi}\sum_{n=1}^{Q} d(n)\mathrm{e}^{-\mathrm{j}(n-1)\frac{2\pi}{Q}k}$$

$$(3-130)$$

参照第 2 章磁动势的相关分析方法及处理，由式（3-128）~式（3-130），可得出磁动势波 $f(x)$ 为

$$f(x) = \sum_{\substack{k=-\infty \\ k\neq 0}}^{\infty} \frac{1}{\mathrm{j}k} \cdot \frac{i}{2\pi}\sum_{n=1}^{Q} d(n)\mathrm{e}^{-\mathrm{j}(n-1)\frac{2\pi}{Q}k}\mathrm{e}^{\mathrm{j}kx} + C \qquad (3-131)$$

式中 C——磁动势波傅里叶级数展开式中的常数项。且由前面的分析及说明，可令常数项 $C=0$。

根据交流电机绕组的全息谱分析理论，按式（3-78），将空间域绕组离散序列 $d(n)$ 变换为频率域离散序列 $D(k)$。$D(k)$ 为绕组的全息谱，$k=0,1,\cdots,Q-1$。当 k 在 $0\sim Q-1$ 之外时，将 $D(k)$ 按周期 Q 进行周期延拓，记为 $D_Q(k)$，有

$$D_Q(k) = D\left[k(\mathrm{mod}Q)\right] \qquad (3-132)$$

且当 $k=0,1,\cdots,Q-1$ 时，$D_Q(k)=D(k)$。

由此可以得出，空间域离散序列为 $d(n)$ 的绕组，流过电流 i 时，产生的磁动势 $f(x)$ 为

$$f(x) = \sum_{\substack{k=-\infty \\ k\neq 0}}^{\infty} \frac{1}{\mathrm{j}k} \frac{i}{2\pi}\sum_{n=1}^{Q} d(n)\mathrm{e}^{-\mathrm{j}(n-1)\frac{2\pi}{Q}k}\mathrm{e}^{\mathrm{j}kx} = \sum_{\substack{k=-\infty \\ k\neq 0}}^{\infty} \frac{1}{\mathrm{j}k} \frac{i}{2\pi}QD_Q(k)\mathrm{e}^{\mathrm{j}kx} = \frac{iQ}{2\pi}\sum_{\substack{k=-\infty \\ k\neq 0}}^{\infty} \frac{D_Q(k)}{\mathrm{j}k}\mathrm{e}^{\mathrm{j}kx}$$

$$(3-133)$$

令

$$D_Q(k) = D_{Qk}\mathrm{e}^{\mathrm{j}\varphi_{Qk}} \qquad (3-134)$$

其中 D_{Qk} 为 $D_Q(k)$ 的幅值，φ_{Qk} 为 $D_Q(k)$ 的相位角。对空间域实数离散序列 $d(n)$，不考虑常数项时，且因 $D(Q-k)=D^*(k)$，磁动势 $f(x)$ 为

$$f(x) = \frac{iQ}{2\pi}\sum_{\substack{k=-\infty \\ k\neq 0}}^{\infty} \frac{D_{Qk}\mathrm{e}^{\mathrm{j}\varphi_{Qk}}}{\mathrm{j}k}\mathrm{e}^{\mathrm{j}kx} = \frac{iQ}{\pi}\sum_{k=1}^{\infty} \frac{D_{Qk}}{k}\sin(kx+\varphi_{Qk}) \qquad (3-135)$$

按全息谱方法的绕组谐波分析理论，式（3-135）可化为

$$f(x) = \frac{iQ}{\pi} \sum_{\substack{k=0,1,\cdots,Q-1 \\ l=0,1,\cdots,\infty \\ l=0\text{时},k\neq0}} \frac{D_k}{lQ+k} \sin[(lQ+k)x + \varphi_k] \qquad (3-136)$$

式中　D_k——$D(k)$ 的幅值；

　　　　φ_k——$D(k)$ 的相位角。

式（3-136）为忽略槽口影响时绕组全息谱分析下的磁动势波形公式。

【例 3-11】　［例 1-7］中槽数为 18 的三相 2 极交流电机，60°相带、$y=7$ 双层绕组，并联支路数 $a=1$，试给出 A 相绕组流过电流 i 时的磁动势谐波表达式 $f(x)$。

解：　参见［例 1-7］，将其 A 相绕组空间域离散序列 $d(n)$，变换为绕组的全息谱 $D(k)$，得

$$D(1)=0.6013, \quad D(3)=0.2222, \quad D(5)=-0.0252,$$
$$D(7)=0.0906, \quad D(9)=0.2222, \quad D(11)=0.0906,$$
$$D(13)=-0.0252, \quad D(15)=0.2222, \quad D(17)=0.60130$$

其余 $D(k)=0$。所以，由式（3-136），A 相绕组磁动势的谐波表达式 $f(x)$ 为

$$f(x) = \frac{18i}{\pi} \sum_{l=0}^{\infty} \sum_{k=1}^{17} \frac{D(k)}{18l+k} \sin[(18l+k)x] \qquad (3-137)$$

图 3-19 为 A 相绕组磁动势理论上的波形图；图 3-20（a）为式（3-137）中 $l=0\sim10$ 时合成的波形图；图 3-20（b）为式（3-137）中 $l=0\sim100$ 时合成的波形图。因磁动势波形不连续，从图中可以明显看到磁动势波形合成时的吉布斯现象（Gibbs Phenomenon）。

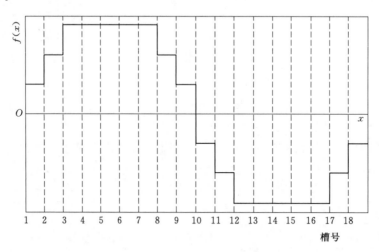

图 3-19　三相 18 槽 2 极，60°相带、$y=7$ 双层绕组 A 相绕组磁动势波形图

另外，对式（3-136），不计磁动势 $f(x)$ 的常数项，根据 HAW 理论，当 $(n-1)\frac{2\pi}{Q}$ $<x<n\frac{2\pi}{Q}$ 时，$n=1,2,\cdots,Q$，取 $x=\left(n-\frac{1}{2}\right)\frac{2\pi}{Q}$，参照式（3-120）~式（3-122）化简式（3-136），并将 $f(x)$ 记为 $f(n)$，有

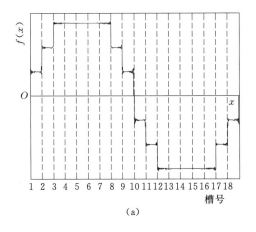

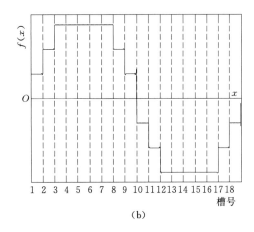

（a）

（b）

图 3-20　三相 18 槽 2 极，60°相带，$y=7$ 双层绕组时 A 相磁动势合成波形图

（a）$l=0\sim10$；（b）$l=0\sim100$

$$f(n)=\begin{cases} i\sum_{k=1}^{\frac{Q-1}{2}}\dfrac{D_k}{\sin\left(k\dfrac{\pi}{Q}\right)}\sin\left[\left(n-\dfrac{1}{2}\right)k\dfrac{2\pi}{Q}+\varphi_k\right], & Q\text{ 为奇数} \\[4mm] i\sum_{k=1}^{\frac{Q}{2}-1}\dfrac{D_k}{\sin\left(k\dfrac{\pi}{Q}\right)}\sin\left[\left(n-\dfrac{1}{2}\right)k\dfrac{2\pi}{Q}+\varphi_k\right]+\dfrac{i}{2}D_{\frac{Q}{2}}\sin\left[\left(n-\dfrac{1}{2}\right)\pi+\varphi_{\frac{Q}{2}}\right], & Q\text{ 为偶数} \end{cases} ,n=1,2,\cdots,Q$$

（3-138）

　　利用式（3-138），分别取 $n=1,2,\cdots,Q$，即可求出绕组产生的阶梯形磁动势波各槽间的磁动势大小。

3.8.2　计入槽口影响时的磁动势波形

　　当考虑槽口的影响时，假定各槽中电流均匀分布于槽口上，并设槽口宽度为 θ_s（单位为 rad），则用空间域离散序列 $d(n)$ 表示的一相绕组或绕组的一条支路，流过电流 i 时，其安导波 $A(x)$ 为

$$A(x)=\frac{i}{\theta_s}\sum_{n=1}^{Q}d(n)\left\{u\left[x-(n-1)\frac{2\pi}{Q}+\frac{\theta_s}{2}\right]-u\left[x-(n-1)\frac{2\pi}{Q}-\frac{\theta_s}{2}\right]\right\}$$

（3-139）

式中　$u(x)$——单位阶跃函数。

　　同 3.8.1 节，因安导波 $A(x)$ 为周期函数，$A(x)$ 可表示成傅里叶级数。$A(x)$ 的傅里叶系数 A_k 为

$$A_k=\frac{1}{2\pi}\int_0^{2\pi}A(x)\mathrm{e}^{-jkx}\,\mathrm{d}x=\frac{i}{2\pi}\sum_{n=1}^{Q}d(n)k_{sk}\mathrm{e}^{-j(n-1)\frac{2\pi}{Q}k}$$

（3-140）

其中

$$k_{sk} = \frac{\sin\left(k\,\dfrac{\theta_s}{2}\right)}{k\,\dfrac{\theta_s}{2}} \tag{3-141}$$

式中 k_{sk}——k 次谐波的槽口因数。

根据式（3-139）～式（3-141），由式（1-6），得磁动势波 $f(x)$ 为

$$f(x) = C + \sum_{\substack{k=-\infty \\ k\neq 0}}^{\infty} \frac{1}{jk}\frac{i}{2\pi}\sum_{n=1}^{Q} d(n)k_{sk}\,e^{-j(n-1)\frac{2\pi}{Q}k}\,e^{jkx} \tag{3-142}$$

式中 C——磁动势波傅里叶展开式中的常数项。同前，可令 $C=0$。

根据交流电机绕组的全息谱分析理论，按式（3-78），将 $d(n)$ 变换为 $D(k)$，并按式（3-132）将 $D(k)$ 按周期 Q 进行周期延拓，记为 $D_Q(k)$。代入式（3-142），有

$$f(x) = \sum_{\substack{k=-\infty \\ k\neq 0}}^{\infty} \frac{1}{jk}\frac{i}{2\pi}k_{sk}\sum_{n=1}^{Q} d(n)e^{-j(n-1)\frac{2\pi}{Q}k}\,e^{jkx} = \sum_{\substack{k=-\infty \\ k\neq 0}}^{\infty}\frac{1}{jk}\frac{i}{2\pi}k_{sk}QD_Q(k)e^{jkx} = \frac{iQ}{2\pi}\sum_{\substack{k=-\infty \\ k\neq 0}}^{\infty}\frac{D_Q(k)}{jk}k_{sk}e^{jkx} \tag{3-143}$$

$D_Q(k)$ 定义同前，且 $D_Q(k)=D_{Qk}\,e^{j\varphi_{Qk}}$。对于实数的空间域离散序列 $d(n)$，不考虑常数项时，式（3-143）可化为

$$f(x) = \frac{iQ}{2\pi}\sum_{\substack{k=-\infty \\ k\neq 0}}^{\infty}\frac{D_{Qk}\,e^{j\varphi_{Qk}}}{jk}k_{sk}e^{jkx} = \frac{iQ}{\pi}\sum_{k=1}^{\infty}\frac{D_{Qk}}{k}k_{sk}\sin(kx+\varphi_{Qk}) \tag{3-144}$$

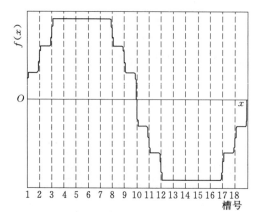

图 3-21 三相 18 槽 2 极，60°相带，$y=7$ 双层绕组，槽口宽度为 3°时 A 相磁动势波形图

按绕组全息谱方法的谐波分析理论，将式（3-144）写成

$$f(x) = \frac{iQ}{\pi}\sum_{\substack{k=0,1,\cdots,Q-1 \\ l=0,1,\cdots,\infty \\ l=0时,k\neq 0}}\frac{D_k}{lQ+k}k_{s(lQ+k)}$$
$$\times \sin[(lQ+k)x+\varphi_k] \tag{3-145}$$

式（3-145）为计入槽口影响时绕组全息谱分析下的磁动势波形公式。

例如，[例 3-11] 中的电机，若槽口宽度为 3°，A 相绕组产生的磁动势波形如图 3-21 所示。图中波形为采用式（3-145）的合成波形。由图看出，此时因磁动势波形连续，故无吉布斯现象，合成的磁动势曲线光滑。

3.8.3 多相交流电机的合成磁动势波形

对 m 相交流电机，设其 m 相的电流分别为 i_1、i_2、$\cdots$、i_m，m 相绕组的全息谱分别为 $D_{k1}e^{j\varphi_{k1}}$、$D_{k2}e^{j\varphi_{k2}}$、$\cdots$、$D_{km}e^{j\varphi_{km}}$，根据式（3-145），多相交流电机的合成磁动势 $f(x)$ 为

$$f(x) = \sum_{n=1}^{m}\left\{\frac{i_n Q}{\pi}\sum_{\substack{k=0,1,\cdots,Q-1 \\ l=0,1,\cdots,\infty \\ l=0时,k\neq 0}}\frac{D_{kn}}{lQ+k}k_{s(lQ+k)}\sin[(lQ+k)x+\varphi_{kn}]\right\} \tag{3-146}$$

若忽略槽口对磁动势的影响，可令式（3-146）中的槽口因数 $k_{s(lQ+k)}=1$。

3.9 交流绕组感应电动势的全息谱分析方法

绕组的电动势和磁动势是绕组中电磁现象的两个方面，它们存在许多共同点和相似性。从两者的变化因素看，磁动势既是时间的函数又是空间的函数，而电动势仅是时间的函数。因此，磁动势比电动势复杂得多[1]。下面简单分析绕组的感应电动势。

对交流电机的一相绕组或一条绕组支路，设其空间域离散序列为 $d(n)$，$n=1\sim Q$，Q 为槽数，并取空间坐标 x 的原点为 1 号槽中心处（x 为机械角度，单位为 rad）。当气隙中存在谐波磁场，设其中的 ν 次正、反向旋转磁通密度 $B_\nu(x,t)$ 为

$$B_\nu(x,t)=B_{\nu m}\cos(\omega_\nu t\mp\nu x+\phi_\nu) \tag{3-147}$$

式中　$B_{\nu m}$——ν 次谐波磁通密度幅值，T；

　　　　ω_ν——ν 次谐波磁通密度变化的角频率，rad/s；

　　　　ϕ_ν——ν 次谐波磁通密度 $x=0$、$t=0$ 的相位，rad。

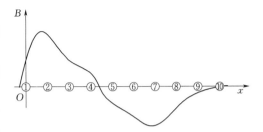

图 3-22　气隙磁密波与绕组感应电动势

选取感应电动势参考方向为流入纸面方向，如图 3-22 所示。绕组的感应电动势 $e_\nu(t)$ 为

$$e_\nu(t)=\pm\sum_{n=1}^{Q}d(n)B_{\nu m}\cos\left(\omega_\nu t\mp\nu\frac{n-1}{Q}2\pi+\phi_\nu\right)L(2\tau_\nu f_\nu) \tag{3-148}$$

式中　L——气隙的轴向长度，m；

　　　　τ_ν——对应 ν 对极的极距，m；

　　　　f_ν——频率，$\omega_\nu=2\pi f_\nu$。

根据交流电机绕组的全息谱分析理论，按式（3-78），将绕组空间域离散序列 $d(n)$ 变换为频域离散序列 $D(k)$。$D(k)$ 为绕组的全息谱，$k=0,1,\cdots,Q-1$。当 k 在 $0\sim Q-1$ 之外时，将 $D(k)$ 按周期 Q 进行周期延拓，记为 $D_Q(k)$，参见式（3-132）。处理式（3-148），得 ν 次谐波感应电动势为

$$e_\nu(t)=\pm B_{\nu m}L(2\tau_\nu f_\nu)QD_{Q\nu}\cos(\omega_\nu t\pm\varphi_{Q\nu}+\phi_\nu) \tag{3-149}$$

$e_\nu(t)$ 的有效值 E_ν 为

$$E_\nu=\frac{1}{\sqrt{2}}B_{\nu m}L(2\tau_\nu f_\nu)QD_{Q\nu}=2.22f_\nu\Phi_\nu QD_{Q\nu} \tag{3-150}$$

式中　Φ_ν——ν 次谐波每极磁通，$\Phi_\nu=\dfrac{2}{\pi}B_{\nu m}L\tau_\nu$。

【例 3-12】　槽数为 36 的三相四极、50Hz 同步发电机，绕组为 60°相带双层短距绕组，节距 $y=8$ 槽，并联支路数 $a=1$，线圈匝数为 4。已知极距为 0.1728m，铁芯长为 0.27m，气隙基波、3 次谐波、5 次谐波、7 次谐波磁通密度幅值分别为 0.77T、0.08T、0.05T、0.05T，试求相绕组基波、3 次谐波、5 次谐波、7 次谐波感应电动势的有效值[82]。

解：首先按照 HAW 理论求出绕组的全息谱，然后根据式（3-149）和式（3-150），计算相绕组基波、3 次谐波、5 次谐波、7 次谐波感应电动势。由题，各谐波感应电动势有效值分别为 230.51V、14.63V、2.21V、0.96V。

3.10 多相交流电机的空间离散傅里叶变换理论

交流电机分析的基本方法有对称分量法、相坐标法、坐标变换法、场路耦合法、多回路分析法、绕组函数法等。其中，坐标变换理论是交流电机的重要理论之一。本节首先回顾三相系统的坐标变换理论，在此基础上，按照空间离散傅里叶变换理论，给出多相系统的坐标变换理论。

3.10.1 坐标变换理论[98]

传统的感应电机、同步电机以及现代的无刷直流电动机（BLDCM）和永磁同步电动机（PMSM），当转子旋转时，由于定转子间的电感随转子的位置变化而变化，其定子电压方程式和转子电压方程式是一组含有时变系数的方程。为了方程式求解的方便，常采用坐标变换的方法减少这些方程的复杂性。

1929 年，派克（Park）发表了"同步电机的双反应理论（Ⅰ）——通用分析方法"，提出了 $dq0$ 变换并建立了称为派克方程的同步电机基本方程式[86]。$dq0$ 变换被认为是用随转子旋转的假想绕组上的变量（如电压、电流、磁链等）代替同步电机定子绕组的变量。此后，斯坦利（Stanley）、莱昂（Lyon）、克拉克（Clarke）、克朗（Kron）、顾毓琇、克劳斯（Krause）等相继提出了各种变换[88-95]，并由克朗建立了电机的统一理论。1971 年，布拉施克（Blaschke）根据坐标变换理论，提出了交流电机的矢量控制[96]，使交流电机的转矩和速度控制技术步入了一个全新的阶段[97][98]。

交流电机理论中的坐标变换，从数学角度看，是将电机基本方程式中的一组变量用另一组变量去替换，简化电机的分析和计算。坐标变换的数学表达式常以矩阵形式表示，如

$$Y = CX \tag{3-151}$$

式（3-151）是将一组变量 X，变换为另一组变量 Y。矩阵 C 称为变换矩阵。

为建立交流电机的方程式，常假定电机为"理想电机"。理想电机的基本假设如下：

（1）定子为多相对称绕组，忽略空间谐波，绕组产生的磁动势沿气隙圆周按正弦规律分布。

（2）不计磁路饱和，忽略铁芯损耗及磁滞、涡流的影响。

（3）定转子表面光滑，用卡氏系数来计及齿、槽的影响。

（4）凸极电机气隙比磁导用平均比磁导加上 2 次谐波比磁导表示。

（5）忽略趋肤效应，不考虑频率、温度变化对绕组电阻、绕组电感等电机参数的影响。

下面以三相交流电机来说明坐标变换。

三相交流电机在 ABC 自然坐标系下，电机的电压方程式为

$$u = Ri + \frac{\mathrm{d}}{\mathrm{d}t}(Li) \tag{3-152}$$

式中　u、i——电机的电压列矩阵和电流列矩阵；

　　R、L——电机的电阻矩阵和电感矩阵。

若取转子空间上偏转参考轴线的角为 θ，因旋转电机中电感矩阵 L 的部分元素随转子的位置 θ 变化，即 $L=L(\theta)$，所以有

$$u=Ri+L\frac{\mathrm{d}i}{\mathrm{d}t}+\frac{\partial L}{\partial\theta}\frac{\mathrm{d}\theta}{\mathrm{d}t}i \qquad (3-153)$$

式（3-153）中等号右边第一项为电阻压降，第二项称为变压器电压，第三项称为旋转电压或运动电压。若令旋转电压系数矩阵 $F=\dfrac{\partial L}{\partial\theta}$，令以电角度表示的转子角速度 $\omega_r=\dfrac{\mathrm{d}\theta}{\mathrm{d}t}$，令时间的微分算子 $p=\dfrac{\mathrm{d}}{\mathrm{d}t}$，式（3-153）化为

$$u=(R+Lp+F\omega_r)i=Zi \qquad (3-154)$$

式中　Z——电机的阻抗矩阵，$Z=R+Lp+F\omega_r$。

现进行坐标变换，令

$$u=Cu'\,,i=Ci' \qquad (3-155)$$

式中　u'、i'——变换后的电压列矩阵和电流列矩阵；

　　　　C——变换矩阵。

于是式（3-154）改写成

$$Cu'=ZCi'$$
$$u'=C^{-1}ZCi'$$

即

$$u'=C^{-1}RCi'+C^{-1}L\frac{\mathrm{d}Ci'}{\mathrm{d}t}+C^{-1}F\omega_rCi'$$
$$=C^{-1}RCi'+C^{-1}LC\frac{\mathrm{d}i'}{\mathrm{d}t}+C^{-1}L\frac{\mathrm{d}C}{\mathrm{d}t}i'+C^{-1}FC\omega_ri' \qquad (3-156)$$

令 $R'=C^{-1}RC$，$L'=C^{-1}LC$，$K'=C^{-1}L\dfrac{\mathrm{d}C}{\mathrm{d}t}$，$F'=C^{-1}FC$，式（3-156）化为

$$u'=R'i'+L'\frac{\mathrm{d}i'}{\mathrm{d}t}+K'i'+F'\omega_ri' \qquad (3-157)$$

式中　R'、L'、F'——新坐标下的电阻矩阵、电感矩阵和旋转电压系数；

　　　　$K'i'$——因坐标变换产生的电压，称为 Christopher 电压[98]。

在坐标变换时，如果转换矩阵 C 满足

$$[C^*]^T=C^{-1} \qquad (3-158)$$

即变换矩阵 C 为酉矩阵，可以证明，新坐标系中的功率和旧坐标系中的功率相等[97,98]，这种变换称为"功率不变变换"；若 C 不是酉矩阵，则变换将是"非功率不变变换"。式（3-158）中"$*$"表示矩阵取共轭。

3.10.2　常用的坐标变换[98]

在定、转子的自然坐标系中，交流电机的电感矩阵通常是一个含有时变元素的满阵。坐标变换的一个目标，是通过变换使电感矩阵在新的坐标系下成为对角矩阵，且为常数，

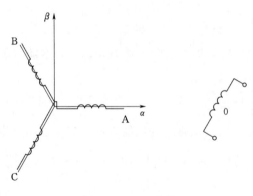

图 3-23 $\alpha\beta0$ 变换

以简化电压方程的求解。对于三相交流电机，原来的坐标系为 ABC 坐标系，现分别将其变换为常用的 $\alpha\beta0$ 坐标系、$dq0$ 坐标系、120 坐标系和 $fb0$ 坐标系。

以电流为例，并设变换前各相的电流分别为 i_A、i_B、i_C。

1. $\alpha\beta0$ 变换（Clarke 变换）

如图 3-23 所示，$\alpha\beta0$ 坐标系统是一个在空间具有固定不动正交轴线的坐标系统和零序系统的组合。如果把坐标轴放在定子上，且使 α 轴与 A 相绕组轴线相重合，β 轴在 α 轴逆时针旋转 90°的位置，零序系统是孤立系统。$\alpha\beta0$ 坐标系统中的 3 个分量称为 $\alpha\beta0$ 分量。设 $\alpha\beta0$ 变换后的电流分量分别为 i_α、i_β、i_0，有

$$\begin{cases} i_A = i_\alpha + i_0 \\ i_B = -\dfrac{1}{2}i_\alpha + \dfrac{\sqrt{3}}{2}i_\beta + i_0 \\ i_C = -\dfrac{1}{2}i_\alpha - \dfrac{\sqrt{3}}{2}i_\beta + i_0 \end{cases} \tag{3-159}$$

写成矩阵形式为

$$\begin{bmatrix} i_A \\ i_B \\ i_C \end{bmatrix} = \begin{bmatrix} 1 & 0 & 1 \\ -\dfrac{1}{2} & \dfrac{\sqrt{3}}{2} & 1 \\ -\dfrac{1}{2} & -\dfrac{\sqrt{3}}{2} & 1 \end{bmatrix} \begin{bmatrix} i_\alpha \\ i_\beta \\ i_0 \end{bmatrix} \tag{3-160}$$

其逆变换为

$$\begin{bmatrix} i_\alpha \\ i_\beta \\ i_0 \end{bmatrix} = \frac{2}{3} \begin{bmatrix} 1 & -\dfrac{1}{2} & -\dfrac{1}{2} \\ 0 & \dfrac{\sqrt{3}}{2} & -\dfrac{\sqrt{3}}{2} \\ \dfrac{1}{2} & \dfrac{1}{2} & \dfrac{1}{2} \end{bmatrix} \begin{bmatrix} i_A \\ i_B \\ i_C \end{bmatrix} \tag{3-161}$$

2. $dq0$ 变换（Park 变换）

如图 3-24 所示，$dq0$ 坐标是坐标轴旋转的等效两相坐标系统和零序系统的组合。如果把坐标轴放在转子上，d 轴与 A 相绕组轴线的夹角为 θ 电角度，q 轴在 d 轴逆时针旋转 90°的位置，零序是孤立系统。设 $dq0$ 变换后电流的 $dq0$ 分量分别为 i_d、i_q、i_0，有

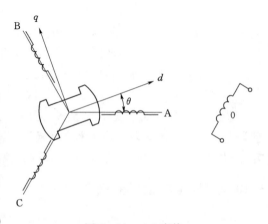

图 3-24 $dq0$ 变换

$$\begin{cases} i_A = i_d \cos\theta - i_q \sin\theta + i_0 \\ i_B = i_d \cos\left(\theta - \dfrac{2\pi}{3}\right) - i_q \sin\left(\theta - \dfrac{2\pi}{3}\right) + i_0 \\ i_C = i_d \cos\left(\theta + \dfrac{2\pi}{3}\right) - i_q \sin\left(\theta + \dfrac{2\pi}{3}\right) + i_0 \end{cases} \tag{3-162}$$

写成矩阵形式为

$$\begin{bmatrix} i_A \\ i_B \\ i_C \end{bmatrix} = \begin{bmatrix} \cos\theta & -\sin\theta & 1 \\ \cos\left(\theta - \dfrac{2\pi}{3}\right) & -\sin\left(\theta - \dfrac{2\pi}{3}\right) & 1 \\ \cos\left(\theta + \dfrac{2\pi}{3}\right) & -\sin\left(\theta + \dfrac{2\pi}{3}\right) & 1 \end{bmatrix} \begin{bmatrix} i_d \\ i_q \\ i_0 \end{bmatrix} \tag{3-163}$$

其逆变换为

$$\begin{bmatrix} i_d \\ i_q \\ i_0 \end{bmatrix} = \frac{2}{3} \begin{bmatrix} \cos\theta & \cos\left(\theta - \dfrac{2\pi}{3}\right) & \cos\left(\theta + \dfrac{2\pi}{3}\right) \\ -\sin\theta & -\sin\left(\theta - \dfrac{2\pi}{3}\right) & -\sin\left(\theta + \dfrac{2\pi}{3}\right) \\ \dfrac{1}{2} & \dfrac{1}{2} & \dfrac{1}{2} \end{bmatrix} \begin{bmatrix} i_A \\ i_B \\ i_C \end{bmatrix} \tag{3-164}$$

其中，$\theta = \omega_r t + \theta_0$，$\omega_r$ 是以电角度表示的转子角速度，θ_0 为 d 轴与 A 相绕组轴线 $t=0$ 时相差的电角度。

3. 120 变换（Lyon 变换）

120 坐标变换也称为瞬时值对称分量变换。120 坐标系是复平面内的静止坐标系和零序系统的组合。如将复平面的实轴与 A 相绕组轴线一致，虚轴在实轴逆时针旋转 90° 的位置，零序是孤立系统。设 120 变换后电流的 120 分量分别为 i_1、i_2、i_0，与对称分量变换类似，120 坐标系与 ABC 坐标系的关系为

$$\begin{cases} i_A = i_1 + i_2 + i_0 \\ i_B = \alpha^2 i_1 + \alpha i_2 + i_0 \\ i_C = \alpha i_1 + \alpha^2 i_2 + i_0 \end{cases} \tag{3-165}$$

写成矩阵形式为

$$\begin{bmatrix} i_A \\ i_B \\ i_C \end{bmatrix} = \begin{bmatrix} 1 & 1 & 1 \\ \alpha^2 & \alpha & 1 \\ \alpha & \alpha^2 & 1 \end{bmatrix} \begin{bmatrix} i_1 \\ i_2 \\ i_0 \end{bmatrix} \tag{3-166}$$

式中　α——复数算子，$\alpha = e^{j120°} = -\dfrac{1}{2} + j\dfrac{\sqrt{3}}{2}$、$\alpha^2 = e^{j240°} = -\dfrac{1}{2} - j\dfrac{\sqrt{3}}{2}$。

式（3-166）的逆变换为

$$\begin{bmatrix} i_1 \\ i_2 \\ i_0 \end{bmatrix} = \frac{1}{3} \begin{bmatrix} 1 & \alpha & \alpha^2 \\ 1 & \alpha^2 & \alpha \\ 1 & 1 & 1 \end{bmatrix} \begin{bmatrix} i_A \\ i_B \\ i_C \end{bmatrix} \tag{3-167}$$

由式（3-167）可知，$i_2 = i_1^*$，所以可认为 i_2 不是独立变量。

4. $fb0$ 变换（顾氏变换）

$fb0$ 坐标系统是复平面内的旋转坐标系统。120 坐标系统是把复数坐标轴放在定子上，$fb0$ 坐标系统是把复数坐标放在转子上。120 坐标系统为静止坐标系统，$fb0$ 坐标系统为旋转坐标系统。它们之间相差一个空间旋转因子 $e^{j\theta}$。设 $fb0$ 变换后电流的 $fb0$ 分量分别为 i_f、i_b、i_0，有

$$i_1 = i_f e^{j\theta}, i_2 = i_b e^{-j\theta} \tag{3-168}$$

将上式代入式（3-165），得 $fb0$ 坐标系与 ABC 坐标系的关系为

$$\begin{cases} i_A = i_f e^{j\theta} + i_b e^{-j\theta} + i_0 \\ i_B = \alpha^2 i_f e^{j\theta} + \alpha i_b e^{-j\theta} + i_0 \\ i_C = \alpha i_f e^{j\theta} + \alpha^2 i_b e^{-j\theta} + i_0 \end{cases} \tag{3-169}$$

写成矩阵形式

$$\begin{bmatrix} i_A \\ i_B \\ i_C \end{bmatrix} = \begin{bmatrix} e^{j\theta} & e^{-j\theta} & 1 \\ \alpha^2 e^{j\theta} & \alpha e^{-j\theta} & 1 \\ \alpha e^{j\theta} & \alpha^2 e^{-j\theta} & 1 \end{bmatrix} \begin{bmatrix} i_f \\ i_b \\ i_0 \end{bmatrix} \tag{3-170}$$

其逆变换为

$$\begin{bmatrix} i_f \\ i_b \\ i_0 \end{bmatrix} = \frac{1}{3} \begin{bmatrix} e^{-j\theta} & \alpha e^{-j\theta} & \alpha^2 e^{-j\theta} \\ e^{j\theta} & \alpha^2 e^{j\theta} & \alpha e^{j\theta} \\ 1 & 1 & 1 \end{bmatrix} \begin{bmatrix} i_A \\ i_B \\ i_C \end{bmatrix} \tag{3-171}$$

3.10.3 各坐标变换之间的关系

从上面的分析可以看出，各坐标变换的零序分量相同。下面仍以电流为例，讨论各坐标下其余两个分量之间的关系。

1. $\alpha\beta0$ 坐标系统和 $dq0$ 坐标系统

α、β 分量与 d、q 分量的关系为

$$\begin{bmatrix} i_d \\ i_q \end{bmatrix} = \begin{bmatrix} \cos\theta & \sin\theta \\ -\sin\theta & \cos\theta \end{bmatrix} \begin{bmatrix} i_\alpha \\ i_\beta \end{bmatrix} \tag{3-172}$$

和

$$\begin{bmatrix} i_\alpha \\ i_\beta \end{bmatrix} = \begin{bmatrix} \cos\theta & -\sin\theta \\ \sin\theta & \cos\theta \end{bmatrix} \begin{bmatrix} i_d \\ i_q \end{bmatrix} \tag{3-173}$$

2. $\alpha\beta0$ 坐标系统和 120 坐标系统

α、β 分量与 1、2 分量的关系为

$$\begin{bmatrix} i_1 \\ i_2 \end{bmatrix} = \frac{1}{2} \begin{bmatrix} 1 & j \\ 1 & -j \end{bmatrix} \begin{bmatrix} i_\alpha \\ i_\beta \end{bmatrix} \tag{3-174}$$

和

$$\begin{bmatrix} i_\alpha \\ i_\beta \end{bmatrix} = \begin{bmatrix} 1 & 1 \\ -j & j \end{bmatrix} \begin{bmatrix} i_1 \\ i_2 \end{bmatrix} \tag{3-175}$$

3. $dq0$ 坐标系统和 120 坐标系统

d、q 分量与 1、2 分量的关系为

$$\begin{bmatrix} i_1 \\ i_2 \end{bmatrix} = \frac{1}{2} \begin{bmatrix} e^{j\theta} & je^{j\theta} \\ e^{-j\theta} & -je^{-j\theta} \end{bmatrix} \begin{bmatrix} i_d \\ i_q \end{bmatrix} \tag{3-176}$$

和

$$\begin{bmatrix} i_d \\ i_q \end{bmatrix} = \begin{bmatrix} e^{-j\theta} & e^{j\theta} \\ -je^{-j\theta} & je^{j\theta} \end{bmatrix} \begin{bmatrix} i_1 \\ i_2 \end{bmatrix} \tag{3-177}$$

4. $dq0$ 坐标系统和 $fb0$ 坐标系统

d、q 分量与 f、b 分量的关系为

$$\begin{bmatrix} i_f \\ i_b \end{bmatrix} = \frac{1}{2} \begin{bmatrix} 1 & j \\ 1 & -j \end{bmatrix} \begin{bmatrix} i_d \\ i_q \end{bmatrix} \tag{3-178}$$

和

$$\begin{bmatrix} i_d \\ i_q \end{bmatrix} = \begin{bmatrix} 1 & 1 \\ -j & j \end{bmatrix} \begin{bmatrix} i_f \\ i_b \end{bmatrix} \tag{3-179}$$

3.10.4 交流电机空间离散傅里叶变换理论（TSDFT）和对称多相系统的坐标变换

长度为 N 的空间离散序列 $x(n)$，其对应的空间离散傅里叶变换后的离散序列为 $X(k)$，两者间的一般表达式为

$$\begin{cases} X(k) = \dfrac{1}{N} \sum_{n=1}^{N} x(n) e^{-j\frac{2\pi}{N}(n-1)k}, & k = 0,1,\cdots,N-1 \\ x(n) = \sum_{k=0}^{N-1} X(k) e^{j\frac{2\pi}{N}(n-1)k}, & n = 1,2,\cdots,N \end{cases} \tag{3-180}$$

现将之用于交流电机分析中。对相数为 m 的对称多相系统，仍以电流为例，按各相绕组空间分布的顺序，设各相的电流依次为 i_1、i_2、$\cdots$、i_m。若用 θ 表示空间坐标，将 i_1、i_2、$\cdots$、i_m 看成空间分布的电流 $i(\theta)$ 在离散的各相相轴位置处的电流值，即各相电流分别为 $i(1)$、$i(2)$、$\cdots$、$i(m)$，记作序列 $\{i(n)\}$，$n=1,2,\cdots,m$。根据空间离散傅里叶变换理论（TSD-FT），对 $i(\theta)$ 进行空间离散傅里叶变换，将变换后的电流表示为 $I(0)$、$I(1)$、$\cdots$、$I(m-1)$，记成序列 $\{I(k)\}$，$k=0,1,2,\cdots,m-1$。鉴于电流等时间量的"超前"与"滞后"关系与空间量的"超前"与"滞后"关系不同，且考虑电工、电机分析理论的惯例，参照式（3-180），定义变换为

$$\begin{cases} I(k) = \dfrac{1}{m} \sum_{n=1}^{m} i(n) e^{j\frac{2\pi}{m}(n-1)k}, & k = 0,1,\cdots,m-1 \\ i(n) = \sum_{k=0}^{m-1} I(k) e^{-j\frac{2\pi}{m}(n-1)k}, & n = 1,2,\cdots,m \end{cases} \tag{3-181}$$

写成矩阵形式为

$$\begin{bmatrix} I(0) \\ I(1) \\ I(2) \\ \vdots \\ I(m-1) \end{bmatrix} = \frac{1}{m} \begin{bmatrix} 1 & 1 & 1 & \cdots & 1 & 1 \\ 1 & \alpha & \alpha^2 & \cdots & \alpha^{m-2} & \alpha^{m-1} \\ 1 & \alpha^2 & \alpha^4 & \cdots & \alpha^{2(m-2)} & \alpha^{2(m-1)} \\ \vdots & \vdots & \vdots & \ddots & \vdots & \vdots \\ 1 & \alpha^{m-1} & \alpha^{2(m-2)} & \cdots & \alpha^{(m-1)(m-2)} & \alpha^{(m-1)(m-1)} \end{bmatrix} \begin{bmatrix} i(1) \\ i(2) \\ i(3) \\ \vdots \\ i(m) \end{bmatrix}$$

$$(3-182)$$

$$\begin{bmatrix} i(1) \\ i(2) \\ i(3) \\ \vdots \\ i(m) \end{bmatrix} = \begin{bmatrix} 1 & 1 & 1 & \cdots & 1 & 1 \\ 1 & \alpha^{-1} & \alpha^{-2} & \cdots & \alpha^{-(m-2)} & \alpha^{-(m-1)} \\ 1 & \alpha^{-2} & \alpha^{-4} & \cdots & \alpha^{-2(m-2)} & \alpha^{-2(m-1)} \\ \vdots & \vdots & \vdots & \ddots & \vdots & \vdots \\ 1 & \alpha^{-(m-1)} & \alpha^{-2(m-1)} & \cdots & \alpha^{-(m-1)(m-2)} & \alpha^{-(m-1)(m-1)} \end{bmatrix} \begin{bmatrix} I(0) \\ I(1) \\ I(2) \\ \vdots \\ I(m-1) \end{bmatrix}$$

$$(3-183)$$

其中，$\alpha = \mathrm{e}^{\mathrm{j}\frac{2\pi}{m}}$。$\alpha$ 有以下基本的关系式

$$\begin{cases} 1 + \alpha + \alpha^2 + \cdots + \alpha^{m-2} + \alpha^{m-1} = 0 \\ \alpha^i = \alpha^{m-r} \\ \alpha^{km} = 1 \end{cases} \qquad (3-184)$$

式中 i，r，k——整数，且 $i + r = m$。

对相数为 m 的多相系统，文献 [84]、[85] 中，给出了采用对称分量法的变换矩阵 $\boldsymbol{\alpha}_S$，即

$$\boldsymbol{\alpha}_S = \frac{1}{\sqrt{m}} \begin{bmatrix} 1 & 1 & 1 & \cdots & 1 & 1 \\ 1 & \alpha^{-1} & \alpha^{-2} & \cdots & \alpha^{-(m-2)} & \alpha^{-(m-1)} \\ 1 & \alpha^{-2} & \alpha^{-4} & \cdots & \alpha^{-2(m-2)} & \alpha^{-2(m-1)} \\ \vdots & \vdots & \vdots & \ddots & \vdots & \vdots \\ 1 & \alpha^{-(m-1)} & \alpha^{-2(m-1)} & \cdots & \alpha^{-(m-1)(m-2)} & \alpha^{-(m-1)(m-1)} \end{bmatrix} \qquad (3-185)$$

变换矩阵 $\boldsymbol{\alpha}_S$ 中第 i 行第 k 列的元素为 $\alpha^{-(i-1)(k-1)}$。变换矩阵 $\boldsymbol{\alpha}_S$ 的逆矩阵 $\boldsymbol{\alpha}_S^{-1}$ 为

$$\boldsymbol{\alpha}_S^{-1} = \frac{1}{\sqrt{m}} \begin{bmatrix} 1 & 1 & 1 & \cdots & 1 & 1 \\ 1 & \alpha & \alpha^2 & \cdots & \alpha^{m-2} & \alpha^{m-1} \\ 1 & \alpha^2 & \alpha^4 & \cdots & \alpha^{2(m-2)} & \alpha^{2(m-1)} \\ \vdots & \vdots & \vdots & \ddots & \vdots & \vdots \\ 1 & \alpha^{m-1} & \alpha^{2(m-2)} & \cdots & \alpha^{(m-1)(m-2)} & \alpha^{(m-1)(m-1)} \end{bmatrix} \qquad (3-186)$$

此变换为功率不变变换，故其变换和反变换的系数均取为 $\frac{1}{\sqrt{m}}$。

对比式 (3-182)、式 (3-183) 和式 (3-185)、式 (3-186) 可以看出，除系数外，两者完全相同，但意义解释不同。按相数为 m 的多相对称分量法变换，变换后的第 1 个分量为零序分量，第 2 个分量为正序分量，第 m 个分量为负序分量。按空间离散傅里叶变换理论，变换后的第 1 个分量为直流分量，第 2 个分量为空间基波分量，第 3 个分量为空间 2 次谐波分量，…第 m 个分量为空间 $m-1$ 次谐波分量。空间离散傅里叶变换理论是交流电机坐标变换理论的数学基础。

特别地，当 $m=3$ 时，即对三相对称系统，三相电流 i_A、i_B、i_C 按式（3-182）、式（3-183）的变换矩阵，有

$$\begin{bmatrix} I(0) \\ I(1) \\ I(2) \end{bmatrix} = \frac{1}{3} \begin{bmatrix} 1 & 1 & 1 \\ 1 & \alpha & \alpha^2 \\ 1 & \alpha^2 & \alpha \end{bmatrix} \begin{bmatrix} i_A \\ i_B \\ i_C \end{bmatrix} \tag{3-187}$$

和

$$\begin{bmatrix} i_A \\ i_B \\ i_C \end{bmatrix} = \begin{bmatrix} 1 & 1 & 1 \\ 1 & \alpha^2 & \alpha \\ 1 & \alpha & \alpha^2 \end{bmatrix} \begin{bmatrix} I(0) \\ I(1) \\ I(2) \end{bmatrix} \tag{3-188}$$

其中

$$\alpha = e^{j\frac{2\pi}{3}}$$

式（3-187）和式（3-188）分别对应 120 坐标变换中的变换矩阵，参见式（3-166）、式（3-167）。注意变换后两者各分量的排列顺序。按相数为 m 的多相对称分量法变换和空间离散傅里叶变换，即式（3-187），变换后的第 1 个分量为直流分量（零序分量），第 2 个分量为空间基波分量（正序分量），第 m 个分量为空间 $m-1$ 次谐波分量（负序分量）；按三相的 120 坐标变换，即式（3-167），变换后的第 1 个分量为正序分量，第 2 个分量为负序分量，第 3 个分量为零序分量。

3.10.5　多相交流电机空间离散傅里叶变换的单边频谱（实数傅里叶变换）

与绕组的全息谱分析相似，上述离散傅里叶变换过程，变换后的离散序列 $I(k)$ 是空间域离散序列 $i(n)$ 在频域的完备表示。$I(k)$ 包含的信息和原离散序列 $i(n)$ 在空间域的信息完全相同，所不同的只是信息的表现形式。式（3-181）中的 k 称为谐波次数，是频域中归一化的频率值。k 的物理意义对电机而言为相对于单元电机的谐波次数。对应某一 k 值的 $I(k)$ 是空间域离散序列 $i(n)$ 在频域上的 k 次谐波分量。$I(k)$ 通常为复数。将 $I(k)$ 用幅值和相位角表示，设

$$I(k) = |I(k)| e^{j\varphi(k)} \tag{3-189}$$

其中，$|I(k)|$ 为 $I(k)$ 的幅值，$|I(k)|$ 与谐波次数 k 的关系称为幅度频谱（Magnitude Spectrum）；$\varphi(k)$ 为 $I(k)$ 的相位角，$\varphi(k)$ 与谐波次数 k 的关系称为相位频谱（Phase Spectrum）。从而有

$$I(k) = \frac{1}{m} \sum_{n=1}^{m} i(n) e^{j\frac{2\pi}{m}(n-1)k} = |I(k)| e^{j\varphi(k)}, \quad k = 0, 1, \cdots, m-1 \tag{3-190}$$

$$i(n) = \sum_{k=0}^{m-1} I(k) e^{-j\frac{2\pi}{m}(n-1)k} = \sum_{k=0}^{m-1} |I(k)| e^{j\varphi(k)} e^{-j\frac{2\pi}{m}(n-1)k}, \quad n = 1, 2, \cdots, m \tag{3-191}$$

在空间域，各绕组的电压、电流、磁链等离散序列均是实数序列。以电流为例，可以证明，对应于实数的空间离散序列 $i(n)$，其傅里叶变换的幅度序列 $|I(k)|$ 相对于 $k=m/2$ 为偶对称序列，相位序列 $\varphi(k)$ 相对于 $k=m/2$ 为奇对称序列。因此，根据欧拉公式，当 m 为奇数时，$i(n)$ 可表示为

$$i(n) = I(0) + 2\sum_{k=1}^{\frac{m-1}{2}}|I(k)|\cos\left[k(n-1)\frac{2\pi}{m}-\varphi(k)\right], \quad n = 1,2,\cdots,m \quad (3-192)$$

当 m 为偶数时，$i(n)$ 可表示为

$$i(n) = I(0) + 2\sum_{k=1}^{\frac{m}{2}-1}|I(k)|\cos\left[k(n-1)\frac{2\pi}{m}-\varphi(k)\right]$$

$$+ I\left(\frac{m}{2}\right)\cos[(n-1)\pi], \quad n = 1,2,\cdots,m \quad (3-193)$$

式（3-192）和式（3-193）分解的各次谐波对应的频谱，称为序列 $i(n)$ 的单边频谱。作为比较，按式（3-181）得到的频谱 $I(k)$ 称为序列 $i(n)$ 的双边频谱。

式（3-192）和式（3-193）表明：空间域离散序列 $i(n)$ 可以分解为 1 个空间域均匀分布的离散序列和 $\frac{m-1}{2}$ 个（m 为奇数）或 $\frac{m}{2}$ 个（m 为偶数）空间域正弦分布的离散序列。与此相反，此公式也表明：当 m 为奇数时，由 1 个空间域均匀分布的离散序列和 $\frac{m-1}{2}$ 个谐波次数分别为 $1\sim\frac{m-1}{2}$ 的空间域正弦分布的离散序列，可以构成任意分布的空间域离散序列；当 m 为偶数时，由 1 个空间域均匀分布的离散序列和 $\frac{m}{2}$ 个谐波次数分别为 $1\sim\frac{m}{2}$ 的空间域正弦分布的离散序列，可以构成任意分布的空间域离散序列。

如令

$$N = \begin{cases} \dfrac{m-1}{2}, & \text{当 } m \text{ 为奇数时} \\ \dfrac{m}{2}, & \text{当 } m \text{ 为偶数时} \end{cases} \quad (3-194)$$

$$\varphi(0) = 0 \quad (3-195)$$

式（3-192）和式（3-193）可统一写成

$$i(n) = \sum_{k=0}^{N}A_k\cos\left[k(n-1)\frac{2\pi}{m}-\varphi(k)\right], \quad n = 1,2,\cdots,m \quad (3-196)$$

式中　A_k——正弦离散序列 k 次谐波单边频谱的幅值，A_k 为

$$A_k = \begin{cases} I(0), & \text{当 } k = 0 \text{ 时} \\ 2|I(k)|, & \text{当 } k \neq 0 \text{ 和 } k \neq \dfrac{m}{2}(m \text{ 为偶数})\text{时} \\ \left|I\left(\dfrac{m}{2}\right)\right|, & \text{当 } k = \dfrac{m}{2}(m \text{ 为偶数})\text{时} \end{cases} \quad (3-197)$$

式（3-196）为交流电机电压、电流、磁链等各物理量的空间域分解的一般表达式。

3.10.6　多相交流系统通用 $\alpha\beta0$ 变换（Clarke 变换）

对于空间域离散实序列 $i(n)$，令式（3-181）中的 $I(k)$ 为

$$I(k) = I_r(k) + \mathrm{j}I_i(k), \quad k = 0,1,\cdots,m-1 \quad (3-198)$$

式中　$I_r(k)$——$I(k)$ 的实部；
　　　$I_i(k)$——$I(k)$ 的虚部。

则

$$
\begin{cases}
I_r(k) = \dfrac{1}{m}\displaystyle\sum_{n=1}^{m} i(n)\cos\left[\dfrac{2\pi}{m}(n-1)k\right], & k = 0,1,\cdots,m-1 \\[4mm]
I_i(k) = \dfrac{1}{m}\displaystyle\sum_{n=1}^{m} i(n)\sin\left[\dfrac{2\pi}{m}(n-1)k\right], & k = 0,1,\cdots,m-1
\end{cases}
\tag{3-199}
$$

根据实序列空间离散傅里叶变换的对称特点，定义 SDFT 和 ISDFT 为：

（1） m 为奇数时

$$
\begin{cases}
I_0 = I_r(0) = \dfrac{1}{m}\displaystyle\sum_{n=1}^{m} i(n), & k = 0 \\[4mm]
I_\alpha(k) = 2I_r(k) = \dfrac{2}{m}\displaystyle\sum_{n=1}^{m} i(n)\cos\left[\dfrac{2\pi}{m}(n-1)k\right], & k = 1,2,\cdots,\dfrac{m-1}{2} \\[4mm]
I_\beta(k) = 2I_i(k) = \dfrac{2}{m}\displaystyle\sum_{n=1}^{m} i(n)\sin\left[\dfrac{2\pi}{m}(n-1)k\right], & k = 1,2,\cdots,\dfrac{m-1}{2}
\end{cases}
\tag{3-200}
$$

$$
i(n) = I_0 + \sum_{k=1}^{\frac{m-1}{2}}\left\{ I_\alpha(k)\cos\left[k(n-1)\dfrac{2\pi}{m}\right] + I_\beta(k)\sin\left[k(n-1)\dfrac{2\pi}{m}\right]\right\}, \quad n = 1,2,\cdots,m
\tag{3-201}
$$

将式（3-200）、式（3-201）写成矩阵形式，为

$$
\begin{bmatrix}
I_0 \\
I_\alpha(1) \\
I_\beta(1) \\
\vdots \\
I_\alpha\left(\dfrac{m-1}{2}\right) \\
I_\beta\left(\dfrac{m-1}{2}\right)
\end{bmatrix}
= \dfrac{2}{m}
\begin{bmatrix}
\dfrac{1}{2} & \dfrac{1}{2} & \dfrac{1}{2} & \cdots & \dfrac{1}{2} \\
1 & \cos\dfrac{2\pi}{m} & \cos2\dfrac{2\pi}{m} & \cdots & \cos\left[(m-1)\dfrac{2\pi}{m}\right] \\
0 & \sin\dfrac{2\pi}{m} & \sin2\dfrac{2\pi}{m} & \cdots & \sin\left[(m-1)\dfrac{2\pi}{m}\right] \\
\vdots & \vdots & \vdots & \ddots & \vdots \\
1 & \cos\left(\dfrac{m-1}{2}\dfrac{2\pi}{m}\right) & \cos\left(2\dfrac{m-1}{2}\dfrac{2\pi}{m}\right) & \cdots & \cos\left[(m-1)\dfrac{m-1}{2}\dfrac{2\pi}{m}\right] \\
0 & \sin\left(\dfrac{m-1}{2}\dfrac{2\pi}{m}\right) & \sin\left(2\dfrac{m-1}{2}\dfrac{2\pi}{m}\right) & \cdots & \sin\left[(m-1)\dfrac{m-1}{2}\dfrac{2\pi}{m}\right]
\end{bmatrix}
\begin{bmatrix}
i(1) \\
i(2) \\
i(3) \\
\vdots \\
i(m)
\end{bmatrix}
\tag{3-202}
$$

$$
\begin{bmatrix}
i(1) \\
i(2) \\
i(3) \\
\vdots \\
i(m)
\end{bmatrix}
=
\begin{bmatrix}
1 & 1 & 0 & \cdots & 1 & 0 \\
1 & \cos\dfrac{2\pi}{m} & \sin\dfrac{2\pi}{m} & \cdots & \cos\left(\dfrac{m-1}{2}\dfrac{2\pi}{m}\right) & \sin\left(\dfrac{m-1}{2}\dfrac{2\pi}{m}\right) \\
\vdots & \vdots & \vdots & \ddots & \vdots & \vdots \\
1 & \cos\left[(m-2)\dfrac{2\pi}{m}\right] & \sin\left[(m-2)\dfrac{2\pi}{m}\right] & \cdots & \cos\left[\dfrac{m-1}{2}(m-2)\dfrac{2\pi}{m}\right] & \sin\left[\dfrac{m-1}{2}(m-2)\dfrac{2\pi}{m}\right] \\
1 & \cos\left[(m-1)\dfrac{2\pi}{m}\right] & \sin\left[(m-1)\dfrac{2\pi}{m}\right] & \cdots & \cos\left[\dfrac{m-1}{2}(m-1)\dfrac{2\pi}{m}\right] & \sin\left[\dfrac{m-1}{2}(m-1)\dfrac{2\pi}{m}\right]
\end{bmatrix}
\begin{bmatrix}
I_0 \\
I_\alpha(1) \\
I_\beta(1) \\
\vdots \\
I_\alpha\left(\dfrac{m-1}{2}\right) \\
I_\beta\left(\dfrac{m-1}{2}\right)
\end{bmatrix}
\tag{3-203}
$$

（2）m 为偶数时

$$
\begin{cases}
I_0 = I_r(0) = \dfrac{1}{m}\sum_{n=1}^{m} i(n), & k = 0 \\[4mm]
I_\alpha(k) = 2I_r(k) = \dfrac{2}{m}\sum_{n=1}^{m} i(n)\cos\left[\dfrac{2\pi}{m}(n-1)k\right], & k = 1,2,\cdots,\dfrac{m}{2}-1 \\[4mm]
I_\beta(k) = 2I_i(k) = \dfrac{2}{m}\sum_{n=1}^{m} i(n)\sin\left[\dfrac{2\pi}{m}(n-1)k\right], & k = 1,2,\cdots,\dfrac{m}{2}-1 \\[4mm]
I_{\frac{m}{2}} = I_r\left(\dfrac{m}{2}\right) = \dfrac{1}{m}\sum_{n=1}^{m} i(n)\cos\left[\dfrac{2\pi}{m}(n-1)k\right], & k = \dfrac{m}{2}
\end{cases}
\tag{3-204}
$$

$$
i(n) = I_0 + \sum_{k=1}^{\frac{m}{2}-1}\left\{ I_\alpha(k)\cos\left[k(n-1)\dfrac{2\pi}{m}\right] + I_\beta(k)\sin\left[k(n-1)\dfrac{2\pi}{m}\right] \right\}
$$

$$
+ I_{\frac{m}{2}}\cos\left[(n-1)\pi\right], \quad n = 1,2,\cdots,m
\tag{3-205}
$$

将式（3-204）、式（3-205）写成矩阵形式，为

$$
\begin{bmatrix} I_0 \\ I_\alpha(1) \\ I_\beta(1) \\ \vdots \\ I_\alpha\left(\dfrac{m}{2}-1\right) \\ I_\beta\left(\dfrac{m}{2}-1\right) \\ I_{\frac{m}{2}} \end{bmatrix}
= \dfrac{2}{m}
\begin{bmatrix}
\dfrac{1}{2} & \dfrac{1}{2} & \dfrac{1}{2} & \cdots & \dfrac{1}{2} \\[2mm]
1 & \cos\dfrac{2\pi}{m} & \cos\left(2\dfrac{2\pi}{m}\right) & \cdots & \cos\left[(m-1)\dfrac{2\pi}{m}\right] \\[2mm]
0 & \sin\dfrac{2\pi}{m} & \sin\left(2\dfrac{2\pi}{m}\right) & \cdots & \sin\left[(m-1)\dfrac{2\pi}{m}\right] \\[2mm]
\vdots & \vdots & \vdots & \ddots & \vdots \\[2mm]
1 & \cos\left[\left(\dfrac{m}{2}-1\right)\dfrac{2\pi}{m}\right] & \cos\left[2\left(\dfrac{m}{2}-1\right)\dfrac{2\pi}{m}\right] & \cdots & \cos\left[(m-1)\left(\dfrac{m}{2}-1\right)\dfrac{2\pi}{m}\right] \\[2mm]
0 & \sin\left[\left(\dfrac{m}{2}-1\right)\dfrac{2\pi}{m}\right] & \sin\left[2\left(\dfrac{m}{2}-1\right)\dfrac{2\pi}{m}\right] & \cdots & \sin\left[(m-1)\left(\dfrac{m}{2}-1\right)\dfrac{2\pi}{m}\right] \\[2mm]
\dfrac{1}{2} & -\dfrac{1}{2} & \dfrac{1}{2} & \cdots & -\dfrac{1}{2}
\end{bmatrix}
\begin{bmatrix} i(1) \\ i(2) \\ i(3) \\ \vdots \\ i(m) \end{bmatrix}
\tag{3-206}
$$

$$
\begin{bmatrix} i(1) \\ i(2) \\ i(3) \\ \vdots \\ i(m) \end{bmatrix}
=
\begin{bmatrix}
1 & 1 & 0 & \cdots & 1 \\[2mm]
1 & \cos\dfrac{2\pi}{m} & \sin\dfrac{2\pi}{m} & \cdots & \cos\left[\left(\dfrac{m}{2}-1\right)\dfrac{2\pi}{m}\right] \\[2mm]
\vdots & \vdots & \vdots & \ddots & \vdots \\[2mm]
1 & \cos\left[(m-2)\dfrac{2\pi}{m}\right] & \sin\left[(m-2)\dfrac{2\pi}{m}\right] & \cdots & \cos\left[\left(\dfrac{m}{2}-1\right)(m-2)\dfrac{2\pi}{m}\right] \\[2mm]
1 & \cos\left[(m-1)\dfrac{2\pi}{m}\right] & \sin\left[(m-1)\dfrac{2\pi}{m}\right] & \cdots & \cos\left[\left(\dfrac{m}{2}-1\right)(m-1)\dfrac{2\pi}{m}\right]
\end{bmatrix}
$$

$$
\begin{bmatrix}
0 & 1 \\
\sin\left[\left(\dfrac{m}{2}-1\right)\dfrac{2\pi}{m}\right] & -1 \\
\vdots & \vdots \\
\sin\left[\left(\dfrac{m}{2}-1\right)(m-2)\dfrac{2\pi}{m}\right] & 1 \\
\sin\left[\left(\dfrac{m}{2}-1\right)(m-1)\dfrac{2\pi}{m}\right] & -1
\end{bmatrix}
\begin{bmatrix}
I_0 \\ I_\alpha(1) \\ I_\beta(1) \\ \vdots \\ I_\alpha\left(\dfrac{m}{2}-1\right) \\ I_\beta\left(\dfrac{m}{2}-1\right) \\ I_{\frac{m}{2}}
\end{bmatrix}
\tag{3-207}
$$

式（3-202）、式（3-203）、式（3-206）和式（3-207）称为多相系统通用的 $\alpha\beta0$ 变换或 Clarke 变换，下标 α、β 表示的量是各次谐波的 α、β 分量。

特别地，对 $m=3$，即三相对称系统，按式（3-202）和式（3-203），三相电流 i_A、i_B、i_C 的 $\alpha\beta0$ 变换为

$$
\begin{bmatrix} I_0 \\ I_\alpha(1) \\ I_\beta(1) \end{bmatrix}
= \frac{2}{3}
\begin{bmatrix}
\dfrac{1}{2} & \dfrac{1}{2} & \dfrac{1}{2} \\
1 & \cos\dfrac{2\pi}{3} & \cos\left(2\,\dfrac{2\pi}{3}\right) \\
0 & \sin\dfrac{2\pi}{3} & \sin\left(2\,\dfrac{2\pi}{3}\right)
\end{bmatrix}
\begin{bmatrix} i(1) \\ i(2) \\ i(3) \end{bmatrix}
= \frac{2}{3}
\begin{bmatrix}
\dfrac{1}{2} & \dfrac{1}{2} & \dfrac{1}{2} \\
1 & -\dfrac{1}{2} & -\dfrac{1}{2} \\
0 & \dfrac{\sqrt{3}}{2} & -\dfrac{\sqrt{3}}{2}
\end{bmatrix}
\begin{bmatrix} i_A \\ i_B \\ i_C \end{bmatrix}
\tag{3-208}
$$

$$
\begin{bmatrix} i_A \\ i_B \\ i_C \end{bmatrix}
=
\begin{bmatrix}
1 & 1 & 0 \\
1 & \cos\dfrac{2\pi}{3} & \sin\dfrac{2\pi}{3} \\
1 & \cos\left(2\,\dfrac{2\pi}{3}\right) & \sin\left(2\,\dfrac{2\pi}{3}\right)
\end{bmatrix}
\begin{bmatrix} I_r(0) \\ I_r(1) \\ I_i(1) \end{bmatrix}
=
\begin{bmatrix}
1 & 1 & 0 \\
1 & -\dfrac{1}{2} & \dfrac{\sqrt{3}}{2} \\
1 & -\dfrac{1}{2} & -\dfrac{\sqrt{3}}{2}
\end{bmatrix}
\begin{bmatrix} I_0 \\ I_\alpha(1) \\ I_\beta(1) \end{bmatrix}
\tag{3-209}
$$

它们与式（3-160）和式（3-161）相同。

3.10.7　多相交流系统通用 $dq0$ 变换（Park 变换）

由傅里叶变换的位移性质，以指数项 $\mathrm{e}^{-\mathrm{j}k\theta}$ 乘以谱序列 $I(k)$，并取其反变换，即将序列 $i(n)$ 在空间域的原点位移到 θ 处。

对于空间域离散实序列 $i(n)$，将式（3-181）中的 $I(k)$ 乘以指数项 $\mathrm{e}^{-\mathrm{j}k\theta}$，并设此序列为 $I_\theta(k)$，即

$$
I_\theta(k)=I(k)\mathrm{e}^{-\mathrm{j}k\theta},\quad k=0,1,\cdots,m-1
\tag{3-210}
$$

令

$$
I_\theta(k)=I_{\theta r}(k)+\mathrm{j}I_{\theta i}(k),\quad k=0,1,\cdots,m-1
\tag{3-211}
$$

式中　$I_{\theta r}(k)$——$I_\theta(k)$ 的实部；

　　　$I_{\theta i}(k)$——$I_\theta(k)$ 的虚部。

且有

$$\begin{cases} I_{\theta r}(k) = \dfrac{1}{m}\sum_{n=1}^{m} i(n)\cos\left\{k\left[\dfrac{2\pi}{m}(n-1)-\theta\right]\right\}, & k=0,1,\cdots,m-1 \\[4mm] I_{\theta i}(k) = \dfrac{1}{m}\sum_{n=1}^{m} i(n)\sin\left\{k\left[\dfrac{2\pi}{m}(n-1)-\theta\right]\right\}, & k=1,\cdots,m-1 \end{cases} \tag{3-212}$$

根据空间域离散实序列空间离散傅里叶变换的对称特点，以及离散傅里叶变换的位移性质，定义 SDFT 和 ISDFT 为：

（1）m 为奇数时

$$\begin{cases} I_0 = I_{\theta r}(0) = \dfrac{1}{m}\sum_{n=1}^{m} i(n), & k=0 \\[4mm] I_d(k) = 2I_{\theta r}(k) = \dfrac{2}{m}\sum_{n=1}^{m} i(n)\cos\left\{k\left[\dfrac{2\pi}{m}(n-1)-\theta\right]\right\}, & k=1,2,\cdots,\dfrac{m-1}{2} \\[4mm] I_q(k) = 2I_{\theta i}(k) = \dfrac{2}{m}\sum_{n=1}^{m} i(n)\sin\left\{k\left[\dfrac{2\pi}{m}(n-1)-\theta\right]\right\}, & k=1,2,\cdots,\dfrac{m-1}{2} \end{cases} \tag{3-213}$$

$$i(n) = I_0 + \sum_{k=1}^{\frac{m-1}{2}}\left\{I_d(k)\cos\left[k(n-1)\dfrac{2\pi}{m}-k\theta\right] + I_q(k)\sin\left[k(n-1)\dfrac{2\pi}{m}-k\theta\right]\right\}, n=1,2,\cdots,m \tag{3-214}$$

将式（3-213）、式（3-214）写成矩阵形式，为

$$\begin{bmatrix} I_0 \\ I_d(1) \\ I_q(1) \\ \vdots \\ I_d\left(\dfrac{m-1}{2}\right) \\ I_q\left(\dfrac{m-1}{2}\right) \end{bmatrix} = \dfrac{2}{m}\begin{bmatrix} \dfrac{1}{2} & \dfrac{1}{2} & \dfrac{1}{2} & \cdots \\ \cos(-\theta) & \cos\left(\dfrac{2\pi}{m}-\theta\right) & \cos\left(2\dfrac{2\pi}{m}-\theta\right) & \cdots \\ \sin(-\theta) & \sin\left(\dfrac{2\pi}{m}-\theta\right) & \sin\left(2\dfrac{2\pi}{m}-\theta\right) & \cdots \\ \vdots & \vdots & \vdots & \ddots \\ \cos\left(-\dfrac{m-1}{2}\theta\right) & \cos\left[\dfrac{m-1}{2}\left(\dfrac{2\pi}{m}-\theta\right)\right] & \cos\left[\dfrac{m-1}{2}\left(2\dfrac{2\pi}{m}-\theta\right)\right] & \cdots \\ \sin\left(-\dfrac{m-1}{2}\theta\right) & \sin\left[\dfrac{m-1}{2}\left(\dfrac{2\pi}{m}-\theta\right)\right] & \sin\left[\dfrac{m-1}{2}\left(2\dfrac{2\pi}{m}-\theta\right)\right] & \cdots \end{bmatrix}$$

$$\begin{bmatrix} \dfrac{1}{2} \\ \cos\left[(m-1)\dfrac{2\pi}{m}-\theta\right] \\ \sin\left[(m-1)\dfrac{2\pi}{m}-\theta\right] \\ \vdots \\ \cos\left\{\left(\dfrac{m-1}{2}\right)\left[(m-1)\dfrac{2\pi}{m}-\theta\right]\right\} \\ \sin\left\{\left(\dfrac{m-1}{2}\right)\left[(m-1)\dfrac{2\pi}{m}-\theta\right]\right\} \end{bmatrix}\begin{bmatrix} i(1) \\ i(2) \\ i(3) \\ \vdots \\ i(m) \end{bmatrix} \tag{3-215}$$

$$\begin{bmatrix} i(1) \\ i(2) \\ i(3) \\ \vdots \\ i(m) \end{bmatrix} = \begin{bmatrix} 1 & \cos(-\theta) & \sin(-\theta) & \cdots \\ 1 & \cos\left(\dfrac{2\pi}{m}-\theta\right) & \sin\left(\dfrac{2\pi}{m}-\theta\right) & \cdots \\ \vdots & \vdots & \vdots & \ddots \\ 1 & \cos\left[(m-2)\dfrac{2\pi}{m}-\theta\right] & \sin\left[(m-2)\dfrac{2\pi}{m}-\theta\right] & \cdots \\ 1 & \cos\left[(m-1)\dfrac{2\pi}{m}-\theta\right] & \sin\left[(m-1)\dfrac{2\pi}{m}-\theta\right] & \cdots \end{bmatrix}$$

$$\begin{bmatrix} \cos\left(-\dfrac{m-1}{2}\theta\right) & \sin\left(-\dfrac{m-1}{2}\theta\right) \\ \cos\left[\dfrac{m-1}{2}\left(\dfrac{2\pi}{m}-\theta\right)\right] & \sin\left[\dfrac{m-1}{2}\left(\dfrac{2\pi}{m}-\theta\right)\right] \\ \vdots & \vdots \\ \cos\left\{\left(\dfrac{m-1}{2}\right)\left[(m-2)\dfrac{2\pi}{m}-\theta\right]\right\} & \sin\left\{\left(\dfrac{m-1}{2}\right)\left[(m-2)\dfrac{2\pi}{m}-\theta\right]\right\} \\ \cos\left\{\left(\dfrac{m-1}{2}\right)\left[(m-1)\dfrac{2\pi}{m}-\theta\right]\right\} & \sin\left\{\left(\dfrac{m-1}{2}\right)\left[(m-1)\dfrac{2\pi}{m}-\theta\right]\right\} \end{bmatrix} \begin{bmatrix} I_0 \\ I_d(1) \\ I_q(1) \\ \vdots \\ I_d\left(\dfrac{m-1}{2}\right) \\ I_q\left(\dfrac{m-1}{2}\right) \end{bmatrix}$$

$$(3-216)$$

（2）m 为偶数时

$$\begin{cases} I_0 = I_{\theta r}(0) = \dfrac{1}{m}\sum_{n=1}^{m}i(n), & k=0 \\[3mm] I_d(k) = 2I_{\theta r}(k) = \dfrac{2}{m}\sum_{n=1}^{m}i(n)\cos\left\{k\left[\dfrac{2\pi}{m}(n-1)-\theta\right]\right\}, & k=1,2,\cdots,\dfrac{m}{2}-1 \\[3mm] I_q(k) = 2I_{\theta i}(k) = \dfrac{2}{m}\sum_{n=1}^{m}i(n)\sin\left\{k\left[\dfrac{2\pi}{m}(n-1)-\theta\right]\right\}, & k=1,2,\cdots,\dfrac{m}{2}-1 \\[3mm] I_{\frac{m}{2}} = I_{\theta r}\left(\dfrac{m}{2}\right) = \dfrac{1}{m}\sum_{n=1}^{m}i(n)\cos[(n-1)\pi], & k=\dfrac{m}{2} \end{cases}$$

$$(3-217)$$

则

$$i(n) = I_0 + \sum_{k=1}^{\frac{m}{2}-1}\left\{I_d(k)\cos\left[k(n-1)\dfrac{2\pi}{m}-k\theta\right] + I_q(k)\sin\left[k(n-1)\dfrac{2\pi}{m}-k\theta\right]\right\}$$
$$+ I_{\frac{m}{2}}\cos[(n-1)\pi], \quad n=1,2,\cdots,m$$

$$(3-218)$$

将式（3-217）、式（3-218）写成矩阵形式，为

$$\begin{bmatrix} I_0 \\ I_d(1) \\ I_q(1) \\ \vdots \\ I_d\left(\dfrac{m}{2}-1\right) \\ I_q\left(\dfrac{m}{2}-1\right) \\ I_{\frac{m}{2}} \end{bmatrix} = \dfrac{2}{m} \begin{bmatrix} \dfrac{1}{2} & \dfrac{1}{2} & \dfrac{1}{2} \\ \cos(-\theta) & \cos\left(\dfrac{2\pi}{m}-\theta\right) & \cos\left(2\dfrac{2\pi}{m}-\theta\right) \\ \sin(-\theta) & \sin\left(\dfrac{2\pi}{m}-\theta\right) & \sin\left(2\dfrac{2\pi}{m}-\theta\right) \\ \vdots & \vdots & \vdots \\ \cos\left[-\left(\dfrac{m}{2}-1\right)\theta\right] & \cos\left[\left(\dfrac{m}{2}-1\right)\left(\dfrac{2\pi}{m}-\theta\right)\right] & \cos\left[\left(\dfrac{m}{2}-1\right)\left(2\dfrac{2\pi}{m}-\theta\right)\right] \\ \sin\left[-\left(\dfrac{m}{2}-1\right)\theta\right] & \sin\left[\left(\dfrac{m}{2}-1\right)\left(\dfrac{2\pi}{m}-\theta\right)\right] & \sin\left[\left(\dfrac{m}{2}-1\right)\left(2\dfrac{2\pi}{m}-\theta\right)\right] \\ \dfrac{1}{2} & -\dfrac{1}{2} & \dfrac{1}{2} \end{bmatrix}$$

$$\cdots \quad \begin{bmatrix} \dfrac{1}{2} \\[2mm] \cos\left[(m-1)\dfrac{2\pi}{m}-\theta\right] \\[2mm] \sin\left[(m-1)\dfrac{2\pi}{m}-\theta\right] \\[2mm] \vdots \\[2mm] \cos\left\{\left(\dfrac{m}{2}-1\right)\left[(m-1)\dfrac{2\pi}{m}-\theta\right]\right\} \\[2mm] \sin\left\{\left(\dfrac{m}{2}-1\right)\left[(m-1)\dfrac{2\pi}{m}-\theta\right]\right\} \\[2mm] -\dfrac{1}{2} \end{bmatrix} \begin{bmatrix} i(1) \\ i(2) \\ i(3) \\ \vdots \\ i(m) \end{bmatrix} \qquad (3-219)$$

$$\begin{bmatrix} i(1) \\ i(2) \\ i(3) \\ \vdots \\ i(m) \end{bmatrix} = \begin{bmatrix} 1 & \cos(-\theta) & \sin(-\theta) & \cdots & \cos\left[-\left(\dfrac{m}{2}-1\right)\theta\right] \\ 1 & \cos\left(\dfrac{2\pi}{m}-\theta\right) & \sin\left(\dfrac{2\pi}{m}-\theta\right) & \cdots & \cos\left[\left(\dfrac{m}{2}-1\right)\left(\dfrac{2\pi}{m}-\theta\right)\right] \\ \vdots & \vdots & \vdots & \ddots & \vdots \\ 1 & \cos\left[(m-2)\dfrac{2\pi}{m}-\theta\right] & \sin\left[(m-2)\dfrac{2\pi}{m}-\theta\right] & \cdots & \cos\left\{\left(\dfrac{m}{2}-1\right)\left[(m-2)\dfrac{2\pi}{m}-\theta\right]\right\} \\ 1 & \cos\left[(m-1)\dfrac{2\pi}{m}-\theta\right] & \sin\left[(m-1)\dfrac{2\pi}{m}-\theta\right] & \cdots & \cos\left\{\left(\dfrac{m}{2}-1\right)\left[(m-1)\dfrac{2\pi}{m}-\theta\right]\right\} \end{bmatrix}$$

$$\begin{bmatrix} \sin\left[-\left(\dfrac{m}{2}-1\right)\theta\right] & 1 \\ \sin\left[\left(\dfrac{m}{2}-1\right)\left(\dfrac{2\pi}{m}-\theta\right)\right] & -1 \\ \vdots & \vdots \\ \sin\left\{\left(\dfrac{m}{2}-1\right)\left[(m-2)\dfrac{2\pi}{m}-\theta\right]\right\} & 1 \\ \sin\left\{\left(\dfrac{m}{2}-1\right)\left[(m-1)\dfrac{2\pi}{m}-\theta\right]\right\} & -1 \end{bmatrix} \begin{bmatrix} I_0 \\ I_d(1) \\ I_q(1) \\ \vdots \\ I_d\left(\dfrac{m}{2}-1\right) \\ I_q\left(\dfrac{m}{2}-1\right) \\ I_{\frac{m}{2}} \end{bmatrix} \qquad (3-220)$$

式 (3-215)、式 (3-216)、式 (3-219) 和式 (3-220) 称为多相系统通用的 $dq0$ 变换或 Park 变换,下标为 d、q 的量是各次谐波的 d、q 分量。当 $\theta=0$ 时,$dq0$ 变换即为 $\alpha\beta0$ 变换。

特别地,对 $m=3$,即三相对称系统,按式 (3-215) 式 (3-216),三相电流 i_A、i_B、i_C 的 $dq0$ 变换为

$$\begin{bmatrix} I_0 \\ I_d(1) \\ I_q(1) \end{bmatrix} = \frac{2}{3} \begin{bmatrix} \dfrac{1}{2} & \dfrac{1}{2} & \dfrac{1}{2} \\[2mm] \cos\theta & \cos\left(\theta-\dfrac{2\pi}{3}\right) & \cos\left(\theta+\dfrac{2\pi}{3}\right) \\[2mm] -\sin\theta & -\sin\left(\theta-\dfrac{2\pi}{3}\right) & -\sin\left(\theta+\dfrac{2\pi}{3}\right) \end{bmatrix} \begin{bmatrix} i_A \\ i_B \\ i_C \end{bmatrix} \qquad (3-221)$$

$$
\begin{bmatrix} i_A \\ i_B \\ i_C \end{bmatrix} = \begin{bmatrix} 1 & \cos\theta & -\sin\theta \\ 1 & \cos\left(\theta - \dfrac{2\pi}{3}\right) & -\sin\left(\theta - \dfrac{2\pi}{3}\right) \\ 1 & \cos\left(\theta + \dfrac{2\pi}{3}\right) & -\sin\left(\theta + \dfrac{2\pi}{3}\right) \end{bmatrix} \begin{bmatrix} I_0 \\ I_d(1) \\ I_q(1) \end{bmatrix} \tag{3-222}
$$

它们与式（3-163）和式（3-164）相同。

3.10.8　简化多相交流系统的空间离散傅里叶变换

3.10.7 节和 3.10.8 节分析了全圆周对称分布多相系统的两种实数空间离散傅里叶变换。而在实际的多相电机（High-phase-order Machines）中，常采用简化多相交流系统，如图 2-19 和图 2-20 所示。即使对奇数相数系统，也常采用不完全对称多相系统，如九相[129]不对称系统，系统的九个绕组是由三组空间上互差 20°的三相对称单元构成。对这种简化的多相系统，变换时，需先将相数乘以 2 后，再按照多相系统通用空间傅里叶变换方法处理。考虑到相数乘以 2 后系统的镜像对称特点，经 SDFT 变换后的系统只有奇次谐波存在。

若简化多相系统各相按图 2-19（a）、图 2-20（a）的顺序排列，设相数为 m，有：

（1）$\alpha\beta0$ 变换。

当 m 为奇数时

$$
\begin{bmatrix} I_\alpha(1) \\ I_\beta(1) \\ I_\alpha(3) \\ I_\beta(3) \\ \vdots \\ I_\alpha(m-2) \\ I_\beta(m-2) \\ I(m) \end{bmatrix} = \frac{2}{m} \begin{bmatrix} 1 & \cos\dfrac{\pi}{m} & \cos\dfrac{2\pi}{m} & \cdots & \cos\left[\dfrac{(m-1)\pi}{m}\right] \\ 0 & \sin\dfrac{\pi}{m} & \sin\dfrac{2\pi}{m} & \cdots & \sin\left[\dfrac{(m-1)\pi}{m}\right] \\ 1 & \cos\left(3\dfrac{\pi}{m}\right) & \cos\left(3\dfrac{2\pi}{m}\right) & \cdots & \cos\left[3\dfrac{(m-1)\pi}{m}\right] \\ 0 & \sin\left(3\dfrac{\pi}{m}\right) & \sin\left(3\dfrac{2\pi}{m}\right) & \cdots & \sin\left[3\dfrac{(m-1)\pi}{m}\right] \\ \vdots & \vdots & \vdots & \ddots & \vdots \\ 1 & \cos\left[(m-2)\dfrac{\pi}{m}\right] & \cos\left[(m-2)\dfrac{2\pi}{m}\right] & \cdots & \cos\left[(m-2)\dfrac{(m-1)\pi}{m}\right] \\ 0 & \sin\left[(m-2)\dfrac{\pi}{m}\right] & \sin\left[(m-2)\dfrac{2\pi}{m}\right] & \cdots & \sin\left[(m-2)\dfrac{(m-1)\pi}{m}\right] \\ \dfrac{1}{2} & -\dfrac{1}{2} & \dfrac{1}{2} & \cdots & \dfrac{1}{2} \end{bmatrix} \begin{bmatrix} i(1) \\ i(2) \\ i(3) \\ \vdots \\ i(m) \end{bmatrix}
$$

$$\tag{3-223}$$

$$\begin{bmatrix} i(1) \\ i(2) \\ i(3) \\ \vdots \\ i(m) \end{bmatrix} = \left[\begin{array}{ccccc} 1 & 0 & 1 & 0 & \cdots \\ \cos\dfrac{\pi}{m} & \sin\dfrac{\pi}{m} & \cos\left(3\dfrac{\pi}{m}\right) & \sin\left(3\dfrac{\pi}{m}\right) & \cdots \\ \cos\dfrac{2\pi}{m} & \sin\dfrac{2\pi}{m} & \cos\left(3\dfrac{2\pi}{m}\right) & \sin\left(3\dfrac{2\pi}{m}\right) & \cdots \\ \vdots & \vdots & \vdots & \vdots & \ddots \\ \cos\left[\dfrac{(m-2)\pi}{m}\right] & \sin\left[\dfrac{(m-2)\pi}{m}\right] & \cos\left[3\dfrac{(m-2)\pi}{m}\right] & \sin\left[3\dfrac{(m-2)\pi}{m}\right] & \cdots \\ \cos\left[\dfrac{(m-1)\pi}{m}\right] & \sin\left[\dfrac{(m-1)\pi}{m}\right] & \cos\left[3\dfrac{(m-1)\pi}{m}\right] & \sin\left[3\dfrac{(m-1)\pi}{m}\right] & \cdots \end{array}\right.$$

$$\left.\begin{array}{ccc} 1 & 0 & \dfrac{1}{2} \\ \cos\left[(m-2)\dfrac{\pi}{m}\right] & \sin\left[(m-2)\dfrac{\pi}{m}\right] & -\dfrac{1}{2} \\ \cos\left[(m-2)\dfrac{2\pi}{m}\right] & \sin\left[(m-2)\dfrac{2\pi}{m}\right] & \dfrac{1}{2} \\ \vdots & \vdots & \vdots \\ \cos\left[(m-2)\dfrac{(m-2)\pi}{m}\right] & \sin\left[(m-2)\dfrac{(m-2)\pi}{m}\right] & -\dfrac{1}{2} \\ \cos\left[(m-2)\dfrac{(m-1)\pi}{m}\right] & \sin\left[(m-2)\dfrac{(m-1)\pi}{m}\right] & \dfrac{1}{2} \end{array}\right] \begin{bmatrix} I_\alpha(1) \\ I_\beta(1) \\ I_\alpha(3) \\ I_\beta(3) \\ \vdots \\ I_\alpha(m-2) \\ I_\beta(m-2) \\ I(m) \end{bmatrix} \qquad (3-224)$$

当 m 为偶数时

$$\begin{bmatrix} I_\alpha(1) \\ I_\beta(1) \\ I_\alpha(3) \\ I_\beta(3) \\ \vdots \\ I_\alpha(m-1) \\ I_\beta(m-1) \end{bmatrix} = \frac{2}{m} \left[\begin{array}{ccccc} 1 & \cos\dfrac{\pi}{m} & \cos\dfrac{2\pi}{m} & \cdots & \cos\left[\dfrac{(m-1)\pi}{m}\right] \\ 0 & \sin\dfrac{\pi}{m} & \sin\dfrac{2\pi}{m} & \cdots & \sin\left[\dfrac{(m-1)\pi}{m}\right] \\ 1 & \cos\left(3\dfrac{\pi}{m}\right) & \cos\left(3\dfrac{2\pi}{m}\right) & \cdots & \cos\left[3\dfrac{(m-1)\pi}{m}\right] \\ 0 & \sin\left(3\dfrac{\pi}{m}\right) & \sin\left(3\dfrac{2\pi}{m}\right) & \cdots & \sin\left[3\dfrac{(m-1)\pi}{m}\right] \\ \vdots & \vdots & \vdots & \vdots & \ddots \\ 1 & \cos\left[(m-1)\dfrac{\pi}{m}\right] & \cos\left[(m-1)\dfrac{2\pi}{m}\right] & \cdots & \cos\left[(m-1)\dfrac{(m-1)\pi}{m}\right] \\ 0 & \sin\left[(m-1)\dfrac{\pi}{m}\right] & \sin\left[(m-1)\dfrac{2\pi}{m}\right] & \cdots & \sin\left[(m-1)\dfrac{(m-1)\pi}{m}\right] \end{array}\right] \begin{bmatrix} i(1) \\ i(2) \\ i(3) \\ \vdots \\ i(m) \end{bmatrix}$$

$$(3-225)$$

$$
\begin{bmatrix} i(1) \\ i(2) \\ i(3) \\ \vdots \\ i(m) \end{bmatrix} =
\begin{bmatrix}
1 & 0 & 1 & 0 & \cdots \\
\cos\dfrac{\pi}{m} & \sin\dfrac{\pi}{m} & \cos\left(3\dfrac{\pi}{m}\right) & \sin\left(3\dfrac{\pi}{m}\right) & \cdots \\
\cos\dfrac{2\pi}{m} & \sin\dfrac{2\pi}{m} & \cos\left(3\dfrac{2\pi}{m}\right) & \sin\left(3\dfrac{2\pi}{m}\right) & \cdots \\
\vdots & \vdots & \vdots & \vdots & \ddots \\
\cos\left[\dfrac{(m-2)\pi}{m}\right] & \sin\left[\dfrac{(m-2)\pi}{m}\right] & \cos\left[3\dfrac{(m-2)\pi}{m}\right] & \sin\left[3\dfrac{(m-2)\pi}{m}\right] & \cdots \\
\cos\left[\dfrac{(m-1)\pi}{m}\right] & \sin\left[\dfrac{(m-1)\pi}{m}\right] & \cos\left[3\dfrac{(m-1)\pi}{m}\right] & \sin\left[3\dfrac{(m-1)\pi}{m}\right] & \cdots
\end{bmatrix}
$$

$$
\begin{matrix}
1 & 0 \\
\cos\left[(m-1)\dfrac{\pi}{m}\right] & \sin\left[(m-1)\dfrac{\pi}{m}\right] \\
\cos\left[(m-1)\dfrac{2\pi}{m}\right] & \sin\left[(m-1)\dfrac{2\pi}{m}\right] \\
\vdots & \vdots \\
\cos\left[(m-1)\dfrac{(m-2)\pi}{m}\right] & \sin\left[(m-1)\dfrac{(m-2)\pi}{m}\right] \\
\cos\left[(m-1)\dfrac{(m-1)\pi}{m}\right] & \sin\left[(m-1)\dfrac{(m-1)\pi}{m}\right]
\end{matrix}
\begin{bmatrix} I_\alpha(1) \\ I_\beta(1) \\ I_\alpha(3) \\ I_\beta(3) \\ \vdots \\ I_\alpha(m-1) \\ I_\beta(m-1) \end{bmatrix}
\qquad (3-226)
$$

（2）$dq0$ 变换。

当 m 为奇数时

$$
\begin{bmatrix} I_d(1) \\ I_q(1) \\ I_d(3) \\ I_q(3) \\ \vdots \\ I_d(m-2) \\ I_q(m-2) \\ I(m) \end{bmatrix} = \frac{2}{m}
\begin{bmatrix}
\cos(-\theta) & \cos\left(\dfrac{\pi}{m}-\theta\right) & \cos\left(\dfrac{2\pi}{m}-\theta\right) & \cdots \\
\sin(-\theta) & \sin\left(\dfrac{\pi}{m}-\theta\right) & \sin\left(\dfrac{2\pi}{m}-\theta\right) & \cdots \\
\cos(-3\theta) & \cos\left[3\left(\dfrac{\pi}{m}-\theta\right)\right] & \cos\left[3\left(\dfrac{2\pi}{m}-\theta\right)\right] & \cdots \\
\sin(-3\theta) & \sin\left[3\left(\dfrac{\pi}{m}-\theta\right)\right] & \sin\left[3\left(\dfrac{2\pi}{m}-\theta\right)\right] & \cdots \\
\vdots & \vdots & \vdots & \ddots \\
\cos[-(m-2)\theta] & \cos\left[(m-2)\left(\dfrac{\pi}{m}-\theta\right)\right] & \cos\left[(m-2)\left(\dfrac{2\pi}{m}-\theta\right)\right] & \cdots \\
\sin[-(m-2)\theta] & \sin\left[(m-2)\left(\dfrac{\pi}{m}-\theta\right)\right] & \sin\left[(m-2)\left(\dfrac{2\pi}{m}-\theta\right)\right] & \cdots \\
\dfrac{1}{2} & -\dfrac{1}{2} & \dfrac{1}{2} & \cdots
\end{bmatrix}
$$

$$\begin{bmatrix} \cos\left[\dfrac{(m-1)\pi}{m}-\theta\right] \\[2mm] \sin\left[\dfrac{(m-1)\pi}{m}-\theta\right] \\[2mm] \cos\left\{3\left[\dfrac{(m-1)\pi}{m}-\theta\right]\right\} \\[2mm] \sin\left\{3\left[\dfrac{(m-1)\pi}{m}-\theta\right]\right\} \\[2mm] \vdots \\[2mm] \cos\left\{(m-2)\left[\dfrac{(m-1)\pi}{m}-\theta\right]\right\} \\[2mm] \sin\left\{(m-2)\left[\dfrac{(m-1)\pi}{m}-\theta\right]\right\} \\[2mm] \dfrac{1}{2} \end{bmatrix} \begin{bmatrix} i(1) \\ i(2) \\ i(3) \\ \vdots \\ i(m) \end{bmatrix} \tag{3-227}$$

$$\begin{bmatrix} i(1) \\ i(2) \\ i(3) \\ \vdots \\ i(m) \end{bmatrix} = \begin{bmatrix} \cos(-\theta) & \sin(-\theta) & \cos(-3\theta) & \sin(-3\theta) \\[2mm] \cos\left(\dfrac{\pi}{m}-\theta\right) & \sin\left(\dfrac{\pi}{m}-\theta\right) & \cos\left[3\left(\dfrac{\pi}{m}-\theta\right)\right] & \sin\left[3\left(\dfrac{\pi}{m}-\theta\right)\right] \\[2mm] \cos\left(\dfrac{2\pi}{m}-\theta\right) & \sin\left(\dfrac{2\pi}{m}-\theta\right) & \cos\left[3\left(\dfrac{2\pi}{m}-\theta\right)\right] & \sin\left[3\left(\dfrac{2\pi}{m}-\theta\right)\right] \\[2mm] \vdots & \vdots & \vdots & \vdots \\[2mm] \cos\left[\dfrac{(m-2)\pi}{m}-\theta\right] & \sin\left[\dfrac{(m-2)\pi}{m}-\theta\right] & \cos\left\{3\left[\dfrac{(m-2)\pi}{m}-\theta\right]\right\} & \sin\left\{3\left[\dfrac{(m-2)\pi}{m}-\theta\right]\right\} \\[2mm] \cos\left[\dfrac{(m-1)\pi}{m}-\theta\right] & \sin\left[\dfrac{(m-1)\pi}{m}-\theta\right] & \cos\left\{3\left[\dfrac{(m-1)\pi}{m}-\theta\right]\right\} & \sin\left\{3\left[\dfrac{(m-1)\pi}{m}-\theta\right]\right\} \end{bmatrix}$$

$$\begin{bmatrix} \cdots & \cos[-(m-2)\theta] & \sin[-(m-2)\theta] & \dfrac{1}{2} \\[2mm] \cdots & \cos\left[(m-2)\left(\dfrac{\pi}{m}-\theta\right)\right] & \sin\left[(m-2)\left(\dfrac{\pi}{m}-\theta\right)\right] & -\dfrac{1}{2} \\[2mm] \cdots & \cos\left[(m-2)\left(\dfrac{2\pi}{m}-\theta\right)\right] & \sin\left[(m-2)\left(\dfrac{2\pi}{m}-\theta\right)\right] & \dfrac{1}{2} \\[2mm] \ddots & \vdots & \vdots & \vdots \\[2mm] \cdots & \cos\left\{(m-2)\left[\dfrac{(m-2)\pi}{m}-\theta\right]\right\} & \sin\left\{(m-2)\left[\dfrac{(m-2)\pi}{m}-\theta\right]\right\} & -\dfrac{1}{2} \\[2mm] \cdots & \cos\left\{(m-2)\left[\dfrac{(m-1)\pi}{m}-\theta\right]\right\} & \sin\left\{(m-2)\left[\dfrac{(m-1)\pi}{m}-\theta\right]\right\} & \dfrac{1}{2} \end{bmatrix} \begin{bmatrix} I_d(1) \\ I_q(1) \\ I_d(3) \\ I_q(3) \\ \vdots \\ I_d(m-2) \\ I_q(m-2) \\ I(m) \end{bmatrix}$$

$$\tag{3-228}$$

当 m 为偶数时

$$
\begin{bmatrix}
I_d(1) \\
I_q(1) \\
I_d(3) \\
I_q(3) \\
\vdots \\
I_d(m-1) \\
I_q(m-1)
\end{bmatrix}
= \frac{2}{m}
\begin{bmatrix}
\cos(-\theta) & \cos\left(\dfrac{\pi}{m}-\theta\right) & \cos\left(\dfrac{2\pi}{m}-\theta\right) & \cdots \\[2mm]
\sin(-\theta) & \sin\left(\dfrac{\pi}{m}-\theta\right) & \sin\left(\dfrac{2\pi}{m}-\theta\right) & \cdots \\[2mm]
\cos(-3\theta) & \cos\left[3\left(\dfrac{\pi}{m}-\theta\right)\right] & \cos\left[3\left(\dfrac{2\pi}{m}-\theta\right)\right] & \cdots \\[2mm]
\sin(-3\theta) & \sin\left[3\left(\dfrac{\pi}{m}-\theta\right)\right] & \sin\left[3\left(\dfrac{2\pi}{m}-\theta\right)\right] & \cdots \\[2mm]
\vdots & \vdots & \vdots & \ddots \\[2mm]
\cos[-(m-1)\theta] & \cos\left[(m-1)\left(\dfrac{\pi}{m}-\theta\right)\right] & \cos\left[(m-1)\left(\dfrac{2\pi}{m}-\theta\right)\right] & \cdots \\[2mm]
\sin[-(m-1)\theta] & \sin\left[(m-1)\left(\dfrac{\pi}{m}-\theta\right)\right] & \sin\left[(m-1)\left(\dfrac{2\pi}{m}-\theta\right)\right] & \cdots
\end{bmatrix}
$$

$$
\begin{bmatrix}
\cos\left[\dfrac{(m-1)\pi}{m}-\theta\right] \\[2mm]
\sin\left[\dfrac{(m-1)\pi}{m}-\theta\right] \\[2mm]
\cos\left\{3\left[\dfrac{(m-1)\pi}{m}-\theta\right]\right\} \\[2mm]
\sin\left\{3\left[\dfrac{(m-1)\pi}{m}-\theta\right]\right\} \\[2mm]
\vdots \\[2mm]
\cos\left\{(m-1)\left[\dfrac{(m-1)\pi}{m}-\theta\right]\right\} \\[2mm]
\sin\left\{(m-1)\left[\dfrac{(m-1)\pi}{m}-\theta\right]\right\}
\end{bmatrix}
\begin{bmatrix}
i(1) \\
i(2) \\
i(3) \\
\vdots \\
i(m)
\end{bmatrix}
\tag{3-229}
$$

$$
\begin{bmatrix}
i(1) \\
i(2) \\
i(3) \\
\vdots \\
i(m)
\end{bmatrix}
=
\begin{bmatrix}
\cos(-\theta) & \sin(-\theta) & \cos(-3\theta) & \sin(-3\theta) \\[2mm]
\cos\left(\dfrac{\pi}{m}-\theta\right) & \sin\left(\dfrac{\pi}{m}-\theta\right) & \cos\left[3\left(\dfrac{\pi}{m}-\theta\right)\right] & \sin\left[3\left(\dfrac{\pi}{m}-\theta\right)\right] \\[2mm]
\cos\left(\dfrac{2\pi}{m}-\theta\right) & \sin\left(\dfrac{2\pi}{m}-\theta\right) & \cos\left[3\left(\dfrac{2\pi}{m}-\theta\right)\right] & \sin\left[3\left(\dfrac{2\pi}{m}-\theta\right)\right] \\[2mm]
\vdots & \vdots & \vdots & \vdots \\[2mm]
\cos\left[\dfrac{(m-2)\pi}{m}-\theta\right] & \sin\left[\dfrac{(m-2)\pi}{m}-\theta\right] & \cos\left\{3\left[\dfrac{(m-2)\pi}{m}-\theta\right]\right\} & \sin\left\{3\left[\dfrac{(m-2)\pi}{m}-\theta\right]\right\} \\[2mm]
\cos\left[\dfrac{(m-1)\pi}{m}-\theta\right] & \sin\left[\dfrac{(m-1)\pi}{m}-\theta\right] & \cos\left\{3\left[\dfrac{(m-1)\pi}{m}-\theta\right]\right\} & \sin\left\{3\left[\dfrac{(m-1)\pi}{m}-\theta\right]\right\}
\end{bmatrix}
$$

$$
\begin{bmatrix}
\cdots & \cos[-(m-1)\theta] & \sin[-(m-1)\theta] \\
\cdots & \cos\left[(m-1)\left(\dfrac{\pi}{m}-\theta\right)\right] & \sin\left[(m-1)\left(\dfrac{\pi}{m}-\theta\right)\right] \\
\cdots & \cos\left[(m-1)\left(\dfrac{2\pi}{m}-\theta\right)\right] & \sin\left[(m-1)\left(\dfrac{2\pi}{m}-\theta\right)\right] \\
\ddots & \vdots & \vdots \\
\cdots & \cos\left\{(m-1)\left[\dfrac{(m-2)\pi}{m}-\theta\right]\right\} & \sin\left\{(m-1)\left[\dfrac{(m-2)\pi}{m}-\theta\right]\right\} \\
\cdots & \cos\left\{(m-1)\dfrac{(m-1)\pi}{m}-\theta\right\} & \sin\left\{(m-1)\left[\dfrac{(m-1)\pi}{m}-\theta\right]\right\}
\end{bmatrix}
\begin{bmatrix}
I_d(1) \\ I_q(1) \\ I_d(3) \\ I_q(3) \\ \vdots \\ I_d(m-1) \\ I_q(m-1)
\end{bmatrix}
$$

$$(3-230)$$

通过上面的分析可以看到，$\alpha\beta0$ 变换、$dq0$ 变换的坐标轴其实是与空间坐标选取的位置有关。对三相系统，因仅考虑空间的直流分量和基波分量，可以采用所谓的坐标轴来分析。这里的基波分量，包括正序分量和负序分量，而直流分量即为零序分量。对多相系统，由于要考虑空间除基波外的谐波问题，此时的 α 轴、β 轴和 d 轴、q 轴已不能对应空间的某一处位置，因为各次谐波的 α 轴、β 轴和 d 轴、q 轴不可能都相同，故宜将此类变换统称为空间离散傅里叶变换。

空间离散傅里叶变换可以方便地应用到多相交流电机分析中，特别是应用到感应电机和同步电机的磁链方程及电压方程时，因方程中的电感矩阵具有的循环特征而使模型简化。如，三相感应电机定转子间的互感矩阵 $\boldsymbol{M}_{sr}$ 和 $\boldsymbol{M}_{rs}$[98] 为

$$
\boldsymbol{M}_{sr}=\boldsymbol{M}_{rs}^{\mathrm{T}}=M_m
\begin{bmatrix}
\cos\theta & \cos\left(\theta+\dfrac{2\pi}{3}\right) & \cos\left(\theta-\dfrac{2\pi}{3}\right) \\
\cos\left(\theta-\dfrac{2\pi}{3}\right) & \cos\theta & \cos\left(\theta+\dfrac{2\pi}{3}\right) \\
\cos\left(\theta+\dfrac{2\pi}{3}\right) & \cos\left(\theta-\dfrac{2\pi}{3}\right) & \cos\theta
\end{bmatrix}
\qquad (3-231)
$$

在电机的磁链方程或电压方程中，电感与电流列矩阵 $\begin{bmatrix} i_A & i_B & i_C \end{bmatrix}^{\mathrm{T}}$ 的乘积项，按 TSDFT，可以认为是互感序列 $\left\{M_m\cos\theta, M_m\cos\left(\theta+\dfrac{2\pi}{3}\right), M_m\cos\left(\theta+\dfrac{2\pi}{3}\right)\right\}$ 与电流序列 $\{i_A, i_B, i_C\}$ 的循环卷积。根据离散傅里叶变换的循环卷积定理，此乘积项对应的循环卷积，其离散傅里叶变换等于互感序列傅里叶变换与电流序列傅里叶变换的乘积。按同样的方法处理磁链方程及电压方程即可得变换后的电机数学模型。因本书的目标是电机绕组分析，故不在此对电机分析展开讨论。

第4章　三相交流整数槽绕组的全息谱分析

通常使用的交流电机只有一个额定转速。其绕组按一种极数设计。这种单速电机绕组用于一般用途的交流电机中。单速三相交流电机绕组有正规绕组（Regular Windings）和非正规绕组（Irregular Windings）两大类型绕组。其中，三相正规交流绕组包括 60°相带、大小相带和 120°相带的整数槽及分数槽绕组[1]。其他绕组均称为非正规绕组。非正规绕组种类很多，包括非正规的大小相带绕组、120°相带绕组、交叉扩展相带（Winding Imbrication）绕组、具有双层短距作用的单层绕组[124]、正弦绕组及低谐波绕组[132][133]、变极绕组等。本章分析三相交流整数槽正规绕组，第 5 章分析三相交流分数槽正规绕组。而非正规的三相低谐波绕组在第 7 章分析。第 6 章分析单相交流电机绕组。本书运用交流绕组全息谱分析理论，给出这些绕组的幅度频谱、相位频谱、绕组因数、谐波含量等绕组性能参数的解析计算公式。

4.1　三相 60°相带整数槽绕组

本节分析三相 60°相带整数槽绕组，分析其槽号分配、绕组因数及绕组的全息谱。

4.1.1　三相 60°相带整数槽绕组的设计

每极每相槽数 q 为整数时的绕组称为整数槽绕组。大多数感应电动机的定子绕组及一些同步电机（如汽轮发电机）中的交流绕组为整数槽绕组。

对槽数为 Q，极对数为 p，相数 $m=3$ 的 60°相带整数槽绕组，有

$$q=\frac{Q}{2pm}=\frac{Q}{6p}=整数 \tag{4-1}$$

槽数 Q 是 $6p$ 的倍数，当然也是极对数 p 的倍数。故整数槽绕组的单元电机数 $t=(Q, p)=p$，且单元电机的槽数 $Q_t=Q/t=Q/p=6q$，单元电机的极对数 $p_t=p/t=1$。Q_t 为 6 的倍数。

常规三相交流电机 60°相带整数槽绕组，绕组的排列一般采用相带划分法。即把电机槽号按 AZBXCY 的顺序分成 6 个相带。根据整数槽绕组每极每相下面每个相带所占的槽数相同，均为每极每相槽数 q，来确定各相所占的槽号。每对极相带重复 1 次，整个电机绕组各相带共重复 p 次。

采用相带划分法设计绕组、确定绕组排列并画出绕组展开图的步骤如下[4]：

（1）画出所有的电机槽。

（2）计算每极每相槽数 q。

（3）确定绕组型式。

（4）按 AZBXCY 的顺序划分相带，分相。

（5）计算极距。确定节距（对双层绕组）。

（6）连接端部，构成线圈。

（7）连接线圈，构成线圈组。

（8）连接线圈组，构成一相绕组。

对于三相整数槽绕组，正是由于每极每相下具有相同的槽数，每一对极构成一个单元电机。分析时可只取一个单元电机，即取整数槽电机的一对极来研究。本章的分析均是如此，且单元电机的槽数 $Q_t = 6q$，单元电机的极对数 $p_t = 1$。

$Q_t = 6q$，$p_t = 1$ 的单元电机，槽电动势星形图如图 4-1 和图 4-2 所示。将单元电机槽电动势星形图中的 $6q$ 个矢量分成 6 个相带，每个相带均有 q 个矢量。每一相有 2 个相带，这 2 个相带间相距 180°电角度。

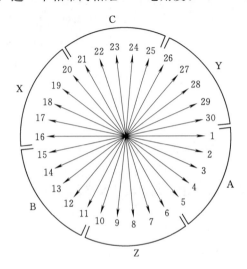 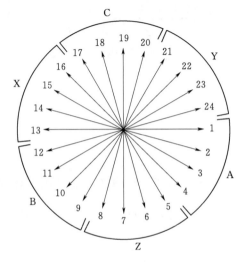

图 4-1　$Q_t = 30$，$p_t = 1$ 时三相 60°相带　　　图 4-2　$Q_t = 24$，$p_t = 1$ 时三相 60°相带

绕组槽电动势星形图及每相矢量分布　　　绕组槽电动势星形图及每相矢量分布

以 1 号槽作为正相带中按顺序排列的 A 相绕组的第 1 个槽，A 相绕组正相带的 q 个槽为 1、2、…、q 号槽；负相带的 q 个槽为 $3q+1$、$3q+2$、…、$4q$ 号槽。B 相绕组、C 相绕组与 A 相绕组分别相差 120°和 240°电角度，即相差 $2q$ 个矢量和 $4q$ 个矢量。B 相绕组正相带占有 $2q+1$、$2q+2$、…、$3q$ 号槽；负相带占有 $5q+1$、$5q+2$、…、$6q$ 号槽。C 相绕组正相带占有 $4q+1$、$4q+2$、…、$5q$ 号槽；负相带占有 $q+1$、$q+2$、…、$2q$ 号槽。

当 q 为奇数时，如图 4-1 所示，每个相带的槽矢量之和，位于此相带中间的槽矢量处，此即相带的中心。A 相绕组正相带中心位于 $\frac{q+1}{2}$ 号槽的槽矢量位置，负相带中心位于 $\frac{q+1}{2}+3q$ 号槽的槽矢量位置。B 相绕组、C 相绕组相带中心与 A 相绕组相差 $2q$ 个和 $4q$ 个槽矢量位置。

当 q 为偶数时，如图 4-2 所示，每个相带的槽矢量之和，位于此相带中间的齿中心处，即相带的中心。与 q 为奇数时不同，该矢量和不与某一槽矢量同相位，而是在两个槽矢量的中间位置。A 相绕组正相带中心位于 $\frac{q}{2}$ 号槽矢量和 $\frac{q}{2}+1$ 号槽矢量的中间位置，负

相带中心位于 $\frac{q}{2}+3q$ 号槽矢量和 $\frac{q}{2}+3q+1$ 号槽矢量的中间位置。B 相绕组、C 相绕组仍

与 A 相绕组相差 $2q$ 个矢量和 $4q$ 个矢量。与 q 为奇数时相同，每相有 2 个相带，2 个相带
对应的各矢量及相带中心均相差 $3q$ 个槽，相差单元电机的 $180°$ 电角度。

【例 4 - 1】 已知槽数 $Q=24$，极数 $2p=4$，试确定接成 $60°$ 相带三相绕组时三相所占
的槽号。

解： $q=\dfrac{Q}{2pm}=\dfrac{24}{4\times3}=2$，$t=(Q,p)=(24,2)=2$，单元电机数为 2，按 AZBXCYA-
ZBXCY 的相带顺序，每个相带有 2 个槽，得三相 $60°$ 相带绕组各相所占槽号：

A 相：1、2、−7、−8、13、14、−19、−20；

B 相：5、6、−11、−12、17、18、−23、−24；

C 相：−3、−4、9、10、−15、−16、21、22。

A 相绕组正相带槽矢量的合成矢量位于 1 号和 2 号槽矢量的中间；A 相绕组负相带槽
矢量和则在 7 号和 8 号槽矢量的中间。B 相绕组、C 相绕组与 A 相绕组空间相差 $2q$ 和 $4q$
个槽。

【例 4 - 2】 已知槽数 $Q=36$，极数 $2p=4$，试确定接成 $60°$ 相带三相绕组时三相所占
的槽号。

解： $q=\dfrac{Q}{2pm}=\dfrac{36}{4\times3}=3$，$t=(Q,p)=(36,2)=2$，与上例相同，得：

A 相：1、2、3、−10、−11、−12、19、20、21、−28、−29、−30；

B 相：7、8、9、−16、17、−18、25、26、27、−34、−35、−36；

C 相：−4、−5、−6、13、14、15、−22、−23、−24、31、32、33。

A 相绕组正相带合成槽矢量与 2 号槽矢量同相位；A 相绕组负相带合成槽矢量则在
11 号槽矢量处。B 相绕组、C 相绕组分别与 A 相绕组空间相差 $2q$ 和 $4q$ 个槽。

如果按照交流绕组的全息谱分析理论设计绕组，因单速电机绕组只有 1 个极对数，即
基本极对数 p，绕组理想的全息谱为只在谐波次数 p 的位置及其对称位置处有一根谱线。
变换到空间域，该理想绕组的离散序列在空间域是沿电机整个圆周按谐波次数等于极对数
p 的正弦规律离散分布的序列。对于三相对称交流绕组，当各相绕组在空间域均为理想的
p 对极正弦分布绕组时，有

$$\begin{cases} d_{\mathrm{A}}(x)=D\cos(px+\varphi_p) \\[2mm] d_{\mathrm{B}}(x)=D\cos\left(px+\varphi_p-\dfrac{2\pi}{3}\right) \\[2mm] d_{\mathrm{C}}(x)=D\cos\left(px+\varphi_p+\dfrac{2\pi}{3}\right) \end{cases} \tag{4-2}$$

式中　$d_{\mathrm{A}}(x)$、$d_{\mathrm{B}}(x)$、$d_{\mathrm{C}}(x)$——A 相、B 相和 C 相绕组在空间域分布的导体数；

　　　　x——空间坐标，rad；

　　　　D——绕组导体数按余弦规律分布时的幅值；

φ_p——p 对极 A 相绕组导体数按余弦规律分布时的相位角，rad。

对于均匀开槽的电机，$d_A(x)$、$d_B(x)$、$d_C(x)$ 对应绕组离散序列，即槽线数表示法表示时的 $d_A(n)$、$d_B(n)$、$d_C(n)$。

如 [例 4-1] 中槽数 $Q=24$、极数 $2p=4$ 三相交流绕组，理想的绕组空间域导体分布如图 4-3 (a) 所示。图中连续曲线对应 $d_A(x)$、$d_B(x)$、$d_C(x)$，图中各离散点为各槽中三相绕组的线匝数 $d_A(n)$、$d_B(n)$、$d_C(n)$。A、B、C 三相绕组空间域的槽线数分布均为正弦规律，且三相对称，各相间相差 $120°$ 电角度。

前已述及，实际的电机绕组为量化散布绕组。对正规 $60°$ 相带绕组，量化要求是：三相对称、导体均匀分布于空间域，每相每个槽中的线匝数被约束为取 D_q、$-D_q$ 和 0（D_q 为槽内线匝数量化以后的数值），即要求各线圈的匝数相同，各槽的槽导体数也相同。

对图 4-3 (a) 中各相绕组各槽中的线匝数，取式 (4-2) 的 $\varphi_p=-15°$，并以 $D\cos30°$ 为量化阈值，得量化后的 A 相、B 相和 C 相绕组槽线数分布如图 4-3 (b)～(d) 所示。各相的槽号分布与由相带划分法确定的槽号相同。由图可见，经量化后的绕组即为

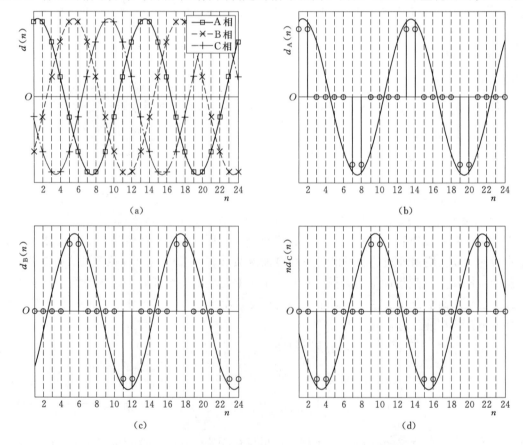

图 4-3　三相 $60°$ 相带交流绕组的空间域分布及其量化过程
(a) 理想的 p 对极绕组空间域槽导体分布示意图；(b) A 相绕组槽线数分布示意图；
(c) B 相绕组槽线数分布示意图；(d) C 相绕组槽线数分布示意图

60°相带绕组，三相对称、各相占槽均匀，每相绕组线匝较集中，分布因数较大，是最常用的三相绕组。从图中也可以看出量化后的绕组空间上偏离正弦分布的程度。此绕组磁动势中必有相应的谐波产生。

采用全息谱分析理论，确定绕组排列，画出绕组展开图并分析绕组的步骤如下：

（1）根据设计要求，给出理想的绕组频谱图。

（2）将绕组由频域变换到空间域。

（3）按绕组型式量化绕组，得到各相的离散绕组序列。如对三相对称 60°相带整数槽交流绕组，取式（4-2）中的 $\varphi_p=-(q-1)\alpha/2$，并以 $D\cos30°$ 为量化阈值，即得该绕组。α 为对应 p 对极的槽距角。

（4）连接端部，构成线圈。

（5）连接线圈，构成线圈组。

（6）连接线圈组，构成一相绕组。

（7）将量化后的绕组空间域离散序列变换成频域，进行谐波分析。

【例 4-3】 已知槽数 $Q=36$，极数 $2p=4$，试采用全息谱分析理论确定三相 60°相带绕组各相所占的槽号。

解： 每极每相槽数 q 为

$$q=\frac{Q}{2pm}=\frac{36}{2\times2\times3}=3$$

q 为整数。

槽距角 α 为

$$\alpha=p\frac{360°}{Q}=2\frac{360°}{36}=20°$$

令式（4-2）中的 $\varphi_p=-(q-1)\alpha/2=-20°$，取 $D=1$，并以 $\cos30°$ 为量化阈值，得各相绕组的空间域离散序列为（用矩阵表示）：

$\boldsymbol{A}=[1\,1\,1\,0\,0\,0\,0\,0\,0-1-1-1\,0\,0\,0\,0\,0\,0\,1\,1\,1\,0\,0\,0\,0\,0\,0-1-1-1\,0\,0\,0\,0\,0\,0]$

$\boldsymbol{B}=[0\,0\,0\,0\,0\,0\,1\,1\,1\,0\,0\,0\,0\,0\,0-1-1-1\,0\,0\,0\,0\,0\,0\,1\,1\,1\,0\,0\,0\,0\,0\,0-1-1-1]$

$\boldsymbol{C}=[0\,0\,0-1-1-1\,0\,0\,0\,0\,0\,0\,1\,1\,1\,0\,0\,0\,0\,0\,0-1-1-1\,0\,0\,0\,0\,0\,0\,1\,1\,1\,0\,0\,0]$

用槽号表示法为

A 相：1、2、3、-10、-11、-12、19、20、21、-28、-29、-30；

B 相：7、8、9、-16、17、-18、25、26、27、-34、-35、-36；

C 相：-4、-5、-6、13、14、15、-22、-23、-24、31、32、33。

绕组的分相与［例 4-2］相同，绕组的离散序列如图 4-4 所示。

从上面的分析可以看到，相带划分法和全息谱法均可用来设计绕组，且能设计出同样的三相对称 60°相带交流绕组。与相带划分法设计绕组相比，全息谱分析理论设计这种常规绕组并不优越，但对绕组的理解不同。在后文三相合成正弦绕组和低谐波绕组的设计时，可以看出全息谱法的特点。并且，应用全息谱分析理论，可在设计出绕组以后，方便地对设计出的绕组进行进一步的分析，得出绕组更全面的性能指标，包括复绕组因数、谐波含量、谐波漏抗系数等性能参数。

127

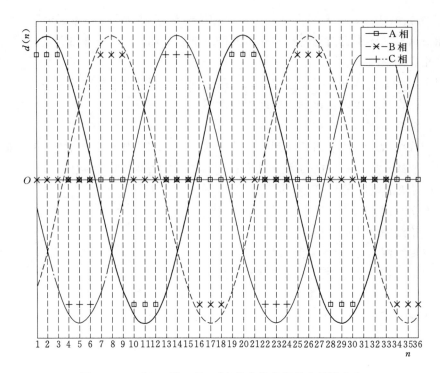

图 4-4 三相 36 槽 4 极 60°相带交流绕组的空间域分布

至于绕组的连接，绕组可以有很多种不同的连接方式。常用的三相 60°相带整数槽绕组有单层绕组、双层绕组及单双层绕组，其中单层绕组的连接方式有同心式、交叉式、链式、交叉同心式等；双层绕组的连接方式有叠绕组和波绕组等。三相单层整数槽绕组一般仅应用在 10kW 以下的小型感应电机中。三相绕组之间常采用星形连接和三角形连接两种方式。大量的文献对此有详细论述[7][8][77-80]。这些绕组中，有些特别的是绕线式异步电动机转子绕组。绕线式异步电动机转子大多采用扁铜条双层波绕组。波绕组的接线与叠绕组的接线差别较大，而且也复杂。此绕组可采用缩短铜条绕组。当每极每相槽数为整数时，一般每相绕组的两条支路串联连接，三相绕组的所有出线头都在电机一端，端部较齐，接线困难。若将绕线式转子三相的首端放在转子的一端，末端放在转子的另一端，可取消支路间的连线，使绕组端部接线简单[30]。此内容不在本书研究的范围，故不加以分析与讨论。

4.1.2 三相 60°相带整数槽绕组的谐波分析和绕组因数

1. 三相 60°相带整数槽绕组的谐波分析

因三相 60°相带整数槽绕组各相的正相带和负相带分布相同，构成了"空间分布 60°相带交流绕组"[1]。参考文献 [1]、[7]、[8]，当 ν_p 为偶数时，绕组因数 $k_{wvp}=0$，即各相绕组仅含有奇次谐波。且当三相绕组流过三相对称交流电流时，三相合成磁动势中无 3 及 3 的倍数次谐波，即合成磁动势中只有 1、5、7、11、13、…次数（相对于基波）的谐波。故下面此类绕组的绕组因数计算也仅对奇次谐波进行。

2. 单层绕组的绕组因数

由电机学，根据绕组因数的定义及分析[1]，单层绕组的 ν_p 次奇次谐波的绕组因数 k_{wvp} 为

$$k_{w\nu p} = \frac{\sin\left(\nu_p \dfrac{\pi}{6}\right)}{q\sin\left(\nu_p \dfrac{\pi}{6q}\right)}, \quad \nu_p = 1,3,5,\cdots \tag{4-3}$$

其中，基波绕组因数 k_{w1p} 为

$$k_{w1p} = \frac{1}{2q\sin\dfrac{\pi}{6q}} \tag{4-4}$$

3. 双层绕组的绕组因数

根据第 2 章和电机学[7][8]，双层绕组的绕组因数包含节距因数和分布因数。若双层绕组的节距为 y，双层绕组 ν_p 次奇次谐波的绕组因数 $k_{w\nu p}$ 为

$$k_{w\nu p} = \sin\left(\nu_p \frac{py}{Q}\pi\right)\frac{\sin\left(\nu_p \dfrac{\pi}{6}\right)}{q\sin\left(\nu_p \dfrac{\pi}{6q}\right)}, \quad \nu_p = 1,3,5,\cdots \tag{4-5}$$

其中，基波绕组因数 k_{w1p} 为

$$k_{w1p} = \sin\left(\frac{py}{Q}\pi\right)\frac{1}{2q\sin\dfrac{\pi}{6q}} \tag{4-6}$$

需要说明的是，本小节中的绕组因数是按照交流绕组传统理论分析给出的。而此绕组的全息谱分析见 4.4 节。

4.1.3 三相 60°相带整数槽绕组的并联支路数

1. 三相单层 60°相带整数槽绕组的最大并联支路数 $a_{\max}$

对单层绕组，当 q 为奇数时，每个单元电机的正相带各槽导体分别和对应的负相带各槽导体相连，组成线圈。每个单元电机每相线圈相串联，可以构成一条支路。故对单元电机数 $t = p$ 的整数槽绕组，q 为奇数时，最大并联支路数 $a_{\max} = t = p$。而当 q 为偶数时，每个相带均可以分为大小相同的两部分。分组后各相带的每一部分槽导体，以就近的方式分别与此中相邻相带的槽导体相连，组成线圈，并可串联形成一条支路。故对单元电机数 $t = p$ 的整数槽绕组，q 为偶数时，分组后最大并联支路数 $a_{\max} = 2p$。

2. 三相双层 60°相带整数槽绕组的最大并联支路数 $a_{\max}$

一般而言，对双层整数槽绕组，由于相绕组在每个极下所处的位置相同，绕组的最大并联支路数 $a_{\max} = 2p$。但因为绕组的连接法，波绕组中任意两个串联线圈沿绕制方向波浪式地延伸，沿铁芯圆周前进 1 周后，最后 1 个节距要人为缩短 1 个槽，才能避免自行闭合，而能继续串联后续线圈。这种波绕组最大并联支路数只能为 2。但若将合成节距 $y = 2\tau$ 变为 $y = 2\tau+1$ 或 $y = 2\tau-1$，就可构成 $2p$ 个线圈组，最多也可以有 $2p$ 个并联支路。

3. 绕组的并联支路数 a

绕组实际的并联支路数 $a \leqslant a_{\max}$，但必须满足

$$\frac{a_{\max}}{a} = 整数 \tag{4-7}$$

即 a 为 a_{max} 的约数。

4.2　三相大小相带整数槽绕组

在 60°相带整数槽绕组基础上，将每相的正相带扩大 L 个槽，即有 $q+L$ 个槽；负相带缩小 L 个槽，即有 $q-L$ 个槽。且仍保持正相带中心点和负相带中心点在空间上相差基波的 180°电角度。L 可取 $1\sim q-1$。这种绕组称为大小相带整数槽绕组。

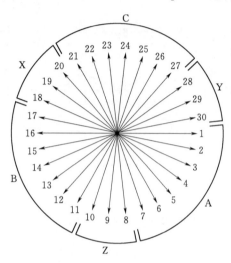

图 4-5　$Q=30$，$p=1$，$L=2$ 的大小相带绕组槽电动势星形图及每相的矢量分布

对一单元电机，若以 1 号槽作为 A 相绕组正相带中按顺序排列的第 1 个槽，三相大小相带整数槽绕组的 A 相绕组，其正相带 $q+L$ 个槽为 1、2、…、q，$q+1$，$q+2$，…、$q+L$ 号槽，负相带的 $q-L$ 个槽为 $3q+1+L$、$3q+2+L$、…、$4q$ 号槽。B 相绕组、C 相绕组与 A 相绕组分别相差 120°和 240°电角度，即相差 $2q$ 和 $4q$ 个槽号。B 相绕组正相带占有 $2q+1$、$2q+2$、…、$3q$，$3q+1$、$3q+2$、…、$3q+L$ 号槽，负相带占有 $5q+1+L$、$5q+2+L$、…、$6q$ 号槽。C 相绕组正相带占有 $4q+1$、$4q+2$、…、$5q$，$5q+1$、$5q+2$、…、$5q+L$ 号槽，负相带占有 $q+1+L$、$q+2+L$、…、$2q$ 号槽。

例如，槽数 $Q=30$，极数 $2p=2$ 的三相交流电机绕组，每极每相槽数 $q=5$。图 4-5 为其槽电动势星形图及 $L=2$ 的大小相带绕组的槽号分配，即三相绕组的槽号分别为

A 相：1，2，3，4，5，6，7，−18，−19，−20；

B 相：11，12，13，14，15，16，17，−28，−29，−30；

C 相：21，22，23，24，25，26，27，−8，−9，−10。

因单元电机中，一相绕组正相带有 $q+L$ 个槽，负相带有 $q-L$ 个槽，正负相带相差 180°，所以绕组 ν_p 次谐波的分布因数 $k_{q\nu p}$ 为

$$k_{q\nu p}=\begin{cases}\dfrac{1}{2q}\left\{\dfrac{\sin\left[(q+L)\dfrac{\nu_p\pi}{6q}\right]}{\sin\dfrac{\nu_p\pi}{6q}}+\dfrac{\sin\left[(q-L)\dfrac{\nu_p\pi}{6q}\right]}{\sin\dfrac{\nu_p\pi}{6q}}\right\}=\dfrac{\sin\dfrac{\nu_p\pi}{6}\cos\left(L\dfrac{\nu_p\pi}{6q}\right)}{q\sin\dfrac{\nu_p\pi}{6q}},&\nu_p=1,3,5,\cdots\\[4mm]\dfrac{1}{2q}\left\{\dfrac{\sin\left[(q+L)\dfrac{\nu_p\pi}{6q}\right]}{\sin\dfrac{\nu_p\pi}{6q}}-\dfrac{\sin\left[(q-L)\dfrac{\nu_p\pi}{6q}\right]}{\sin\dfrac{\nu_p\pi}{6q}}\right\}=\dfrac{\cos\dfrac{\nu_p\pi}{6}\sin\left(L\dfrac{\nu_p\pi}{6q}\right)}{q\sin\dfrac{\nu_p\pi}{6q}},&\nu_p=2,4,6,\cdots\end{cases}$$

$$(4-8)$$

其中，基波分布因数 k_{q1p} 为

$$k_{q1p} = \frac{\cos\dfrac{L\pi}{6q}}{2q\sin\dfrac{\pi}{6q}} \tag{4-9}$$

由式（4-8）可以看出，该绕组含有奇次谐波和偶次谐波。容易分析，当三相大小相带整数槽绕组流过三相对称交流电流时，ν_p 若等于 3 或 3 的倍数，则三相合成磁动势为零，即合成磁动势中不含 3 及 3 的倍数次谐波。

因每相绕组的正相带、负相带占槽数不同，大小相带绕组应为双层绕组。其绕组因数的计算中还应包括节距因数。三相大小相带整数槽双层绕组的最大并联支路数 $a_{\max} = p$。

4.3　三相 120°相带整数槽绕组

在大小相带绕组中，若把正相带扩大到 120°，即有 $2q$ 个槽；负相带缩小到零，则得 120°相带整数槽绕组。

对一单元电机，若以 1 号槽作为 A 相绕组正相带中按顺序排列的第 1 个槽，三相 120°相带整数槽绕组的 A 相正相带 $2q$ 个槽，槽号为 1、2、…、q、$q+1$、$q+2$、…、$2q$。B 相绕组、C 相绕组与 A 相绕组空间上分别相差 $2q$ 和 $4q$ 个槽号。B 相绕组正相带占有 $2q+1$、$2q+2$、…、$3q$、$3q+1$、$3q+2$、…、$4q$ 号槽。C 相绕组正相带占有 $4q+1$、$4q+2$、…、$5q$、$5q+1$、$5q+2$、…、$6q$ 号槽。

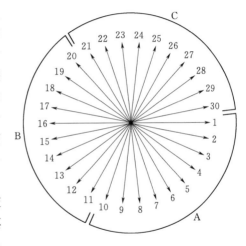

图 4-6　$Q=30$，$p=1$ 的三相 120°相带绕组槽电动势星形图和每相的矢量分布

例如，槽数 $Q=30$、极数 $2p=2$ 的三相交流电机绕组，每极每相槽数 $q=5$。图 4-6 为其槽电动势星形图及 120°相带绕组的槽号分配，即三相绕组的槽号分别为

A 相：1，2，3，4，5，6，7，8，9，10；

B 相：11，12，13，14，15，16，17，18，19，20；

C 相：21，22，23，24，25，26，27，28，29，30。

因单元电机中，一相绕组正相带有 $2q$ 个槽，无负相带，三相 120°相带整数槽绕组 ν_p 次谐波的分布因数 $k_{q\nu p}$ 为

$$k_{q\nu p} = \frac{\sin\dfrac{\nu_p\pi}{3}}{2q\sin\dfrac{\nu_p\pi}{6q}}, \quad \nu_p = 1,2,3,\cdots \tag{4-10}$$

其中，基波分布因数 k_{q1p} 为

$$k_{q1p} = \frac{\sqrt{3}}{4q\sin\dfrac{\pi}{6q}} \tag{4-11}$$

由式（4-10）可以看出，ν_p 等于 3 或 3 的倍数时，$k_{q\nu p}=0$，因此三相整数槽 120°相带绕组的相绕组磁动势中不存在 3 及 3 的倍数次谐波。

因绕组仅有正相带槽号，所以三相 120°相带整数槽绕组同三相大小相带整数槽绕组一样，也为双层绕组。其绕组因数的计算中也应包括节距因数。三相 120°相带整数槽双层绕组的最大并联支路数 $a_{\max}=p$。

4.4　三相交流整数槽绕组的全息谱和磁动势

本章 4.1~4.3 节按传统理论讨论了几种三相交流整数槽绕组的绕组因数和谐波分析。本节按 HAW 理论分析三相交流整数槽绕组的全息谱，给出复绕组因数和磁动势的解析公式。

4.4.1　三相 60°相带整数槽绕组的全息谱和磁动势

下面的分析建立在单元电机之上，并以 A 相绕组为例进行分析，且分析中的各谐波次数是相对单元电机的谐波次数。

1. 三相单层 60°相带绕组

当槽数无限多时，绕组导体分布由离散方式变为连续方式。因一对极即为一个单元电机，单层绕组中一相绕组的空间域分布如图 4-7（a）所示，其频谱如图 4-7（b）所示。根据连续傅里叶变换和离散傅里叶变换的关系及性质，可看出三相单层 60°相带绕组的频谱概况。下面首先直接从绕组的空间域离散序列计算绕组的全息谱和复绕组因数，然后分析绕组的磁动势。

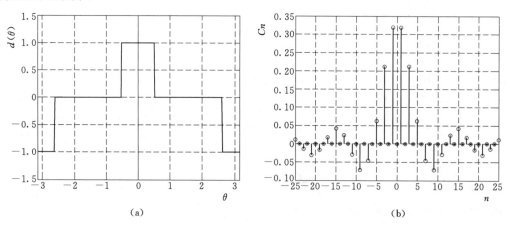

图 4-7　三相 60°相带交流连续绕组的空间域分布图及其频谱图
（a）空间域分布图；（b）频谱图

设单元电机中，三相 60°相带整数槽单层绕组 A 相空间离散序列 $d_A(n)$ 为

$$\{d_A(n)\}=N_c\{\underbrace{1,1,\cdots,1}_{q},\underbrace{0,0,\cdots,0}_{2q},\underbrace{-1,-1,\cdots,-1}_{q},\underbrace{0,0,\cdots,0}_{2q}\},\quad n=1,2,\cdots,6q$$

$$(4-12)$$

式中 q——每极每相槽数；

$\quad\quad N_c$——线圈匝数。

由式（3-78），其全息谱 $D_A(k)$ 为

$$D_A(k) = \frac{1}{6q}\sum_{n=1}^{6q}d_A(n)\mathrm{e}^{-\mathrm{j}\frac{2\pi}{6q}(n-1)k} = 0, \quad k = 0 \quad\quad (4-13)$$

$$D_A(k) = \frac{1}{6q}\sum_{n=1}^{6q}d_A(n)\mathrm{e}^{-\mathrm{j}\frac{2\pi}{6q}(n-1)k} = \frac{N_c}{6q}\frac{\sin\left(k\,\dfrac{\pi}{6}\right)}{\sin\left(k\,\dfrac{\pi}{6q}\right)}(1-\mathrm{e}^{-\mathrm{j}k\pi})\mathrm{e}^{-\mathrm{j}k(q-1)\frac{\pi}{6q}}$$

$$= \frac{N_c}{3q}\sin\left(k\,\frac{\pi}{2}\right)\frac{\sin\left(k\,\dfrac{\pi}{6}\right)}{\sin\left(k\,\dfrac{\pi}{6q}\right)}\mathrm{e}^{\mathrm{j}\left[\frac{\pi}{2}-k\frac{\pi}{2}-k(q-1)\frac{\pi}{6q}\right]}, \quad k = 1,2,\cdots,6q-1$$

$$(4-14)$$

根据复绕组因数定义，序列 $d_A(n)$ 的基值为 $\dfrac{\displaystyle\sum_{n=1}^{Q}|d(n)|}{Q} = \dfrac{N_c}{3}$，故该绕组的复绕组因数 $D_{puA}(k)$ 为

$$D_{puA}(k) = \begin{cases} 0, & k = 0 \\ \sin\left(k\,\dfrac{\pi}{2}\right)\dfrac{\sin\left(k\,\dfrac{\pi}{6}\right)}{q\sin\left(k\,\dfrac{\pi}{6q}\right)}\mathrm{e}^{\mathrm{j}\left[\frac{\pi}{2}-k\frac{\pi}{2}-k(q-1)\frac{\pi}{6q}\right]}, & k = 1,2,\cdots,6q-1 \end{cases} \quad (4-15)$$

由此可得绕组的 ν 次谐波绕组因数 $k_{w\nu}$ 为

$$k_{w\nu} = \begin{cases} 0, & \nu = 0 \\ \sin\left(\nu\,\dfrac{\pi}{2}\right)\dfrac{\sin\left(\nu\,\dfrac{\pi}{6}\right)}{q\sin\left(\nu\,\dfrac{\pi}{6q}\right)}, & \nu = 1,2,\cdots,6q-1 \end{cases} \quad (4-16)$$

式中 $\dfrac{\sin\left(\nu\,\dfrac{\pi}{6}\right)}{q\sin\left(\nu\,\dfrac{\pi}{6q}\right)}$——$\nu$ 次谐波分布因数。

因为单层绕组离散序列可以看成是整距线圈组序列，也可以看成由正相带和负相带离散序列构成。若当作整距线圈组序列，$\sin\left(\nu\,\dfrac{\pi}{2}\right)$ 为绕组 ν 次谐波节距因数；若当成正相带和负相带离散序列，$\sin\left(\nu\,\dfrac{\pi}{2}\right)\dfrac{\sin\left(\nu\,\dfrac{\pi}{6}\right)}{q\sin\left(\nu\,\dfrac{\pi}{6q}\right)}$ 则为 ν 次谐波正负相带综合分布因数。

由式（4-15），并令 $\nu = 0$ 时，$\varphi_\nu = 0$，则 ν 次谐波复绕组因数的相位 φ_ν 为

$$\varphi_\nu = \frac{\pi}{2} - \nu\,\frac{\pi}{2} - \nu(q-1)\frac{\pi}{6q}, \quad \nu = 0,1,2,\cdots,6q-1 \quad\quad (4-17)$$

应该指出，因相位频谱为线性相位，式（4-16）的绕组因数是符幅特性。即 k_{wv} 有正负属性，以配合式（4-17）的线性相位关系。

将绕组全息谱分析结果代入式（3-145），可得线圈中流过电流 i 时，A 相绕组的磁动势 $f_A(x)$ 为

$$f_A(x) = \frac{2N_c i}{\pi} \sum_{\substack{k=1,\cdots,6q-1 \\ l=0,1,\cdots,\infty}} \frac{k_{s(6lq+k)}}{6lq+k} \sin\left(k\frac{\pi}{2}\right) \frac{\sin\left(k\frac{\pi}{6}\right)}{\sin\left(k\frac{\pi}{6q}\right)} \sin\left[(6lq+k)x + \frac{\pi}{2} - k\frac{\pi}{2} - k(q-1)\frac{\pi}{6q}\right]$$

$$(4-18)$$

例如，$q=2$ 时，三相 60°相带整数槽单层绕组 A 相绕组的幅度谱、相位谱如图 3-11（a）、（b）所示。

当 $q=3$ 时，三相 60°相带整数槽单层绕组 A 相绕组的空间分布如图 4-8（a）所示，其全息谱如图 4-8（b）所示。

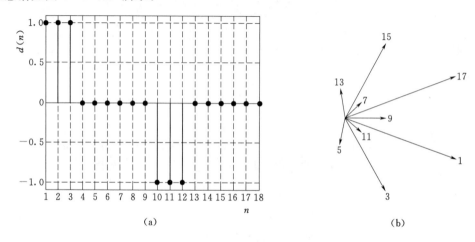

图 4-8　$q=3$ 的三相 60°相带单层绕组 A 相空间域分布及其全息谱

（a）空间域分布；（b）全息谱

当 $q=4$ 时，三相 60°相带整数槽单层绕组中 A 相绕组的空间分布如图 4-9（a）所示，绕组全息谱如图 4-9（b）所示。按式（4-16）和式（4-17）计算，绕组的符幅频谱如图 4-9（c）所示，相位频谱如图 4-9（d）所示。图中可以看到，相位频谱为线性相位。

图 4-10（a）、（b）分别为 $q=3$、$q=4$ 的三相 60°相带整数槽单层绕组的 A 相磁动势波形图。

2. 三相双层 60°相带绕组

设一个单元电机中，节距为 y 的三相 60°相带整数槽双层绕组 A 相上层边空间离散序列 $d_{Au}(n)$ 为

$$\{d_{Au}(n)\} = N_c\{\underbrace{1,1,\cdots,1}_{q}, \underbrace{0,0,\cdots,0}_{2q}, \underbrace{-1,-1,\cdots,-1}_{q}, \underbrace{0,0,\cdots,0}_{2q}\}, \quad n=1,2,\cdots,6q$$

$$(4-19)$$

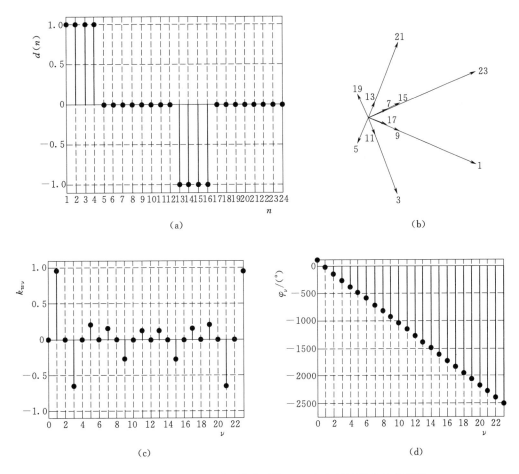

图 4 - 9　q＝4 的三相 60°相带单层绕组 A 相空间域分布及其频谱

（a）空间域分布；（b）全息谱；（c）幅度谱；（d）相位谱

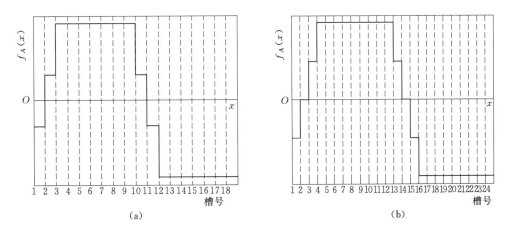

图 4 - 10　三相 60°相带单层整数槽绕组的 A 相绕组磁动势波形图

（a）q＝3；（b）q＝4

其全息谱为 $D_{Au}(k)$；双层绕组 A 相下层边的空间离散序列 $d_{Ad}(n)$ 为上层边的空间离散序列 $d_{Au}(n)$ 圆周右移位 y 后取反。根据全息谱分析的圆周移位性质，$d_{Ad}(n)$ 的全息谱 $D_{Ad}(k)$ 为

$$D_{Ad}(k) = -e^{-j\frac{2\pi}{6q}yk}D_{Au}(k) \tag{4-20}$$

则 A 相绕组的全息谱 $D_A(k)$ 为

$$D_A(k) = D_{Au}(k) + D_{Ad}(k) = 0, \quad k = 0 \tag{4-21}$$

$$D_A(k) = D_{Au}(k) + D_{Ad}(k) = (1 - e^{-j\frac{2\pi}{6q}ky})D_{Au}(k)$$

$$= \frac{2N_c}{3q}\sin\left(ky\frac{\pi}{6q}\right)\sin\left(k\frac{\pi}{2}\right)\frac{\sin\left(k\frac{\pi}{6}\right)}{\sin\left(k\frac{\pi}{6q}\right)}e^{j\left[\pi - k\frac{\pi}{2} - ky\frac{\pi}{6q} - k(q-1)\frac{\pi}{6q}\right]}, \quad k = 1, 2, \cdots, 6q-1 \tag{4-22}$$

根据复绕组因数定义，该绕组的复绕组因数 $D_{puA}(k)$ 为

$$D_{puA}(k) = \begin{cases} 0, & k = 0 \\ \sin\left(ky\frac{\pi}{6q}\right)\sin\left(k\frac{\pi}{2}\right)\dfrac{\sin\left(k\frac{\pi}{6}\right)}{q\sin\left(k\frac{\pi}{6q}\right)}e^{j\left[\pi - k\frac{\pi}{2} - ky\frac{\pi}{6q} - k(q-1)\frac{\pi}{6q}\right]}, & k = 1, 2, \cdots, 6q-1 \end{cases} \tag{4-23}$$

即绕组的 ν 次谐波绕组因数 $k_{w\nu}$ 为

$$k_{w\nu} = \begin{cases} 0, & \nu = 0 \\ \sin\left(\nu y\frac{\pi}{6q}\right)\sin\left(\nu\frac{\pi}{2}\right)\dfrac{\sin\left(\nu\frac{\pi}{6}\right)}{q\sin\left(\nu\frac{\pi}{6q}\right)}, & \nu = 1, 2, \cdots, 6q-1 \end{cases} \tag{4-24}$$

其中，$\sin\left(\nu y\frac{\pi}{6q}\right)$ 为 ν 次谐波节距因数，$\sin\left(\nu\frac{\pi}{2}\right)\dfrac{\sin\left(\nu\frac{\pi}{6}\right)}{q\sin\left(\nu\frac{\pi}{6q}\right)}$ 为 ν 次谐波正负相带综合分布因数。由式（4-23），并令 $\nu = 0$ 时，$\varphi_\nu = \pi$，则 ν 次谐波复绕组因数的相位 φ_ν 为

$$\varphi_\nu = \pi - \nu\frac{\pi}{2} - \nu y\frac{\pi}{6q} - \nu(q-1)\frac{\pi}{6q}, \quad \nu = 0, 1, 2, \cdots, 6q-1 \tag{4-25}$$

其中，$\dfrac{\pi}{2} - \nu y\dfrac{\pi}{6q}$ 为复节距因数的相位角，$\dfrac{\pi}{2} - \nu\dfrac{\pi}{2} - \nu(q-1)\dfrac{\pi}{6q}$ 为综合复分布因数的相位角。

若 A 相绕组下层边的空间离散序列 $d_{Ad}(n)$ 认为是 $d_{Au}(n)$ 圆周左移 $(\tau - y)$ 位，则根据全息谱分析的圆周移位性质，$d_{Ad}(n)$ 的全息谱 $D_{Ad}(k)$ 为

$$D_{Ad}(k) = e^{j\frac{2\pi}{6q}(\tau - y)k}D_{Au}(k) \tag{4-26}$$

则 A 相绕组的全息谱 $D_A(k)$ 为

$$D_A(k) = D_{Au}(k) + D_{Ad}(k) = \left[1 + e^{j\frac{2\pi}{6q}(\tau-y)k}\right]D_{Au}(k)$$

$$= \frac{2N_c}{3q}\cos\left(k\frac{\beta}{2}\right)\sin\left(k\frac{\pi}{2}\right)\frac{\sin\left(k\frac{\pi}{6}\right)}{\sin\left(k\frac{\pi}{6q}\right)}e^{j\left[\frac{\pi}{2}-ky\frac{\pi}{6q}-k(q-1)\frac{\pi}{6q}\right]}, \quad k=1,2,\cdots,6q-1$$

$$(4-27)$$

式中 β——短距角，$\beta=(\tau-y)\dfrac{\pi}{3q}$。

根据复绕组因数定义，该绕组复绕组因数 $D_{puA}(k)$ 为

$$D_{puA}(k) = \begin{cases} 0, & k=0 \\ \cos\left(k\frac{\beta}{2}\right)\sin\left(k\frac{\pi}{2}\right)\dfrac{\sin\left(k\frac{\pi}{6}\right)}{q\sin\left(k\frac{\pi}{6q}\right)}e^{j\left[\frac{\pi}{2}-ky\frac{\pi}{6q}-k(q-1)\frac{\pi}{6q}\right]}, & k=1,2,\cdots,6q-1 \end{cases}$$

$$(4-28)$$

即该绕组的 ν 次谐波绕组因数 $k_{w\nu}$ 为

$$k_{w\nu} = \begin{cases} 0, & \nu=0 \\ \cos\left(\nu\frac{\beta}{2}\right)\sin\left(\nu\frac{\pi}{2}\right)\dfrac{\sin\left(\nu\frac{\pi}{6}\right)}{q\sin\left(\nu\frac{\pi}{6q}\right)}, & \nu=1,2,\cdots,6q-1 \end{cases} \qquad (4-29)$$

其中，$\cos\left(\nu\dfrac{\beta}{2}\right)$ 为 ν 次谐波分层因数，$\sin\left(\nu\dfrac{\pi}{2}\right)\dfrac{\sin\left(\nu\frac{\pi}{6}\right)}{q\sin\left(\nu\frac{\pi}{6q}\right)}$ 为 ν 次谐波正负相带综合

分布因数。由式（4-28），并令 $\nu=0$ 时，$\varphi_\nu=\dfrac{\pi}{2}$，则 ν 次谐波复绕组因数的相位 φ_ν 为

$$\varphi_\nu = \frac{\pi}{2} - \nu y\frac{\pi}{6q} - \nu(q-1)\frac{\pi}{6q}, \quad \nu=0,1,2,\cdots,6q-1 \qquad (4-30)$$

其中，$\nu\dfrac{\pi}{2}-\nu y\dfrac{\pi}{6q}$ 为复分层因数的相位角，$\dfrac{\pi}{2}-\nu\dfrac{\pi}{2}-\nu(q-1)\dfrac{\pi}{6q}$ 为综合复分布因数的相位角。

由式（3-145）和式（4-22），当线圈中流过电流 i 时，可得 A 相绕组的磁动势 $f_A(x)$ 为

$$f_A(x) = \frac{4N_c i}{\pi}\sum_{\substack{k=1,\cdots,6q-1 \\ l=0,1,\cdots,\infty}} \frac{k_{s(6lq+k)}}{6lq+k}\sin\left(ky\frac{\pi}{6q}\right)\frac{\sin\left(k\frac{\pi}{2}\right)\sin\left(k\frac{\pi}{6}\right)}{\sin\left(k\frac{\pi}{6q}\right)}$$

$$\times \sin\left[(6lq+k)x + \pi - k\frac{\pi}{2} - ky\frac{\pi}{6q} - k(q-1)\frac{\pi}{6q}\right] \qquad (4-31)$$

或由式（3-145）和式（4-27），可得 A 相绕组的磁动势 $f_A(x)$ 为

$$f_{A}(x) = \frac{4N_{c}i}{\pi} \sum_{\substack{k=1,\cdots,6q-1 \\ l=0,1,\cdots,\infty}} \frac{k_{s(6lq+k)}}{6lq+k} \cos\left(k\frac{\beta}{2}\right) \frac{\sin\left(k\frac{\pi}{2}\right)\sin\left(k\frac{\pi}{6}\right)}{\sin\left(k\frac{\pi}{6q}\right)}$$

$$\times \sin\left[(6lq+k)x + \frac{\pi}{2} - ky\frac{\pi}{6q} - k(q-1)\frac{\pi}{6q}\right] \qquad (4-32)$$

例如，$q=3$，$y=7$ 时，三相 $60°$ 相带整数槽双层绕组 A 相绕组的空间分布如图 4-11 （a）所示，按式（4-24）计算的幅度谱如图 4-11 （b）所示，按式（4-25）计算的相位谱如图 4-11 （c）所示，其磁动势波形图如图 4-11 （d）所示。

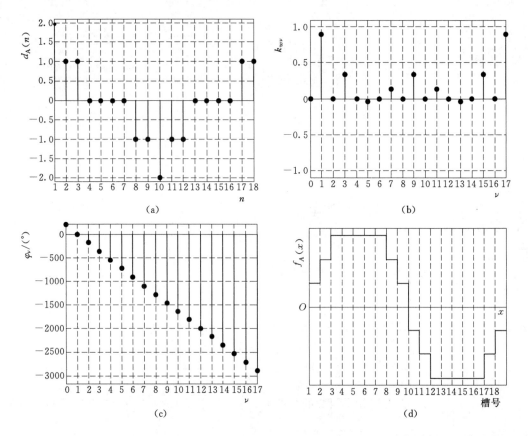

图 4-11 $q=3$，$y=7$ 的三相 $60°$ 相带双层绕组 A 相的空间域分布、全息谱和磁动势波形图
(a) 空间域分布；(b) 幅度谱；(c) 相位谱；(d) 磁动势波形

当 $q=4$，$y=10$ 时，三相 $60°$ 相带整数槽双层绕组 A 相绕组的空间分布如图 4-12 （a）所示，按式（4-29）计算的幅度谱如图 4-12 （b）所示，按式（4-30）计算的相位谱如图 4-12 （c）所示，其磁动势波形图如图 4-12 （d）所示。

总而言之，如仅计算绕组因数的大小，三相 $60°$ 相带整数槽绕组的 ν 次谐波绕组因数 $k_{w\nu}$ 为

$$k_{w\nu} = 0，当 \nu = 0 时 \qquad (4-33)$$

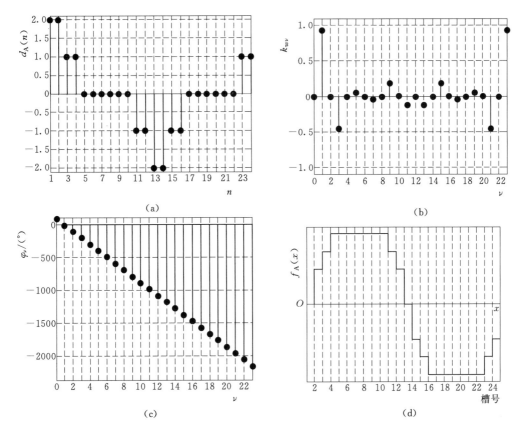

图 4-12 $q=4$，$y=10$ 的三相 60°相带双层绕组 A 相的空间域分布、全息谱和磁动势波形图

（a）空间域分布；（b）幅度谱；（c）相位谱；（d）磁动势波形图

$$k_{w\nu}=\begin{cases}\dfrac{\sin\left(\nu\dfrac{\pi}{2}\right)\sin\left(\nu\dfrac{\pi}{6}\right)}{q\sin\left(\nu\dfrac{\pi}{6q}\right)},\text{单层绕组}\\[2em]\sin\left(\nu y\dfrac{\pi}{6q}\right)\dfrac{\sin\left(\nu\dfrac{\pi}{2}\right)\sin\left(\nu\dfrac{\pi}{6}\right)}{q\sin\left(\nu\dfrac{\pi}{6q}\right)}\text{或}\cos\left(\nu\dfrac{\beta}{2}\right)\dfrac{\sin\left(\nu\dfrac{\pi}{2}\right)\sin\left(\nu\dfrac{\pi}{6}\right)}{q\sin\left(\nu\dfrac{\pi}{6q}\right)},\text{双层绕组}\end{cases},\nu=1,2,\cdots,6q-1$$

$$(4-34)$$

将式（4-34）与电机学中相应的绕组因数比较，有以下结论：

（1）作为谐波绕组因数的统一计算公式，绕组因数中应含 $\sin\left(\nu\dfrac{\pi}{2}\right)$ 因子，以使偶次谐波绕组因数为零。

（2）在忽略复绕组因数中的相位信息后，$k_{w\nu}$ 的正负值无意义，$k_{w\nu}$ 可取用其绝对值。

（3）若需计及复绕组因数中的相位关系（如磁动势的分析）时，因 $k_{w\nu}$ 为复绕组因数的符幅值，复绕组因数的相位应与其幅值的正负一同考虑。因为双层绕组复绕组因数有两种计算方法，两种符幅所对应的相位频谱不同，应用时符幅值与相位值要成组使用。复绕组因数一般使用式（4-23）计算。

4.4.2 三相大小相带整数槽绕组的全息谱和磁动势

对三相大小相带整数槽绕组，设其正相带比 60°相带绕组正相带扩大 L 个槽号，负相带比 60°相带绕组负相带相应地缩小 L 个槽号，L 在 $0\sim q$ 之间。在一个单元电机中，节距为 y 的三相大小相带整数槽双层绕组 A 相上层边的绕组空间域离散序列 $d_{Au}(n)$ 为

$$\{d_{Au}(n)\}=N_c\{\underbrace{1,1,\cdots,1}_{q+L},\underbrace{0,0,\cdots,0}_{2q},\underbrace{-1,-1,\cdots,-1}_{q-L},\underbrace{0,0,\cdots,0}_{2q}\},\quad n=1,2,\cdots,6q$$

$$(4-35)$$

由式（3-78），$d_{Au}(n)$ 的全息谱 $D_{Au}(k)$ 为

$$D_{Au}(k)=\frac{1}{6q}\sum_{n=1}^{6q}d_{Au}(n)e^{-j\frac{2\pi}{6q}(n-1)k}=\frac{N_cL}{3q},\quad k=0 \qquad (4-36)$$

$$D_{Au}(k)=\frac{1}{6q}\sum_{n=1}^{6q}d_{Au}(n)e^{-j\frac{2\pi}{6q}(n-1)k}$$

$$=\frac{N_c}{6q}\left\{\frac{\sin\left[(q+L)\frac{k\pi}{6q}\right]}{\sin\frac{k\pi}{6q}}e^{-jk(q+L-1)\frac{\pi}{6q}}-\frac{\sin\left[(q-L)\frac{k\pi}{6q}\right]}{\sin\frac{k\pi}{6q}}e^{-jk(q-L-1)\frac{\pi}{6q}}e^{-jk(3q+L)\frac{2\pi}{6q}}\right\}$$

$$=\frac{N_c}{6q}\frac{\sin\left[(q+L)\frac{k\pi}{6q}\right]-\cos(k\pi)\sin\left[(q-L)\frac{k\pi}{6q}\right]}{\sin\frac{k\pi}{6q}}e^{-jk(q+L-1)\frac{\pi}{6q}},\quad k=1,2,\cdots,6q-1$$

$$(4-37)$$

A 相绕组下层边的空间域离散序列 $d_{Ad}(n)$ 为上层边的空间域离散序列 $d_{Au}(n)$ 圆周右移 y 位后取反。根据全息谱分析的圆周移位性质，$d_{Ad}(n)$ 的全息谱 $D_{Ad}(k)$ 为

$$D_{Ad}(k)=-e^{-j\frac{2\pi}{6q}yk}D_{Au}(k) \qquad (4-38)$$

则 A 相绕组的全息谱 $D_A(k)$ 为

$$D_A(k)=D_{Au}(k)+D_{Ad}(k)=(1-e^{-j\frac{2\pi}{6q}ky})D_{Au}(k),\quad k=0,1,2,\cdots,6q-1 \quad (4-39)$$

即

$$D_A(k)=\begin{cases}0,\quad k=0\\[4mm]\dfrac{N_c}{3q}\sin\left(ky\dfrac{\pi}{6q}\right)\dfrac{\sin\left[(q+L)\dfrac{k\pi}{6q}\right]-\cos(k\pi)\sin\left[(q-L)\dfrac{k\pi}{6q}\right]}{\sin\dfrac{k\pi}{6q}}e^{j\left[\frac{\pi}{2}-ky\frac{\pi}{6q}-k(q+L-1)\frac{\pi}{6q}\right]},\quad k=1,2,\cdots,6q-1\end{cases}$$

$$(4-40)$$

根据复绕组因数定义，该绕组复绕组因数 $D_{puA}(k)$ 为

$$D_{puA}(k)=\begin{cases}0,k=0\\[4mm]\sin\left(ky\dfrac{\pi}{6q}\right)\dfrac{\sin\left[(q+L)\dfrac{k\pi}{6q}\right]-\cos(k\pi)\sin\left[(q-L)\dfrac{k\pi}{6q}\right]}{2q\sin\dfrac{k\pi}{6q}}e^{j\left[\frac{\pi}{2}-ky\frac{\pi}{6q}-k(q+L-1)\frac{\pi}{6q}\right]},\quad k=1,2,\cdots,6q-1\end{cases}$$

$$(4-41)$$

由此可得，绕组的 ν 次谐波绕组因数 $k_{w\nu}$ 为

$$
k_{w\nu} = \begin{cases} 0, \nu = 0 \\ \sin\left(\nu y \dfrac{\pi}{6q}\right) \dfrac{\sin\left[(q+L)\dfrac{\nu\pi}{6q}\right] - \cos(\nu\pi)\sin\left[(q-L)\dfrac{\nu\pi}{6q}\right]}{2q\sin\dfrac{\nu\pi}{6q}}, \quad \nu = 1, 2, \cdots, 6q-1 \end{cases}
$$

(4-42)

由式（4-41），并令 $\nu = 0$ 时，$\varphi_\nu = \dfrac{\pi}{2}$，则 ν 次谐波复绕组因数的相位 φ_ν 为

$$
\varphi_\nu = \frac{\pi}{2} - \nu y \frac{\pi}{6q} - \nu(q+L-1)\frac{\pi}{6q}, \quad \nu = 0, 1, 2, \cdots, 6q-1
$$

(4-43)

当线圈中流过的电流为 i 时，A 相绕组的磁动势 $f_A(x)$ 为

$$
f_A(x) = \frac{2N_c i}{\pi} \sum_{\substack{k=1, \cdots, 6q-1 \\ l=0, 1, \cdots, \infty}} \frac{\sin\left(ky\dfrac{\pi}{6q}\right)}{6lq+k} \frac{\sin\left[(q+L)\dfrac{k\pi}{6q}\right] - \cos(k\pi)\sin\left[(q-L)\dfrac{k\pi}{6q}\right]}{\sin\dfrac{k\pi}{6q}}
$$

$$
\times \sin\left[(6lq+k)x + \frac{\pi}{2} - ky\frac{\pi}{6q} - k(q+L-1)\frac{\pi}{6q}\right]
$$

(4-44)

例如，$q=3$，$L=1$，$y=7$ 时，三相大小相带整数槽双层绕组 A 相绕组的空间分布如图 4-13（a）所示。按式（4-42）和式（4-43），绕组的幅度谱（标幺值）如图 4-13（b）所示，相位谱如图 4-13（c）所示，A 相绕组磁动势波形图如图 4-13（d）所示。

4.4.3 三相 120°相带整数槽绕组的全息谱和磁动势

对三相 120°相带整数槽绕组，其正相带比三相 60°相带整数槽绕组正相带扩大 q 个槽号，负相带缩小到零。在一个单元电机中，节距为 y 的三相 120°相带整数槽双层绕组的 A 相绕组上层边空间离散序列 $d_{Au}(n)$ 为

$$
\{d_{Au}(n)\} = N_c\{\underbrace{1, 1, \cdots, 1}_{2q}, \underbrace{0, 0, \cdots, 0}_{4q}\}, \quad n = 1, 2, \cdots, 6q
$$

(4-45)

由式（3-78），其全息谱 $D_{Au}(k)$ 为

$$
D_{Au}(k) = \begin{cases} \dfrac{1}{6q}\displaystyle\sum_{n=1}^{6q} d_{Au}(n)\mathrm{e}^{-\mathrm{j}\frac{2\pi}{6q}(n-1)k} = \dfrac{N_c}{3}, \quad k = 0 \\ \dfrac{1}{6q}\displaystyle\sum_{n=1}^{6q} d_{Au}(n)\mathrm{e}^{-\mathrm{j}\frac{2\pi}{6q}(n-1)k} = \dfrac{N_c}{6q}\dfrac{\sin\dfrac{k\pi}{3}}{\sin\dfrac{k\pi}{6q}}\mathrm{e}^{-\mathrm{j}k(2q-1)\frac{\pi}{6q}}, \quad k = 1, 2, \cdots, 6q-1 \end{cases}
$$

(4-46)

A 相绕组下层边的空间离散序列 $d_{Ad}(n)$ 为上层边的空间离散序列 $d_{Au}(n)$ 圆周右移 y 位后取反。根据全息谱分析的圆周移位性质，$d_{Ad}(n)$ 的全息谱 $D_{Ad}(k)$ 为

$$
D_{Ad}(k) = -\mathrm{e}^{-\mathrm{j}\frac{2\pi}{6q}yk}D_{Au}(k)
$$

(4-47)

则 A 相绕组的全息谱 $D_A(k)$ 为

$$
D_A(k) = D_{Au}(k) + D_{Ad}(k) = (1 - \mathrm{e}^{-\mathrm{j}\frac{2\pi}{6q}ky})D_{Au}(k)
$$

(4-48)

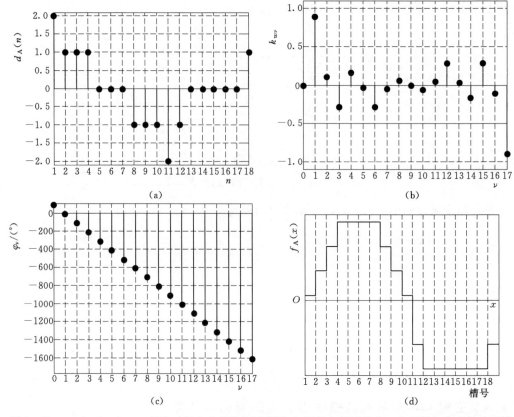

图 4-13　$q=3$，$L=1$，$y=7$ 的三相大小相带双层绕组 A 相的空间域分布、全息谱和磁动势波形图

（a）空间域分布；（b）幅度谱；（c）相位谱；（d）磁动势波形图

代入式（4-46），有

$$D_A(k)=\begin{cases}0,\quad k=0\\[2mm]\dfrac{N_c}{3q}\sin\left(ky\dfrac{\pi}{6q}\right)\dfrac{\sin\dfrac{k\pi}{3}}{\sin\dfrac{k\pi}{6q}}e^{j\left[\frac{\pi}{2}-ky\frac{\pi}{6q}-k(2q-1)\frac{\pi}{6q}\right]},\quad k=1,2,\cdots,6q-1\end{cases}\tag{4-49}$$

根据复绕组因数定义，三相 120°相带整数槽双层绕组的 A 相绕组复绕组因数 $D_{puA}(k)$ 为

$$D_{puA}(k)=\begin{cases}0,\quad k=0\\[2mm]\sin\left(ky\dfrac{\pi}{6q}\right)\dfrac{\sin\dfrac{k\pi}{3}}{2q\sin\dfrac{k\pi}{6q}}e^{j\left[\frac{\pi}{2}-ky\frac{\pi}{6q}-k(2q-1)\frac{\pi}{6q}\right]},\quad k=1,2,\cdots,6q-1\end{cases}\tag{4-50}$$

由此可得，三相 120°相带整数槽双层绕组的 ν 次谐波绕组因数 $k_{w\nu}$ 为

$$k_{w\nu}=\begin{cases}0,\quad \nu=0\\[2mm]\sin\left(\nu y\dfrac{\pi}{6q}\right)\dfrac{\sin\dfrac{\nu\pi}{3}}{2q\sin\dfrac{\nu\pi}{6q}},\quad \nu=1,2,\cdots,6q-1\end{cases}\tag{4-51}$$

由式（4-50），并令 $\nu=0$ 时，$\varphi_\nu=\dfrac{\pi}{2}$，则 ν 次谐波复绕组因数的相位 φ_ν 为

$$\varphi_\nu=\frac{\pi}{2}-\nu y\frac{\pi}{6q}-\nu(2q-1)\frac{\pi}{6q},\quad \nu=0,1,2,\cdots,6q-1 \tag{4-52}$$

当线圈中流过的电流为 i 时，A 相绕组的磁动势 $f_{\mathrm{A}}(x)$ 为

$$f_{\mathrm{A}}(x)=\frac{2N_c i}{\pi}\sum_{\substack{k=1,\cdots,6q-1\\l=0,1,\cdots,\infty}}\frac{\sin\left(ky\,\dfrac{\pi}{6q}\right)}{6lq+k}\frac{\sin\dfrac{k\pi}{3}}{\sin\dfrac{k\pi}{6q}}\sin\left[(6lq+k)x+\frac{\pi}{2}-ky\frac{\pi}{6q}-k(2q-1)\frac{\pi}{6q}\right]$$

$$\tag{4-53}$$

例如，$q=3$，$y=7$ 时，三相 $120°$ 相带整数槽双层绕组 A 相绕组的空间分布如图4-14 （a）所示。按式（4-51）和式（4-52），绕组幅度谱（标幺值）如图 4-14（b）所示，相位谱如图 4-14（c）所示，A 相绕组磁动势波形图如图 4-14（d）所示。

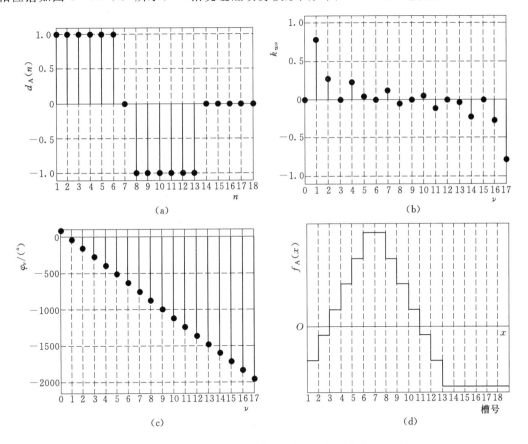

图 4-14　$q=3$，$y=7$ 的三相 $120°$ 相带双层绕组 A 相的空间域分布、全息谱和磁动势波形图
（a）空间域分布；（b）幅度谱；（c）相位谱；（d）磁动势波形图

从上面分析可见，三相整数槽绕组共有包括 $60°$ 相带、大小相带、$120°$ 相带在内的 $q+1$ 种正规绕组方案。这些方案中，谐波的情况各不相同。$60°$ 相带绕组具有较少的谐波含量和较小的谐波幅值，且绕组因数也是最大的，经济性好。故在设计只需一种极数的交

流电机时，以采用 60°相带绕组为宜。只在设计多种极数的变极绕组方案时，为了兼顾变后极的谐波情况，才考虑采用大小相带绕组和 120°相带绕组[1]。

4.4.4　B 相绕组、C 相绕组的全息谱和磁动势

4.4.1～4.4.3 节中，给出了绕组 A 相的全息谱和磁动势。对三相整数槽绕组，若 A 相绕组离散序列 $d_A(n)$ 的全息谱为 $D_A(k)$，则因三相对称，三相绕组在空间上互差 120°，B 相、C 相绕组离散序列 $d_B(n)$、$d_C(n)$ 分别为 A 相绕组离散序列空间移位 $2q$ 和 $4q$，由全息谱分析的圆周循环移位特性，根据式（3-125），B 相、C 相绕组离散序列的全息谱 $D_B(k)$ 和 $D_C(k)$ 为

$$D_B(k) = \mathrm{e}^{-\mathrm{j}\frac{2\pi}{3}k} D_A(k) \tag{4-54}$$

$$D_C(k) = \mathrm{e}^{-\mathrm{j}\frac{4\pi}{3}k} D_A(k) \tag{4-55}$$

三相绕组的磁动势在空间上也互差 120°。

另外，必须指出，根据空间移位特性，若绕组离散序列 $d(n)$ 在空间移位了 m 个槽，对应的幅度频谱保持不变，对应的相位频谱在频域中产生了附加的相移，k 次谐波相位变化了 $\frac{2\pi}{Q}mk$。所以，若 A 相、B 相或 C 相相绕组离散序列槽号的编号与前面的分析不同时，即绕组离散序列在空间发生了移位，其对应的绕组全息谱，只需相位作相应处理即可。

4.5　三相交流绕组相序全息谱和合成磁动势

对于三相交流电机，设电流分别为 i_A、i_B、i_C，三相绕组的全息谱分别为 $D_{kA}\mathrm{e}^{\mathrm{j}\varphi_{kA}}$、$D_{kB}\mathrm{e}^{\mathrm{j}\varphi_{kB}}$、$D_{kC}\mathrm{e}^{\mathrm{j}\varphi_{kC}}$，由式（3-146），将 A 相、B 相和 C 相的磁动势相加，可得三相合成磁动势 $f(x)$，即

$$
\begin{aligned}
f(x) = & \frac{i_A Q}{\pi} \sum_{\substack{k=0,1,\cdots,Q-1 \\ l=0,1,\cdots,\infty \\ l=0\text{时},k\neq0}} \frac{D_{kA}}{lQ+k} k_{s(lQ+k)} \sin\left[(lQ+k)x + \varphi_{kA}\right] \\
& + \frac{i_B Q}{\pi} \sum_{\substack{k=0,1,\cdots,Q-1 \\ l=0,1,\cdots,\infty \\ l=0\text{时},k\neq0}} \frac{D_{kB}}{lQ+k} k_{s(lQ+k)} \sin\left[(lQ+k)x + \varphi_{kB}\right] \\
& + \frac{i_C Q}{\pi} \sum_{\substack{k=0,1,\cdots,Q-1 \\ l=0,1,\cdots,\infty \\ l=0\text{时},k\neq0}} \frac{D_{kC}}{lQ+k} k_{s(lQ+k)} \sin\left[(lQ+k)x + \varphi_{kC}\right]
\end{aligned}
\tag{4-56}
$$

在交流电机稳态运行状态下，三相绕组的电流 i_A、i_B、i_C 通常为正弦交流电流。参照电路理论中正弦交流电路分析，式（4-56）可使用相量法处理。并在三相电流不对称时，采用对称分量法将三相交流电流分解为正序、负序和零序电流。此时，应用 HAW 理论，各相序电流对应的绕组合成全息谱即为各相序的全息谱。

4.5.1　三相交流绕组相序全息谱

对三相交流绕组，若 $d_A(n)$、$d_B(n)$、$d_C(n)$ 分别为 A 相、B 相和 C 相绕组在空间域

的离散序列，令序列 $d_0(n)$、$d_1(n)$、$d_2(n)$ 分别为

$$
\begin{cases}
d_0(n) = \dfrac{1}{3}\left[d_A(n) + d_B(n) + d_C(n)\right] \\[2mm]
d_1(n) = \dfrac{1}{3}\left[d_A(n) + \alpha d_B(n) + \alpha^2 d_C(n)\right], \quad n = 1, 2, \cdots, Q \\[2mm]
d_2(n) = \dfrac{1}{3}\left[d_A(n) + \alpha^2 d_B(n) + \alpha d_C(n)\right]
\end{cases}
\tag{4-57}
$$

式中　　　　　　　　α——复数算子，$\alpha = e^{j120°}$；

$d_0(n)$、$d_1(n)$、$d_2(n)$——空间域三相绕组合成的零序、正序和负序离散序列。

设 A 相、B 相和 C 相绕组离散序列 $d_A(n)$、$d_B(n)$、$d_C(n)$ 的全息谱为 $D_A(k)$、$D_B(k)$、$D_C(k)$。采用空间离散傅里叶变换（SDFT），将序列 $d_0(n)$、$d_1(n)$、$d_2(n)$ 转换成频域中的全息谱 $D_0(k)$、$D_1(k)$、$D_2(k)$。由 SDFT 的线性性质，$D_0(k)$、$D_1(k)$、$D_2(k)$ 与 $d_A(n)$、$d_B(n)$、$d_C(n)$ 的关系为

$$
\begin{cases}
D_0(k) = \dfrac{1}{3}\left[D_A(k) + D_B(k) + D_C(k)\right] \\[2mm]
D_1(k) = \dfrac{1}{3}\left[D_A(k) + \alpha D_B(k) + \alpha^2 D_C(k)\right], \quad k = 0, 1, 2, \cdots, Q-1 \\[2mm]
D_2(k) = \dfrac{1}{3}\left[D_A(k) + \alpha^2 D_B(k) + \alpha D_C(k)\right]
\end{cases}
\tag{4-58}
$$

其中，$D_0(k)$、$D_1(k)$、$D_2(k)$ 反映了三相绕组在零序、正序、负序情况下合成磁动势中的谐波成分，分别称为三相绕组的零序、正序、负序全息谱。

零序全息谱 $D_0(k)$ 对应绕组通入三相对称零序电流时的合成磁动势情形。其中 $D_0(0)$ 为三相绕组的零序恒定分量，对应零序合成磁动势中的常数部分，一般 $D_0(0) = 0$；$D_0(1)$ 和 $D_0(Q-1)$ 为三相绕组的零序基波分量，分别反映合成磁动势中的磁极对数为 1 的零序正向磁动势和零序反向磁动势的大小；$D_0(2)$ 和 $D_0(Q-2)$ 为三相绕组的零序 2 次谐波分量，分别反映合成磁动势中的磁极对数为 2 的零序正向磁动势和零序反向磁动势的大小；以此类推。因为零序电流仅产生脉振性质的磁场，故 $D_0(k)$ 中同一次数的正反向频谱互为共轭，即两者模值相等，相位互为相反数。

正序全息谱 $D_1(k)$ 对应绕组通入三相对称正序电流时的合成磁动势情形。其中 $D_1(0)$ 为三相绕组的正序恒定分量，对应正序合成磁动势中的常数部分，一般 $D_1(0) = 0$；$D_1(1)$ 和 $D_1(Q-1)$ 为三相绕组的正序基波分量，分别反映合成磁动势中磁极对数为 1 的正序正向磁动势和正序反向磁动势的大小；$D_1(2)$ 和 $D_1(Q-2)$ 为三相绕组的正序 2 次谐波分量，分别反映合成磁动势中磁极对数为 2 的正序正向和正序反向磁动势的大小；以此类推。根据电机学，当某次谐波的正向分量等于反向分量时，合成磁动势为脉振磁动势；当正向分量与反向分量不相等时，合成磁动势为椭圆形旋转磁动势；当正向或反向分量其中之一不存在时，则合成磁动势是圆形旋转磁动势。

负序全息谱 $D_2(k)$ 对应绕组通入三相对称负序电流时的合成磁动势情形。根据傅里叶变换的性质，容易证明 $D_2(k)$ 和 $D_1(k)$ 之间满足

$$D_2(k) = D_1^*(Q-k) \qquad (4-59)$$

即 $D_1(k)$ 和 $D_2(k)$ 有圆周共轭对称关系，两频谱中圆周对称的频谱，其幅值相等，相位角互为相反数。$D_1(k)$ 的正向频谱对应 $D_2(k)$ 的反向频谱，$D_1(k)$ 的反向频谱对应 $D_2(k)$ 的正向频谱。因 $D_2(k)$ 可由 $D_1(k)$ 获得，故 $D_1(k)$ 和 $D_2(k)$ 仅需计算其中之一即可。

三相绕组各相序的全息谱也可用复数坐标下的频谱图表示。

注意：各相序全息谱中各次谐波的正向分量在频谱 $D(k)$ 的前半部分，反向分量在 $D(k)$ 的后半部分。

4.5.2 三相交流绕组各相序合成磁动势

（1）当三相绕组流过零序电流时，设三相电流 i_A、i_B、i_C 为

$$i_A = i_B = i_C = \sqrt{2}I_0\cos(\omega t + \varphi_0) \qquad (4-60)$$

式中 ω——零序电流的角频率，rad/s；

$\quad I_0$——零序电流的有效值，A；

$\quad \varphi_0$——零序电流初相位角，rad。

三相合成的离散安导序列为

$$i_A d_A(n) + i_B d_B(n) + i_C d_C(n) = 3i_A d_0(n) = 3\sqrt{2}I_0\cos(\omega t + \varphi_0)d_0(n), \quad n = 1, 2, \cdots, Q \qquad (4-61)$$

参照式（3-145），得三相绕组零序电流产生的合成磁动势波形 $f_0(x,t)$ 为

$$f_0(x,t) = 3\frac{\sqrt{2}I_0 Q\cos(\omega t + \varphi_0)}{\pi}\sum_{\substack{k=0,1,\cdots,Q-1 \\ l=0,1,\cdots,\infty \\ l=0\text{时},k\neq 0}}\frac{D_{0k}}{lQ+k}k_{s(lQ+k)}\sin[(lQ+k)x + \varphi_{0k}]$$

$$(4-62)$$

式中 D_{0k}、φ_{0k}——序列 $d_0(n)$ 全息谱的幅值和相位。

（2）当三相绕组流过三相正序对称电流时，设三相电流 i_A、i_B、i_C 分别为

$$\begin{cases} i_A = \sqrt{2}I_1\cos(\omega t + \varphi_{1A}) \\ i_B = \sqrt{2}I_1\cos\left(\omega t + \varphi_{1A} - \dfrac{2\pi}{3}\right) \\ i_C = \sqrt{2}I_1\cos\left(\omega t + \varphi_{1A} + \dfrac{2\pi}{3}\right) \end{cases} \qquad (4-63)$$

式中 ω——正序电流的角频率，rad/s；

$\quad I_1$——正序电流的有效值，A；

$\quad \varphi_{1A}$——正序电流中 A 相电流的初相位角，rad。

三相合成的离散安导序列为

$$i_A d_A(n) + i_B d_B(n) + i_C d_C(n) = \frac{3}{2}\sqrt{2}I_1 e^{-j(\omega t + \varphi_{1A})}d_1(n) + \frac{3}{2}\sqrt{2}I_1 e^{j(\omega t + \varphi_{1A})}d_2(n) \qquad (4-64)$$

参照式（3-145），得三相绕组正序电流产生的合成磁动势波形 $f_1(x,t)$ 为

$$f_1(x,t) = 3\frac{\sqrt{2}I_1 Q}{4\pi} \sum_{\substack{k=-\infty \\ k\neq 0}}^{\infty} \left[e^{j(\omega t+\varphi_{1A})} \frac{D_2(k)}{jk} k_{sk} e^{jkx} + e^{-j(\omega t+\varphi_{1A})} \frac{D_1(k)}{jk} k_{sk} e^{jkx} \right]$$

$$= \frac{3}{2}\frac{\sqrt{2}I_1 Q}{\pi} \sum_{\substack{k=0,1,\cdots,Q-1 \\ l=0,\pm1,\pm2,\cdots,\infty \\ l=0\text{时},k\neq 0}} \frac{D_{1k}}{lQ+k} k_{s(lQ+k)} \sin[(lQ+k)x + \varphi_{1k} - \omega t - \varphi_{1A}]$$

$$(4-65)$$

式中 D_{1k}、φ_{1k}——序列 $d_1(n)$ 全息谱的幅值和相位。

（3）当三相绕组流过三相负序对称电流时，设三相电流 i_A、i_B、i_C 分别为

$$\begin{cases} i_A = \sqrt{2}I_2\cos(\omega t + \varphi_{2A}) \\ i_B = \sqrt{2}I_2\cos\left(\omega t + \varphi_{2A} + \frac{2\pi}{3}\right) \\ i_C = \sqrt{2}I_2\cos\left(\omega t + \varphi_{2A} - \frac{2\pi}{3}\right) \end{cases} \qquad (4-66)$$

式中 ω——负序电流的角频率，rad/s；

I_2——负序电流的有效值，A；

φ_{2A}——负序电流中 A 相电流的初相位角，rad。

同理可得三相绕组负序电流产生的合成磁动势波形 $f_2(x,t)$ 为

$$f_2(x,t) = \frac{3}{2}\frac{\sqrt{2}I_2 Q}{\pi} \sum_{\substack{k=0,1,\cdots,Q-1 \\ l=0,\pm1,\pm2,\cdots,\infty \\ l=0\text{时},k\neq 0}} \frac{D_{2k}}{lQ+k} k_{s(lQ+k)} \sin[(lQ+k)x + \varphi_{2k} - \omega t - \varphi_{2A}]$$

$$(4-67)$$

式中 D_{2k}、φ_{2k}——序列 $d_2(n)$ 全息谱的幅值和相位。

4.5.3 三相交流整数槽绕组相序全息谱和合成磁动势

对于三相交流整数槽绕组，由式（4-57）和式（4-58），将式（4-54）和式（4-55）代入，得绕组各相序的全息谱为

$$\begin{cases} D_0(k) = \frac{1}{3}(1 + e^{-j\frac{2\pi}{3}k} + e^{-j\frac{4\pi}{3}k})D_A(k) \\ D_1(k) = \frac{1}{3}(1 + \alpha e^{-j\frac{2\pi}{3}k} + \alpha^2 e^{-j\frac{4\pi}{3}k})D_A(k), \quad k=0,1,2,\cdots,6q-1 \qquad (4-68) \\ D_2(k) = \frac{1}{3}(1 + \alpha^2 e^{-j\frac{2\pi}{3}k} + \alpha e^{-j\frac{4\pi}{3}k})D_A(k) \end{cases}$$

由式（4-68）可见：

（1）对于零序全息谱，$D_0(0)=0$，$D_0(1)=0$，$D_0(2)=0$，$D_0(4)=0$，$\cdots$，$D_0(3)=D_A(3)$。$D_0(6)=D_A(6)$，$\cdots$，即三相交流整数槽绕组的零序全息谱，除了 3 及 3 的整数倍次谐波之外均为零，而 3 的整数倍次谐波频谱等于对应的 A 相频谱。特别地，对三相 $60°$ 相带交流整数槽绕组，因各相频谱中无偶数次谐波，故其零序全息谱中仅存在 3 的奇数倍次谐波频谱。

（2）对于正序全息谱，$D_1(0)=0$，$D_1(3)=0$，$D_1(6)=0$，$D_1(9)=0$，$\cdots$，即正序全

息谱中，3 的整数倍次谐波的频谱为零。而 $D_1(1)=D_A(1)$，$D_1(6q-1)=0$，即正序全息谱中存在正向基波频谱，不存在反向基波频谱，合成基波磁动势为正向圆形旋转磁动势；$D_1(2)=0$，$D_1(6q-2)=D_A(6q-2)$，即正序全息谱中存在反向 2 次谐波频谱，不存在正向 2 次谐波频谱，合成 2 次谐波磁动势为反向圆形旋转磁动势；以此类推。正序全息谱中存在基波和 $3k\pm1$ 次谐波，且 $3k+1$ 次谐波磁动势为正向圆形旋转磁动势，$3k-1$ 次谐波磁动势为反向圆形旋转磁动势。特别地，对三相 60° 相带交流整数槽绕组，因各相频谱中无偶数次谐波，故其正序全息谱中仅存在 $6k\pm1$ 次频谱，且 $6k+1$ 次谐波磁动势为正向圆形旋转磁动势，$6k-1$ 次谐波磁动势为反向圆形旋转磁动势。

（3）对于负序全息谱，可参考正序全息谱，因两者频谱的圆周共轭对称关系，即 $D_1(k)$ 的正向频谱对应 $D_2(k)$ 的反向频谱，$D_1(k)$ 的反向频谱对应 $D_2(k)$ 的正向频谱，且共轭。

当绕组流过零序、正序、负序电流时，三相整数槽绕组产生的合成磁动势波形 $f_0(x,t)$、$f_1(x,t)$、$f_2(x,t)$ 可以将该绕组各相序的全息谱分别代入式（4-62）、式（4-65）、式（4-67）求出。

【例 4-4】 用全息谱分析理论求解 [例 1-7] 中的三相合成磁动势波形。

解：设 A 相的线圈为 1，2，3，-10，-11，-12；B 相的线圈为 7，8，9，-16，-17，-18；C 相的线圈为 13，14，15，-4，-5，-6。节距 $y=7$。令三相电流 i_A、i_B、i_C 分别为

$$\begin{cases} i_A=\sqrt{2}I\cos(\omega t) \\ i_B=\sqrt{2}I\cos\left(\omega t-\dfrac{2\pi}{3}\right) \\ i_C=\sqrt{2}I\cos\left(\omega t+\dfrac{2\pi}{3}\right) \end{cases} \tag{4-69}$$

取 $\sqrt{2}I=1\text{A}$、$\omega t=0$，即电流 $i_A=1\text{A}$，$i_B=-0.5\text{A}$，$i_C=-0.5\text{A}$ 的瞬间，对正序电流，按式（4-65）计算磁动势并绘制三相合成磁动势波形图，如图 1-5 所示。

第5章 三相交流分数槽绕组的全息谱分析

分数槽绕组是指每极每相槽数 q 为分数的绕组，它扩大了电机可能选用的槽数，是交流电机常用的一种绕组。在低速的凸极同步电机（如水轮同步发电机、低速同步电动机）中应用较多。这是因为其转速低，极数较多、极距相对较小，每极每相槽数 q 不能取得过大，q 不易凑成整数。对发电机，分数槽绕组还有削弱齿谐波电动势从而改进电压波形的作用。分数槽绕组在一些异步电动机中也得到应用。在永磁无刷直流电动机（Brushless DC Motor，BLDCM）和永磁同步电动机（Permanent Magnet Synchronous Motor，PMSM）中使用的 $q<1$ 的集中绕组也属于分数槽绕组。

分数槽绕组一般是双层绕组，同整数槽绕组一样，也有叠绕组和波绕组两种类型。分数槽绕组与整数槽绕组的构成方式相同，只是相带划分上有所不同。

采用分数槽绕组的优缺点如下：

（1）削弱了由磁极磁场因齿槽效应感生的谐波电动势。

（2）采用分数槽绕组，使与基波有相同绕组因数的齿谐波磁动势的次数变大，因而齿谐波磁动势的幅值减小。

（3）减小了因气隙磁导变化引起的每极磁通的脉振幅值，从而改善电动势的波形，减小磁极表面的脉振损耗。

（4）分数槽绕组的磁动势中存在分数次和偶数次谐波，应注意由此可能引起的振动和噪声等。

本章分析正规接法的三相分数槽绕组，包括 60°相带、大小相带、120°相带三种分数槽绕组的槽号分配和谐波情况。重点是三相 60°相带分数槽绕组，包括三相 $q<1$ 的真分数槽 60°相带集中绕组，给出了这些绕组计算的解析公式。

由于整数槽绕组是分数槽绕组的一个特殊情况，是分数槽绕组中每极每相槽数的分母为 1 的绕组，因此本章分析所得的结论可以用于整数槽绕组，即包括了整数槽绕组的内容。

5.1 分数槽绕组的构成原理

在对交流电机绕组进行分析之前，按 2.3 节，根据绕组分析的需要，首先补充下面分析中所用的数论中的几个定理和相关概念[110-112]，然后再对绕组进行分析。

5.1.1 完全剩余系和简化剩余系

定义 7：若以正整数 m 为模，则任何整数必和下列 m 个数之一同余：

$$0,1,2,\cdots,m-1$$

若把同余的数划成一类，则全体整数共可分为 m 类。从每一类当中取出 1 个数，则这 m 个数称为以 m 为模的完全剩余系。

以 m 为模，任何 m 个连续整数都是完全剩余系。其中，$0,1,2,\cdots,m-1$ 是模 m 的非负最小完全剩余系，记作 Z_m。

定义 8： 和模 m 互质的剩余类共有 $\varphi(m)$ 个［$\varphi(m)$ 为正整数 m 的欧拉函数］。从这每一类当中取出 1 个数，则这 $\varphi(m)$ 个数称为以 m 为模的简化剩余系。其中不大于 m 而和 m 互质的全体正整数是模 m 的最小正简化剩余系。

定理 6： 对整数 a，若 $(a,m)=1$，$r_1,r_2,\cdots,r_m$ 是模 m 的完全剩余系，则 ar_1，$ar_2,\cdots,ar_m$ 也是模 m 的完全剩余系。

定理 7： 若 $(a,m)=1$，$r_1,r_2,\cdots,r_{\varphi(m)}$ 是模 m 的简化剩余系，则 $ar_1,ar_2,\cdots,$ $ar_{\varphi(m)}$ 也是模 m 的简化剩余系。

5.1.2 单元电机槽数和极对数的组合

设 m 相交流电机绕组，槽数为 Q，极对数为 p。绕组的每极每相槽数 q 一般可表示为

$$q=\frac{Q}{2pm}=b\frac{c}{d}=\frac{N}{d} \tag{5-1}$$

其中，b 为 q 的整数部分，c/d 为真分数，c 与 d 互质。N 和 d 也没有公约数，且有 $N=bd+c$。

若槽数 Q 和极对数 p 有最大公约数 t，即电机由 t 个单元电机组成。每个单元电机的槽数和极对数分别为 $Q_t=Q/t$ 和 $p_t=p/t$。

对于三相电机，为了使三相绕组对称，Q_t 必须为 3 的倍数。同时，也容易证明，若单元电机的槽数 Q_t 为相数 m 的倍数，即 3 的倍数时，因可获得三相分布相同、相位相差 $120°$ 的电动势和磁动势，则必存在三相对称绕组方案。

根据交流绕组的全息谱分析理论，$p_t>Q_t$ 无意义。为构成对称的三相交流绕组，Q_t 应为 3 的倍数。在 $1\leqslant p_t\leqslant Q_t$ 且 Q_t 和 p_t 互质的条件下，单元电机的槽数 Q_t 和极对数 p_t 的组合关系如表 5-1 所示。由表 5-1 可以看出，与三相整数槽绕组中 Q_t 为 6 的倍数相比，采用分数槽绕组，三相交流电机的槽数和极对数的选择范围要大很多。

表 5-1　　　　　　　　三相分数槽绕组的单元电机槽数和极对数组合表

槽数 Q_t	极　对　数　p_t	槽极组合数
3	1，2	2
6	1，5	2
9	1，2，4，5，7，8	6
12	1，5，7，11	4
15	1，2，4，7，8，11，13，14	8
18	1，5，7，11，13，17	6
21	1，2，4，5，8，10，11，13，16，17，19，20	12
24	1，5，7，11，13，17，19，23	8

槽数 Q_t	极 对 数 p_t	槽极组合数
27	1，2，4，5，7，8，10，11，13，14，16，17，19，20，22，23，25，26	18
30	1，7，11，13，17，19，23，29	8
33	1，2，4，5，7，8，10，13，14，16，17，19，20，23，25，26，28，29，31，32	20
36	1，5，7，11，13，17，19，23，25，29，31，35	12
39	1，2，4，5，7，8，10，11，14，16，17，19，20，22，23，25，28，29，31，32，34，35，37，38	24
42	1，5，11，13，17，19，23，25，29，31，37，41	12
45	1，2，4，7，8，11，13，14，16，17，19，22，23，26，28，29，31，32，34，37，38，41，43，44	24
48	1，5，7，11，13，17，19，23，25，29，31，35，37，41，43，47	16
⋮	⋮	⋮

由定义 8，表 5-1 中每个槽数 Q_t 下的极对数 p_t，构成模 Q_t 的最小正简化剩余系。对应每个槽数 Q_t 的极对数 p_t 的个数，即某一个槽数与极对数构成的组合（简称槽极组合）的数量，是槽数 Q_t 的欧拉函数。称此数为槽极组合数。

正整数 n 的欧拉函数 $\varphi(n)$ 的公式为

$$\varphi(n) = n\left(1 - \frac{1}{p_1}\right)\left(1 - \frac{1}{p_2}\right)\cdots\left(1 - \frac{1}{p_k}\right) \tag{5-2}$$

式中　　p_1、p_2、$\cdots$、p_k——n 的所有质因数。

取式（5-2）中 n 分别为单元电机各个槽数 Q_t，得对应表 5-1 的单元电机各槽数配合的极对数 p_t 个数（槽极组合数）分别为 $\varphi(3) = 2$，$\varphi(6) = 2$，$\varphi(9) = 6$，$\varphi(12) = 4$，$\varphi(15) = 8$，$\varphi(18) = 6$，$\varphi(21) = 12$，$\varphi(24) = 8$，$\varphi(27) = 18$，$\varphi(30) = 8$，$\varphi(33) = 20$，$\varphi(36) = 12$，$\varphi(39) = 24$，$\varphi(42) = 12$，$\varphi(45) = 24$，$\varphi(48) = 16$ 等。对应单元电机槽数 Q_t 的槽极组合数已标注在表 5-1 中。

5.1.3　分数槽绕组的构成方法

对于表 5-1 中的每一个槽极组合，均可设计出三相对称的交流绕组。这些槽极组合中，只有当 Q_t 为 6 的倍数，且 $p_t = 1$ 时，才能构成整数槽绕组，其余均为分数槽绕组。分数槽绕组的构成方法与整数槽绕组的方法相同，仅因绕组槽矢量图中槽号分布的不连续和绕组各相带的不均匀而显复杂。

例如，三相 60° 相带整数槽绕组，每相每极下面每个相带所占的槽数相同，为每极每相槽数 q，每对极重复 1 次，绕组构成较简单。三相 60° 相带分数槽绕组，因 $q\left(q = b\dfrac{c}{d} = \dfrac{N}{d}\right)$ 为分数，而每个相带内的槽数不能为分数，只能是在 d 个相带内占有 N 个槽。其中 c 个相带有 $b+1$ 个槽，$d-c$ 个相带有 b 个槽。每相每极下面每个相带占有的槽数不同，有大有小。各相带槽数的多少可由相带的循环数序确定[4][8]。通常，循环数序可以用凑整法、余项法、四舍五入法等方法获得。循环数序法只是确定绕组的一种处理手段，各循环数序方法的本质是一致的，可以统一到槽矢量图分析中。这些方法只是因各相带选取时相带的起点不同而有不同的循环数序。对三相 60°相带分数槽绕组，每个相带均为 60°电角度，三相按相带顺序依次占有 60°。选取某一槽矢量相位作为参考相位，令其相位角为 0°，则凑整法的相带起点选在（0⁻）°处，即第 1 个相带为（0⁻～60⁻）°；余项法的相带起点选在（−α⁺）°处，即第 1 个相带为 $[−α^+ ～(−α+60)^+]$°；而四舍五入法的相带起点选在 $[(−α/2)^−]$°处。其余相带按每个相带 60°依次确定。

本书采用的分相是以（0⁻）°处为起点，即使用凑整法分相。需要注意，分析结果中的全息谱相位即与此方法对应。分相方式会影响全息谱相位，但不影响全息谱幅值。

和第 4 章类似，下面分别分析三相 60°相带、大小相带、120°相带三种分数槽绕组。并专门就目前已在永磁无刷直流电动机和永磁同步电动机中广泛使用的分数槽集中绕组进行分析，给出绕组的分相过程和绕组的全息谱。

5.2 三相 60°相带分数槽绕组

首先讨论三相 60°相带分数槽绕组的分相。

与整数槽绕组一样，根据交流电机绕组的相带划分法，三相 60°相带分数槽绕组可在基波的槽电动势星形图上按每个相带 60°电角度的宽度以 AZBXCY 的顺序来确定各相绕组的槽号。下面选取电机的一个单元电机来分析，并将单元电机的空间定义为 2π 弧度（360°角度）。各单元电机绕组的分布相同。因三相对称分数槽绕组的单元电机槽数 Q_t 必须为 3 的倍数，根据 Q_t 的数值类型，将分数槽绕组槽电动势矢量分布分为 Q_t 为偶数（$Q_t=6K$，K 为自然数）和 Q_t 为奇数（$Q_t=6K-3$，K 为自然数）两种情况分别分析。

5.2.1 Q_t 为偶数时三相 60°相带分数槽绕组的分相

参考图 5-1 和图 5-2，Q_t 为偶数、$Q_t=6K$ 时的槽电动势星形图，相邻槽矢量的间

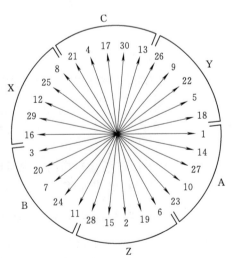
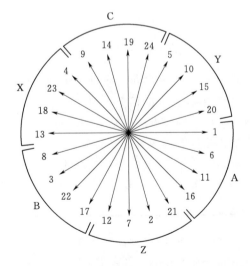

图 5-1 $Q_t=30$，$p_t=7$ 的三相 60°相带绕组槽电动势星形图及各相矢量分布图　　图 5-2 $Q_t=24$，$p_t=5$ 的三相 60°相带绕组槽电动势星形图及各相矢量分布图

隔为矢距槽数 X，X 满足式（2-27），即

$$Xp_t = kQ_t + 1 \tag{5-3}$$

因 Q_t 为偶数，p_t 与 Q_t 互质，故 p_t 为奇数，从而由式（5-3）可知 $X = \dfrac{kQ_t+1}{p_t}$，所以 X 为奇数。

由图可见，当 Q_t 为偶数、$Q_t = 6K$ 时，将单元电机槽电动势星形图中的 $6K$ 个矢量分成 6 个相带，每个相带均有 K 个矢量。每一相有 2 个相带，2 个相带相距 $180°$ 电角度。

对于单元电机，两个空间相距 $180°$ 角度的 2 个槽，对应的槽电动势矢量相差 $p_t \times 180°$ 电角度，它等效于 $180°$ 电角度。这是因为 $Q_t = 6K$ 时 p_t 为奇数，$p_t \times 180°$ 电角度与 $180°$ 电角度等效。而 2 个相距 $180°$ 电角度的矢量，在矢量图中即为相距 $Q_t/2$ 个槽矢量。相邻槽矢量间隔为 X 个槽，$Q_t/2$ 个槽矢量对应 $XQ_t/2$ 个等效的槽数间隔。因为 X 为奇数，$XQ_t/2$ 同余于 $Q_t/2$ 模 Q_t。所以，每相的相距 $180°$ 电角度的 2 个相带，在实际的空间位置上，相差 $Q_t/2$ 个槽，即相差单元电机的半个圆周。故每相的正负 2 个相带所对应的各矢量及相带中心均相差 $Q_t/2$ 个槽、相差单元电机的 $180°$ 角度。

以 1 号槽作为正相带中按顺序排列的 A 相绕组的第 1 个槽，A 相绕组正相带的 K 个槽槽号分别为 1、$X+1$、$<2X+1>_{Q_t}$、$\cdots$、$<(K-1)X+1>_{Q_t}$ 号槽；负相带的 K 个槽槽号为 $\dfrac{Q_t}{2}+1$、$\left\langle \dfrac{Q_t}{2}+X+1 \right\rangle_{Q_t}$、$\left\langle \dfrac{Q_t}{2}+2X+1 \right\rangle_{Q_t}$、$\cdots$、$\left\langle \dfrac{Q_t}{2}+(K-1)X+1 \right\rangle_{Q_t}$ 号槽。$<n>_{Q_t}$ 表示整数 n 模 Q_t 的最小正剩余。

B 相绕组、C 相绕组与 A 相绕组在空间分别相差 $120°$ 和 $240°$ 电角度，即在槽电动势星形图中相差 $2K$ 个槽矢量和 $4K$ 个槽矢量。

B 相绕组正相带占有 $<2KX+1>_{Q_t}$、$<X+2KX+1>_{Q_t}$、$<2X+2KX+1>_{Q_t}$、$\cdots$、$<(K-1)X+2KX+1>_{Q_t}$ 号槽；负相带占有 $\left\langle \dfrac{Q_t}{2}+2KX+1 \right\rangle_{Q_t}$、$\left\langle X+\dfrac{Q_t}{2}+2KX+1 \right\rangle_{Q_t}$、$\left\langle 2X+\dfrac{Q_t}{2}+2KX+1 \right\rangle_{Q_t}$、$\cdots$、$\left\langle (K-1)X+\dfrac{Q_t}{2}+2KX+1 \right\rangle_{Q_t}$ 号槽。

C 相绕组正相带占有 $<4KX+1>_{Q_t}$、$<X+4KX+1>_{Q_t}$、$<2X+4KX+1>_{Q_t}$、$\cdots$、$<(K-1)X+4KX+1>_{Q_t}$ 号槽；负相带占有 $\left\langle \dfrac{Q_t}{2}+4KX+1 \right\rangle_{Q_t}$、$\left\langle X+\dfrac{Q_t}{2}+4KX+1 \right\rangle_{Q_t}$、$\left\langle 2X+\dfrac{Q_t}{2}+4KX+1 \right\rangle_{Q_t}$、$\cdots$、$\left\langle (K-1)X+\dfrac{Q_t}{2}+4KX+1 \right\rangle_{Q_t}$ 号槽。

各相带的槽电动势矢量和，其位置或称为相带的中心，与 K 的奇偶有关。

1. $Q_t = 6K$、K 为奇数时

因 K 为奇数，每个相带的矢量和均位于此相带中间槽的矢量处，此即相带的中心。

参见图 5-1，A 相绕组正相带中心位于 $\left\langle \dfrac{K-1}{2}X+1 \right\rangle_{Q_t}$ 号槽的槽矢量位置，负相带中心位于 $\left\langle \dfrac{K-1}{2}X+\dfrac{Q_t}{2}+1 \right\rangle_{Q_t}$ 号槽的槽矢量位置。B 相绕组、C 相绕组与 A 相绕组分别

相差 120°和 240°电角度，即相差 $2K$ 个槽矢量和 $4K$ 个槽矢量。

【例 5-1】 试确定 $Q_t=30$，$p_t=7$ 的三相 60°相带分数槽绕组的分相。

解： 此绕组的槽电动势星形图如图 5-1 所示。$Q_t=30=6K$，$K=5$ 为奇数，矢距槽数 $X=13$，每个相带 5 个槽。A 相绕组正相带的 5 个槽为 1 号、14 号、27 号、10 号、23 号槽；负相带的 5 个槽为 16 号、29 号、12 号、25 号、8 号槽。正相带中心位于 $\left\langle \dfrac{K-1}{2}X+1 \right\rangle_{Q_t}$ 号槽矢量的位置，即 27 号槽矢量处；负相带中心位于 $\left\langle \dfrac{K-1}{2}X+\dfrac{Q_t}{2}+1 \right\rangle_{Q_t}$ 号槽矢量的位置，即 12 号槽矢量处。两相带中心相差 $Q_t/2$ 个槽，即 15 个槽，相差单元电机的 180°角度。B 相绕组正相带占有 11 号、24 号、7 号、20 号、3 号；负相带占有 26 号、9 号、22 号、5 号、18 号槽。C 相绕组正相带占有 21 号、4 号、17 号、30 号、13 号槽；负相带占有 6 号、19 号、2 号、15 号、28 号槽。B 相绕组、C 相绕组与 A 相绕组在空间分别相差 120°和 240°电角度。

2. $Q_t=6K$、K 为偶数时

参见图 5-2，因 K 为偶数，每个相带的矢量和位于此相带中间处。与 K 为奇数时不同，此矢量和不与某个槽矢量同相位，而是在两个槽矢量的中间位置。每相有 2 个相带，2 个相带相距 180°电角度。与 $Q_t=6K$、K 为奇数时分析相同，2 个相带对应的各矢量及相带中心均相差 $Q_t/2$ 个槽，相差单元电机的 180°角度。A 相绕组正相带中心位于 $\left\langle \left(\dfrac{K}{2}-1\right)X+1 \right\rangle_{Q_t}$ 号槽矢量和 $\left\langle \dfrac{K}{2}X+1 \right\rangle_{Q_t}$ 号槽矢量的中间位置，负相带中心位于 $\left\langle \left(\dfrac{K}{2}-1\right)X+\dfrac{Q_t}{2}+1 \right\rangle_{Q_t}$ 号槽矢量和 $\left\langle \dfrac{K}{2}X+\dfrac{Q_t}{2}+1 \right\rangle_{Q_t}$ 号槽矢量的中间位置。B 相绕组、C 相绕组与 A 相绕组分别相差 120°和 240°电角度，即相差 $2K$ 个槽矢量和 $4K$ 个槽矢量。

【例 5-2】 试确定 $Q_t=24$，$p_t=5$ 的三相 60°相带分数槽绕组的分相。

解： 此绕组的槽电动势星形图如图 5-2 所示。$Q_t=24=6K$，$K=4$ 为偶数，矢距槽数 $X=5$，每个相带 4 个槽。A 相绕组正相带的 4 个槽为 1 号、6 号、11 号、16 号槽；负相带的 4 个槽为 13 号、18 号、23 号、4 号槽。A 相绕组正相带中心位于 $\left\langle \left(\dfrac{K}{2}-1\right)X+1 \right\rangle_{Q_t}$ 号槽矢量和 $\left\langle \dfrac{K}{2}X+1 \right\rangle_{Q_t}$ 号槽矢量的中间位置，即 6 号槽矢量和 11 号槽矢量的中间处，亦即 8 号槽矢量和 9 号槽矢量的中间；负相带中心位于 $\left\langle \left(\dfrac{K}{2}-1\right)X+\dfrac{Q_t}{2}+1 \right\rangle_{Q_t}$ 号槽矢量和 $\left\langle \dfrac{K}{2}X+\dfrac{Q_t}{2}+1 \right\rangle_{Q_t}$ 号槽矢量的中间位置，即 18 号槽矢量和 23 号槽矢量的中间处，亦即 20 号槽矢量和 21 号槽矢量的中间。2 相带中心相差 $Q_t/2$ 个槽，即 12 个槽，相差单元电机的 180°角度。B 相绕组正相带占有 17 号、22 号、3 号、8 号槽；负相带占有 5 号、10 号、15 号、20 号槽。C 相绕组正相带占有 9 号、14 号、19 号、24 号槽；负相带占有 21 号、2 号、7 号、12 号槽。B 相绕组、C 相绕组与 A 相绕组在空间分别相差 120°和

$240°$电角度。

5.2.2 Q_t 为奇数时三相 $60°$ 相带分数槽绕组的分相

参考如图 5-3 所示，Q_t 为奇数、$Q_t=6K-3$ 时的槽电动势星形图。将单元电机中 $Q_t=6K-3$ 个矢量分成 6 个相带时，各相带槽数不可能相同。每相有 $2K-1$ 个矢量，每相的 2 个相带矢量数不同，相差 1 个矢量。一般选取正相带矢量数比负相带多 1 个，即每相的正相带有 K 个槽矢量，负相带有 $K-1$ 个槽矢量。

以 1 号槽作为按顺序排列的 A 相绕组正相带的第 1 个槽，A 相绕组正相带的 K 个槽为 1、$X+1$、$<2X+1>_{Q_t}$、…、$<(K-1)X+1>_{Q_t}$ 号槽；负相带的 $K-1$ 个槽 $\left\langle\dfrac{Q_t+1}{2}X+1\right\rangle_{Q_t}$、$\left\langle X+\dfrac{Q_t+1}{2}X+1\right\rangle_{Q_t}$、$\left\langle 2X+\dfrac{Q_t+1}{2}X+1\right\rangle_{Q_t}$、…、$\left\langle(K-2)X+\dfrac{Q_t+1}{2}X+1\right\rangle_{Q_t}$ 号槽。

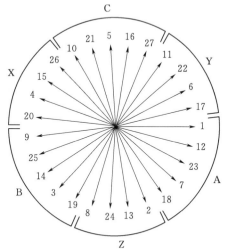

图 5-3 $Q_t=27$，$p_t=5$ 的三相 $60°$ 相带绕组槽电动势星形图及各相矢量分布图

B 相绕组、C 相绕组与 A 相绕组在空间分别相差 $120°$和 $240°$电角度，即在槽电动势矢量图中相差 $2K-1$ 个槽矢量和 $4K-2$ 个槽矢量。

B 相绕组正相带占有 $<(2K-1)X+1>_{Q_t}$、$<X+(2K-1)X+1>_{Q_t}$、$<2X+(2K-1)X+1>_{Q_t}$、…、$<(K-1)X+(2K-1)X+1>_{Q_t}$ 号槽；负相带占有 $\left\langle\dfrac{Q_t+1}{2}X+(2K-1)X+1\right\rangle_{Q_t}$、$\left\langle X+\dfrac{Q_t+1}{2}X+(2K-1)X+1\right\rangle_{Q_t}$、$\left\langle 2X+\dfrac{Q_t+1}{2}X+(2K-1)X+1\right\rangle_{Q_t}$、…、$\left\langle(K-2)X+\dfrac{Q_t+1}{2}X+(2K-1)X+1\right\rangle_{Q_t}$ 号槽。

C 相绕组正相带占有 $<(4K-2)X+1>_{Q_t}$、$<X+(4K-2)X+1>_{Q_t}$、$<2X+(4K-2)X+1>_{Q_t}$、…、$<(K-1)X+(4K-2)X+1>_{Q_t}$ 号槽；负相带占有 $\left\langle\dfrac{Q_t+1}{2}X+(4K-2)X+1\right\rangle_{Q_t}$、$\left\langle X+\dfrac{Q_t+1}{2}X+(4K-2)X+1\right\rangle_{Q_t}$、$\left\langle 2X+\dfrac{Q_t+1}{2}X+(4K-2)X+1\right\rangle_{Q_t}$、…、$\left\langle(K-2)X+\dfrac{Q_t+1}{2}X+(4K-2)X+1\right\rangle_{Q_t}$ 号槽。

各相带的槽电动势矢量和，其位置与 K 的奇偶及矢距槽数 X 的奇偶有关。

1. $Q_t=6K-3$、K 为奇数

因 K 为奇数，正相带的 K 个槽矢量的矢量和位于此相带中间的槽矢量处，此即正相

155

带的中心；负相带的 $K-1$ 个槽矢量的矢量和位于此相带中间处，但无对应的槽矢量。

A 相绕组正相带中心位于 $\left\langle \dfrac{K-1}{2}X+1 \right\rangle_{Q_t}$ 号槽矢量的位置，负相带中心位于 $\left\langle \left(\dfrac{K+Q_t}{2}-1\right)X+1 \right\rangle_{Q_t}$ 号槽矢量和 $\left\langle \dfrac{K+Q_t}{2}X+1 \right\rangle_{Q_t}$ 号槽矢量的中间位置。B 相绕组、C 相绕组与 A 相绕组分别相差 120°和 240°电角度，即相差 $2K-1$ 个槽矢量和 $4K-2$ 个槽矢量。

当 X 为偶数时，A 相绕组正相带的中心位置为 $\left\langle \dfrac{K-1}{2}X+1 \right\rangle_{Q_t}$ 号槽矢量处；负相带中心位于 $\left\langle (K-2)\dfrac{X}{2}+1 \right\rangle_{Q_t}$ 号槽矢量和 $\left\langle K\dfrac{X}{2}+1 \right\rangle_{Q_t}$ 号槽矢量的中间位置，即 $\left\langle \dfrac{K-1}{2}X+1 \right\rangle_{Q_t}$ 号槽矢量处。每相正负相带的中心位置重合。

当 X 为奇数时，A 相绕组正相带的中心位置为 $\left\langle \dfrac{K-1}{2}X+1 \right\rangle_{Q_t}$ 号槽矢量处；负相带中心位于 $\left\langle \left(\dfrac{K+Q_t}{2}-1\right)X+1 \right\rangle_{Q_t}$ 号槽矢量和 $\left\langle \dfrac{K+Q_t}{2}X+1 \right\rangle_{Q_t}$ 号槽矢量，即 $\left\langle \dfrac{(K-2)X+Q_t}{2}+1 \right\rangle_{Q_t}$ 号槽矢量和 $\left\langle \dfrac{KX+Q_t}{2}+1 \right\rangle_{Q_t}$ 号槽矢量的中间位置。正负相带中心位置相差 $Q_t/2$（注意！$Q_t/2$ 不是整数）个槽距位置，即相差单元电机的 180°角度。

【例 5-3】 试确定 $Q_t=27$，$p_t=5$ 的三相 60°相带分数槽绕组的分相。

解：此绕组的槽电动势星形图如图 5-3 所示。$Q_t=27=6K-3$，$K=5$，K 为奇数；矢距槽数 $X=11$，X 为奇数。

A 相绕组正相带占有 1 号、12 号、23 号、7 号、18 号槽；负相带占有 20 号、4 号、15 号、26 号槽。B 相绕组正相带占有 19 号、3 号、14 号、25 号、9 号槽；负相带占有 11 号、22 号、6 号、17 号槽。C 相绕组正相带占有 10 号、21 号、5 号、16 号、27 号槽；负相带占有 2 号、13 号、24 号、8 号槽。

此绕组 A 相绕组正相带的中心位置为 $\left\langle \dfrac{K-1}{2}X+1 \right\rangle_{Q_t}$ 号槽矢量处，即 23 号槽的位置；负相带中心位于 $\left\langle \dfrac{(K-2)X+Q_t}{2}+1 \right\rangle_{Q_t}$ 号槽矢量和 $\left\langle \dfrac{KX+Q_t}{2}+1 \right\rangle_{Q_t}$ 号槽矢量的中间位置，即 4 号槽矢量和 15 号槽矢量的中间处，亦即 9 号槽矢量和 10 号槽矢量的中间位置。两相带中心相差 27/2 个槽距位置，即相差单元电机的 180°角度。

【例 5-4】 试确定 $Q_t=27$，$p_t=2$ 的三相 60°相带分数槽绕组的分相。

解：此绕组的槽电动势星形图如图 5-4 所示。$Q_t=27=6K-3$，$K=5$，K 为奇数；矢距槽数 $X=14$，X 为偶数。

A 相绕组正相带占有 1 号、15 号、2 号、16 号、3 号槽；负相带占有 8 号、22 号、9

号、23 号槽。B 相绕组正相带占有 19 号、6 号、20 号、7 号、21 号槽；负相带占有 26 号、13 号、27 号、14 号槽。C 相绕组正相带占有 10 号、24 号、11 号、25 号、12 号槽；负相带占有 17 号、4 号、18 号、5 号槽。

A 相绕组正相带的中心位置为 $\left\langle \dfrac{K-1}{2}X+1 \right\rangle_{Q_t}$ 号槽矢量处，即 2 号槽的位置；负相带中心位于 $\left\langle (K-2)\dfrac{X}{2}+1 \right\rangle_{Q_t}$ 号槽矢量和 $\left\langle K\dfrac{X}{2}+1 \right\rangle_{Q_t}$ 号槽矢量的中间位置，即 22 号槽矢量和 9 号槽矢量的中间处，亦即 2 号槽矢量的位置。每相的两个相带中心重合。

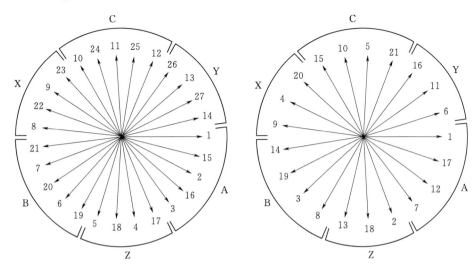

图 5-4　$Q_t=27$，$p_t=2$ 的三相 60°相带绕组槽电动势星形图及各相矢量分布图

图 5-5　$Q_t=21$，$p_t=4$ 的三相 60°相带绕组槽电动势星形图及各相矢量分布图

2. $Q_t=6K-3$、K 为偶数

参考如图 5-5 所示 $Q_t=6K-3$，K 为偶数时的槽电动势星形图。因 K 为偶数，正相带的 K 个矢量的矢量和位于此相带中间处，无对应的槽矢量；负相带的 $K-1$ 个矢量的矢量和位于此相带中间的槽矢量处，即负相带的中心。

经分析可得，当 X 为偶数时，A 相正相带的中心位置为 $\left\langle \left(\dfrac{K}{2}-1\right)X+1 \right\rangle_{Q_t}$ 号槽矢量和 $\left\langle \dfrac{K}{2}X+1 \right\rangle_{Q_t}$ 号槽矢量的中间位置；负相带的中心位置为 $\left\langle (K-1)\dfrac{X}{2}+1 \right\rangle_{Q_t}$ 号槽矢量处，即每相的正负相带中心位置重合。

当 X 为奇数时，A 相正相带中心位于 $\left\langle \left(\dfrac{K}{2}-1\right)X+1 \right\rangle_{Q_t}$ 号槽矢量和 $\left\langle \dfrac{K}{2}X+1 \right\rangle_{Q_t}$ 号槽矢量的中间位置；负相带的中心位于 $\left\langle \dfrac{(K-1)X+Q_t}{2}+1 \right\rangle_{Q_t}$ 号槽矢量处。正负相带中心位置相差 $Q_t/2$ 个槽距位置，即每相的正负相带相差单元电机的 180°角度。

例如，图 5-5 的 $Q_t = 21$，$p_t = 4$ 三相 60°相带分数槽绕组，$K = 4$，$X = 16$。此时 X 为偶数。A 相绕组正相带占有 1 号、17 号、12 号、7 号槽；负相带占有 9 号、4 号、20 号槽。A 相正相带中心位于 $\left\langle \left(\dfrac{K}{2} - 1\right)X + 1 \right\rangle_{Q_t}$ 号槽矢量和 $\left\langle \dfrac{K}{2}X + 1 \right\rangle_{Q_t}$ 号槽矢量的中间位置，即 17 号槽矢量和 12 号槽矢量的中间处，亦即 4 号槽矢量的位置；负相带中心位于 $\left\langle (K-1)\dfrac{X}{2} + 1 \right\rangle_{Q_t}$ 号槽的位置，即 4 号槽的位置。A 相的 2 个相带中心重合。

而当 X 为奇数时，例如，$Q_t = 21$，$p_t = 2$ 的三相 60°相带分数槽绕组，其槽电动势星形图如图 5-6 所示。$K = 4$，$X = 11$。A 相绕组正相带占有 1 号、12 号、2 号、13 号槽；负相带占有 17 号、7 号、18 号槽。A 相正相带中心位于 $\left\langle \left(\dfrac{K}{2} - 1\right)X + 1 \right\rangle_{Q_t}$ 号槽和 $\left\langle \dfrac{K}{2}X + 1 \right\rangle_{Q_t}$ 号槽的中间位置，即 12 号槽矢量和 2 号槽矢量的中间处，亦即 17 号槽和 18 号槽的中间位置；负相带中心位于 $\left\langle \dfrac{(K-1)X + Q_t}{2} + 1 \right\rangle_{Q_t}$ 号槽的

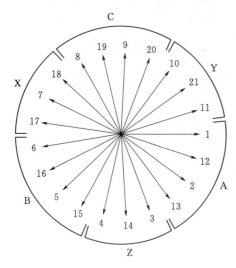

图 5-6　$Q_t = 21$，$p_t = 2$ 的三相 60°相带绕组槽电动势星形图及各相矢量分布图

位置，即 7 号槽的位置。2 个相带中心相差 21/2 个槽距位置，即相差单元电机的 180°角度。

5.2.3　三相 60°相带分数槽绕组的并联支路数

从 5.2.1 节和 5.2.2 节分析可以看出，对于三相 60°相带分数槽绕组，当 Q_t 为偶数时，每个单元电机每相的 2 个相带大小相等，相位相反，最多可以有 2 路并联支路；当 Q_t 为奇数时，2 个相带大小不相等，每个单元电机并联支路数只能为 1。若电机由 t 个单元电机组成，则三相 60°相带分数槽绕组，当 Q_t 为偶数时，每相的最大并联支路数 $a_{\max} = 2t$；Q_t 为奇数时，每相的最大并联支路数 $a_{\max} = t$。绕组实际的并联支路数 $a \leqslant a_{\max}$，但 a 必须为 $a_{\max}$ 的约数。

5.2.4　三相 60°相带分数槽绕组的基波绕组因数

首先分析单元电机槽数相同而极对数不同时各槽电动势星形图的特点。

以单元电机槽数 $Q_t = 18$ 为例。由表 5-1，对应的极对数有 1、5、7、11、13、17。它们的电动势星形图如图 5-7 所示。

由图 5-7 可见，单元电机槽数相同、极对数不同，且槽数与极对数互质时，它们的槽电动势星形图相同，各相带所占槽的分布也相同，只是包含的槽号不同。单元电机 Q_t

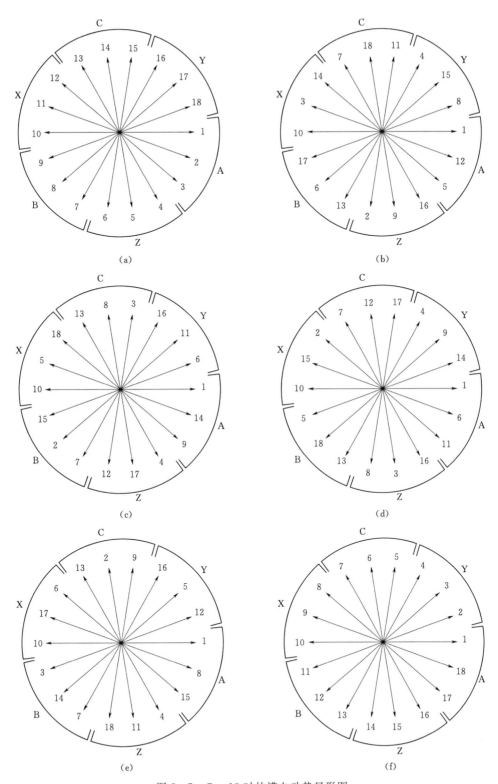

图 5 - 7　$Q_t = 18$ 时的槽电动势星形图

(a) $p_t = 1$；(b) $p_t = 5$；(c) $p_t = 7$；(d) $p_t = 11$；(e) $p_t = 13$；(f) $p_t = 17$

个槽，形成有 Q_t 个矢量的槽电动势星形图，矢距角为 $\dfrac{2\pi}{Q_t}$。矢距角与单元电机极对数无关。根据分布因数的定义可以得出，相同 Q_t 的三相 60°相带绕组基波分布因数相同，即三相 60°相带分数槽绕组的基波分布因数与单元电机极对数无关，仅与单元电机的槽数有关。

参考三相 60°相带整数槽绕组的基波分布因数，当 $Q_t=6K$，即 Q_t 为偶数时，三相 60°相带分数槽绕组的基波分布因数 k_{q1p} 为

$$k_{q1p}=\frac{3}{Q_t\sin\dfrac{\pi}{Q_t}},\quad Q_t\text{ 为偶数时} \tag{5-4}$$

当 $Q_t=6K-3$，即 Q_t 为奇数时，将负相带的 $K-1$ 个槽矢量反向，与正相带的 K 个槽矢量合在一起，形成 $2K-1=Q_t/3$ 个间隔为 $1/2$ 矢距角的矢量分布。参见图 5-3 和图 5-5，可得基波分布因数 k_{q1p} 为

$$k_{q1p}=\frac{3}{2Q_t\sin\dfrac{\pi}{2Q_t}},\quad Q_t\text{ 为奇数时} \tag{5-5}$$

表 5-2 为对应单元电机槽数 Q_t 的三相 60°相带绕组基波分布因数表。

表 5-2   **三相 60°相带绕组基波分布因数表**

槽数 Q_t	基波分布因数 k_{q1p}	槽数 Q_t	基波分布因数 k_{q1p}
6	1	30	0.9567
9	0.9598	33	0.9553
12	0.9659	36	0.9561
15	0.9567	39	0.9552
18	0.9598	42	0.9558
21	0.9558	45	0.9551
24	0.9577	48	0.9556
27	0.9555	⋮	⋮

5.3 三相大小相带分数槽绕组

在三相 60°相带分数槽绕组基础上，将每相的正相带扩大 L 个槽矢量，负相带缩小 L 个槽矢量，便得大小相带分数槽绕组[1]。

当 $Q_t=6K$ 时，$L=1\sim K-1$。每相的正相带有 $K+L$ 个槽矢量，每相的负相带有 $K-L$ 个槽矢量。以 1 号槽作为按顺序排列的 A 相绕组正相带的第 1 个槽，A 相绕组正相带 $K+L$ 个槽的槽号分别为 1、$X+1$、$\langle 2X+1\rangle_{Q_t}$、$\cdots$、$\langle(K+L-1)X+1\rangle_{Q_t}$ 号槽；负相带 $K-L$ 个槽的槽号分别为 $\left\langle\dfrac{Q_t}{2}+LX+1\right\rangle_{Q_t}$、$\left\langle(L+1)X+\dfrac{Q_t}{2}+1\right\rangle_{Q_t}$、$\left\langle(L+2)X+\dfrac{Q_t}{2}\right.$

$+1\Big\rangle_{Q_t}$、…、$\Big\langle (K-1)X+\dfrac{Q_t}{2}+1\Big\rangle_{Q_t}$ 号槽。B 相绕组、C 相绕组与 A 相绕组在空间分别相差 120° 和 240° 电角度，即在槽电动势矢量图中相差 $2K$ 个槽矢量和 $4K$ 个槽矢量。

当 $Q_t=6K-3$ 时，$L=1\sim K-2$。每相的正相带有 $K+L$ 个槽矢量，负相带有 $K-1-L$ 个槽矢量。以 1 号槽作为按顺序排列的 A 相绕组正相带的第 1 个槽，A 相绕组正相带 $K+L$ 个槽的槽号为 1、$X+1$、$\langle 2X+1\rangle_{Q_t}$、…、$\langle (K-1+L)X+1\rangle_{Q_t}$ 号槽；负相带 $K-1-L$ 个槽的槽号为 $\Big\langle \dfrac{Q_t+1}{2}X+LX+1\Big\rangle_{Q_t}$、$\Big\langle (L+1)X+\dfrac{Q_t+1}{2}X+1\Big\rangle_{Q_t}$、$\Big\langle (L+2)X+\dfrac{Q_t+1}{2}X+1\Big\rangle_{Q_t}$、…、$\Big\langle (K-2)X+\dfrac{Q_t+1}{2}X+1\Big\rangle_{Q_t}$ 号槽。B 相绕组、C 相绕组与 A 相绕组在空间分别相差 120° 和 240° 电角度，即在槽电动势矢量图中相差 $2K-1$ 个槽矢量和 $4K-2$ 个槽矢量。

【例 5-5】 试确定 $Q_t=21$，$p_t=2$ 的三相 $L=1$ 时大小相带分数槽绕组的分相。

解： 此绕组的槽电动势星形图及分相如图 5-8 所示。$Q_t=21=6K-3$，$K=4$，矢距槽数 $X=11$。A 相绕组正相带的 $K+L$ 个槽为 1 号、12 号、2 号、13 号、3 号槽；负相带的 $K-1-L$ 个槽为 7 号、18 号槽。B 相绕组正相带占有 15 号、5 号、16 号、6 号、17 号槽；负相带占有 21 号、11 号槽。C 相绕组正相带占有 8 号、19 号、9 号 20 号、10 号槽；负相带占有 14 号、4 号槽。

这种绕组每个单元电机只能有 1 条并联支路数，整个电机每相最大的并联支路数为单元电机数 t。其绕组的基波分布因数 k_{q1p}，根据矢量图，由式（2-53），有：

$Q_t=6K$ 时，

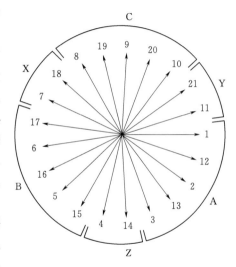

图 5-8 $Q_t=21$，$p_t=2$，$L=1$ 时三相大小相带绕组槽电动势星形图及各相矢量分布图

$$k_{q1p}=\dfrac{1}{\dfrac{Q_t}{3}}\left\{\dfrac{\sin\left[(K+L)\dfrac{\pi}{Q_t}\right]}{\sin\dfrac{\pi}{Q_t}}+\dfrac{\sin\left[(K-L)\dfrac{\pi}{Q_t}\right]}{\sin\dfrac{\pi}{Q_t}}\right\}=\dfrac{3}{Q_t}\dfrac{\cos\left(L\dfrac{\pi}{Q_t}\right)}{\sin\dfrac{\pi}{Q_t}}, \quad Q_t \text{ 为偶数时}$$

$$(5-6)$$

$Q_t=6K-3$ 时，

$$k_{q1p}=\dfrac{1}{\dfrac{Q_t}{3}}\left\{\dfrac{\sin\left[(K+L)\dfrac{\pi}{Q_t}\right]}{\sin\dfrac{\pi}{Q_t}}+\dfrac{\sin\left[(K-L-1)\dfrac{\pi}{Q_t}\right]}{\sin\dfrac{\pi}{Q_t}}\right\}=\dfrac{3}{Q_t}\dfrac{\cos\left[(2L+1)\dfrac{\pi}{2Q_t}\right]}{\sin\dfrac{\pi}{Q_t}}, \quad Q_t \text{ 为奇数时}$$

$$(5-7)$$

5.4 三相 120°相带分数槽绕组

在上述大小相带分数槽绕组中，如果把每相的正相带扩大到 120°，负相带缩小到零，则得 120°相带分数槽绕组[1]。

当 $Q_t=6K$ 时，每相的正相带有 $2K$ 个槽矢量。以 1 号槽作为按顺序排列的 A 相绕组正相带的第 1 个槽，A 相绕组正相带 $2K$ 个槽的槽号分别为 1、$X+1$、$<2X+1>_{Q_t}$、…、$<(2K-1)X+1>_{Q_t}$ 号槽。B 相绕组、C 相绕组与 A 相绕组在空间分别相差 120°和 240°电角度，即在槽电动势矢量图中相差 $2K$ 个槽矢量和 $4K$ 个槽矢量。

当 $Q_t=6K-3$ 时每相的正相带有 $2K-1$ 个槽矢量。以 1 号槽作为按顺序排列的 A 相绕组正相带的第 1 个槽，A 相绕组正相带的 $2K-1$ 个槽为 1、$X+1$、$<2X+1>_{Q_t}$、…、$<(2K-2)X+1>_{Q_t}$ 号槽。B 相绕组、C 相绕组与 A 相绕组在空间分别相差 120°和 240°电角度，即在槽电动势矢量图中相差 $2K-1$ 个槽矢量和 $4K-2$ 个槽矢量。

【例 5-6】 试确定 $Q_t=21$，$p_t=2$ 的三相 120°相带分数槽绕组的分相。

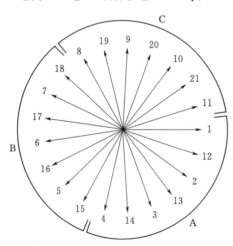

图 5-9　$Q_t=21$，$p_t=2$ 时三相 120°相带绕组槽电动势星形图及各相矢量分布图

解： 此绕组的槽电动势星形图及分相如图 5-9 所示。$Q_t=21=6K-3$，$K=4$，矢距槽数 $X=11$。A 相绕组正相带的 $2K-1$ 个槽为 1 号、12 号、2 号、13 号、3 号、14 号、4 号槽。B 相绕组正相带占有 15 号、5 号、16 号、6 号、17 号、7 号、18 号槽，C 相绕组正相带占有 8 号、19 号、9 号、20 号、10 号、21 号、11 号槽。

容易得出，因这种绕组每个单元电机只能有 1 条并联支路数，整个电机每相最大的并联支路数为单元电机数 t。绕组的基波分布因数 k_{q1p}，根据矢量图，由式（2-53），令 $b=\dfrac{Q_t}{3}$，$\theta=\dfrac{2\pi}{Q_t}$，取 $\nu=1$，得 k_{q1p} 为

$$k_{q1p}=\frac{3\sqrt{3}}{2Q_t\sin\dfrac{\pi}{Q_t}} \tag{5-8}$$

5.5　$q<1$ 的三相分数槽集中绕组

在无刷直流电动机（BLDCM）和永磁同步电动机（PMSM）中越来越多地采用分数槽集中绕组（Fractional-slot Concentrated Winding）。此绕组的每个线圈节距为 1，绕制在一个定子齿上，即线圈嵌在 2 个相邻的槽中。因各个线圈端部没有重叠，不必设相间绝缘，所以这种绕组也称为非重叠绕组（Non-overlapping Fractional-slot Concentrated

Winding)。它具有很多优点：线圈端部短，用铜少，铜耗小，绕组利用率高；对于多极的电动机可以采用较少的定子槽数，有利于槽满率的提高，嵌线方便，工艺性好，可采用自动化绕线来提高生产率；齿槽转矩（Cogging Torque）小，定转子不用斜槽、斜极等措施；感应电动势波形好。此类电机体积小、重量轻，既提高了电机效率和功率密度，又降低了成本，但其谐波磁动势幅值较大。

分数槽集中绕组按绕组相数可分为单相、两相、三相、四相、五相或更多的相，但使用最为普遍的是三相。各相绕组之间常见有星形连接和封闭式连接两种方式，且一般多采用星形连接。分数槽集中绕组按每个槽内线圈边数不同分为单层绕组和双层绕组。因为分数槽单层集中绕组的构成形式不同于双层绕组和一般的单层绕组，需要对其进行专门研究。多数情况下采用双层绕组，下面也主要分析双层绕组。

5.5.1 三相 $q<1$、节距 $y=1$ 分数槽集中绕组的槽数和极数的组合条件

设电机的槽数 Q 和极对数 p 有最大公约数 t，电机由 t 个单元电机组成。每个单元电机的槽数和极数分别为 $Q_t=Q/t$ 和 $p_t=p/t$。为了使三相绕组对称，Q_t 必须为 3 的倍数。普通三相分数槽绕组的 Q_t 和 p_t 的组合见表 5-1。但在节距 $y=1$ 的单元电机中，为了得到较高的绕组因数，y 应接近于极距 τ，通常 $Q<2p$ 或 $Q>2p$ 且接近 $2p$。有

$$y=1\approx\tau=\frac{Q_t}{2p_t} \tag{5-9}$$

即

$$Q_t\approx2p_t \tag{5-10}$$

每极每相槽数 q 为

$$q=\frac{Q}{2pm}=\frac{Q_t}{2p_tm}\approx\frac{1}{3} \tag{5-11}$$

且一般要求基波节距因数 $k_{y1p}\geqslant\dfrac{\sqrt{3}}{2}$[116]。由式（2-18），$y=1$ 时，k_{y1p} 为

$$k_{y1p}=\sin\left(p_t\frac{y}{Q_t}\pi\right)=\sin\left(\frac{p_t}{Q_t}\pi\right) \tag{5-12}$$

即

$$\frac{\pi}{3}\leqslant\frac{p_t}{Q_t}\pi\leqslant\frac{2\pi}{3}$$

$$\frac{1}{3}Q_t\leqslant p_t\leqslant\frac{2}{3}Q_t \tag{5-13}$$

从而有

$$\frac{1}{4}\leqslant q\leqslant\frac{1}{2} \tag{5-14}$$

1. 单元电机的槽数和极对数的配合

对于单元电机，在式（5-13）的约束条件下，由表5-1得到三相分数槽集中绕组的单元电机槽数 Q_t 和极对数 p_t 组合表，见表5-3。

表5-3 三相分数槽集中绕组的单元电机槽数和极对数组合表

槽数 Q_t	极 对 数 p_t	槽数 Q_t	极 对 数 p_t
3	1，2	30	11，13，17，19
6		33	13，14，16，17，19，20
9	4，5	36	13，17，19，23
12	5，7	39	14，16，17，19，20，22，23，25
15	7，8	42	17，19，23，25
18	7，11	45	16，17，19，22，23，26，28，29
21	8，10，11，13	48	17，19，23，25，29，31
24	11，13	⋮	⋮
27	10，11，13，14，16，17		

注意：表5-3中当 $Q_t = 6$ 时，无合适的极对数 p_t 组合。

根据表5-3，可以得到对应单元电机极对数 p_t 的单元电机槽数 Q_t，见表5-4。

表5-4 三相分数槽集中绕组的单元电机极对数和槽数组合表

极对数 p_t	槽 数 Q_t	极对数 p_t	槽 数 Q_t
1	3	13	21，24，27，30，33，36
2	3	14	27，33，39
4	9	16	27，33，39，45
5	9，12	17	27，30，33，36，39，42，45，48
7	12，15，18	19	30，33，36，39，42，45，48，51，54
8	15，21	20	33，39，51，57
10	21，27	⋮	⋮
11	18，21，24，27，30		

注意：表5-4中极对数 p_t 无3的整数倍极对数，这是因为 Q_t 为3的倍数，Q_t 与 p_t 互质的缘故。

2. 单元电机数大于1时槽数和极对数的配合

当单元电机数不为1时，可采用数论理论分析槽数和极对数的配合。由参考文献 [112]，有

定理8：每一个大于1的整数 a 可以分解成各不相同质因数的幂数的连乘积，就是

$$a = p_1^{a_1} p_2^{a_2} \cdots p_n^{a_n}, \quad n \geqslant 1$$

式中 p_1、p_2、$\cdots$、p_n——各不相同的质数；

164

α_1、α_2、$\cdots$、α_n——正整数。

定理9：若 a 为大于1的正整数，用 $\sigma(a)$ 表示 a 的约数的个数，$a=p_1^{\alpha_1}p_2^{\alpha_2}\cdots p_n^{\alpha_n}$，则

$$\sigma(a)=(\alpha_1+1)(\alpha_2+1)\cdots(\alpha_n+1)=\prod_{k=1}^{n}(\alpha_k+1) \qquad (5-15)$$

由定理8和定理9，可得大于1的整数的因子表，参见表5-5。

表5-5 　　　　　　　　　　　　　　　**大于1的整数的因子表**

大于1的正整数 a	$\sigma(a)$	a 的约数	大于1的正整数 a	$\sigma(a)$	a 的约数
2	2	1，2	12	6	1，2，3，4，6，12
3	2	1，3	13	2	1，13
4	3	1，2，4	14	4	1，2，7，14
5	2	1，5	15	4	1，3，5，15
6	4	1，2，3，6	16	5	1，2，4，8，16
7	2	1，7	17	2	1，17
8	4	1，2，4，8	18	6	1，2，3，6，9，18
9	3	1，3，9	19	2	1，19
10	4	1，2，5，10	20	6	1，2，4，5，10，20
11	2	1，11	⋮	⋮	⋮

结合表5-3～表5-5，可以给出包括单元电机数为1在内的、可选用的分数槽集中绕组槽数和极对数的组合，参见表5-6和表5-7。因为单元电机槽数为6时没有组合的极对数，表5-6已将可选单元电机槽数为6所对应的单元电机数剔除。实际的电机槽数 $Q=tQ_t$，极对数 $p=tp_t$。

表5-6 　　　　　　　　　　　　　**三相分数槽集中绕组的槽数和极对数选择表**

槽数 Q	单元电机数 $t=1$ 时的可选极对数 p	可选单元电机数 t	可选单元电机槽数 Q_t
3	1，2		
6		2	3
9	4，5	3	3
12	5，7	4	3
15	7，8	5	3
18	7，11	2，6	9，3
21	8，10，11，13	7	3
24	11，13	2，8	12，3
27	10，11，13，14，16，17	3，9	9，3
30	11，13，17，19	2，10	15，3
33	13，14，16，17，19，20	11	3

槽数 Q	单元电机数 $t=1$ 时的可选极对数 p	可选单元电机数 t	可选单元电机槽数 Q_t
36	13，17，19，23	2，3，4，12	18，12，9，3
39	14，16，17，19，20，22，23，25	13	3
42	17，19，23，25	2，14	21，3
45	16，17，19，22，23，26，28，29	3，5，15	15，9，3
48	17，19，23，25，29，31	2，4，16	24，12，3
⋮	⋮	⋮	⋮

表 5-7   三相分数槽集中绕组的极对数和槽数选择表

极对数 p	单元电机数 $t=1$ 时的可选槽数 Q	可选单元电机数 t	可选单元电机极对数 p_t
1	3		
2	3	2	1
3		3	1
4	9	2，4	2，1
5	9，12	5	1
6		3，6	2，1
7	12，15，18	7	1
8	15，21	2，4，8	4，2，1
9		9	1
10	21，27	2，5，10	5，2，1
11	18，21，24，27，30	11	1
12		3，6，12	4，2，1
13	21，24，27，30，33，36	13	1
14	27，33，39	2，7，14	7，2，1
15		3，15	5，1
16	27，33，39，45	2，4，8，16	8，4，2，1
17	27，30，33，36，39，42，45，48	17	1
18		9，18	2，1
19	30，33，36，39，42，45，48，51，54	19	1
20	33，39，51，57	2，4，5，10，20	10，5，4，2，1
⋮	⋮	⋮	⋮

【例 5-7】 已知槽数 $Q=30$，试确定三相分数槽集中绕组可选用的极对数。

解：首先确定可选用的电机单元数 t。因槽数必须为 3 的倍数，需将约数 3 移除，即

令 $a=Q/3=10$。因为 $\sigma(a)=\sigma(10)=4$，即 10 有 4 个约数：1、2、5、10。也可参见表 5-5查约数。即电机的单元数 t 可选择为 1、2、5、10。

对槽数 $Q=30$ 的电机，与单元电机数 1、2、5、10 对应的单元电机槽数分别为 30、15、6、3。对应的槽极组合可查表 5-3，共有 30/11、30/13、30/17、30/19、15/7、15/8、3/1、3/2 8 种槽数极对数组合。注意，单元电机槽数为 6 时，没有对应的极对数与之配合。

表 5-8 为三相分数槽集中绕组的槽数和极对数选择汇总表。

表 5-8　　　　　　　　　三相分数槽集中绕组的槽数和极对数选择汇总表

槽数 Q	极　对　数　p
3	1，2
6	(1，2)×2
9	4，5，(1，2)×3
12	5，7，(1，2)×4
15	7，8，(1，2)×5
18	7，11，(4，5)×2，(1，2)×6
21	8，10，11，13，(1，2)×7
24	11，13，(5，7)×2，(1，2)×8
27	10，11，13，14，16，17，(4，5)×3，(1，2)×9
30	11，13，17，19，(7，8)×2，(1，2)×10
33	13，14，16，17，19，20，(1，2)×11
36	13，17，19，23，(7，11)×2，(5，7)×3，(4，5)×4，(1，2)×12
39	14，16，17，19，20，22，23，25，(1，2)×13
42	17，19，23，25，(8，10，11，13)×2，(1，2)×14
45	16，17，19，22，23，26，28，29，(7，8)×3，(4，5)×5，(1，2)×15
48	17，19，23，25，29，31，(11，13)×2，(5，7)×4，(1，2)×16
⋮	⋮

注　括号内为单元电机的极对数，乘号后为单元电机数。

【例 5-8】 已知极对数 $p=16$，试确定三相分数槽集中绕组可选用的槽数。

解： 首先确定可选用的电机单元数 t。令 $a=p=16$。因为 $\sigma(a)=\sigma(16)=5$，即 16 有 5 个约数：1、2、4、8、16。可参见表 5-5。即电机的单元数 t 可选择为 1、2、4、8、16。各单元电机数所对应的单元电机极对数分别为 16、8、4、2、1。各单元电机极对数对应的单元电机槽数可查表 5-4，共有 16/27、16/33、16/39、16/45、8/15、8/21、4/9、2/3、1/3 9 种极对数和槽数的组合。

表 5-9 为三相分数槽集中绕组的极对数和槽数选择汇总表。

表 5 - 9　　　　　　　　　　　三相分数槽集中绕组的极对数和槽数选择汇总表

极对数 p	槽　数　Q
1	3
2	3，(3)×2
3	(3)×3
4	9，(3)×2，(3)×4
5	9，12，(3)×5
6	(3)×3，(3)×6
7	12，15，18，(3)×7
8	15，21，(9)×2，(3)×4，(3)×8
9	(3)×9
10	21，27，(9，12)×2，(3)×5，(3)×10
11	18，21，24，27，30，(3)×11
12	(9)×3，(3)×6，(3)×12
13	21，24，27，30，33，36，(3)×13
14	27，33，39，(12，15，18)×2，(3)×7，(3)×14
15	(9，12)×15，(3)×15
16	27，33，39，45，(15，21)×2，(9)×4，(3)×8，(3)×16
17	27，30，33，36，39，42，45，48，(3)×17
18	(3)×9，(3)×18
19	30，33，36，39，42，45，48，51，54，(3)×19
20	33，39，51，57，(21，27)×2，(9，12)×4，(9)×5，(3)×10，(3)×20
⋮	⋮

注　括号内为单元电机的槽数，乘号后为单元电机数。

5.5.2　三相单层分数槽集中绕组的构成

按槽内线圈边的层数分，电机绕组主要采用单层绕组和双层绕组两种方式。分数槽集中绕组同样也有单层绕组和双层绕组。因节距 $y=1$，构成双层绕组时，每个齿上都绕有线圈（Coils on All Teeth）；而构成单层绕组时，隔一个齿绕一个线圈（Coils on Alternate Teeth）。双层分数槽集中绕组与一般的双层绕组构成相同，但单层分数槽集中绕组与一般的单层绕组不同，它属于等节距且节距为1的单层绕组。

为构成单层等节距绕组，参考文献 [1]，可以把等元件，即等节距的双层绕组的槽数增加一倍，新增加的槽数均匀分布于整个圆周，和原来的槽交错排列，然后把原来双层绕组的下层边移到相邻的一个新增加的槽中，则可构成一个等元件即等节距的单层绕组。

表 5 - 8 三相分数槽集中绕组的槽数和极对数选择表中，所有的槽数与极对数的组合均能构成三相对称双层绕组。其 Q 为 3 的倍数，且 $Q_t = Q/t$，Q_t 也为 3 的倍数。而若构成单层绕组，显而易见，Q 必须为偶数。即，若构成三相单层对称绕组，Q 应为 6 的倍数。

而 Q_t 可能为 6 的倍数，也可能不为 6 的倍数，但必须为 3 的倍数。

对表 5-8 中槽数 Q 为 6 的倍数的槽极数组合，可以得到：

（1）Q_t 为偶数（$Q_t = 3K$，K 为偶数）。因为 Q_t 为偶数，所以 p_t 为奇数。又因 Q_t 为 3 的倍数，所以 $Q_t/2$ 为 3 的倍数，且 $Q_t/2$、p_t 互质，绕组必能按槽数为 $Q_t/2$、极对数为 p_t 设计成三相对称的等节距双层绕组。设计完成后，根据上述等节距单层绕组构成原理，恢复原来的槽数，并将双层绕组的下层边移到相邻槽中化为单层等元件 $y = 1$ 的分数槽集中绕组。

（2）Q_t 为奇数（$Q_t = 3K$，K 为奇数）。若 Q_t 为奇数，而 Q 为 6 的倍数，因 $t = Q/Q_t$，t 必为偶数。又因 Q_t 为 3 的倍数，Q_t 为奇数，Q_t 与 $2p_t$ 互质，绕组必能按槽数为 Q_t、极对数为 $2p_t$ 设计成三相对称的等节距双层绕组。设计完成后，按槽数 $2Q_t$ 将双层绕组的下层边移到相邻槽中化为单层分数槽集中绕组。应注意，此时的单元电机数变为 $Q/(2Q_t) = t/2$。

为设计三相单层分数槽集中绕组，在绕组的分相过程中，使用的槽电动势星形图中仅取奇数槽号，而将偶数槽号略去。从而，当 Q_t 为偶数时，槽电动势星形图中的矢量根数减为 $Q_t/2$，但单元电机数不变；当 Q_t 为奇数时，槽电动势星形图中的矢量根数仍为 Q_t，但单元电机数变为 $t/2$。

5.5.3 三相分数槽集中绕组的展开图

根据前面的分析，当 Q_t 为 3 的倍数时，就可以构成三相双层分数槽集中绕组。但若构成三相单层分数槽集中绕组，除 Q_t 为 3 的倍数外还需 Q 为 6 的倍数。

【例 5-9】 画出三相 9 槽 8 极电机双层分数槽集中绕组展开图。

解：$t = (Q, p) = (9, 8/2) = 1$，$Q_t = Q/t = 9/1 = 9$，$p_t = p/t = 4/1 = 4$。

其槽电动势星形图如图 5-10（a）所示。$Q_t = 6K - 3$，$K = 2$，A 相正相带 2 个槽，负相带 1 个槽。A 相绕组由 1 号、8 号、-9 号槽线圈组成，B 相绕组由 4 号、2 号、-3 号槽线圈组成，C 相绕组由 7 号、5 号、-6 号槽线圈组成。绕组展开图如图 5-10（b）所示，图中三相采用了 Y 连接。

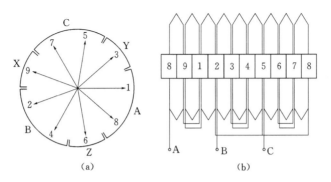

图 5-10 三相 9 槽 8 极电机的槽电动势星形图及双层绕组展开图

（a）槽电动势星形图；（b）绕组展开图

【例 5-10】 画出三相 24 槽 20 极电机单层分数槽集中绕组展开图。

解：$t=(Q,p)=(24,20/2)=2$，$Q_t=Q/t=24/2=12$，$p_t=p/t=10/2=5$。

对单层绕组，因 $Q_t=12$ 为偶数，去除偶数槽号的槽电动势星形图中的矢量根数减为 $Q_t/2$，如图 5-11（a）所示。A 相绕组由 1 号、-7 号、13 号、-19 号槽线圈组成，B 相绕组由 9 号、-15 号、21 号、-3 号槽线圈组成，C 相绕组由 5 号、-11 号、17 号、-23 号槽线圈组成。绕组展开图如图 5-11（b）所示，图中三相采用了 Y 连接。

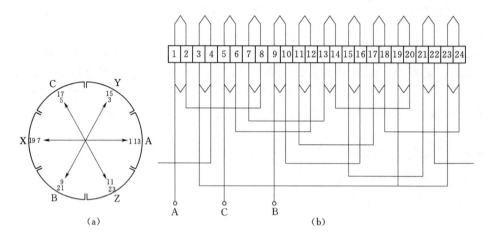

图 5-11　三相 24 槽 20 极电机单层绕组槽电动势星形图及绕组展开图
(a) 槽电动势星形图；(b) 绕组展开图

【例 5-11】　画出三相 18 槽 16 极电机单层分数槽集中绕组展开图。

解：$t=(Q,p)=(18,16/2)=2$，$Q_t=Q/t=18/2=9$，$p_t=p/t=8/2=4$。

对单层绕组，因 $Q_t=9$ 为奇数，去除偶数槽号的槽电动势星形图如图 5-12（a）所示。A 相绕组由 1 号、17 号、-9 号槽线圈组成，B 相绕组由 13 号、11 号、-3 号槽线圈组成，C 相绕组由 7 号、5 号、-15 号槽线圈组成。绕组展开图如图 5-12（a）所示，图中三相采用了 Y 连接。绕组单元电机数变为 $t/2$，即该绕组的单元电机数为 1。

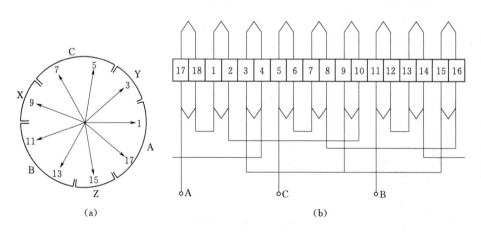

图 5-12　三相 18 槽 16 极电机单层绕组槽电动势星形图及绕组展开图
(a) 槽电动势星形图；(b) 绕组展开图

5.5.4 三相 60°相带分数槽集中绕组的基波绕组因数

分数槽集中绕组属于分数槽绕组，是分数槽绕组中分数为真分数的一种绕组。因此，三相 60°相带分数槽集中绕组的绕组因数也包括分布因数和节距因数，且基波分布因数可采用式（5-4）或式（5-5）计算，节距因数可采用式（5-12）计算。

1. 双层分数槽集中绕组

对于双层分数槽集中绕组，基波分布因数 k_{q1p} 为

$$k_{q1p}=\begin{cases} \dfrac{3}{Q_t\sin\dfrac{\pi}{Q_t}}, & Q_t \text{ 为偶数时} \\[4mm] \dfrac{3}{2Q_t\sin\dfrac{\pi}{2Q_t}}, & Q_t \text{ 为奇数时} \end{cases} \qquad (5-16)$$

基波节距因数 k_{y1p} 为

$$k_{y1p}=\sin\left(\frac{p_t}{Q_t}\pi\right) \qquad (5-17)$$

基波绕组因数 k_{w1p} 为

$$k_{w1p}=k_{q1p}k_{y1p} \qquad (5-18)$$

【例 5-12】 24 槽 22 极的三相双层分数槽集中绕组，求其基波绕组因数 k_{w1p}。

解： $t=(Q,p)=(24,22/2)=1$，$Q_t=Q/t=24/1=24$，$p_t=p/t=11/1=11$。

因 $Q_t=24$，Q_t 为偶数，由式（5-16），基波分布因数 k_{q1p} 为

$$k_{q1p}=\frac{3}{Q_t\sin\dfrac{\pi}{Q_t}}=\frac{3}{24\sin\dfrac{\pi}{24}}=0.9577$$

由式（5-17），基波节距因数 k_{y1p} 为

$$k_{y1p}=\sin\left(\frac{p_t}{Q_t}\pi\right)=\sin\left(\frac{11}{24}\pi\right)=0.9914$$

所以，基波绕组因数 k_{w1p} 为

$$k_{w1p}=k_{q1p}k_{y1p}=0.9577\times0.9914=0.9495$$

【例 5-13】 27 槽 26 极的三相双层分数槽集中绕组，求其基波绕组因数 k_{w1p}。

解： $t=(Q,p)=(27,26/2)=1$，$Q_t=Q/t=27/1=27$，$p_t=p/t=13/1=13$。

因 $Q_t=27$，Q_t 为奇数，由式（5-16），基波分布因数 k_{q1p} 为

$$k_{q1p}=\frac{3}{2Q_t\sin\dfrac{\pi}{2Q_t}}=\frac{3}{2\times27\sin\dfrac{\pi}{2\times27}}=0.9555$$

由式（5-17），基波节距因数 k_{y1p} 为

$$k_{y1p}=\sin\left(\frac{p_t}{Q_t}\pi\right)=\sin\left(\frac{13}{27}\pi\right)=0.9983$$

所以，基波绕组因数 k_{w1p} 为

$$k_{w1p}=k_{q1p}k_{y1p}=0.9555\times0.9983=0.9539$$

2. 单层分数槽集中绕组

对于单层分数槽集中绕组，其绕组因数应按绕组构成方式计算。绕组因数包括分布因数和节距因数。当 Q_t 为偶数时，基波分布因数 k_{q1p} 可按槽数减半的双层绕组进行，即

$$k_{q1p} = \begin{cases} \dfrac{6}{Q_t \sin \dfrac{2\pi}{Q_t}}, & Q_t/2 \text{ 为偶数} \\[4mm] \dfrac{3}{Q_t \sin \dfrac{\pi}{Q_t}}, & Q_t/2 \text{ 为奇数} \end{cases}, \quad Q_t \text{ 为偶数时} \tag{5-19}$$

当 Q_t 为奇数时，基波分布因数 k_{q1p} 可参照槽数 Q_t 的双层绕组进行，即

$$k_{q1p} = \frac{3}{2Q_t \sin \dfrac{\pi}{2Q_t}}, \quad Q_t \text{ 为奇数时} \tag{5-20}$$

基波节距因数 k_{y1p} 为

$$k_{y1p} = \sin \left(\frac{p_t}{Q_t} \pi \right) \tag{5-21}$$

基波绕组因数 k_{w1p} 为

$$k_{w1p} = k_{q1p} k_{y1p} \tag{5-22}$$

【例 5-14】 24 槽 20 极的三相单层分数槽集中绕组，求其基波绕组因数 k_{w1p}。

解： $t = (Q, p) = (24, 20/2) = 2$，$Q_t = Q/t = 24/2 = 12$，$p_t = p/t = 10/2 = 5$。

对单层绕组，因 $Q_t = 12$，Q_t 为偶数，$Q_t/2$ 也为偶数，由式（5-19），基波分布因数 k_{q1p} 为

$$k_{q1p} = \frac{6}{Q_t \sin \dfrac{2\pi}{Q_t}} = \frac{6}{12 \sin \dfrac{2\pi}{12}} = 1$$

由式（5-21），基波节距因数 k_{y1p} 为

$$k_{y1p} = \sin \left(\frac{p_t}{Q_t} \pi \right) = \sin \left(\frac{5}{12} \pi \right) = 0.9659258$$

所以，基波绕组因数 k_{w1p} 为

$$k_{w1p} = k_{q1p} k_{y1p} = 1 \times 0.9659258 = 0.9659258$$

【例 5-15】 18 槽 14 极的三相单层分数槽集中绕组，求其基波绕组因数 k_{w1p}。

解： $t = (Q, p) = (18, 14/2) = 1$，$Q_t = Q/t = 18/1 = 18$，$p_t = p/t = 7/1 = 7$。

对单层绕组，因 $Q_t = 18$，Q_t 为偶数，$Q_t/2$ 为奇数，由式（5-19），基波分布因数 k_{q1p} 为

$$k_{q1p} = \frac{3}{Q_t \sin \dfrac{\pi}{Q_t}} = \frac{3}{18 \sin \dfrac{2\pi}{18}} = 0.959795$$

由式（5-21），基波节距因数 k_{y1p} 为

$$k_{y1p} = \sin \left(\frac{p_t}{Q_t} \pi \right) = \sin \left(\frac{7}{18} \pi \right) = 0.93969$$

所以，基波绕组因数 k_{w1p} 为

$$k_{w1p}=k_{q1p}k_{y1p}=0.959795\times0.93969=0.9019$$

【例 5 - 16】 18 槽 16 极的三相单层分数槽集中绕组，求其基波绕组因数 k_{w1p}。

解：$t=(Q,p)=(18,16/2)=2$，$Q_t=Q/t=18/2=9$，$p_t=p/t=8/2=4$。

对单层绕组，因 $Q_t=9$，Q_t 为奇数，由式（5 - 20），基波分布因数 k_{q1p} 为

$$k_{q1p}=\frac{3}{2Q_t\sin\dfrac{\pi}{2Q_t}}=\frac{3}{2\times9\sin\dfrac{\pi}{2\times9}}=0.959795$$

由式（5 - 21），基波节距因数 k_{y1p} 为

$$k_{y1p}=\sin\left(\frac{p_t}{Q_t}\pi\right)=\sin\left(\frac{4}{9}\pi\right)=0.9848$$

所以，基波绕组因数 k_{w1p} 为

$$k_{w1p}=k_{q1p}k_{y1p}=0.959795\times0.9848=0.9452$$

因为基波分布因数只与单元电机槽数有关，双层分数槽集中绕组各单元电机槽数对应的基波分布因数见表 5 - 2，单层分数槽集中绕组基波分布因数见表 5 - 10。

表 5 - 10　　　　　　　　　　　单层分数槽集中绕组基波分布因数表

槽数 Q_t	基波分布因数 k_{q1p}	槽数 Q_t	基波分布因数 k_{q1p}
6		30	0.9567
9	0.9598	33	0.9553
12	1	36	0.9598
15	0.9567	39	0.9552
18	0.9598	42	0.9558
21	0.9558	45	0.9551
24	0.9659	48	0.9577
27	0.9555	⋮	⋮

虽然基波分布因数只与单元电机槽数有关，与单元电机的极对数无关，但基波节距因数和单元电机槽数及极对数都有关。在这些单元电机的槽极配合中，$Q_t=2p_t\pm1$（Q_t 为奇数时）或 $Q_t=2p_t\pm2$（Q_t 为偶数时）的组合，基波节距因数最大。这是分数槽集中绕组所有槽数和极对数组合中，节距 $y=1$ 最接近极距 τ 的组合，$\tau=\dfrac{Q_t}{2p_t}\approx1$。这种绕组有较大的绕组因数，是常用的绕组基本组合。

（1）当 Q_t 为奇数时，令 $Q_t=2p_t\pm1$ 的槽极组合对应的极对数分别为 $p_{t1}=\dfrac{Q_t-1}{2}$ 和 $p_{t2}=\dfrac{Q_t+1}{2}$。故有 $p_{t1}+p_{t2}=Q_t$。因 $p_{t1}=Q_t-p_{t2}$，由全息谱分析理论可知，$Q_t=2p_t\pm1$ 这两种槽极组合在本质上完全一样。

（2）当 Q_t 为偶数时，同理，$Q_t=2p_t\pm2$ 的槽极组合在本质上也完全一样。

因按绕组的全息谱分析理论及交流电机绕组的分解与合成原理，谐波次数通常不大于 $Q_t/2$，故对于这类分数槽集中绕组，一般分析 $Q_t=2p_t+1$ 和 $Q_t=2p_t+2$ 的槽极组合情况。

5.6 三相交流分数槽绕组的全息谱

对三相交流电机绕组，因三相对称的要求，单元电机槽数 Q_t 必须是 3 的倍数。据此，可按 Q_t 为 $6K$ 和 $6K-3$（K 为自然数）两种情况研究三相分数槽绕组的全息谱。下面首先分析 $p_t=1$ 时三相正规交流绕组的全息谱，然后分析 $p_t \neq 1$ 时三相正规交流分数槽绕组的全息谱。并选取三相绕组中的 A 相绕组开始分析，随之按对称关系给出 B 相和 C 相绕组的全息谱。

5.6.1 $p_t=1$ 时的三相正规交流绕组的全息谱

1. $Q_t=6K$、K 为自然数时（Q_t 为偶数）

当 $p_t=1$，$Q_t=6K$ 时，因每极每相槽数 $q=K$，q 是整数，此时的三相正规绕组为整数槽绕组。由第 4 章关于三相正规整数槽绕组的分析，60°相带绕组产生所有相对于单元电机为奇次的谐波，大小相带绕组产生所有相对于单元电机为整数次的谐波，120°相带绕组则只存在相对于单元电机为非 3 倍数的整数次谐波。以 A 相绕组为例，参见 4.4 节，并以 $Q_t=6q$ 关系带入，得单元电机 A 相绕组的全息谱 $D_A(k)$ 如下：

（1）单层正规绕组。单层绕组应为 60°相带整数槽绕组，由式（4-14），全息谱 $D_A(k)$ 为

$$
D_A(k) = \begin{cases} 0, & k=0 \\[2mm] \dfrac{2N_c}{Q_t}\sin\left(k\,\dfrac{\pi}{2}\right)\dfrac{\sin\left(k\,\dfrac{\pi}{6}\right)}{\sin\left(k\,\dfrac{\pi}{Q_t}\right)}\mathrm{e}^{\mathrm{j}\left(\frac{\pi}{2}-k\frac{2\pi}{3}+k\frac{\pi}{Q_t}\right)}, & k=1,2,\cdots,Q_t-1 \end{cases}
\tag{5-23}
$$

绕组的复绕组因数 $D_{puA}(k)$ 为

$$
D_{puA}(k) = \begin{cases} 0, & k=0 \\[2mm] \sin\left(k\,\dfrac{\pi}{2}\right)\dfrac{6\sin\left(k\,\dfrac{\pi}{6}\right)}{Q_t\sin\left(k\,\dfrac{\pi}{Q_t}\right)}\mathrm{e}^{\mathrm{j}\left(\frac{\pi}{2}-k\frac{2\pi}{3}+k\frac{\pi}{Q_t}\right)}, & k=1,2,\cdots,Q_t-1 \end{cases}
\tag{5-24}
$$

（2）双层正规绕组。对于双层绕组，以节距为 y、扩展槽数为 L 的三相大小相带双层绕组为例，$L=0\sim K$。当 $L=0$ 时，绕组为 60°相带绕组；当 $L=K=q$ 时，绕组为 120°相带绕组。由式（4-40），全息谱 $D_A(k)$ 为

$$
D_A(k) = \begin{cases} 0, & k=0 \\[2mm] \dfrac{2N_c}{Q_t}\sin\left(ky\dfrac{\pi}{Q_t}\right)\dfrac{\sin\left[\left(\dfrac{1}{6}+\dfrac{L}{Q_t}\right)k\pi\right]-(-1)^k\sin\left[\left(\dfrac{1}{6}-\dfrac{L}{Q_t}\right)k\pi\right]}{\sin\dfrac{k\pi}{Q_t}}\mathrm{e}^{\mathrm{j}\left(\frac{\pi}{2}-ky\frac{\pi}{Q_t}-k\frac{\pi}{6}-k\frac{L-1}{Q_t}\pi\right)}, & k=1,2,\cdots,Q_t-1 \end{cases}
$$

$$
\tag{5-25}
$$

绕组的复绕组因数 $D_{puA}(k)$ 为

$$D_{puA}(k)=\begin{cases}0, & k=0\\[3mm]3\sin\left(ky\dfrac{\pi}{Q_t}\right)\dfrac{\sin\left[\left(\dfrac{1}{6}+\dfrac{L}{Q_t}\right)k\pi\right]-(-1)^k\sin\left[\left(\dfrac{1}{6}-\dfrac{L}{Q_t}\right)k\pi\right]}{Q_t\sin\dfrac{k\pi}{Q_t}}e^{j\left(\frac{\pi}{2}-ky\frac{\pi}{Q_t}-k\frac{\pi}{6}-k\frac{L-1}{Q_t}\pi\right)}, & k=1,2,\cdots,Q_t-1\end{cases}$$

$$(5-26)$$

在式（5-23）～式（5-26）中，k 均为相对于单元电机的谐波次数。

2. $Q_t=6K-3$、K 为自然数时（Q_t 为奇数）

当 $p_t=1$，$Q_t=6K-3$ 时，每极每相槽数 $q=(2K-1)/2$，q 不是整数，q 的分母为 2。此时三相正规交流绕组为分数槽绕组。因 $p_t=1$，故槽矢量星形图中的矢距槽数 $X=1$，各槽矢量在矢量图上按槽号顺序排列。但是，在构成三相正规交流绕组时，因 Q_t 为奇数，每相的正相带和负相带所占有的槽号数不等。即使是 60°相带绕组也是如此。60°相带绕组正负相带的槽号数相差 1 个槽，可以正相带取 K 个槽$\left(\text{即 }q+\dfrac{1}{2}\text{ 个槽}\right)$，负相带取 $K-1$ 个槽$\left(\text{即 }q-\dfrac{1}{2}\text{ 个槽}\right)$。由于这个特点，对 $p_t=1$，$Q_t=6K-3$ 的三相正规绕组，60°相带绕组和大小相带绕组一样，属于"空间分布大小相带绕组"，都产生所有相对于单元电机为整数次的谐波，而 120°相带绕组则只存在相对于单元电机为非 3 倍数的整数次谐波。它们均没有分数次谐波[1]。

$Q_t=6K-3$ 时，因 Q_t 为奇数，故单元电机只能构成双层绕组。以双层三相大小相带正规绕组为例，和整数槽绕组一样，设扩展槽数为 L，L 在 $0\sim K-1$ 之间。当 $L=0$ 时绕组为 60°相带绕组；当 $L=K-1$ 时绕组为 120°相带绕组。

选取 A 相绕组分析，对 $p_t=1$，$Q_t=6K-3$、节距为 y、扩展槽数为 L 的三相大小相带分数槽双层绕组，单元电机 A 相上层边的绕组空间离散序列 $d_{Au}(n)$ 为

$$\{d_{Au}(n)\}=N_c\{\underbrace{1,1,\cdots,1}_{q+\frac{1}{2}+L},\underbrace{0,0,\cdots,0}_{2q},\underbrace{-1,-1,\cdots,-1}_{q-\frac{1}{2}-L},\underbrace{0,0,\cdots,0}_{2q}\},\quad n=1,2,\cdots,Q_t$$

$$(5-27)$$

其全息谱 $D_{Au}(k)$ 为

$$D_{Au}(k)=\frac{1}{Q_t}\sum_{n=1}^{Q_t}d_{Au}(n)e^{-j\frac{2\pi}{Q_t}(n-1)k}=\frac{N_c(1+2L)}{Q_t},\quad k=0 \qquad (5-28)$$

$$D_{Au}(k)=\frac{1}{Q_t}\sum_{n=1}^{Q_t}d_{Au}(n)e^{-j\frac{2\pi}{Q_t}(n-1)k}$$

$$=\frac{N_c}{Q_t}\left\{\frac{\sin\left[\left(q+\dfrac{1}{2}+L\right)\dfrac{k\pi}{Q_t}\right]}{\sin\dfrac{k\pi}{Q_t}}e^{-jk\left(q+\frac{1}{2}+L-1\right)\frac{\pi}{Q_t}}-\frac{\sin\left[\left(q-\dfrac{1}{2}-L\right)\dfrac{k\pi}{Q_t}\right]}{\sin\dfrac{k\pi}{Q_t}}e^{-jk\left(q-\frac{1}{2}-L-1\right)\frac{\pi}{Q_t}}e^{-jk\left(3q+\frac{1}{2}+L\right)\frac{2\pi}{Q_t}}\right\}$$

$$= \frac{N_c}{Q_t} \frac{\sin\left[\left(\frac{1}{6}+\frac{1+2L}{2Q_t}\right)k\pi\right]-(-1)^k\sin\left[\left(\frac{1}{6}-\frac{1+2L}{2Q_t}\right)k\pi\right]}{\sin\frac{k\pi}{Q_t}} \mathrm{e}^{-\mathrm{j}k\left(\frac{1}{6}+\frac{2L-1}{2Q_t}\right)\pi}, \quad k=1,2,\cdots,Q_t-1 \quad (5-29)$$

A 相绕组下层边的空间离散序列 $d_{Ad}(n)$ 为上层边的空间离散序列 $d_{Au}(n)$ 圆周右移 y 位后取反，$d_{Ad}(n)$ 的全息谱 $D_{Ad}(k)$ 为

$$D_{Ad}(k)=-\mathrm{e}^{-\mathrm{j}\frac{2\pi}{Q_t}yk}D_{Au}(k) \quad (5-30)$$

所以，A 相绕组的全息谱 $D_A(k)$ 为

$$D_A(k)=D_{Au}(k)+D_{Ad}(k)=(1-\mathrm{e}^{-\mathrm{j}\frac{2\pi}{Q_t}ky})D_{Au}(k) \quad (5-31)$$

将式（5-28）和式（5-29）代入，有

$D_A(k)$

$$=\begin{cases} 0, \quad k=0 \\ \frac{2N_c}{Q_t}\sin\left(ky\frac{\pi}{Q_t}\right)\dfrac{\sin\left[\left(\frac{1}{6}+\frac{1+2L}{2Q_t}\right)k\pi\right]-(-1)^k\sin\left[\left(\frac{1}{6}-\frac{1+2L}{2Q_t}\right)k\pi\right]}{\sin\frac{k\pi}{Q_t}}\mathrm{e}^{\mathrm{j}\left[\frac{\pi}{2}-ky\frac{\pi}{Q_t}-k\left(\frac{1}{6}+\frac{2L-1}{2Q_t}\right)\pi\right]}, \\ \qquad k=1,2,\cdots,Q_t-1 \end{cases}$$

$$(5-32)$$

绕组的复绕组因数 $D_{puA}(k)$ 为

$D_{puA}(k)$

$$=\begin{cases} 0, \quad k=0 \\ 3\sin\left(ky\frac{\pi}{Q_t}\right)\dfrac{\sin\left[\left(\frac{1}{6}+\frac{1+2L}{2Q_t}\right)k\pi\right]-(-1)^k\sin\left[\left(\frac{1}{6}-\frac{1+2L}{2Q_t}\right)k\pi\right]}{Q_t\sin\frac{k\pi}{Q_t}}\mathrm{e}^{\mathrm{j}\left[\frac{\pi}{2}-ky\frac{\pi}{Q_t}-k\left(\frac{1}{6}+\frac{2L-1}{2Q_t}\right)\pi\right]}, \\ \qquad k=1,2,\cdots,Q_t-1 \end{cases}$$

$$(5-33)$$

由此可得，绕组的 ν 次谐波绕组因数 $k_{w\nu}$ 为

$$k_{w\nu}=\begin{cases} 0, \quad \nu=0 \\ 3\sin\left(\nu y\frac{\pi}{Q_t}\right)\dfrac{\sin\left[\left(\frac{1}{6}+\frac{1+2L}{2Q_t}\right)\nu\pi\right]-(-1)^\nu\sin\left[\left(\frac{1}{6}-\frac{1+2L}{2Q_t}\right)\nu\pi\right]}{Q_t\sin\frac{\nu\pi}{Q_t}}, \quad \nu=1,2,\cdots,Q_t-1 \end{cases}$$

$$(5-34)$$

由式（5-33），并令 $\nu=0$ 时，取 $\varphi_\nu=\frac{\pi}{2}$，则 ν 次谐波复绕组因数的相位 φ_ν 为

$$\varphi_\nu=\frac{\pi}{2}-\nu y\frac{\pi}{Q_t}-\nu\left(\frac{1}{6}+\frac{2L-1}{2Q_t}\right)\pi, \quad \nu=0,1,2,\cdots,Q_t-1 \quad (5-35)$$

5.6.2 $p_t\neq1$ 时交流绕组全息谱的计算方法

由 5.2.4 节，单元电机槽数相同、而极对数不同的电机，当槽数和极对数均互质时，

它们的基波槽电动势星形图图形相同。因此，若构成相同类型、极对数不同的交流绕组，这些绕组所占的槽在槽电动势星形图中分布相同，只是包含的槽号不同。下面将极对数为 $p_t(p_t \neq 1)$、槽数为 Q_t 的单元电机与极对数为 1、槽数为 Q_t 的单元电机比较，用数论理论分析两者全息谱的关系。这样，计算 $p_t \neq 1$ 绕组的全息谱 $D(k)$ 或复绕组因数 $D_{pu}(k)$，首先按 5.6.1 节方法计算与此绕组类型相同、单元电机槽数相同、极对数 $p_t = 1$ 的绕组全息谱 $D_{p_t=1}(k)$ 或复绕组因数 $D_{pu,p_t=1}(k)$，然后基于两者全息谱之间的关系来获得 $p_t \neq 1$ 绕组的全息谱。证明如下：

对极对数为 $p_t(p_t \neq 1)$、槽数为 Q_t 的单元电机，其基波（p_t 对极）槽电动势星形图有 Q_t 个矢量，矢距槽数为 X。在此矢量图中，若从 1 号槽开始按顺序对各矢量编号，矢量编号从 1 到 Q_t。对绕组中某相绕组，比如 A 相绕组，设其占有 N 个槽号，r_1、r_2、$\cdots$、r_N 为绕组 N 个槽号在槽电动势星形图中的矢量顺序编号，$1 \leqslant r_i \leqslant Q_t$，$i = 1, 2, \cdots, N$；$s_1$、$s_2$、$\cdots$、$s_N$ 为绕组各槽矢量的 $\pm$ 号，视绕组正向连接和反向连接而取正或负。将此绕组序列用槽号表示法表示，记为 $\{A(i)\}$，有

$$\{A(i)\} = \{s_1 < 1 + (r_1-1)X >_{Q_t}, s_2 < 1 + (r_2-1)X >_{Q_t}, \cdots, s_N < 1 + (r_N-1)X >_{Q_t}\}, \quad i = 1, 2, \cdots, N$$

$$(5-36)$$

式中 X——矢距槽数。

根据 HAW 理论，此绕组的全息谱 $D(k)$ 为

$$D(k) = \frac{1}{Q_t} \sum_{n=1}^{Q_t} d(n) e^{-j\frac{2\pi}{Q_t}(n-1)k} = \frac{1}{Q_t} \sum_{i=1}^{N} s_i e^{-j\frac{2\pi}{Q_t}[<1+(r_i-1)X>_{Q_t}-1]k}$$

$$= \frac{1}{Q_t} \sum_{i=1}^{N} s_i e^{-j\frac{2\pi}{Q_t}(r_i-1)Xk}, \quad k = 0, 1, \cdots, Q_t - 1 \qquad (5-37)$$

对极对数为 1、槽数为 Q_t 的交流电机绕组，其基波（1 对极）槽电动势星形图有 Q_t 个矢量，矢距槽数为 1。与上述绕组相对应，若有一绕组 A，占有 N 个槽号，槽号分别为 r_1、r_2、$\cdots$、r_N，将此绕组序列用槽号表示法表示，记为 $\{A_{pt=1}(i)\}$，并有

$$\{A_{pt=1}(i)\} = \{s_1 r_1, s_2 r_2, \cdots, s_N r_N\}, \quad i = 1, 2, \cdots, N \qquad (5-38)$$

s_1、s_2、$\cdots$、s_N 为各槽号的 $\pm$ 号，与式（5-36）的 s_1、s_2、$\cdots$、s_N 相同。则此绕组的全息谱 $D_{p_t=1}(k)$ 为

$$D_{p_t=1}(k) = \frac{1}{Q_t} \sum_{n=1}^{Q_t} d(n) e^{-j\frac{2\pi}{Q_t}(n-1)k} = \frac{1}{Q_t} \sum_{i=1}^{N} s_i e^{-j\frac{2\pi}{Q_t}(r_i-1)k}, \quad k = 0, 1, \cdots, Q_t - 1 \quad (5-39)$$

式（5-37）和式（5-39）相似，对极对数 $p_t \neq 1$、槽数为 Q_t 的交流绕组，为分析全息谱 $D(k)$ 中的 ν_t 次谐波（$0 \leqslant \nu_t \leqslant Q_t - 1$，$\nu_t$ 为相对于单元电机的谐波次数）频谱 $D(\nu_t)$，可令

$$k = \nu_t X (\bmod Q_t), \quad 0 \leqslant \nu_t \leqslant Q_t - 1 \qquad (5-40)$$

由 5.1.1 节中数论理论的定义 7 可知，全息谱的谐波次数 ν_t 满足 $0 \leqslant \nu_t \leqslant Q_t - 1$，故 ν_t 形成以 Q_t 为模的完全剩余系。又因 $(X, Q_t) = 1$，即 X 和 Q_t 互质，由 5.1.1 节中的定理

6 可知，$\nu_t X$ 也是以 Q_t 为模的完全剩余系。定义 $k = \nu_t X (\mathrm{mod} Q_t)$，即有 $0 \leqslant k \leqslant Q_t - 1$，$k$ 是以 Q_t 为模的完全剩余系。k 和 ν_t 一一对应。比对式（5-37）和式（5-39），得

$$\begin{cases} k = \nu_t X (\mathrm{mod} Q_t) \\ D(\nu_t) = D_{p_t = 1}(k) \\ D_{\mathrm{pu}}(\nu_t) = D_{\mathrm{pu}. \, p_t = 1}(k) \end{cases}, \quad 0 \leqslant \nu_t \leqslant Q_t - 1, 0 \leqslant k \leqslant Q_t - 1 \quad (5-41)$$

即，$p_t \neq 1$ 时的交流绕组全息谱 $D(\nu_t)$ 或复绕组因数 $D_{\mathrm{pu}}(\nu_t)$ 与相应的、类型相同、单元电机槽数相同、极对数 $p_t = 1$ 的绕组全息谱 $D_{p_t = 1}(k)$ 或复绕组因数 $D_{\mathrm{pu}. \, p_t = 1}(k)$ 相等。

上面用数论方法证明了单元电机槽数相同、类型相同而极对数不同的绕组之间的全息谱关系。上述的结论也可从电机槽电动势星形图中得到证明。

对极对数为 1、槽数为 Q_t 的交流电机绕组，其基波槽电动势星形图有 Q_t 个矢量，矢距槽数为 1。而在 k 次谐波槽电动势星形图中，相邻槽号的矢量相距基波槽距角的 k 倍。

对极对数为 $p_t (p_t \neq 1)$、槽数为 Q_t 的单元电机，其基波（$\nu_t = p_t$ 次）槽电动势星形图有 Q_t 个矢量，矢距槽数为 X。在其相对于单元电机为 1 次，即 $\nu_t = 1$ 的谐波槽电动势星形图中，星形图中的矢量数也等于 Q_t。而 p_t 次（基波）槽电动势星形图中的相邻相量（槽号相差 X）在 $\nu_t = 1$ 次谐波槽电动势星形图中相距 X 个槽矢量。

因此，根据绕组因数中分布因数的定义及意义，计算 $p_t \neq 1$ 时绕组的 1 次谐波分布因数可以借用极对数为 1、槽数为 Q_t 的 X 次谐波槽电动势星形图计算；而计算 $p_t \neq 1$ 时的 p_t 次谐波分布因数可以借用极对数为 1、槽数为 Q_t 的 1 次谐波槽电动势星形图计算。

以此类推，计算 $p_t \neq 1$ 时的 ν_t 次谐波分布因数可以借用极对数为 1、槽数为 Q_t 的 $\nu_t X (\mathrm{mod} Q_t)$ 次谐波槽电动势星形图计算。这就证明了它们之间存在式（5-41）的关系。

推而广之，两个单元电机槽数同为 Q_t，类型相同、极对数分别为 p_{t1}、p_{t2} 的绕组，绕组的全息谱分别为 $D_{p_{t1}}(\nu_{t1})$ 和 $D_{p_{t2}}(\nu_{t2})$，$0 \leqslant \nu_{t1} \leqslant Q_t - 1$，$0 \leqslant \nu_{t2} \leqslant Q_t - 1$。设其矢距槽数分别为 X_1、X_2，有

$$\begin{cases} \nu_{t2} = p_{t2} \nu_{t1} X_1 (\mathrm{mod} Q_t) \\ D_{p_{t1}}(\nu_{t1}) = D_{p_{t2}}(\nu_{t2}) \end{cases}, \quad 0 \leqslant \nu_{t1} \leqslant Q_t - 1, 0 \leqslant \nu_{t2} \leqslant Q_t - 1 \quad (5-42)$$

和

$$\begin{cases} \nu_{t1} = p_{t1} \nu_{t2} X_2 (\mathrm{mod} Q_t) \\ D_{p_{t2}}(\nu_{t2}) = D_{p_{t1}}(\nu_{t1}) \end{cases}, \quad 0 \leqslant \nu_{t1} \leqslant Q_t - 1, 0 \leqslant \nu_{t2} \leqslant Q_t - 1 \quad (5-43)$$

5.6.3 $p_t \neq 1$ 时的三相正规交流分数槽绕组的全息谱计算

根据 5.6.2 节的分析，计算 $p_t \neq 1$ 时三相正规交流分数槽绕组的全息谱和复绕组因数，首先按式（5-23）、式（5-25）、式（5-32）计算相同单元电机槽数 Q_t、相同绕组类型、单元电机极对数 $p_t = 1$ 的绕组全息谱 $D_{p_t = 1}(k)$，或按式（5-24）、式（5-26）、式（5-33）计算相对应的复绕组因数 $D_{\mathrm{pu}. \, p_t = 1}(k)$。然后，对三相正规交流分数槽绕组的 ν_t 次谐波，令

$$k = \nu_t X (\mathrm{mod} Q_t), \quad 0 \leqslant \nu_t \leqslant Q_t - 1, 0 \leqslant k \leqslant Q_t - 1$$

即可得 $p_t \neq 1$ 时绕组 ν_t 次谐波的全息谱 $D(\nu_t)$ 和复绕组因数 $D_{\mathrm{pu}}(\nu_t)$。

下面分别给出三相单层 60°相带分数槽绕组和三相双层正规大小相带分数槽绕组的全

息谱。

对于三相单层 60°相带分数槽绕组，由式（5-23）和式（5-24）有

$$
\begin{cases}
k = \nu_t X \,(\mathrm{mod}\, Q_t) \\[2mm]
D(\nu_t) = \dfrac{2N_c}{Q_t} \sin\left(k\,\dfrac{\pi}{2}\right) \dfrac{\sin\left(k\,\dfrac{\pi}{6}\right)}{\sin\left(k\,\dfrac{\pi}{Q_t}\right)} \mathrm{e}^{\mathrm{j}\left(\frac{\pi}{2}-k\frac{2\pi}{3}+k\frac{\pi}{Q_t}\right)}, \quad 1 \leqslant \nu_t \leqslant Q_t-1,\ 1 \leqslant k \leqslant Q_t-1 \\[4mm]
D_{\mathrm{pu}}(\nu_t) = \sin\left(k\,\dfrac{\pi}{2}\right) \dfrac{6\sin\left(k\,\dfrac{\pi}{6}\right)}{Q_t \sin\left(k\,\dfrac{\pi}{Q_t}\right)} \mathrm{e}^{\mathrm{j}\left(\frac{\pi}{2}-k\frac{2\pi}{3}+k\frac{\pi}{Q_t}\right)}
\end{cases}
\tag{5-44}
$$

对于单元极对数为 p_t、节距为 y、扩展了 L 个槽的三相双层正规大小相带分数槽绕组，将该绕组等效为单元极对数为 1、节距为 $p_t y$、扩展了 L 个槽的三相正规大小相带绕组分析，由式（5-25）、式（5-26）和式（5-32）、式（5-33），得

（1）$Q_t = 6K$，K 为自然数时（Q_t 为偶数）。

$$
\begin{cases}
k = \nu_t X \,(\mathrm{mod}\, Q_t) \\[2mm]
D(\nu_t) = \dfrac{2N_c}{Q_t} \sin\left(k p_t y\,\dfrac{\pi}{Q_t}\right) \dfrac{\sin\left[\left(\dfrac{1}{6}+\dfrac{L}{Q_t}\right)k\pi\right] - (-1)^k \sin\left[\left(\dfrac{1}{6}-\dfrac{L}{Q_t}\right)k\pi\right]}{\sin\dfrac{k\pi}{Q_t}} \mathrm{e}^{\mathrm{j}\left(\frac{\pi}{2}-kp_t y\frac{\pi}{Q_t}\right)} \mathrm{e}^{-\mathrm{j}k\left(\frac{1}{6}+\frac{L-1}{Q_t}\right)\pi} \\[6mm]
D_{\mathrm{pu}}(\nu_t) = 3\sin\left(k p_t y\,\dfrac{\pi}{Q_t}\right) \dfrac{\sin\left[\left(\dfrac{1}{6}+\dfrac{L}{Q_t}\right)k\pi\right] - (-1)^k \sin\left[\left(\dfrac{1}{6}-\dfrac{L}{Q_t}\right)k\pi\right]}{Q_t \sin\dfrac{k\pi}{Q_t}} \mathrm{e}^{\mathrm{j}\left(\frac{\pi}{2}-kp_t y\frac{\pi}{Q_t}\right)} \mathrm{e}^{-\mathrm{j}k\left(\frac{1}{6}+\frac{L-1}{Q_t}\right)\pi}
\end{cases}
$$

$$
1 \leqslant \nu_t \leqslant Q_t-1,\ 1 \leqslant k \leqslant Q_t-1 \tag{5-45}
$$

（2）$Q_t = 6K-3$、K 为自然数时（Q_t 为奇数）。

$$
\begin{cases}
k = \nu_t X \,(\mathrm{mod}\, Q_t) \\[2mm]
D(\nu_t) = \dfrac{2N_c}{Q_t} \sin\left(k p_t y\,\dfrac{\pi}{Q_t}\right) \dfrac{\sin\left[\left(\dfrac{1}{6}+\dfrac{1+2L}{2Q_t}\right)k\pi\right] - \cos(k\pi)\sin\left[\left(\dfrac{1}{6}-\dfrac{1+2L}{2Q_t}\right)k\pi\right]}{\sin\dfrac{k\pi}{Q_t}} \mathrm{e}^{\mathrm{j}\left(\frac{\pi}{2}-kp_t y\frac{\pi}{Q_t}\right)} \mathrm{e}^{-\mathrm{j}k\left(\frac{1}{6}+\frac{2L-1}{2Q_t}\right)\pi} \\[6mm]
D_{\mathrm{pu}}(\nu_t) = 3\sin\left(k p_t y\,\dfrac{\pi}{Q_t}\right) \dfrac{\sin\left[\left(\dfrac{1}{6}+\dfrac{1+2L}{2Q_t}\right)k\pi\right] - \cos(k\pi)\sin\left[\left(\dfrac{1}{6}-\dfrac{1+2L}{2Q_t}\right)k\pi\right]}{Q_t \sin\dfrac{k\pi}{Q_t}} \mathrm{e}^{\mathrm{j}\left(\frac{\pi}{2}-kp_t y\frac{\pi}{Q_t}\right)} \mathrm{e}^{-\mathrm{j}k\left(\frac{1}{6}+\frac{2L-1}{2Q_t}\right)\pi}
\end{cases}
$$

$$
1 \leqslant \nu_t \leqslant Q_t-1,\ 1 \leqslant k \leqslant Q_t-1 \tag{5-46}
$$

当 $\nu_t = 0$ 时，容易知道 $D(\nu_t)=0$，$D_{\mathrm{pu}}(\nu_t)=0$，为简化公式表达，上面的计算公式中没包含此频谱。下同。

获得了 A 相绕组的全息谱后，A 相绕组的磁动势 $f_{\mathrm{A}}(x)$ 根据式（3-136）或式（3-145）将 A 相绕组全息谱代入即可求出。

【例 5-17】 求 48 槽、10 极、节距为 4 的三相双层 60°相带绕组的 A 相绕组全息谱，并作出磁动势波形图。

解： 单元电机数 $t=(Q,p)=(48,5)=1$，单元电机槽数 $Q_t=Q/t=48/1=48$，极对数 $p_t=p/t=5/1=5$。Q_t 为偶数，使用式（5-45）和式（3-136），得 A 相绕组的全息谱和磁动势波形图如图 5-13 所示。

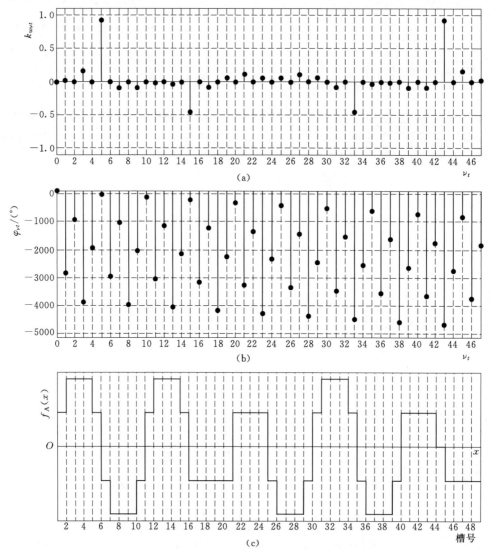

图 5-13　三相 48 槽 10 极 60°相带 A 相绕组的全息谱和磁动势波形图 （$y=4$）
(a) 绕组幅度谱；(b) 绕组相位谱；(c) 磁动势波形图

【例 5-18】 求 54 槽、8 极、节距为 6 的三相双层 60°相带[47]、$L=2$ 的大小相带和 120°相带绕组的 A 相绕组全息谱，并作出磁动势波形图。

解： 单元电机数 $t=(Q,p)=(54,4)=2$，单元电机槽数 $Q_t=Q/t=54/2=27$，极对数 $p_t=p/t=8/2=4$。Q_t 为奇数，使用式（5-46）和式（3-136），得 60°相带、$L=2$ 的大小相带和 120°相带绕组的全息谱和磁动势波形图如图 5-14～图 5-16 所示。

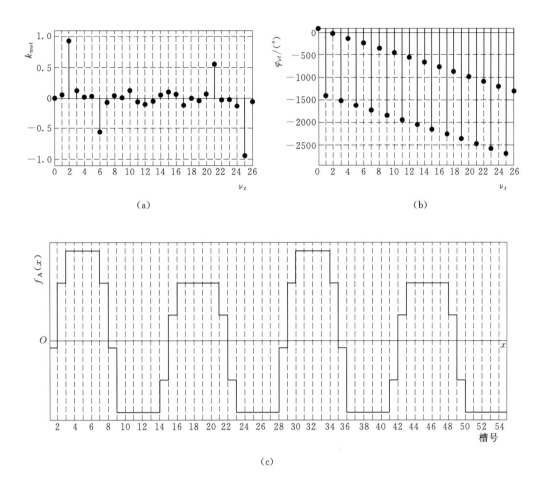

图 5 - 14　三相 54 槽 8 极 60°相带 A 相绕组的全息谱和磁动势波形图（$y=6$）
（a）绕组幅度谱；（b）绕组相位谱；（c）磁动势波形图

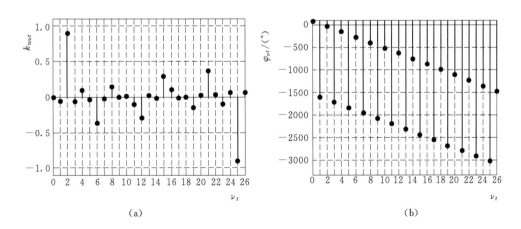

图 5 - 15（一）　三相 54 槽 8 极大小相带 A 相绕组的全息谱和磁动势波形图（$y=6$，$L=2$）
（a）绕组幅度谱；（b）绕组相位谱

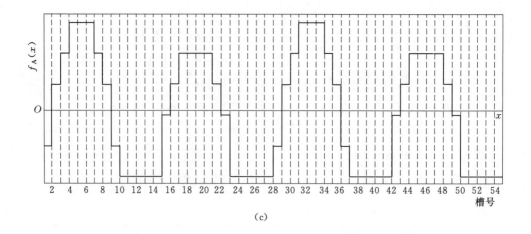

(c)

图 5-15（二）　三相 54 槽 8 极大小相带 A 相绕组的全息谱和磁动势波形图（$y=6$，$L=2$）

(c) 磁动势波形图

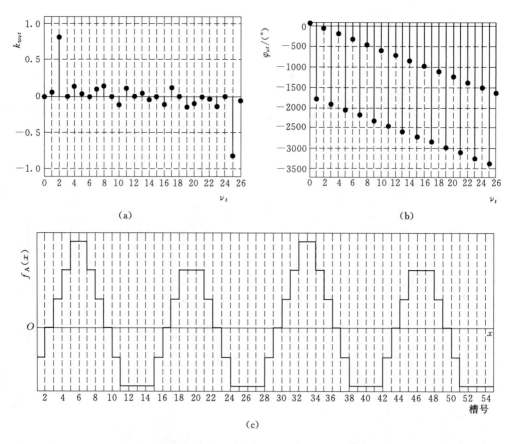

（a）　　　　　　　　　　　　　　　　（b）

(c)

图 5-16　三相 54 槽 8 极 120°相带 A 相绕组的全息谱和磁动势波形图（$y=6$）

（a）绕组幅度谱；（b）绕组相位谱；（c）磁动势波形图

5.6.4 三相分数槽集中绕组的全息谱

按双层和单层分别讨论三相分数槽集中绕组的全息谱。

1. 双层三相分数槽集中绕组

双层三相分数槽集中绕组，其全息谱分析与双层三相正规 60°相带分数槽绕组相同。

对槽数为 Q、极对数为 p 的双层三相分数槽集中绕组，设 $t=(Q,p)$，$Q_t=Q/t$，$p_t=p/t$。Q_t 须为 3 的倍数以构成三相对称绕组。令

$$Xp_t\equiv1(\mathrm{mod}Q_t) \tag{5-47}$$

其中 X 是 p_t 的模 Q_t 乘法逆元。

（1）$Q_t=6K$、K 为自然数时（Q_t 为偶数）。由式（5-45），并令 $y=1$、$L=0$ 可得 $Q_t=6K$ 时双层三相分数槽集中绕组 ν_t 次谐波的全息谱 $D(\nu_t)$ 和复绕组因数 $D_{pu}(\nu_t)$ 为

$$
\begin{cases}
D(\nu_t)=\dfrac{2N_c}{Q_t}\sin\left(kp_t\dfrac{\pi}{Q_t}\right)\dfrac{\sin\left(k\dfrac{\pi}{6}\right)[1-\cos(k\pi)]}{\sin\dfrac{k\pi}{Q_t}}\mathrm{e}^{\mathrm{j}\left(\frac{\pi}{2}-kp_t\frac{\pi}{Q_t}-k\frac{\pi}{6}+k\frac{\pi}{Q_t}\right)}, \\[4mm]
D_{pu}(\nu_t)=3\sin\left(kp_t\dfrac{\pi}{Q_t}\right)\dfrac{\sin\left(k\dfrac{\pi}{6}\right)[1-\cos(k\pi)]}{Q_t\sin\dfrac{k\pi}{Q_t}}\mathrm{e}^{\mathrm{j}\left(\frac{\pi}{2}-kp_t\frac{\pi}{Q_t}-k\frac{\pi}{6}+k\frac{\pi}{Q_t}\right)}, \\[4mm]
1\leqslant\nu_t\leqslant Q_t-1,1\leqslant k\leqslant Q_t-1
\end{cases}
\tag{5-48}
$$

其中

$$k=\nu_tX(\mathrm{mod}Q_t)$$

（2）$Q_t=6K-3$、K 为自然数（Q_t 为奇数）时。由式（5-46），并令 $y=1$、$L=0$ 可得 $Q_t=6K-3$ 时双层三相分数槽集中绕组 ν_t 次谐波的全息谱 $D(\nu_t)$ 和复绕组因数 $D_{pu}(\nu_t)$ 为

$$
\begin{cases}
D(\nu_t)=\dfrac{2N_c}{Q_t}\sin\left(kp_t\dfrac{\pi}{Q_t}\right)\dfrac{\sin\left[\left(\dfrac{1}{6}+\dfrac{1}{2Q_t}\right)k\pi\right]-\cos(k\pi)\left[\sin\left(\dfrac{1}{6}-\dfrac{1}{2Q_t}\right)k\pi\right]}{\sin\dfrac{k\pi}{Q_t}}\mathrm{e}^{\mathrm{j}\left(\frac{\pi}{2}-kp_t\frac{\pi}{Q_t}-k\frac{\pi}{6}+k\frac{\pi}{2Q_t}\right)}, \\[4mm]
D_{pu}(\nu_t)=3\sin\left(kp_t\dfrac{\pi}{Q_t}\right)\dfrac{\sin\left[\left(\dfrac{1}{6}+\dfrac{1}{2Q_t}\right)k\pi\right]-\cos(k\pi)\sin\left[\left(\dfrac{1}{6}-\dfrac{1}{2Q_t}\right)k\pi\right]}{Q_t\sin\dfrac{k\pi}{Q_t}}\mathrm{e}^{\mathrm{j}\left(\frac{\pi}{2}-kp_t\frac{\pi}{Q_t}-k\frac{\pi}{6}+k\frac{\pi}{2Q_t}\right)}, \\[4mm]
1\leqslant\nu_t\leqslant Q_t-1,1\leqslant k\leqslant Q_t-1
\end{cases}
\tag{5-49}
$$

其中

$$k=\nu_tX(\mathrm{mod}Q_t)$$

2. 单层三相分数槽集中绕组

对于单层三相分数槽集中绕组，其全息谱应按其构成方式计算。

（1）$Q_t = 6K$、K 为自然数（Q_t 为偶数）。根据交流电机经典绕组理论，此时可按槽数减半的双层绕组进行分析，节距取为 $1/2^{[1]}$。现按绕组的全息谱分析理论，重新定义矢距槽数 X 满足

$$Xp_t \equiv 1 \left(\mathrm{mod}\, \frac{Q_t}{2} \right) \tag{5-50}$$

当 $\dfrac{Q_t}{2}$ 为偶数时，参考式（5-45），并令 $y=1$、$L=0$，可得 ν_t 次谐波复绕组因数 $D_{\mathrm{pu}}(\nu_t)$ 为

$$\begin{cases} D_{\mathrm{pu}}(\nu_t)=0, & \nu_t=0 \text{ 或 } \nu_t=\dfrac{Q_t}{2} \text{时} \\[2mm] D_{\mathrm{pu}}(\nu_t)=6\sin\left(\nu_t\dfrac{\pi}{Q_t}\right)\dfrac{\sin\left(k\dfrac{\pi}{6}\right)\left[1-\cos(k\pi)\right]}{Q_t\sin\left(k\dfrac{2\pi}{Q_t}\right)}e^{\mathrm{j}\left(\frac{\pi}{2}-\nu_t\frac{\pi}{Q_t}-k\frac{\pi}{6}+k\frac{2\pi}{Q_t}\right)}, & 1\leqslant\nu_t\leqslant Q_t-1, \nu_t\neq\dfrac{Q_t}{2} \end{cases}$$
$$\tag{5-51}$$

其中

$$k=\nu_t X\left(\mathrm{mod}\,\dfrac{Q_t}{2}\right)$$

当 $\dfrac{Q_t}{2}$ 为奇数时，参考式（5-46），并令 $y=1$、$L=0$，得 ν 次谐波复绕组因数 $D_{\mathrm{pu}}(\nu_t)$ 为

$$\begin{cases} D_{\mathrm{pu}}(\nu_t)=0, & \nu_t=0 \text{ 时} \\[2mm] D_{\mathrm{pu}}(\nu_t)=\dfrac{6}{Q_t}, & \nu_t=\dfrac{Q_t}{2}\text{时} \\[2mm] D_{\mathrm{pu}}(\nu_t)=6\sin\left(\nu_t\dfrac{\pi}{Q_t}\right)\dfrac{\sin\left[\left(\dfrac{1}{6}+\dfrac{1}{Q_t}\right)k\pi\right]-\cos(k\pi)\sin\left[\left(\dfrac{1}{6}-\dfrac{1}{Q_t}\right)k\pi\right]}{Q_t\sin\left(k\dfrac{2\pi}{Q_t}\right)}e^{\mathrm{j}\left(\frac{\pi}{2}-\nu_t\frac{\pi}{Q_t}-k\frac{\pi}{6}+k\frac{\pi}{Q_t}\right)}, \\[2mm] \qquad\qquad 1\leqslant\nu_t\leqslant Q_t-1, \nu_t\neq\dfrac{Q_t}{2} \end{cases}$$
$$\tag{5-52}$$

其中

$$k=\nu_t X\left(\mathrm{mod}\,\dfrac{Q_t}{2}\right)$$

（2）$Q_t = 6K-3$、K 为自然数（Q_t 为奇数）。此时，绕组的全息谱分析可按槽数 Q_t 的双层绕组进行。令

$$2Xp_t \equiv 1(\mathrm{mod}\, Q_t) \tag{5-53}$$

当 Q_t 为奇数时，参考式（5-46），并令 $y=1$、$L=0$，得 ν 次谐波的复绕组因数 $D_{\mathrm{pu}}(\nu_t)$ 为

$$\begin{cases} D_{\mathrm{pu}}(\nu_t)=0, & \nu_t=0 \text{ 时} \\[2mm] D_{\mathrm{pu}}(\nu_t)=\dfrac{3}{Q_t}, & \nu_t=Q_t \text{ 时} \\[4mm] D_{\mathrm{pu}}(\nu_t)=3\sin\left(\nu_t\,\dfrac{\pi}{2Q_t}\right)\dfrac{\sin\left[\left(\dfrac{1}{6}+\dfrac{1}{2Q_t}\right)k\pi\right]-\cos(k\pi)\sin\left[\left(\dfrac{1}{6}-\dfrac{1}{2Q_t}\right)k\pi\right]}{Q_t\sin\dfrac{k\pi}{Q_t}}\mathrm{e}^{\mathrm{j}\left(\frac{\pi}{2}-\nu_t\frac{\pi}{2Q_t}-k\frac{\pi}{6}+k\frac{\pi}{2Q_t}\right)} \\[4mm] 1\leqslant\nu_t\leqslant 2Q_t-1, k\neq Q_t \end{cases}$$

$$(5-54)$$

其中

$$k=\nu_t X(\mathrm{mod}Q_t)$$

三相单层分数槽集中绕组复绕组因数 $D_{\mathrm{pu}}(\nu_t)$ 的基值为 $\dfrac{N_c}{3}$。

【例 5-19】 12 槽 10 极的三相双层分数槽集中绕组，求绕组全息谱、作磁动势波形图。

解： 单元电机数 $t=(Q,p)=(12,5)=1$，单元电机槽数 $Q_t=Q/t=12/1=12$，极对数 $p_t=p/t=5/1=5$。Q_t 为偶数，使用式（5-48）求得 A 相绕组的全息谱，并根据全息谱理论采用式（3-146）作出电流 $i_\mathrm{A}=I_m$、$i_\mathrm{B}=-\dfrac{1}{2}I_m$、$i_\mathrm{C}=-\dfrac{1}{2}I_m$ 时三相合成磁动势，如图 5-17 所示。I_m 为交流电流的幅值。

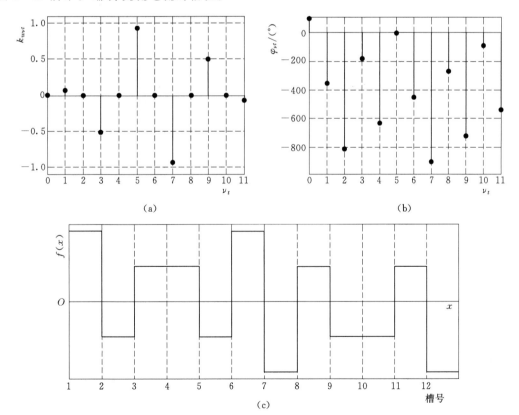

(a)　　　　　　　　　　　　　(b)

(c)

图 5-17　三相 12 槽 10 极双层分数槽集中绕组 A 相全息谱和三相合成磁动势波形图

(a) 绕组幅度谱；(b) 绕组相位谱；(c) 磁动势波形图

【例 5-20】 9 槽 8 极的三相双层分数槽集中绕组，求绕组全息谱、作磁动势波形图。

解： 单元电机数 $t=(Q,p)=(9,4)=1$，单元电机槽数 $Q_t=Q/t=9/1=9$，极对数 $p_t=p/t=4/1=4$。Q_t 为奇数，使用式（5-49）求得 A 相绕组的全息谱，并根据全息谱理论采用式（3-146）作出 A 电流为最大值时三相对称电流产生的合成磁动势波形图，如图 5-18 所示。

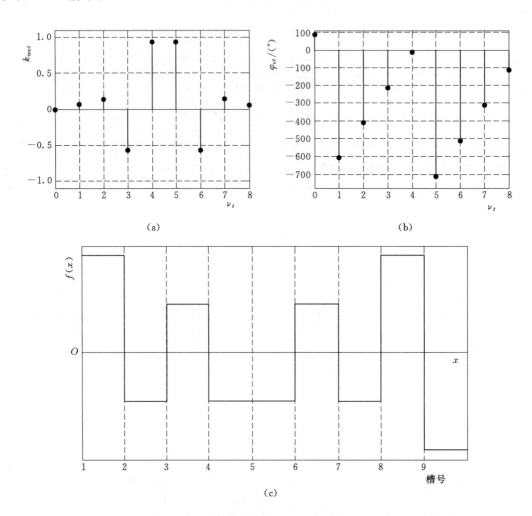

图 5-18　三相 9 槽 8 极双层分数槽集中绕组 A 相全息谱和三相合成磁动势波形图

(a) 绕组幅度谱；(b) 绕组相位谱；(c) 磁动势波形图

【例 5-21】 12 槽 10 极的三相单层分数槽集中绕组，求绕组全息谱、作磁动势波形图。

解： 单元电机数 $t=(Q,p)=(12,5)=1$，单元电机槽数 $Q_t=Q/t=12/1=12$，极对数 $p_t=p/t=5/1=5$。Q_t 为偶数，$Q_t/2$ 亦为偶数，使用式（5-51）求得 A 相绕组的全息谱，并根据全息谱理论采用式（3-146）做出 A 电流为最大值时三相对称电流产生的合成磁动势波形图，如图 5-19 所示。

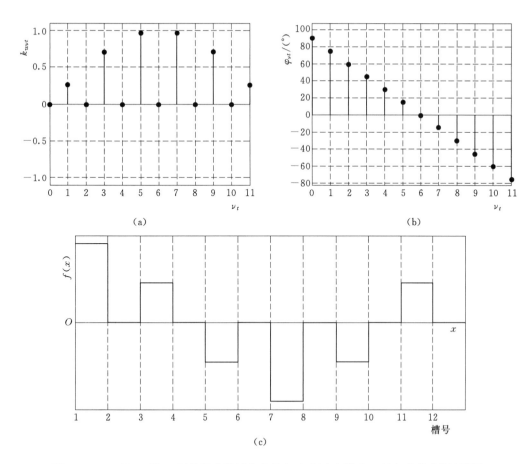

图 5-19　三相 12 槽 10 极单层分数槽集中绕组 A 相全息谱和三相合成磁动势波形图

(a) 绕组幅度谱；(b) 绕组相位谱；(c) 磁动势波形图

【例 5-22】　18 槽 14 极的三相单层分数槽集中绕组，求绕组全息谱、作磁动势波形图。

解：单元电机数 $t=(Q,p)=(18,7)=1$，单元电机槽数 $Q_t=Q/t=18/1=18$，极对数 $p_t=p/t=7/1=1$。Q_t 为偶数，$Q_t/2$ 为奇数，使用式（5-52）求得 A 相绕组的全息谱，并根据全息谱理论作出 A 电流为最大值时三相对称电流产生的合成磁动势波形图，如图 5-20 所示。

【例 5-23】　18 槽 16 极的三相单层分数槽集中绕组，求绕组全息谱、作磁动势波形图。

解：单元电机数 $t=(Q,p)=(18,8)=2$，单元电机槽数 $Q_t=Q/t=18/2=9$，极对数 $p_t=p/t=8/2=4$。Q_t 为奇数，使用式（5-54）求得 A 相绕组的全息谱，并根据全息谱理论 A 电流为最大值时三相对称电流产生的合成磁动势波形图，如图 5-21 所示。

几种常用的双层三相分数槽集中绕组的谐波绕组因数见表 5-11，单层三相分数槽集中绕组的谐波绕组因数见表 5-12。根据绕组因数的周期性，表中谐波次数最高到 $Q_t/2$ 次。

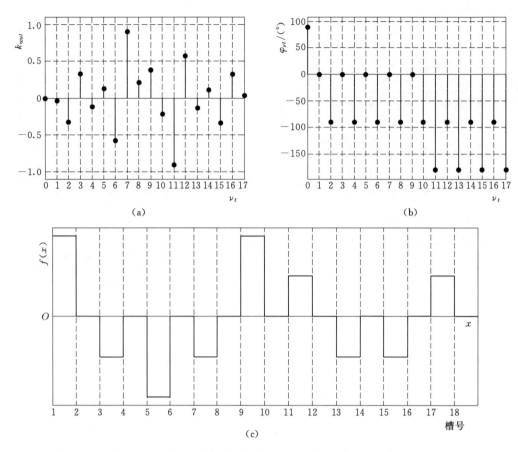

图 5-20　三相 18 槽 14 极单层分数槽集中绕组 A 相全息谱和三相合成磁动势波形图

（a）绕组幅度谱；（b）绕组相位谱；（c）磁动势波形图

表 5-11　　　　　　　　　　双层三相分数槽集中绕组的谐波绕组因数表

ν	Q_t/p_t									
	9/4	12/5	15/7	18/7	21/8	21/10	24/11	27/10	27/11	27/13
1	0.0607	0.0670	0.0213	0.0378	0.0129	0.0108	0.0165	0.0072	0.0225	0.0065
2	0.1398	0	0.0445	0	0.0576	0.0220	0	0.0215	0.0153	0.0132
3	0.5774	0.5000	0.1453	0.3333	0.2786	0.0688	0.1036	0.2188	0.0496	0.0404
4	0.9452	0	0.1111	0	0.0549	0.0487	0	0.0869	0.0630	0.0279
5		0.9330	0.1732	0.1359	0.0491	0.0663	0.0959	0.0445	0.0307	0.0365
6		0	0.6155	0	0.1240	0.1791	0	0.0760	0.4113	0.0932
7			0.9514	0.9019	0.1237	0.1237	0.1629	0.0407	0.0452	0.0589
8			0	0.8897	0.1820	0	0.0533	0.0649	0.0746
9				0.3333	0.2234	0.6259	0.6036	0.1925	0.1925	0.1925
10				0.0745	0.9531	0	0.8773	0.0524	0.1288
11							0.9495	0.1344	0.9153	0.1856
12							0	0.1428	0.1164	0.6301
13								0.0570	0.0929	0.9539

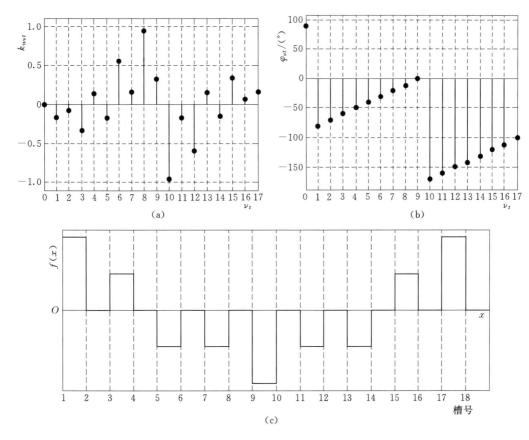

图 5-21　三相 18 槽 16 极单层分数槽集中绕组 A 相全息谱和三相合成磁动势波形图
(a) 绕组幅度谱；(b) 绕组相位谱；(c) 磁动势波形图

表 5-12　　　　　　　　　单层三相分数槽集中绕组的谐波绕组因数表

ν	Q_t/p_t									
	12/5	18/7	18/8	24/11	30/11	36/13	42/16	42/17	42/19	42/20
1	0.2588	0.0378	0.1667	0.1261	0.0114	0.0155	0.0056	0.0146	0.0073	0.0714
2	0	0.3283	0.0607	0	0.0311	0	0.0129	0.0145	0.1425	0.0108
3	0.7071	0.3333	0.3333	0.2706	0.2000	0.1725	0.0510	0.0353	0.0510	0.1429
4	0	0.1140	0.1398	0	0.3891	0	0.0576	0.2817	0.0213	0.0220
5	0.9659	0.1359	0.1667	0.1576	0.1000	0.4056	0.3492	0.0273	0.0316	0.0714
6	0	0.5774	0.5774	0	0.1453	0	0.2786	0.0994	0.2786	0.0688
7		0.9019	0.1667	0.2053	0.0684	0.1248	0.0714	0.0714	0.0714	0.0714
8		0.2143	0.9452	0	0.0760	0	0.0549	0.0407	0.0421	0.0487
9		0.3333	0.3333	0.6533	0.2000	0.2357	0.0989	0.4003	0.0989	0.1429
10				0	0.1732	0	0.0491	0.0588	0.1330	0.0663
11				0.9577	0.8740	0.1782	0.0530	0.0634	0.1433	0.0714

ν	Q_t/p_t									
	12/5	18/7	18/8	24/11	30/11	36/13	42/16	42/17	42/19	42/20
12				0	0.6155	0	0.1240	0.5019	0.1240	0.1791
13					0.1462	0.8699	0.0805	0.0597	0.0618	0.0714
14					0.1089	0	0.1237	0.1237	0.1237	0.1237
15					0.2000	0.6440	0.5784	0.2064	0.5784	0.1429
16						0	0.8897	0.0696	0.0805	0.1820
17						0.1767	0.1868	0.9134	0.0690	0.0714
18						0	0.2234	0.1546	0.2234	0.6259
19							0.0855	0.0964	0.9451	0.0714
20							0.0745	0.1950	0.0972	0.9531
21							0.1429	0.1429	0.1429	0.1429

5.6.5　B 相绕组、C 相绕组的全息谱和磁动势

对三相分数槽绕组，若 A 相绕组离散序列 $d_A(n)$ 的全息谱为 $D_A(k)$，因三相对称，三相绕组在空间上互差 120°，则 B 相、C 相绕组离散序列 $d_B(n)$、$d_C(n)$ 分别为 A 相绕组离散序列空间移位 $Q_t/3$ 和 $2Q_t/3$ 个槽矢量，由 HAW 的圆周循环移位特性，根据式 (3-125)，B 相、C 相绕组离散序列的全息谱 $D_B(k)$ 和 $D_C(k)$ 为

$$D_B(k) = e^{-j\frac{2\pi}{3}kX} D_A(k), \quad 1 \leqslant k \leqslant Q_t - 1 \tag{5-55}$$

$$D_C(k) = e^{-j\frac{4\pi}{3}kX} D_A(k), \quad 1 \leqslant k \leqslant Q_t - 1 \tag{5-56}$$

式中　X——矢距槽数。

三相绕组的磁动势在空间上也互差 120°，B 相、C 相与 A 相分析相同，略去。

5.7　三相正规交流绕组分相及全息谱分析的通用计算机程序

交流电机绕组全息谱分析涉及很多计算，尤其槽数较多或绕组分布复杂时，计算工作量大，常常需要采用计算机辅助设计和分析。借助计算机，仅要求输入电机的槽数、相数、极对数、绕组类型、节距等基本绕组数据，计算机便能自动绘制槽矢量图、槽号相位表，确定各相槽号，计算绕组的全息谱和谐波强度，作出磁动势波形图、绘制乔其图 (Görges polygon)[6]、计算谐波漏抗系数等。乔其图和谐波漏抗计算在第 7 章介绍。

三相正规绕组包括 60°相带、大小相带和 120°相带整数槽及分数槽绕组。其中的大小相带绕组，设其扩展相带数为 L，它包含了 60°相带绕组和 120°相带绕组。下面给出这种绕组分相及绕组全息谱分析的计算流程，并用 MATLAB 编写了相应的计算机程序 HAW.m。程序中的绕组也包括 $q<1$ 的真分数槽 60°相带集中绕组。流程如下。

1. 输入绕组的参数和类型

给定相数 $m=3$，输入电机槽数 Q、极对数 p、扩展相带数 L、绕组层数 Layer、节距

y、槽口宽度 θ_s 等绕组基本数据。

其中，绕组层数 Layer 选择为单层绕组或双层绕组；节距 y，对单层绕组，设为 0；对集中绕组，设为 1。

2. 输入三相电流

设置 A 相、B 相、C 相电流 i_a、i_b、i_c 值。电流用于合成磁动势的分析和乔其图的绘制。电流可设置成瞬时值或相量，也可将某两相设为零而仅分析一相绕组的情形。常将电流 i_a 设为 1、i_b 和 i_c 设为 -0.5 以方便计算。而在作乔其图时，电流应设置成相量（复数）形式。

3. 计算单元电机参数

绕组的单元电机数 t、单元电机槽数 Q_t、单元电机极对数 p_t 分别为

$$t = (Q, p)$$

$$Q_t = \frac{Q}{t}$$

$$p_t = \frac{p}{t}$$

其中 Q_t 须为 3 的倍数，否则不能构成三相对称绕组；而若要构成单层绕组，槽数 Q 还须为偶数。

4. 作槽电动势星形图和槽号相位表

根据槽数 Q 和极对数 p，按 1.6.2 节中的方法作槽电动势星形图；按 1.6.3 节中的方法作槽号相位表。特别地，对 $q<1$、$y=1$ 的分数槽单层集中绕组，槽电动势星形图和槽号相位表只含奇数槽号。

5. 绕组分相

（1）$y \neq 1$。$y \neq 1$ 时，绕组为常规的三相分布绕组，以与 $y=1$ 时的三相集中绕组相区别。此时，根据扩展相带数 L 的大小，利用槽电动势星形图，按 AZBXCY 的顺序依次确定各相正负相带的槽号。

1）Q_t 为偶数时，扩展相带数 L 在 $0 \sim Q_t/6$ 之间。单元电机每相正相带有 $Q_t/6+L$ 个槽、负相带有 $Q_t/6-L$ 个槽。其中，$L=0$ 为 60°相带绕组，单元电机每相正负相带各有 $Q_t/6$ 个槽；$L=Q_t/6$ 时为 120°相带绕组，单元电机每相正相带有 $Q_t/3$ 个槽、无负相带。

2）Q_t 为奇数时，扩展相带数 L 在 $0 \sim (Q_t-3)/6$ 之间。单元电机每相正相带有 $(Q_t+3)/6+L$ 个槽，负相带有 $(Q_t-3)/6-L$ 个槽。其中，$L=0$ 为 60°相带绕组，单元电机每相正相带槽数为 $(Q_t+3)/6$、负相带槽数为 $(Q_t-3)/6$ 个槽；$L=(Q_t-3)/6$ 为 120°相带绕组，单元电机正相带槽数为 $Q_t/3$、无负相带。

（2）$y=1$。$y=1$ 时，绕组为集中绕组，分相按 $q<1$ 的 60°相带分数槽集中绕组进行。

1）双层绕组。Q_t 为偶数时，单元电机每相正负相带各有 $Q_t/6$ 个槽；Q_t 为奇数时，单元电机每相正相带槽数为 $(Q_t+3)/6$、负相带槽数为 $(Q_t-3)/6$ 个槽。

2）单层绕组。Q_t 为偶数时，单元电机可等效地按槽数为 $Q_t/2$、极对数为 p_t 的三相对称等节距双层绕组设计和选择各相槽号；Q_t 为奇数时，按槽数为 Q_t、极对数为 $2p_t$ 的三相对称等节距双层绕组设计和选择各相槽号。详见 5.5.2 节。

完成绕组分相后，输出 A 相、B 相和 C 相绕组的槽号分配。各相所占槽号可以按槽号在电动势星形图中的顺序输出，也可选择以槽号的大小顺序排列。并作绕组空间域离散序列分布图。

6. 计算绕组全息谱

根据 HAW 理论，由式（3-78），对由各相绕组分相所得的空间域离散序列进行空间离散傅里叶变换（SDFT），计算绕组各相的全息谱。作绕组全息谱图，包括绕组幅度频谱图和相位频谱图。

7. 作磁动势波形图

由式（3-141）计算槽口因数，根据式（3-136）或式（3-145）作出一相绕组的磁动势波形图。根据三相绕组相序全息谱和式（4-65）作出三相合成磁动势波形图。

8. 绕组谐波分析

参照 5.6 节公式，计算绕组节距因数、绕组因数、复绕组因数，从而求出各次谐波的幅值和强度。

9. 绕组性能参数计算

作乔其图，计算谐波漏抗系数 $\sum S$ 等绕组性能参数。

对三相交流绕组，程序中设计了线性相位的绕组全息谱分析。除正规绕组外，在输入非正规的三相绕组空间域离散序列后，HAW.m 程序可以计算非正规绕组的全息谱，并计算出三相综合复绕组因数。

设三相绕组的空间域离散序列分别 $d_A(n)$、$d_B(n)$、$d_C(n)$，其全息谱分别为 $D_A(k)$、$D_B(k)$ 和 $D_C(k)$。参考文献 [1]，定义综合正序复绕组因数 $k_{w+}(k)$ 为

$$k_{w+}(k) = \frac{Q[D_A(k) + e^{j\frac{2\pi}{3}}D_B(k) + e^{-j\frac{2\pi}{3}}D_C(k)]}{\sum_{n=1}^{Q}|d_A(n)| + \sum_{n=1}^{Q}|d_B(n)| + \sum_{n=1}^{Q}|d_C(n)|}$$

$$= \frac{3QD_1(k)}{\sum_{n=1}^{Q}|d_A(n)| + \sum_{n=1}^{Q}|d_B(n)| + \sum_{n=1}^{Q}|d_C(n)|}, \quad k = 0,1,\cdots,Q-1$$

(5-57)

定义综合负序复绕组因数 $k_{w-}(k)$ 为

$$k_{w-}(k) = \frac{Q[D_A(k) + e^{-j\frac{2\pi}{3}}D_B(k) + e^{j\frac{2\pi}{3}}D_C(k)]}{\sum_{n=1}^{Q}|d_A(n)| + \sum_{n=1}^{Q}|d_B(n)| + \sum_{n=1}^{Q}|d_C(n)|}$$

$$= \frac{3QD_2(k)}{\sum_{n=1}^{Q}|d_A(n)| + \sum_{n=1}^{Q}|d_B(n)| + \sum_{n=1}^{Q}|d_C(n)|}, \quad k = 0,1,\cdots,Q-1$$

(5-58)

当三相绕组通以对称三相电流时，综合正、负序复绕组因数的大小分别对应于正、反转旋转磁动势幅值 $F_+(k)$、$F_-(k)$。对于基波来说，如果 $F_+(p)$、$F_-(p)$ 中有一个等于零，则磁动势的基波是一个圆形旋转磁动势。这样的绕组称为三相对称绕组。这时不等于零的那一个波便是电机的基波。如果 $F_+(p)$、$F_-(p)$ 都存在，这样的绕组称为三相不对

称绕组。实际情况通常为 $F_+(p)$、$F_-(p)$ 中一个很大另一个很小，磁动势大的波即为电机的基波[1]。为便于比较绕组性能，各谐波幅值常用基波幅值的百分数表示。若基波是 $F_+(p)$，则谐波动势幅值的百分数为

$$F_+(k)\% = \frac{|k_{w+}(k)|}{|k_{w+}(p)|} \frac{p}{k} \times 100, \quad k=1,2,\cdots,Q-1 \qquad (5-59)$$

$$F_-(k)\% = \frac{|k_{w-}(k)|}{|k_{w+}(p)|} \frac{p}{k} \times 100, \quad k=1,2,\cdots,Q-1 \qquad (5-60)$$

若基波是 $F_-(p)$，则式（5-59）和式（5-60）中的 $k_{w+}(p)$ 改为 $k_{w-}(p)$。

【例 5-24】 已知一个三相 30 槽 6 极双层绕组[1]，用槽号表示法表示，绕组为（MATLAB 格式）：

A 相绕组矩阵 $\boldsymbol{A}=[1，2，3，-6，-7，-16，-17，-18，21，22]$；

B 相绕组矩阵 $\boldsymbol{B}=[4，5，-11，-12，15，-19，-20，26，27，-30]$；

C 相绕组矩阵 $\boldsymbol{C}=[8，9，10，-13，-14，-23，-24，-25，28，29]$。

绕组节距为 4。试分析该绕组的全息谱和通以对称三相交流电流时的三相综合正、负序绕组因数及正反转谐波磁动势幅值的百分数。

解：根据 HAW 理论，得到绕组的全息谱，三相综合正、负序绕组因数及正反转谐波磁动势幅值的百分数，计算结果列于表 5-13 中。因偶次谐波为零，表中略去。从表中可以看出绕组因数及三相综合正、负序绕组因数的周期性和对称关系。

表 5-13　　　　　　　　三相 30 槽 6 极非正规双层绕组的谐波分析表

ν	D_{kA}	D_{kB}	D_{kC}	$\varphi_{kA}/(°)$	$\varphi_{kB}/(°)$	$\varphi_{kC}/(°)$	$|k_{w+}|$	$|k_{w-}|$	$F_+(k)\%$	$F_-(k)\%$
1	0.19563	0.13590	0.19563	96.00	68.41	12.00	0.07188	0.08095	26.3256	29.6480
3	0.84946	0.76856	0.84946	349.56	220.39	97.56	0.81912	0.02915	100	3.5582
5	0.45826	0.45826	0.45826	229.11	190.89	169.11	0.15275	0.11547	11.1890	8.4581
7	0.02091	0.08661	0.02091	312.00	305.26	84.00	0.02807	0.03226	1.4688	1.6881
9	0.16855	0.09649	0.16855	347.55	27.73	311.55	0.02807	0.07194	1.1423	2.9270
11	0.13383	0.43701	0.13383	156.00	276.57	312.00	0.10106	0.19960	3.3649	6.6457
13	0.18271	0.15184	0.18271	348.00	289.23	336.00	0.04452	0.05747	1.2543	1.6192
15	0	0	0	0	0	0	0	0	0	0
17	0.18271	0.15184	0.18271	12.00	70.77	24.00	0.05747	0.04452	1.2382	0.9592
19	0.13383	0.43701	0.13383	204.00	83.43	48.00	0.19960	0.10106	3.8475	1.9481
21	0.16855	0.09649	0.16855	12.45	332.27	48.45	0.07194	0.02807	1.2546	0.4896
23	0.02091	0.08661	0.02091	48.00	54.74	276.00	0.03226	0.02807	0.5138	0.4470
25	0.45826	0.45826	0.45826	130.89	169.11	190.89	0.11547	0.15275	1.6916	2.2378
27	0.84946	0.76856	0.84946	10.44	139.61	262.44	0.02915	0.81912	0.3954	11.1111
29	0.19563	0.13590	0.19563	264.00	291.59	348.00	0.08095	0.07188	1.0223	0.9078
⋮	⋮	⋮	⋮	⋮	⋮	⋮	⋮	⋮	⋮	⋮

第6章 单相交流电机绕组的
全息谱分析

小功率电动机在工农业生产和日常生活中有着广泛的用途。在各类小功率电动机中，感应电动机应用最为广泛，这是因为它结构简单、价格低廉、坚固耐用、维护少、使用寿命长、噪声低、振动小。按电动机接到电源的相数，小功率感应电动机分为三相感应电动机和单相感应电动机。感应电动机转子绕组多采用笼型绕组。三相感应电动机的定子绕组一般制成对称的三相绕组，如第4和第5章所述。而单相感应电动机的定子绕组是单相电源供电，常做成主绕组和辅助绕组的两相绕组型式。它们的相轴在空间上一般是正交的。在某些场合，为了改善性能或为了铁芯冲片通用，也有把两相轴线设计成非正交的。单相交流电机主绕组和辅助绕组所占的槽数、采用的电磁线线径和匝数都视具体电动机而定。有时单相电机定子绕组也设计成星形接法、T形接法或L形接法的单抽头或双抽头绕组及其他方式的绕组[21][22][32]。

单相感应电动机包括单相电阻启动感应电动机、电容启动感应电动机、电容运转感应电动机、双值电容电动机和罩极电动机等。由此可见，单相交流电机品种很多，本章仅分析单相电动机的定子绕组，主要分析单相电机常用的正弦绕组。分析其绕组的每槽线数分配比例、绕组平均节距，并采用HAW理论给出其各次谐波绕组因数及谐波强度的解析计算公式。

6.1 单相等匝数绕组

如前所述，交流电机定子绕组结构型式有单层绕组、双层绕组、集中绕组、分布绕组等。在单相电机中这些绕组型式都有应用。为了简化工艺，在单相电动机中可以采用集中绕组；为了省去层间绝缘，提高槽的空间利用率，可以采用单层绕组；为了削弱谐波磁场，则选用双层分布绕组，尤其是正弦绕组。正弦绕组各线圈的匝数不同，为非等匝数绕组。而在三相交流电机中，广泛使用等匝数绕组，包括单层等匝数绕组和双层短距等匝数绕组两种主要形式。下面先分析单相电机的等匝数绕组。

单相交流电机采用等匝数绕组时，绕组中的主绕组所占槽数和辅助绕组所占槽数可能相同，也可能不同，根据电动机的类型和使用情况而定。如单相电容运转感应电动机，主绕组和辅助绕组一般所占的槽数相同，即主绕组和辅助绕组均构成90°相带绕组。而单相电阻启动和电容启动感应电动机，主绕组一般约占总槽数的2/3，辅助绕组约占总槽数的1/3。

6.1.1 单相单层绕组

单相电机绕组的设计方法与三相电机绕组一致，均可利用槽矢量图分相，按选定的绕组型式连接各槽线圈边构成相绕组。单相单层绕组也有多种不同的结构型式，一般可为同心式结构。

【例 6 - 1】 24 槽 4 极单相电机单层等匝数绕组，主绕组占总槽数的 2/3，辅助绕组占总槽数的 1/3。试确定主绕组和辅助绕组所占槽号，并作绕组展开图，分析绕组的全息谱。

解： 极距 $\tau = \dfrac{Q}{2p} = \dfrac{24}{4} = 6$；$t = (Q, p) = (24, 2) = 2$，即单元电机数为 2。槽电动势星形图如图 6 - 1（a）所示。

按主绕组占总槽数的 2/3，辅助绕组占总槽数的 1/3，由槽电动势星形图，得主绕组 M 和辅助绕组 A 所占槽号：

M：1、2、3、4、-7、-8、-9、-10、13、14、15、16、-19、-20、-21、-22；

A：5、6、-11、-12、17、18、-23、-24。

绕组的展开图如图 6 - 1（b）所示，图中绕组为同心式绕组。

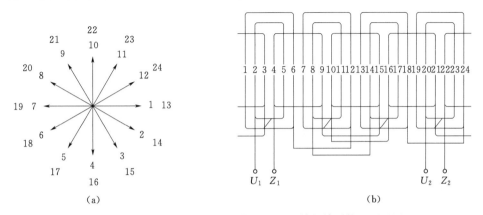

图 6 - 1　24 槽 4 极电机槽电动势星形图和单相单层绕组展开图
（a）槽电动势星形图；（b）绕组展开图

主绕组和辅助绕组的空间域离散序列 $d_M(n)$、$d_A(n)$ 如图 6 - 2 所示（各线圈匝数取为 1）。

根据式（3 - 78），计算绕组的全息谱，绕组全息谱图如图 6 - 3 所示。图 6 - 3（a）中，主绕组的基波绕组因数为 0.8365；图 6 - 3（c）中，辅助绕组的基波绕组因数为 0.9659；由图 6 - 3（b）和图 6 - 3（d）可知，主绕组和辅助绕组基波在空间相差 90°。

一般情形，单相电机单层绕组的单元电机槽数 Q_t 为偶数，设其一个单元电机中主绕组或辅助绕组的空间域离散序列 $d(n)$ 为

$$\{d(n)\} = N_c\{\underbrace{1, 1, \cdots, 1}_{L}, \underbrace{0, 0, \cdots, 0}_{\frac{Q_t}{2} - L}, \underbrace{-1, -1, \cdots, -1}_{L}, \underbrace{0, 0, \cdots, 0}_{\frac{Q_t}{2} - L}\}, \quad n = 1, 2, \cdots, Q_t \quad (6 - 1)$$

式中　L——每极面下的线圈数；

　　　N_c——线圈匝数。

由式（3 - 78），其全息谱 $D(k)$ 为

$$D(k) = \frac{1}{Q_t} \sum_{n=1}^{Q_t} d(n) \mathrm{e}^{-\mathrm{j}\frac{2\pi}{Q_t}(n-1)k} = 0, \quad k = 0 \quad (6 - 2)$$

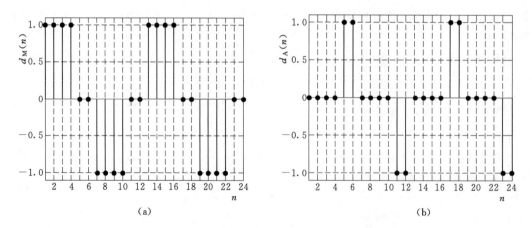

图 6-2　24 槽 4 极单相电机单层绕组的空间分布

（a）主绕组空间分布；（b）辅助绕组空间分布

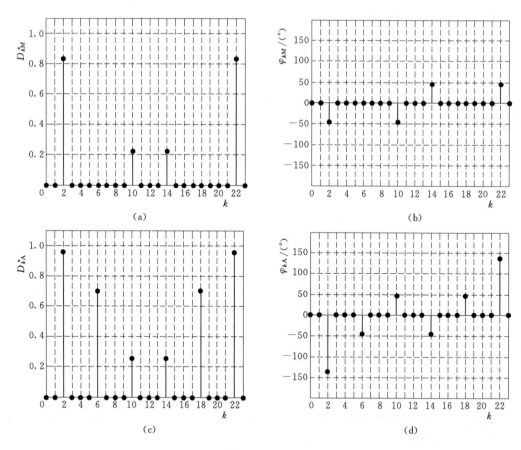

图 6-3　24 槽 4 极单相电机单层绕组的全息谱

（a）主绕组幅度谱；（b）主绕组相位谱；（c）辅助绕组幅度谱；（d）辅助绕组相位谱

$$D(k) = \frac{1}{Q_t} \sum_{n=1}^{Q_t} d(n) \mathrm{e}^{-\mathrm{j}\frac{2\pi}{Q_t}(n-1)k} = \frac{N_c}{Q_t} \frac{\sin\left(kL\dfrac{\pi}{Q_t}\right)}{\sin\left(k\dfrac{\pi}{Q_t}\right)} (1 - \mathrm{e}^{-\mathrm{j}k\pi}) \mathrm{e}^{-\mathrm{j}k(L-1)\frac{\pi}{Q_t}}$$

$$= \frac{2N_c}{Q_t} \sin\left(k\frac{\pi}{2}\right) \frac{\sin\left(kL\dfrac{\pi}{Q_t}\right)}{\sin\left(k\dfrac{\pi}{Q_t}\right)} \mathrm{e}^{\mathrm{j}\left[\frac{\pi}{2} - k\frac{\pi}{2} - k(L-1)\frac{\pi}{Q_t}\right]}, \quad k = 1, 2, \cdots, Q_t - 1$$

(6-3)

根据复绕组因数定义，单相电机单层绕组的复绕组因数 $D_{\mathrm{pu}}(k)$ 为

$$D_{\mathrm{pu}}(k) = \begin{cases} 0, & k = 0 \\ \sin\left(k\dfrac{\pi}{2}\right) \dfrac{\sin\left(kL\dfrac{\pi}{Q_t}\right)}{L\sin\left(k\dfrac{\pi}{Q_t}\right)} \mathrm{e}^{\mathrm{j}\left[\frac{\pi}{2} - k\frac{\pi}{2} - k(L-1)\frac{\pi}{Q_t}\right]}, & k = 1, 2, \cdots, Q_t - 1 \end{cases}$$

(6-4)

由此可得，单相电机单层绕组的 ν 次谐波绕组因数 $k_{w\nu}$ 为

$$k_{w\nu} = \begin{cases} 0, & \nu = 0 \\ \sin\left(\nu\dfrac{\pi}{2}\right) \dfrac{\sin\left(\nu L\dfrac{\pi}{Q_t}\right)}{L\sin\left(\nu\dfrac{\pi}{Q_t}\right)}, & \nu = 1, 2, \cdots, Q_t - 1 \end{cases}$$

(6-5)

由式（6-4），并令 $\nu = 0$ 时，$\varphi_\nu = \dfrac{\pi}{2}$，则 ν 次谐波复绕组因数的相位 φ_ν 为

$$\varphi_\nu = \frac{\pi}{2} - \nu\frac{\pi}{2} - \nu(L-1)\frac{\pi}{Q_t}, \quad \nu = 0, 1, 2, \cdots, Q_t - 1$$

(6-6)

注意，若按式（6-3）～式（6-6）计算绕组全息谱，则全息谱中的相位为线性相位，幅度谱为符幅谱。式中的 k 和 ν 是相对于单元电机的次数。而图 6-3 中的幅度谱不是符幅谱，故相位谱不是线性关系，图中的 k 是相对于整个电机的次数。另外，当绕组起始位置与式（6-1）不同时，根据 HAW 理论的圆周循环移位特性，绕组对应的幅度谱保持不变，对应的相位谱在频域中产生了附加的相位移。

6.1.2 单相双层绕组

单相交流电机双层绕组同三相交流电机双层绕组一样，也有叠绕组和波绕组两类，一般为叠绕组。

【例 6-2】 24 槽 4 极单相电机双层叠绕组，$y = 5$，主绕组占总槽数的 2/3，辅助绕组占总槽数的 1/3，并联支路数均为 1。作绕组展开图并分析绕组的全息谱。

解： 由［例 6-1］，主绕组 M 和辅助绕组 A 上层边所占的槽号分别为：

M：1，2，3，4，-7，-8，-9，-10，13，14，15，16，-19，-20，-21，-22；
A：5，6，-11，-12，17，18，-23，-24。

绕组的展开图如图 6-4 所示。

绕组空间分布如图 6-5 所示。

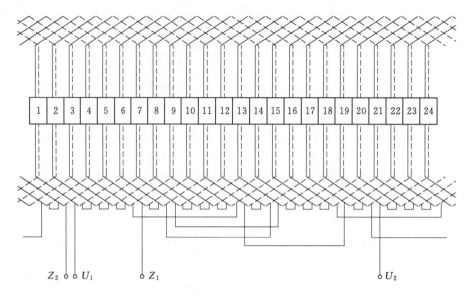

图 6-4 24 槽 4 极单相电机双层绕组展开图

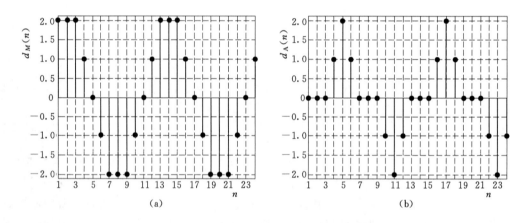

图 6-5 24 槽 4 极单相电机双层绕组的空间分布

(a) 主绕组空间分布；(b) 辅助绕组空间分布

根据式 (3-78)，计算绕组的全息谱，绕组的全息谱如图 6-6 所示。由图 6-6 (a)，主绕组的基波绕组因数为 0.808；由图 6-6 (c)，辅助绕组的基波绕组因数为 0.933；由图 6-6 (b) 和图 6-6 (d)，主绕组和辅助绕组基波在空间相差 90°。

与 [例 6-1] 单层绕组相比，由绕组空间域离散序列和全息谱图均可以看出，双层绕组谐波含量较小。

一般情形，对节距为 y 的单相电机双层绕组，设其一个单元电机中主绕组或辅助绕组上层边空间离散序列 $d_u(n)$ 为

$$\{d_u(n)\} = N_c \{\underbrace{1,1,\cdots,1}_{L}, \underbrace{0,0,\cdots,0}_{\frac{Q_t}{2}-L}, \underbrace{-1,-1,\cdots,-1}_{L}, \underbrace{0,0,\cdots,0}_{\frac{Q_t}{2}-L}\}, \quad n=1,2,\cdots,Q_t$$

$$(6-7)$$

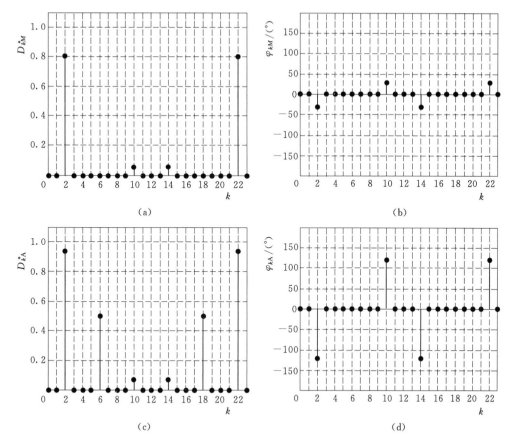

图 6-6 24 槽 4 极单相电机双层绕组的全息谱

(a) 主绕组幅度谱;(b) 主绕组相位谱;(c) 辅助绕组幅度谱;(d) 辅助绕组相位谱

绕组下层边的空间离散序列 $d_d(n)$ 为上层边的空间离散序列 $d_u(n)$ 圆周右移 y 位后取反。根据 HAW 理论,绕组的全息谱 $D(k)$ 为

$$D(k) = D_u(k) + D_d(k) = (1 - e^{-j\frac{2\pi}{Q_t}ky})D_u(k)$$

$$= \begin{cases} 0, & k=0 \\ \dfrac{4N_c}{Q_t}\sin\left(ky\,\dfrac{\pi}{Q_t}\right)\sin\left(k\,\dfrac{\pi}{2}\right)\dfrac{\sin\left(kL\,\dfrac{\pi}{Q_t}\right)}{\sin\left(k\,\dfrac{\pi}{Q_t}\right)}e^{j\left[\pi - k\frac{\pi}{2} - ky\frac{\pi}{Q_t} - k(L-1)\frac{\pi}{Q_t}\right]}, & k=1,2,\cdots,Q_t-1 \end{cases}$$

$$(6-8)$$

根据复绕组因数定义,单相双层绕组的复绕组因数 $D_{pu}(k)$ 为

$$D_{pu}(k) = \begin{cases} 0, & k=0 \\ \sin\left(ky\,\dfrac{\pi}{Q_t}\right)\sin\left(k\,\dfrac{\pi}{2}\right)\dfrac{\sin\left(kL\,\dfrac{\pi}{Q_t}\right)}{L\sin\left(k\,\dfrac{\pi}{Q_t}\right)}e^{j\left[\pi - k\frac{\pi}{2} - ky\frac{\pi}{Q_t} - k(L-1)\frac{\pi}{Q_t}\right]}, & k=1,2,\cdots,Q_t-1 \end{cases}$$

$$(6-9)$$

即绕组的 ν 次谐波绕组因数 $k_{w\nu}$ 为

$$k_{w\nu} = \begin{cases} 0, & \nu = 0 \\ \sin\left(\nu y\dfrac{\pi}{Q_t}\right)\sin\left(\nu\dfrac{\pi}{2}\right)\dfrac{\sin\left(\nu L\dfrac{\pi}{Q_t}\right)}{L\sin\left(\nu\dfrac{\pi}{Q_t}\right)}, & \nu = 1,2,\cdots,Q_t-1 \end{cases} \qquad (6-10)$$

其中，$\sin\left(\nu y\dfrac{\pi}{Q_t}\right)$ 为节距因数，$\sin\left(\nu\dfrac{\pi}{2}\right)\dfrac{\sin\left(\nu L\dfrac{\pi}{Q_t}\right)}{L\sin\left(\nu\dfrac{\pi}{Q_t}\right)}$ 为正负相带综合分布因数。

由式（6-9），并令 $\nu=0$ 时，$\varphi_\nu=\pi$，ν 次谐波复绕组因数的相位 φ_ν 为

$$\varphi_\nu = \pi - \nu\frac{\pi}{2} - \nu y\frac{\pi}{Q_t} - \nu(L-1)\frac{\pi}{Q_t}, \qquad \nu = 0,1,2,\cdots,Q_t-1 \qquad (6-11)$$

其中，$\dfrac{\pi}{2}-\nu y\dfrac{\pi}{Q_t}$ 为复节距因数的相位角，$\dfrac{\pi}{2}-\nu\dfrac{\pi}{2}-\nu(L-1)\dfrac{\pi}{Q_t}$ 为复综合分布因数的相位角。

绕组的磁动势 $f(x)$ 可由式（3-136）或式（3-145）将绕组全息谱代入求出。

式（6-8）～式（6-11）表示的绕组全息谱，同单相单层绕组一样，相位谱也为线性相位，其幅度谱为符幅谱。式中 k 和 ν 是相对于单元电机的次数。

6.2　单相标准正弦绕组

单相异步电动机中，除了基波磁场外，还存在大量的谐波磁场。单相电机谐波磁场的特点是谐波含量多、次数低、幅值大。这些谐波磁场的存在对电机运行性能有不良的影响，可能会产生较大的附加转矩、附加损耗、振动和噪声，使电机启动困难，温升增加，效率降低。因此，为了削弱这些谐波磁场，改善单相电机的性能，单相电机绕组多采用正弦绕组[22]。

由第 1 章和第 3 章可知，假定电机的槽数无限多，绕组的线匝数沿气隙圆周按余弦（通常不区分正弦和余弦，一般统称为正弦）规律分布，则当绕组中流过电流时，气隙中的安导曲线 $A(x)$ 沿空间作连续的余弦分布，从而磁动势 $f(x)$ 在空间按正弦规律分布，如图 6-7 所示。此时，除基波磁动势外，所有其他次数的谐波磁动势均为零。此为理想状态。事实上，电机的槽数是有限的，绕组的线匝沿气隙圆周不可能作连续的正弦分布，只能作离散的正弦分布，即标准正弦散布绕组，如图 6-8（a）所示。正弦绕组产生的磁动势为阶梯形，含有谐波，如图 6-8（b）所示。但它的谐波含量比普通绕组小很多[21]。

正弦绕组每槽线匝数不同，在结构上绕组做成同心式，且绕组对称于绕组的轴线。对具有 Q 个槽 p 对极的电机，通常要求其每极槽数 $\dfrac{Q}{2p}$ 为整数。而 $\dfrac{Q}{2p}$ 为极距，即

$$\tau = \frac{Q}{2p} \qquad (6-12)$$

τ 为整数。当 $\dfrac{Q}{2p}$ 为整数时，正弦绕组有 A 类正弦绕组和 B 类正弦绕组[21]两大常规类型，如图 3-16 和图 6-9 所示。A 类绕组，最大节距的线圈，其节距等于每极槽数；B 类绕

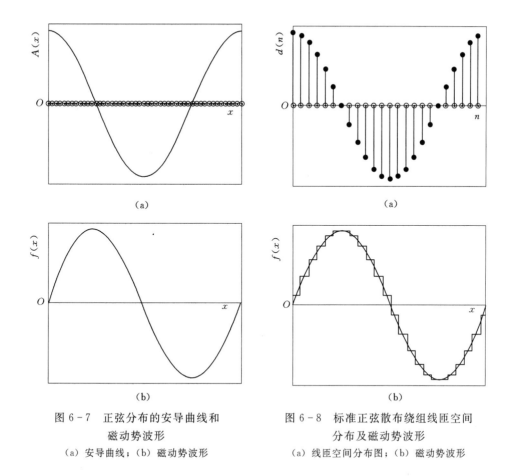

图 6-7　正弦分布的安导曲线和
　　　　磁动势波形
（a）安导曲线；（b）磁动势波形

图 6-8　标准正弦散布绕组线匝空间
　　　　分布及磁动势波形
（a）线匝空间分布图；（b）磁动势波形

组，最大节距线圈，其节距比每极槽数小 1 个槽距。图示正弦绕组均是节距不同、匝数不等的同心式绕组。

设正弦绕组每极下的线圈数为 L，由图 3-16 和图 6-9 可见，$\dfrac{Q}{2p}$ 为整数时，对标准正弦散布绕组有

$$L=\begin{cases}\dfrac{\tau+1}{2}, & \tau\text{ 为奇数时的 A 类绕组}\\[2mm]\dfrac{\tau-1}{2}, & \tau\text{ 为奇数时的 B 类绕组}\\[2mm]\dfrac{\tau}{2}, & \tau\text{ 为偶数时}\end{cases}\qquad(6-13)$$

参见式（3-96），以 $d(n)$ 表示正弦绕组空间域的离散序列，则 A 类标准正弦散布绕组，$d(n)$ 为

$$d(n)=A_p\cos\left[(n-1)\frac{\pi}{\tau}\right],\quad n=1,2,\cdots,Q\qquad(6-14)$$

B 类标准正弦散布绕组，$d(n)$ 为

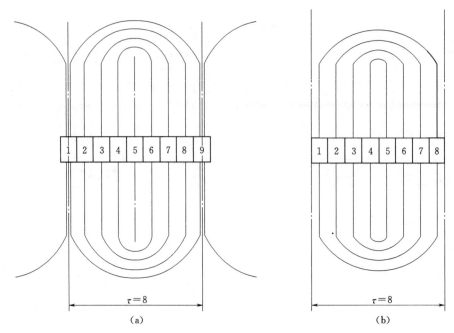

图 6-9　每极槽数为 8 的单相电机标准正弦散布绕组示意图
(a) A 类绕组；(b) B 类绕组

$$d(n) = A_p \cos\left[\left(n - \frac{1}{2}\right)\frac{\pi}{\tau}\right], \quad n = 1, 2, \cdots, Q \tag{6-15}$$

注意，对 A 类正弦绕组，节距最大的线圈通常一分为二，每个线圈的匝数均为 $\dfrac{A_p}{2}$，一个极面下布置一个线圈。

设正弦绕组在一个极面下、节距由大到小的 L 个线圈，其匝数分别为 Z_1、Z_2、Z_3、$\cdots$、Z_L；各线圈节距对应的电角度分别为 $2B_1$、$2B_2$、$2B_3$、$\cdots$、$2B_L$[21]。则，A 类正弦绕组各线圈匝数为

$$Z_n = \begin{cases} \dfrac{A_p}{2}, & n = 1 \\[2mm] A_p \cos\left[(n-1)\dfrac{\pi}{\tau}\right], & n = 2, 3, \cdots, L \end{cases} \tag{6-16}$$

B 类正弦绕组各线圈匝数为

$$Z_n = A_p \cos\left[\left(n - \frac{1}{2}\right)\frac{\pi}{\tau}\right], \quad n = 1, 2, \cdots, L \tag{6-17}$$

由电机学可知，相对于基波为 ν_p 次的谐波，其绕组因数 $k_{w\nu_p}$ 为

$$k_{w\nu_p} = \frac{Z_1 \sin(\nu_p B_1) + Z_2 \sin(\nu_p B_2) + Z_3 \sin(\nu_p B_3) + \cdots + Z_L \sin(\nu_p B_L)}{Z_1 + Z_2 + Z_3 + \cdots + Z_L} \tag{6-18}$$

绕组 ν_p 次谐波强度 h_{ν_p} 为

$$h_{\nu_p} = \frac{k_{w\nu_p}}{\nu_p k_{w1p}} \tag{6-19}$$

式中　k_{w1p}——基波绕组因数。

在 3.5 节，对标准正弦散布绕组已经进行了分析，该类绕组的全息谱中仅含有称为齿谐波的 $\nu_p = \dfrac{Q}{p} - 1$ 次谐波。且 $\nu_p = \dfrac{Q}{p} - 1$ 次谐波的绕组因数 $k_{w\nu_p}$ 为

$$k_{w\nu_p} = k_{w1p} \tag{6-20}$$

故 $\nu_p = \dfrac{Q}{p} - 1$ 次谐波的谐波强度 h_{ν_p} 为

$$h_{\nu_p} = \frac{p}{Q-p} \tag{6-21}$$

上面这种占有铁芯全部槽的、绕组全息谱中仅含有 $\nu_p = \dfrac{Q}{p} - 1$ 次谐波的正弦绕组，是谐波含量最小的正弦绕组，本书称为标准正弦散布绕组。此绕组占有的槽数多，绕组因数低。谐波的削弱是以导电材料的增加为代价的。为了提高绕组因数，减小绕组占槽数，提高电机的经济性，正弦绕组采用只占有部分槽的非标准正弦散布绕组，丢弃了部分节距小的线圈，即通常单相电机中使用的正弦绕组。

下面分析单相正弦绕组，给出该类型绕组的每槽线数分配比例、绕组平均节距、各次谐波绕组因数及谐波强度等的解析计算公式，并按 HAW 理论给出绕组的全息谱。

6.3 单相正弦绕组空间域分析

6.3.1 单相正弦绕组的空间域表达式

当 τ 为整数时，电机的每一对极为一单元电机。设单相电机正弦绕组每极面下的线圈数为 L，参见图 6-10，每对极下（单元电机下）单相正弦绕组的空间域离散序列 $d(n)$ 可表示为：

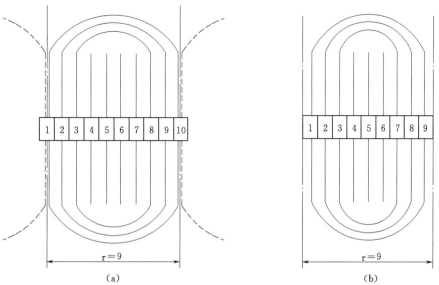

图 6-10 $\tau=9$，$L=3$ 的单相正弦绕组示意图

（a）A 类绕组；（b）B 类绕组

（1）A 类正弦绕组空间离散序列 $d(n)$。

$$d(n)=\begin{cases} A_p\cos\left[(n-1)\dfrac{\pi}{\tau}\right], & 1\leqslant n\leqslant L \\[2mm] 0, & L+1\leqslant n\leqslant \tau+1-L \\[2mm] A_p\cos\left[(n-1)\dfrac{\pi}{\tau}\right], & \tau+2-L\leqslant n\leqslant \tau+L \\[2mm] 0, & \tau+L+1\leqslant n\leqslant 2\tau+1-L \\[2mm] A_p\cos\left[(n-1)\dfrac{\pi}{\tau}\right], & 2\tau+2-L\leqslant n\leqslant 2\tau \end{cases} \quad (6-22)$$

（2）B 类正弦绕组空间离散序列 $d(n)$。

$$d(n)=\begin{cases} A_p\cos\left[\left(n-\dfrac{1}{2}\right)\dfrac{\pi}{\tau}\right], & 1\leqslant n\leqslant L \\[2mm] 0, & L+1\leqslant n\leqslant \tau-L \\[2mm] A_p\cos\left[\left(n-\dfrac{1}{2}\right)\dfrac{\pi}{\tau}\right], & \tau+1-L\leqslant n\leqslant \tau+L \\[2mm] 0, & \tau+L+1\leqslant n\leqslant 2\tau-L \\[2mm] A_p\cos\left[\left(n-\dfrac{1}{2}\right)\dfrac{\pi}{\tau}\right], & 2\tau+1-L\leqslant n\leqslant 2\tau \end{cases} \quad (6-23)$$

式（6-22）和式（6-23）中 L 应满足

$$1\leqslant L\leqslant L_{\max} \quad (6-24)$$

且

$$L_{\max}=\begin{cases} \dfrac{\tau+1}{2}, & \tau\text{ 为奇数时的 A 类绕组} \\[2mm] \dfrac{\tau-1}{2}, & \tau\text{ 为奇数时的 B 类绕组} \\[2mm] \dfrac{\tau}{2}, & \tau\text{ 为偶数时} \end{cases} \quad (6-25)$$

例如，图 6-10 所示正弦绕组，其空间域离散序列如图 6-11 所示，图中取 $A_p=1$。而其对应的标准正弦散布绕组空间域离散序列，如图 6-12 所示。可以看出，正弦绕组的空间分布图为正弦波的斩波图形，故绕组中必含有除齿谐波外的其他次数谐波。

6.3.2 单相正弦绕组的每槽线数分配

在单相正弦绕组的设计中，常将绕组 L 个线圈的匝数 Z_1、Z_2、Z_3、$\cdots$、Z_L 表示成绕组每对极串联匝数的百分数 $Z_1\%$、$Z_2\%$、$Z_3\%$、$\cdots$、$Z_L\%$，即

$$Z_n\%=\frac{Z_n}{\displaystyle\sum_{i=1}^{L}Z_i}\times100, \quad n=1,2,\cdots,L \quad (6-26)$$

（1）A 类正弦绕组。由式（6-16），因为

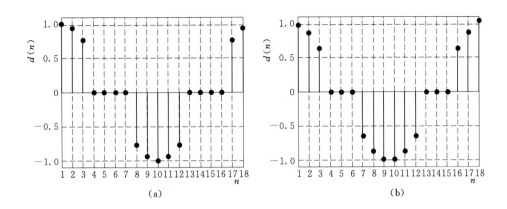

图 6-11 $\tau=9$，$L=3$，$A_p=1$ 的单相正弦绕组空间域离散序列的图形表示
（a）A 类绕组；（b）B 类绕组

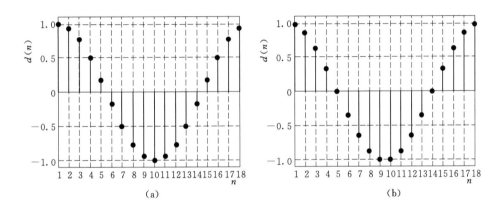

图 6-12 $\tau=9$，$A_p=1$ 的单相标准正弦绕组空间域离散序列的图形表示
（a）A 类绕组；（b）B 类绕组

$$\sum_{i=1}^{L} Z_i = \frac{d(1)}{2} + \sum_{i=2}^{L} d(i) = A_p \left\{ \frac{1}{2} + \sum_{i=2}^{L} \cos\left[(i-1)\frac{\pi}{\tau}\right] \right\}$$

$$= \frac{A_p}{2} \frac{\sin\left[(2L-1)\frac{\pi}{2\tau}\right]}{\sin\frac{\pi}{2\tau}} \tag{6-27}$$

所以

$$Z_n\% = \begin{cases} \dfrac{\sin\dfrac{\pi}{2\tau}}{\sin\left[(2L-1)\dfrac{\pi}{2\tau}\right]} \times 100, & n=1 \\[6mm] \dfrac{2\cos\left[(n-1)\dfrac{\pi}{\tau}\right]\sin\dfrac{\pi}{2\tau}}{\sin\left[(2L-1)\dfrac{\pi}{2\tau}\right]} \times 100, & n=2,3,\cdots,L \end{cases} \tag{6-28}$$

（2）B类正弦绕组。由式（6-17），因为

$$\sum_{i=1}^{L} Z_i = A_p \sum_{i=1}^{L} \cos\left[\left(i-\frac{1}{2}\right)\frac{\pi}{\tau}\right] = \frac{A_p}{2}\frac{\sin\left(L\frac{\pi}{\tau}\right)}{\sin\frac{\pi}{2\tau}} \tag{6-29}$$

所以

$$Z_n\% = \frac{2\cos\left[\left(n-\frac{1}{2}\right)\frac{\pi}{\tau}\right]\sin\frac{\pi}{2\tau}}{\sin\left(L\frac{\pi}{\tau}\right)}\times 100, \quad n=1,2,,\cdots,L \tag{6-30}$$

6.3.3 单相正弦绕组的平均节距

在等元件线圈中，节距为一常量。而在正弦绕组中，各线圈节距大小不等。当设计电机，计算绕组电阻时，要先计算平均半匝长，需使用线圈平均节距。设每槽串联导体数为 Z_1、Z_2、Z_3、$\cdots$、Z_L 的线圈，其对应节距分别为 Y_1、Y_2、Y_3、$\cdots$、Y_L，则绕组的平均节距 Y 为

$$Y = \frac{Z_1Y_1 + Z_2Y_2 + Z_3Y_3 + \cdots + Z_LY_L}{Z_1 + Z_2 + Z_3 + \cdots + Z_L} \tag{6-31}$$

（1）A类正弦绕组。

$$\begin{aligned}
Y &= \frac{Z_1Y_1 + Z_2Y_2 + Z_3Y_3 + \cdots + Z_LY_L}{Z_1 + Z_2 + Z_3 + \cdots + Z_L} \\
&= \frac{Z_1\tau + Z_2(\tau-2) + Z_3(\tau-4) + \cdots + Z_L(\tau-2L+2)}{\sum_{n=1}^{L} Z_n}
\end{aligned} \tag{6-32}$$

经化简，由式（6-32）得

$$Y = \frac{1-\cos\left[(L-1)\frac{\pi}{\tau}\right]}{\sin\frac{\pi}{2\tau}\sin\left[(2L-1)\frac{\pi}{2\tau}\right]} + \tau - 2L + 2 \tag{6-33}$$

对于 A 类标准正弦绕组，若 τ 为奇数，则 $L=\frac{\tau+1}{2}$；若 τ 为偶数，则 $L=\frac{\tau}{2}$。代入式（6-33），得

$$Y = \begin{cases} \dfrac{1}{\sin\frac{\pi}{2\tau}}, & \tau\ \text{为奇数} \\[3mm] \dfrac{2}{\sin\frac{\pi}{\tau}}, & \tau\ \text{为偶数} \end{cases} \tag{6-34}$$

（2）B类正弦绕组。

$$Y = \frac{Z_1Y_1 + Z_2Y_2 + Z_3Y_3 + \cdots + Z_LY_L}{Z_1 + Z_2 + Z_3 + \cdots + Z_L}$$

$$= \frac{Z_1(\tau-1) + Z_2(\tau-3) + Z_3(\tau-5) + \cdots + Z_L(\tau-2L+1)}{\sum\limits_{n=1}^{L} Z_n} \qquad (6-35)$$

经化简，由式（6-35）得

$$Y = \frac{\sin\left[(L-1)\dfrac{\pi}{2\tau}\right]}{\sin\dfrac{\pi}{2\tau}\cos\left(L\dfrac{\pi}{2\tau}\right)} + \tau - 2L + 1 \qquad (6-36)$$

对于 B 类标准正弦绕组，若 τ 为奇数，则 $L=\dfrac{\tau-1}{2}$；若 τ 为偶数，则 $L=\dfrac{\tau}{2}$。代入式（6-36），得

$$Y = \begin{cases} \dfrac{1}{\sin\dfrac{\pi}{2\tau}}, & \tau \text{ 为奇数} \\[4mm] \cot\dfrac{\pi}{2\tau}, & \tau \text{ 为偶数} \end{cases} \qquad (6-37)$$

6.4 单相正弦绕组的全息谱分析

6.4.1 单相正弦绕组的频率域表达式

由式（3-78），对一个单元电机中的单相正弦绕组空间域离散序列 $d(n)$ 进行傅里时变换，可得正弦绕组在频率域的全息谱 $D(k)$。

（1）A 类正弦绕组。由

$$D(k) = \frac{1}{2\tau}\sum_{n=1}^{2\tau} d(n)\mathrm{e}^{-\mathrm{j}\frac{\pi}{\tau}(n-1)k} \qquad (6-38)$$

代入式（6-22），经处理，式（6-38）化为

$$D(k) = \frac{A_p}{2\tau}\left[1-(-1)^k\right]\left\{1 + \frac{\sin\left[(L-1)(k-1)\dfrac{\pi}{2\tau}\right]\cos\left[L(k-1)\dfrac{\pi}{2\tau}\right]}{\sin\left[(k-1)\dfrac{\pi}{2\tau}\right]}\right.$$

$$\left. + \frac{\sin\left[(L-1)(k+1)\dfrac{\pi}{2\tau}\right]\cos\left[L(k+1)\dfrac{\pi}{2\tau}\right]}{\sin\left[(k+1)\dfrac{\pi}{2\tau}\right]}\right\} \qquad (6-39)$$

其中，$0 \leqslant k \leqslant 2\tau-1$，当 $k=1$ 或 $k=2\tau-1$ 时，$D(k)$ 为

$$D(k) = \frac{A_p}{2\tau}\left\{\frac{\sin\left[(2L-1)\dfrac{\pi}{\tau}\right]}{\sin\dfrac{\pi}{\tau}} + 2L-1\right\} \qquad (6-40)$$

（2）B 类正弦绕组。由

$$D(k) = \frac{1}{2\tau}\sum_{n=1}^{2\tau} d(n)\mathrm{e}^{-\mathrm{j}\frac{\pi}{\tau}(n-1)k} \qquad (6-41)$$

代入式（6-23），经处理可得

$$D(k)=\frac{A_p}{4\tau}[1-(-1)^k]\left\{\frac{\sin\left[L(k-1)\frac{\pi}{\tau}\right]}{\sin\left[(k-1)\frac{\pi}{2\tau}\right]}+\frac{\sin\left[L(k+1)\frac{\pi}{\tau}\right]}{\sin\left[(k+1)\frac{\pi}{2\tau}\right]}\right\}e^{j\frac{\pi}{2\tau}k} \quad (6-42)$$

其中，$0\leqslant k\leqslant 2\tau-1$，当 $k=1$ 或 $k=2\tau-1$ 时，$D(k)$ 为

$$D(k)=\frac{A_p}{2\tau}\left[\frac{\sin\left(L\frac{2\pi}{\tau}\right)}{\sin\frac{\pi}{\tau}}+2L\right]e^{j\frac{\pi}{2\tau}k} \quad (6-43)$$

由式（6-39）和式（6-42）的正弦绕组全息谱可以看到，式（6-39）和式（6-42）中的相位频谱均为线性相位，幅度谱为符幅谱。

6.4.2 单相正弦绕组的谐波分析和绕组因数

根据式（3-82），正弦绕组的复绕组因数 $D_{pu}(k)$ 为

$$D_{pu}(k)=\frac{2\tau}{\sum\limits_{n=1}^{2\tau}|d(n)|}D(k), \quad k=0,1,\cdots,2\tau-1 \quad (6-44)$$

且

$$\sum_{n=1}^{2\tau}|d(n)|=4\sum_{n=1}^{L}Z_n$$

将式（6-39）和式（6-42）代入后，有：

（1）A 类正弦绕组。

$$D_{pu}(k)=\frac{[1-(-1)^k]}{2}\frac{\sin\frac{\pi}{2\tau}}{\sin\left[(2L-1)\frac{\pi}{2\tau}\right]}\left\{1+\frac{\sin\left[(L-1)(k-1)\frac{\pi}{2\tau}\right]\cos\left[L(k-1)\frac{\pi}{2\tau}\right]}{\sin\left[(k-1)\frac{\pi}{2\tau}\right]}\right.$$

$$\left.+\frac{\sin\left[(L-1)(k+1)\frac{\pi}{2\tau}\right]\cos\left[L(k+1)\frac{\pi}{2\tau}\right]}{\sin\left[(k+1)\frac{\pi}{2\tau}\right]}\right\}, k=0,1,\cdots,2\tau-1 \quad (6-45)$$

即绕组的 ν 次谐波绕组因数 $k_{w\nu}$ 为

$$k_{w\nu}=\frac{[1-(-1)^\nu]}{2}\frac{\sin\frac{\pi}{2\tau}}{\sin\left[(2L-1)\frac{\pi}{2\tau}\right]}\left\{1+\frac{\sin\left[(L-1)(\nu-1)\frac{\pi}{2\tau}\right]\cos\left[L(\nu-1)\frac{\pi}{2\tau}\right]}{\sin\left[(\nu-1)\frac{\pi}{2\tau}\right]}\right.$$

$$\left.+\frac{\sin\left[(L-1)(\nu+1)\frac{\pi}{2\tau}\right]\cos\left[L(\nu+1)\frac{\pi}{2\tau}\right]}{\sin\left[(\nu+1)\frac{\pi}{2\tau}\right]}\right\}, \nu=1,2,\cdots,2\tau-1 \quad (6-46)$$

且当 $\nu=1$ 或 $\nu=2\tau-1$ 时

$$k_{w\nu} = \frac{\sin\frac{\pi}{2\tau}}{2\sin\left[(2L-1)\frac{\pi}{2\tau}\right]} \left\{ \frac{\sin\left[(2L-1)\frac{\pi}{\tau}\right]}{\sin\frac{\pi}{\tau}} + 2L-1 \right\} \tag{6-47}$$

对于 A 类标准正弦绕组，若 τ 为奇数，则 $L = \frac{\tau+1}{2}$；若 τ 为偶数，则 $L = \frac{\tau}{2}$。代入式 (6-47)，得 $\nu = 1$ 或 $\nu = 2\tau - 1$ 时标准正弦绕组的绕组因数为

$$k_{w\nu} = \begin{cases} \dfrac{\tau}{2}\sin\dfrac{\pi}{2\tau}, & \tau \text{ 为奇数} \\[3mm] \dfrac{\tau}{2}\tan\dfrac{\pi}{2\tau}, & \tau \text{ 为偶数} \end{cases} \tag{6-48}$$

由式 (6-45)，A 类正弦绕组 ν 次谐波复绕组因数的相位 φ_ν 为

$$\varphi_\nu = 0, \quad \nu = 1, 2, \cdots, 2\tau - 1 \tag{6-49}$$

（2）B 类正弦绕组。

$$D_{\mathrm{pu}}(k) = \frac{[1-(-1)^k]}{4} \frac{\sin\frac{\pi}{2\tau}}{\sin\left(L\frac{\pi}{\tau}\right)} \left\{ \frac{\sin\left[L(k-1)\frac{\pi}{\tau}\right]}{\sin\left[(k-1)\frac{\pi}{2\tau}\right]} + \frac{\sin\left[L(k+1)\frac{\pi}{\tau}\right]}{\sin\left[(k+1)\frac{\pi}{2\tau}\right]} \right\} e^{\mathrm{j}\frac{\pi}{2\tau}k}, \quad k = 0, 1, \cdots, 2\tau - 1 \tag{6-50}$$

即绕组的 ν 次谐波绕组因数 $k_{w\nu}$ 为

$$k_{w\nu} = \frac{[1-(-1)^\nu]}{4} \frac{\sin\frac{\pi}{2\tau}}{\sin\left(L\frac{\pi}{\tau}\right)} \left\{ \frac{\sin\left[L(\nu-1)\frac{\pi}{\tau}\right]}{\sin\left[(\nu-1)\frac{\pi}{2\tau}\right]} + \frac{\sin\left[L(\nu+1)\frac{\pi}{\tau}\right]}{\sin\left[(\nu+1)\frac{\pi}{2\tau}\right]} \right\}, \quad \nu = 1, 2, \cdots, 2\tau - 1 \tag{6-51}$$

且当 $\nu = 1$ 或 $\nu = 2\tau - 1$ 时

$$k_{w\nu} = \frac{\sin\frac{\pi}{2\tau}}{2\sin\left(L\frac{\pi}{\tau}\right)} \left[\frac{\sin\left(L\frac{2\pi}{\tau}\right)}{\sin\frac{\pi}{\tau}} + 2L \right] \tag{6-52}$$

对于 B 类标准正弦绕组，若 τ 为奇数，则 $L = \frac{\tau-1}{2}$；若 τ 为偶数，则 $L = \frac{\tau}{2}$。代入式 (6-52)，得 $\nu = 1$ 或 $\nu = 2\tau - 1$ 时标准正弦绕组的绕组因数为

$$k_{w\nu} = \begin{cases} \dfrac{\tau}{2}\tan\dfrac{\pi}{2\tau}, & \tau \text{ 为奇数} \\[3mm] \dfrac{\tau}{2}\sin\dfrac{\pi}{2\tau}, & \tau \text{ 为偶数} \end{cases} \tag{6-53}$$

由式 (6-50)，B 类正弦绕组 ν 次谐波复绕组因数的相位 φ_ν 为

$$\varphi_\nu = \frac{\pi}{2\tau}\nu, \quad \nu = 1, 2, \cdots, 2\tau - 1 \tag{6-54}$$

计算出正弦绕组 $\nu = 1, 2, \cdots, 2\tau - 1$ 次谐波绕组因数后，由绕组因数的周期性，可以计算正弦绕组的 ν 次谐波强度 h_ν 为

$$h_\nu = \frac{k_{w\nu}}{\nu k_{w1}} \tag{6-55}$$

附表 1 为常用的单相正弦绕组的每槽槽线数分配、基波绕组因数、平均节距和绕组谐波漏抗系数 $\sum S$ 表；附表 2 为单相正弦 A 类、B 类绕组的谐波绕组因数表；附表 3 为单相正弦 A 类、B 类绕组的谐波强度表。因采用解析公式且使用计算机计算，所计算的结果为真正的理论值。结果可与文献［21］比较。附表 1 中的谐波漏抗系数 $\sum S$，其分析计算参见 7.2 节。

【例 6 - 3】 18 槽 2 极单相电机正弦绕组，每极面下的线圈数 $L=3$，试分析该绕组的全息谱和磁动势波形。

解： 此正弦绕组有 A 类、B 类两种结构，如图 6 - 10 所示。绕组的空间域离散序列如图 6 - 11 所示，图中取序列的幅值 $A_p=1$。

按式（6 - 46）和式（6 - 51）分别计算绕组的幅度谱（标幺值），结果如图 6 - 13（a）和（c）所示。图中 A 类正弦绕组基波绕组因数为 0.8931，B 类正弦绕组基波绕组因数为 0.8554。

按式（6 - 49）和式（6 - 54）分别计算绕组的相位谱，结果示于图 6 - 13（b）和（d）中。A 类正弦绕组全息谱中的各次谐波相位均为零，B 类绕组的相位频谱为线性相位。

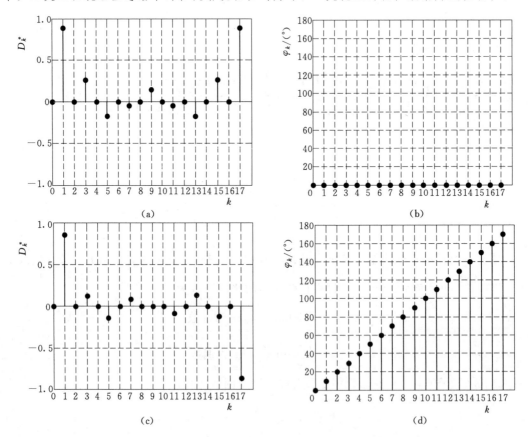

图 6 - 13　16 槽 2 极正弦绕组的全息谱（$L=3$）

（a）A 类绕组幅度频谱；（b）A 类绕组相位频谱；（c）B 类绕组幅度频谱；（d）B 类绕组相位频谱

由图可见，由于绕组空间上为斩波的正弦波分布，除齿谐波外，绕组中有 3 次、5 次等谐波成分存在。

图 6-14 是该绕组对应的磁动势波形图。由图可知，磁动势中，除齿谐波外，也将含有其他谐波。

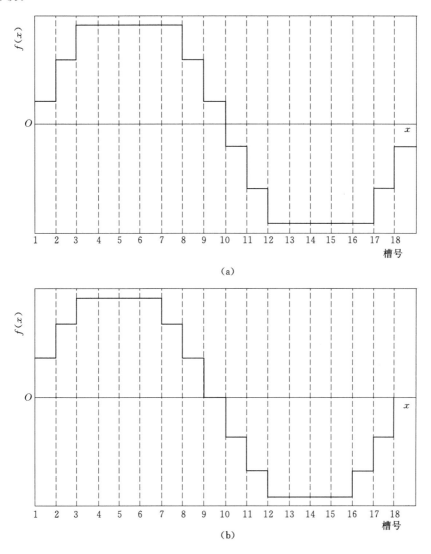

图 6-14 18 槽 2 极正弦绕组的磁动势波形图（$L=3$）

（a）A 类绕组；（b）B 类绕组

第7章 交流电机绕组全息谱分析理论的应用

3.10 节采用空间离散傅里叶变换分析了多相对称交流电机。第 4～6 章采用交流绕组的全息谱分析理论分析了常用的交流电机绕组。交流电机空间离散傅里叶变换理论和绕组的全息谱分析理论，可以应用于诸多方面，如非正规绕组的优化设计、单绕组变极绕组设计、电机故障分析、故障诊断、感应电动机同步寄生转矩分析、多相电机矢量控制、绕组谐波漏抗计算、绕组自感系数和互感系数计算等。这其中也包括三相交流电机绕组的优化设计——三相合成正弦绕组和三相低谐波绕组设计。本章仅就交流电机绕组全息谱分析理论在三相合成正弦绕组和低谐波绕组设计、绕组谐波漏抗计算、凸极同步电机定子绕组自感系数和互感系数计算中的应用进行详细论述。

7.1 三相合成正弦绕组和三相低谐波绕组设计

所谓低谐波绕组，就是指谐波成分低微的绕组。因为安导波沿铁芯表面按正弦（或称余弦）规律分布的绕组所产生的磁动势沿空间也是按正弦规律分布，因此通过合理选取绕组各槽的槽线匝数分配，可以得到接近于正弦波形的磁动势波形，最大限度地减少磁动势中有害谐波的含量及幅值。

低谐波绕组可改善磁动势波形，降低杂散损耗，缩短铁芯长度，减小绕组电阻，降低铜耗，提高电机效率，降低电机温升，减小振动和噪声，节约材料。对电动机，可改善电机启动性能；对发电机，可减小发电机电压波形正弦性畸变率[54][55][1]。

三相合成正弦绕组是三相低谐波绕组的一种，是低谐波绕组中谐波含量最少的绕组。这类绕组因三相合成磁动势中仅存在齿谐波而无其他次数谐波，故称为三相合成正弦绕组，以区别于常规的单相正弦绕组和三相 Y-△混合连接的正弦绕组。与普通的正弦绕组不同，三相合成正弦绕组中的每一个相绕组，其产生的磁动势除齿谐波外还含有 3 次及 3 的奇数倍次谐波。但因三相对称的关系，三相合成的磁动势中 3 次及 3 的奇数倍次谐波相互抵消，从而，合成磁动势中仅存在齿谐波而无其他次数谐波磁动势。

通常，为了便于制造，多数电机都属于等元件绕组。但为了减少谐波，三相低谐波绕组，包括三相合成正弦绕组，采用不等匝线圈，一般做成双层同心式结构。三相低谐波绕组也能做成双层叠绕组。它也可被设计成每槽总线匝数相等，以使各槽的槽满率相同。这种绕组与普通的绕组有基本相同的工艺，工艺性较好[54]。

7.1.1 三相合成正弦绕组[135-137]

如同单相正弦绕组[21]，三相合成正弦绕组按结构也分为 A 类、B 类两大类型绕组。A 类绕组，节距最大的线圈有 1/2 导体放在另一个极下，最大节距线圈的节距等于每极槽数；B 类绕组，线圈组全部线圈处在同一个极下，线圈的最大节距比每极槽数小 1 个槽距。三相合成正弦绕组每相每极下的线圈数均为 q（q 为每极每相槽数，q 为整数）。A 类三相合成正弦绕组的结构相当于普通的等元件、节距为 $2q+1$ 的双层 60°相带整数槽绕组改成，B 类三相合成正弦绕组的结构相当于普通的等元件、节距为 $2q$ 的双层 60°相带整数槽绕组改成。

例如，每极 6 槽的 A 类和 B 类三相合成正弦绕组结构示意图分别如图 7-1（a）、（b）所示；每极 9 槽的三相 A 类和 B 类合成正弦绕组结构示意图分别如图 7-2（a）、（b）所示。参见图 7-1（a）和图 7-2（a），A 类绕组中线圈的最大节距等于每极槽数，图中分别为 6 和 9。图 7-1（b）和图 7-2（b）中，B 类绕组线圈的最大节距比每极槽数小 1 个槽距，图中分别为 5 和 8。合成正弦绕组每一相在每极下均有 q 个线圈，图 7-1 中为 2，图 7-2 中为 3。

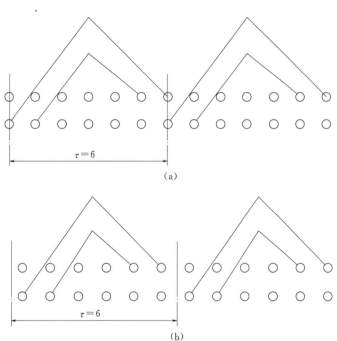

图 7-1　每极槽数为 6 的三相合成正弦绕组一相绕组结构示意图
（a）A 类绕组；（b）B 类绕组

1. 三相 A 类合成正弦绕组

先以图 7-1（a）所示的每极槽数为 6 的三相 A 类合成正弦绕组为例，论述该绕组的设计过程。该绕组可以看成是由普通的等元件、每极每相槽数 $q=2$、线圈节距 $y=5$ 的三相双层叠绕组[55]改成，但绕组结构上采用双层同心式。每个线圈的两个边采用类似叠绕组线圈边的布置方式，一个边在槽下层，另一个边在槽上层[1]。

设图 7-1（a）绕组中的某一相绕组，其节距大的线圈的匝数为 N_1 匝，节距 $y_1=6$，即等于极距；节距小的线圈的匝数为 N_2 匝，节距 $y_2=4$。除这两种线圈所占有的槽之外，其余槽内无此相线圈，即槽线匝数为零。本例中，每一个极下此相有 3 个槽中为空。

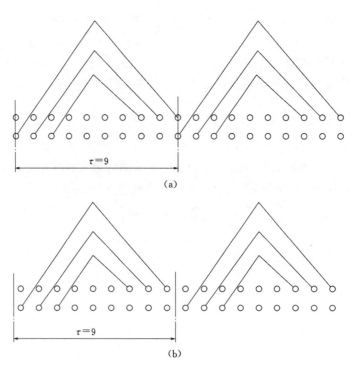

图 7-2　每极槽数为 9 的三相合成正弦绕组一相绕组结构示意图

(a) A 类绕组；(b) B 类绕组

选取绕组的一单元电机分析，容易看出，图 7-1 中的单元电机槽数 $Q_t=12$。因为线圈对称布置，显然每相绕组只产生次数为 1、3、5、…奇次谐波磁动势，而不存在偶次谐波磁动势。进一步，对于所要分析的三相合成正弦绕组，相绕组磁动势中可以含有 3 次及 3 的奇数倍次谐波，三相合成时，这些谐波会相互抵消。根据绕组的全息谱分析理论及交流电机绕组的分解与合成原理，假如该绕组离散序列可分解为基波标准正弦散布绕组与三次谐波标准正弦散布绕组（本例因 $Q_t=12$，相绕组中仅可含有 3 次谐波，9 次已大于 $Q_t/2$。），由图 7-1 (a)，参照式（3-94），可设绕组基波标准正弦散布序列 $d_1(n)$ 为

$$d_1(n)=A_1\cos\left[(n-1)\frac{2\pi}{Q_t}\right]=A_1\cos\left[(n-1)\frac{2\pi}{12}\right]=A_1\cos\left[(n-1)\frac{\pi}{6}\right],\quad n=1,2,\cdots,12$$

$$(7-1)$$

式中　A_1——基波标准正弦散布绕组单边频谱的幅值。

同样，可设绕组 3 次谐波标准正弦散布序列 $d_3(n)$ 为

$$d_3(n)=A_3\cos\left[3(n-1)\frac{2\pi}{Q_t}\right]=A_3\cos\left[3(n-1)\frac{2\pi}{12}\right]=A_3\cos\left[(n-1)\frac{\pi}{2}\right],\quad n=1,2,\cdots,12$$

$$(7-2)$$

式中　A_3——3 次谐波标准正弦散布绕组单边频谱的幅值。

由该绕组的分布，有

214

$$\begin{cases} N_1 = \dfrac{1}{2}\big[d_1(1) + d_3(1)\big] = \dfrac{1}{2}(A_1 + A_3) \\[2mm] N_2 = d_1(2) + d_3(2) = A_1 \cos\dfrac{\pi}{6} + A_3 \cos\dfrac{\pi}{2} \\[2mm] d_1(3) + d_3(3) = A_1 \cos\dfrac{2\pi}{6} + A_3 \cos\dfrac{2\pi}{2} = 0 \end{cases} \tag{7-3}$$

解得

$$A_3 = -\frac{\cos\dfrac{2\pi}{6}}{\cos\dfrac{2\pi}{2}} A_1 = 0.5 A_1 \tag{7-4}$$

$$\begin{cases} N_1 = \dfrac{1}{2}(A_1 + A_3) = 0.75 A_1 \\[2mm] N_2 = A_1 \cos\dfrac{\pi}{6} + A_3 \cos\dfrac{\pi}{2} = \dfrac{\sqrt{3}}{2} A_1 \end{cases} \tag{7-5}$$

即有

$$N_1 : N_2 = \sqrt{3} : 2$$

将匝数比归一化，有

$$N_1 : N_2 = 0.4641016 : 0.53589838 \tag{7-6}$$

根据式（3-85）和式（3-95），将式（7-5）代入，可得基波绕组因数 k_{w1} 为

$$k_{w1} = \frac{\dfrac{Q_t}{2}}{4 \sum\limits_{n=1}^{2} N_n} \frac{A_1}{2} = \frac{12}{4 \times \left(0.75 + \dfrac{\sqrt{3}}{2}\right)} \times \frac{1}{2} = 0.9282032$$

与此类似，图 7-2（a）所示的每极槽数为 9 的 A 类三相合成正弦绕组，可以看成是由普通的等元件、每极每相槽数 $q=3$、线圈节距 $y=7$ 的三相双层叠绕组[55]改成。单元电机的槽数 $Q_t=18$。按线圈节距从大到小的顺序，设线圈的匝数分别为 N_1、N_2、N_3。由图 7-2（a），根据 HAW 理论及交流电机绕组的分解与合成原理，可以将该绕组离散序列分解为基波、3 次谐波和 9 次谐波标准正弦散布绕组序列 $d_1(n)$、$d_3(n)$、$d_9(n)$。参照式（3-94），可令

$$\begin{cases} d_1(n) = A_1 \cos\left[(n-1)\dfrac{2\pi}{Q_t}\right] = A_1 \cos\left[(n-1)\dfrac{2\pi}{18}\right] = A_1 \cos\left[(n-1)\dfrac{\pi}{9}\right] \\[2mm] d_3(n) = A_3 \cos\left[3(n-1)\dfrac{2\pi}{Q_t}\right] = A_3 \cos\left[3(n-1)\dfrac{2\pi}{18}\right] = A_3 \cos\left[(n-1)\dfrac{\pi}{3}\right], \quad n=1,2,\cdots,18 \\[2mm] d_9(n) = A_9 \cos\left[9(n-1)\dfrac{2\pi}{Q_t}\right] = A_9 \cos\left[9(n-1)\dfrac{2\pi}{18}\right] = A_9 \cos\left[(n-1)\pi\right] \end{cases}$$

$$\tag{7-7}$$

式中 A_1、A_3、A_9——绕组基波、3 次谐波和 9 次谐波单边频谱的幅值。

由该绕组的分布，有

$$\begin{cases} N_1 = \dfrac{1}{2}\left[d_1(1)+d_3(1)+d_9(1)\right] = \dfrac{1}{2}(A_1+A_3+A_9) \\[2mm] N_2 = d_1(2)+d_3(2)+d_9(2) = A_1\cos\dfrac{\pi}{9}+A_3\cos\dfrac{\pi}{3}+A_9\cos\pi \\[2mm] N_3 = d_1(3)+d_3(3)+d_9(3) = A_1\cos\dfrac{2\pi}{9}+A_3\cos\dfrac{2\pi}{3}+A_9\cos(2\pi) \\[2mm] d_1(4)+d_3(4)+d_9(4) = A_1\cos\dfrac{3\pi}{9}+A_3\cos\dfrac{3\pi}{3}+A_9\cos(3\pi)=0 \\[2mm] d_1(5)+d_3(5)+d_9(5) = A_1\cos\dfrac{4\pi}{9}+A_3\cos\dfrac{4\pi}{3}+A_9\cos(4\pi)=0 \end{cases} \tag{7-8}$$

解得

$$\begin{cases} A_3 = \left[\dfrac{1}{3}+\dfrac{2}{3}\cos\left(\dfrac{4}{9}\pi\right)\right]A_1 = 0.449098785A_1 \\[3mm] A_9 = \left[\dfrac{1}{6}-\dfrac{2}{3}\cos\left(\dfrac{4}{9}\pi\right)\right]A_1 = 0.050901215A_1 \end{cases} \tag{7-9}$$

$$\begin{cases} N_1 = \dfrac{3}{4}A_1 = 0.75A_1 \\[3mm] N_2 = \sqrt{3}\sin\dfrac{2\pi}{9}A_1 = 1.113340798A_1 \\[3mm] N_3 = \sqrt{3}\sin\dfrac{\pi}{9}A_1 = 0.592396265A_1 \end{cases} \tag{7-10}$$

即有

$$N_1:N_2:N_3 = 0.75:\sqrt{3}\sin\dfrac{2\pi}{9}:\sqrt{3}\sin\dfrac{\pi}{9}$$

将匝数比归一化，有

$$N_1:N_2:N_3 = 0.305407289:0.453363194:0.2412295169$$

基波绕组因数 k_{w1} 为

$$k_{w1} = \dfrac{Q_t}{4\sum\limits_{n=1}^{3}N_n}\dfrac{A_1}{2} = \dfrac{18}{4}\times\dfrac{\dfrac{0.305407289}{0.75}}{2} = 0.9162219$$

一般情况，每极槽数为 $3q$ 的 A 类三相合成正弦绕组，单元电机的槽数 $Q_t=6q$。按线圈节距从大到小的顺序，设其一相 q 个线圈的匝数分别为 N_1、N_2、$\cdots$、N_q。当 $q\geqslant2$ 时，令

$$L = \begin{cases} \dfrac{q+1}{2}, & q\ \text{为奇数时} \\[3mm] \dfrac{q}{2}, & q\ \text{为偶数时} \end{cases} \tag{7-11}$$

根据 HAW 理论及交流电机绕组的分解与合成原理，参照式（3-94），可以将该绕组离散序列分解为基波、3 次谐波、…、3 的（2L-1）倍次谐波标准正弦散布绕组序列 $d_1(n)$、$d_3(n)$、…、$d_{3(2L-1)}(n)$。令

$$\begin{cases} d_1(n)=A_1\cos\left[(n-1)\dfrac{2\pi}{Q_t}\right] \\[2mm] d_3(n)=A_3\cos\left[3(n-1)\dfrac{2\pi}{Q_t}\right] \\[2mm] \vdots \\[2mm] d_{3(2L-1)}(n)=A_{3(2L-1)}\cos\left[3(2L-1)(n-1)\dfrac{2\pi}{Q_t}\right] \end{cases} ,\quad n=1,2,\cdots,6q \qquad (7-12)$$

式中 A_1、A_3、…、$A_{3(2L-1)}$——绕组基波、3 次谐波、…、3 的（2L-1）倍次谐波单边频谱的幅值。

且有

$$\begin{cases} N_1=\dfrac{1}{2}\left[d_1(1)+d_3(1)+\cdots+d_{3(2L-1)}(1)\right] \\[2mm] N_2=d_1(2)+d_3(2)+\cdots+d_{3(2L-1)}(2) \\[2mm] \vdots \\[2mm] N_q=d_1(q)+d_3(q)+\cdots+d_{3(2L-1)}(q) \\[2mm] d_1(q+1)+d_3(q+1)+\cdots+d_{3(2L-1)}(q+1)=0 \\[2mm] d_1(q+2)+d_3(q+2)+\cdots+d_{3(2L-1)}(q+2)=0 \\[2mm] \vdots \\[2mm] d_1(q+L)+d_3(q+L)+\cdots+d_{3(2L-1)}(q+L)=0 \end{cases} \qquad (7-13)$$

即

$$\begin{cases} N_1=\dfrac{1}{2}\left[A_1+A_3+\cdots+A_{3(2L-1)}\right] \\[2mm] N_2=A_1\cos\dfrac{\pi}{3q}+A_3\cos\dfrac{\pi}{q}+\cdots+A_{3(2L-1)}\cos\left[(2L-1)\dfrac{\pi}{q}\right] \\[2mm] \vdots \\[2mm] N_q=A_1\cos\left[(q-1)\dfrac{\pi}{3q}\right]+A_3\cos\left[(q-1)\dfrac{\pi}{q}\right]+\cdots+A_{3(2L-1)}\cos\left[(q-1)(2L-1)\dfrac{\pi}{q}\right] \\[2mm] A_1\cos\left(q\dfrac{\pi}{3q}\right)+A_3\cos\left(q\dfrac{\pi}{q}\right)+\cdots+A_{3(2L-1)}\cos\left[q(2L-1)\dfrac{\pi}{q}\right]=0 \\[2mm] A_1\cos\left[(q+1)\dfrac{\pi}{3q}\right]+A_3\cos\left[(q+1)\dfrac{\pi}{q}\right]+\cdots+A_{3(2L-1)}\cos\left[(q+1)(2L-1)\dfrac{\pi}{q}\right]=0 \\[2mm] \vdots \\[2mm] A_1\cos\left[(q+L-1)\dfrac{\pi}{3q}\right]+A_3\cos\left[(q+L-1)\dfrac{\pi}{q}\right]+\cdots+A_{3(2L-1)}\cos\left[(q+L-1)(2L-1)\dfrac{\pi}{q}\right]=0 \end{cases}$$

$$(7-14)$$

解方程（7-14），得

$$\begin{cases} N_1 = \dfrac{3}{4}A_1 \\[2mm] N_2 = \sqrt{3}\sin\left(\dfrac{\pi}{3} - \dfrac{\pi}{3q}\right)A_1 \\[2mm] \vdots \\[2mm] N_j = \sqrt{3}\sin\left[\dfrac{\pi}{3} - (j-1)\dfrac{\pi}{3q}\right]A_1, \quad j = 2,3,\cdots,q \\[2mm] \vdots \\[2mm] N_q = \sqrt{3}\sin\dfrac{\pi}{3q}A_1 \end{cases} \tag{7-15}$$

即得到了各线圈的匝数比 $N_1 : N_2 : \cdots : N_q$。此匝数比也可利用该绕组的复频谱来方便地求出。按绕组全息谱理论，采用复数方式，当三相合成离散绕组序列为复指数离散序列时，绕组即为三相合成正弦绕组。对 A 类三相合成正弦绕组，由绕组的复指数离散序列，得线圈各匝数的关系为

$$\frac{N_j}{\sin\left[\dfrac{\pi}{3} - (j-1)\dfrac{2\pi}{Q}\right]} = \frac{2N_1}{\sin\dfrac{2\pi}{3}}, \quad j = 2,3,\cdots,q \tag{7-16}$$

即

$$N_j = \frac{4\sqrt{3}\sin\left[\dfrac{\pi}{3} - (j-1)\dfrac{\pi}{3q}\right]}{3}N_1, \quad j = 2,3,\cdots,q \tag{7-17}$$

绕组的基波绕组因数 k_{w1} 为

$$k_{w1} = \frac{Q_t}{4\displaystyle\sum_{n=1}^{q} N_n}\frac{A_1}{2} = \sqrt{3}q\tan\frac{\pi}{6q} \tag{7-18}$$

每极槽数为 6、9、12、15、18 的 A 类三相合成正弦绕组的每槽槽线数分配及基波绕组因数见表 7-1。

表 7-1   三相合成正弦 A 类、B 类绕组的每槽槽线数分配及基波绕组因数表

编号	每极槽数	槽线数百分数																基波绕组因数
		节距=3	节距=4	节距=5	节距=6	节距=7	节距=8	节距=9	节距=10	节距=11	节距=12	节距=13	节距=14	节距=15	节距=16	节距=17	节距=18	
1	6	26.79		73.21														0.89658
2	6		53.59		46.41													0.92820
3	9		12.06		34.73		53.21											0.90229
4	9			24.13		45.34		30.54										0.91622
5	12			6.815		19.98		31.78		41.42								0.90431
6	12				13.63		26.33		37.24		22.80							0.91212
7	15				4.370		12.92		20.91		27.98		33.83					0.90524
8	15					8.741		17.10		24.71		31.24		18.20				0.91023
9	18					3.038		9.023		14.73		20.00		24.65		28.56		0.90575
10	18						6.077		11.97		17.50		22.49		26.81		15.15	0.90921

2. 三相 B 类合成正弦绕组

先以图 7-1（b）所示的每极槽数为 6 的 B 类三相合成正弦绕组为例，论述该类绕组的设计过程。该绕组可以看成是由普通的等元件、每极每相槽数 $q=2$、线圈节距 $y=4$ 的三相双层叠绕组[55]改成。

设图 7-1（b）中的某相绕组，节距大的线圈的匝数为 N_1 匝，节距 $y_1=5$；节距小的线圈的匝数为 N_2 匝，节距 $y_2=3$。另两个槽中无此相线圈，即匝数为零。选取一单元电机，分析过程同 A 类三相合成正弦绕组，由图 7-1（b），根据 HAW 理论及交流电机绕组的分解与合成原理，若该绕组离散序列可分解为基波正弦散布绕组与 3 次谐波正弦散布绕组。参照式（3-94），设绕组基波正弦散布序列 $d_1(n)$ 为

$$d_1(n)=A_1\cos\left(n\frac{2\pi}{12}-\frac{\pi}{12}\right)=A_1\cos\left(\frac{2n-1}{12}\pi\right),\quad n=1,2,\cdots,12 \tag{7-19}$$

式中 A_1——基波标准正弦散布绕组单边频谱的幅值。

设绕组 3 次谐波正弦散布序列 $d_3(n)$ 为

$$d_3(n)=A_3\cos\left(3n\frac{2\pi}{12}-3\frac{\pi}{12}\right)=A_3\cos\left(\frac{2n-1}{4}\pi\right),\quad n=1,2,\cdots,12 \tag{7-20}$$

式中 A_3——3 次谐波标准正弦散布绕组单边频谱的幅值。

由该绕组的分布，有

$$\begin{cases} N_1=d_1(1)+d_3(1)=A_1\cos\dfrac{\pi}{12}+A_3\cos\dfrac{\pi}{4} \\[2mm] N_2=d_1(2)+d_3(2)=A_1\cos\dfrac{3\pi}{12}+A_3\cos\dfrac{3\pi}{4} \\[2mm] d_1(3)+d_3(3)=A_1\cos\dfrac{5\pi}{12}+A_3\cos\dfrac{5\pi}{4}=0 \end{cases} \tag{7-21}$$

解得

$$A_3=-\frac{\cos\dfrac{5\pi}{12}}{\cos\dfrac{5\pi}{4}}A_1=0.3660254A_1 \tag{7-22}$$

$$\begin{cases} N_1=\sqrt{3}\sin\left(\dfrac{\pi}{3}-\dfrac{\pi}{12}\right)A_1=1.22474487A_1 \\[2mm] N_2=\sqrt{3}\sin\left(\dfrac{\pi}{3}-3\dfrac{\pi}{12}\right)A_1=0.44828774A_1 \end{cases} \tag{7-23}$$

即有

$$N_1:N_2=1.22474487:0.44828774$$

将匝数比归一化，有

$$N_1:N_2=0.73205081:0.26794919 \tag{7-24}$$

绕组基波绕组因数 k_{w1} 为

$$k_{w1}=\frac{Q_t}{4\displaystyle\sum_{n=1}^{2}N_n}\frac{A_1}{2}=\frac{12}{4}\times\frac{\dfrac{0.73205081}{1.22474487}}{2}=0.896575$$

同理，图 7-2（b）所示的每极槽数为 9 的 B 类三相合成正弦绕组，可以看成是由普通的等元件、每极每相槽数 $q=3$、线圈节距 $y=6$ 的三相双层叠绕组[55]改成。有

$$\begin{cases} N_1 = d_1(1) + d_3(1) = A_1 \cos\dfrac{\pi}{18} + A_3 \cos\dfrac{3\pi}{18} \\[2mm] N_2 = d_1(2) + d_3(2) = A_1 \cos\dfrac{3\pi}{18} + A_3 \cos\dfrac{9\pi}{18} \\[2mm] N_3 = d_1(3) + d_3(3) = A_1 \cos\dfrac{5\pi}{18} + A_3 \cos\dfrac{15\pi}{18} \\[2mm] d_1(4) + d_3(4) = A_1 \cos\dfrac{7\pi}{18} + A_3 \cos\dfrac{21\pi}{18} = 0 \end{cases} \quad (7-25)$$

解得

$$A_3 = -\frac{\cos\dfrac{7\pi}{18}}{\cos\dfrac{21\pi}{18}} A_1 = 0.39493084 A_1 \quad (7-26)$$

$$\begin{cases} N_1 = \sqrt{3}\sin\left(\dfrac{\pi}{3} - \dfrac{\pi}{18}\right) A_1 = 1.326827896 A_1 \\[2mm] N_2 = \sqrt{3}\sin\left(\dfrac{\pi}{3} - 3\dfrac{\pi}{18}\right) A_1 = 0.866025404 A_1 \\[2mm] N_3 = \sqrt{3}\sin\left(\dfrac{\pi}{3} - 5\dfrac{\pi}{18}\right) A_1 = 0.300767466 A_1 \end{cases} \quad (7-27)$$

即有

$$N_1 : N_2 : N_3 = 1.326827896 : 0.866025404 : 0.300767466$$

归一化后为

$$N_1 : N_2 : N_3 = 0.53208889 : 0.34729636 : 0.12061476 \quad (7-28)$$

绕组基波绕组因数 k_{w1} 为

$$k_{w1} = \frac{Q_t}{4\sum\limits_{n=1}^{3} N_n} \frac{A_1}{2} = \frac{18}{4} \times \frac{\dfrac{0.53208889}{1.326827896}}{2} = 0.90229$$

一般情况，每极槽数为 $3q$ 的 B 类三相合成正弦绕组，单元电机的槽数 $Q_t = 6q$。按线圈节距从大到小的顺序，设其一相 q 个线圈的匝数分别为 N_1、N_2、$\cdots$、N_q。当 $q \geqslant 2$ 时，令

$$L = \begin{cases} \dfrac{q-1}{2}, & q \text{ 为奇数时} \\[2mm] \dfrac{q}{2}, & q \text{ 为偶数时} \end{cases} \quad (7-29)$$

根据 HAW 理论及交流电机绕组的分解与合成原理，可以将该绕组离散序列分解为基

波、3 次谐波、…、3 的（2L－1）倍次谐波标准正弦散布绕组序列 $d_1(n)$、$d_3(n)$、…、$d_{3(2L-1)}(n)$。令

$$\begin{cases} d_1(n) = A_1 \cos\left[\left(n - \dfrac{1}{2}\right)\dfrac{2\pi}{Q_t}\right] \\[2mm] d_3(n) = A_3 \cos\left[3\left(n - \dfrac{1}{2}\right)\dfrac{2\pi}{Q_t}\right] \\[2mm] \vdots \\[2mm] d_{3(2L-1)}(n) = A_{3(2L-1)} \cos\left[3(2L-1)\left(n - \dfrac{1}{2}\right)\dfrac{2\pi}{Q_t}\right] \end{cases}, \quad n = 1, 2, \cdots, 6q \quad (7-30)$$

式中　A_1、A_3、…、$A_{3(2L-1)}$——绕组基波、3 次谐波、…、3 的（2L－1）倍次谐波单边频谱的幅值。

有

$$\begin{cases} N_1 = d_1(1) + d_3(1) + \cdots + d_{3(2L-1)}(1) \\ N_2 = d_1(2) + d_3(2) + \cdots + d_{3(2L-1)}(2) \\ \vdots \\ N_q = d_1(q) + d_3(q) + \cdots + d_{3(2L-1)}(q) \\ d_1(q+1) + d_3(q+1) + \cdots + d_{3(2L-1)}(q+1) = 0 \\ d_1(q+2) + d_3(q+2) + \cdots + d_{3(2L-1)}(q+2) = 0 \\ \vdots \\ d_1(q+L) + d_3(q+L) + \cdots + d_{3(2L-1)}(q+L) = 0 \end{cases} \quad (7-31)$$

即

$$\begin{cases} N_1 = A_1 \cos\left(\dfrac{1}{2}\dfrac{\pi}{3q}\right) + A_3 \cos\left(\dfrac{1}{2}\dfrac{\pi}{q}\right) + \cdots + A_{3(2L-1)} \cos\left[\dfrac{1}{2}(2L-1)\dfrac{\pi}{q}\right] \\[2mm] N_2 = A_1 \cos\left(\dfrac{3}{2}\dfrac{\pi}{3q}\right) + A_3 \cos\left(\dfrac{3}{2}\dfrac{\pi}{q}\right) + \cdots + A_{3(2L-1)} \cos\left[\dfrac{3}{2}(2L-1)\dfrac{\pi}{q}\right] \\[2mm] \vdots \\[2mm] N_q = A_1 \cos\left[\left(q - \dfrac{1}{2}\right)\dfrac{\pi}{3q}\right] + A_3 \cos\left[\left(q - \dfrac{1}{2}\right)\dfrac{\pi}{q}\right] + \cdots + A_{3(2L-1)} \cos\left[\left(q - \dfrac{1}{2}\right)(2L-1)\dfrac{\pi}{q}\right] \\[2mm] A_1 \cos\left[\left(q + \dfrac{1}{2}\right)\dfrac{\pi}{3q}\right] + A_3 \cos\left[\left(q + \dfrac{1}{2}\right)\dfrac{\pi}{q}\right] + \cdots + A_{3(2L-1)} \cos\left[\left(q + \dfrac{1}{2}\right)(2L-1)\dfrac{\pi}{q}\right] = 0 \\[2mm] A_1 \cos\left[\left(q + \dfrac{3}{2}\right)\dfrac{\pi}{3q}\right] + A_3 \cos\left[\left(q + \dfrac{3}{2}\right)\dfrac{\pi}{q}\right] + \cdots + A_{3(2L-1)} \cos\left[\left(q + \dfrac{3}{2}\right)(2L-1)\dfrac{\pi}{q}\right] = 0 \\[2mm] \vdots \\[2mm] A_1 \cos\left[\left(q + L - \dfrac{1}{2}\right)\dfrac{\pi}{3q}\right] + A_3 \cos\left[\left(q + L - \dfrac{1}{2}\right)\dfrac{\pi}{q}\right] + \cdots + A_{3(2L-1)} \cos\left[\left(q + L - \dfrac{1}{2}\right)(2L-1)\dfrac{\pi}{q}\right] = 0 \end{cases}$$

$$(7-32)$$

由式（7-32），解得

$$
\begin{cases}
N_1 = \sqrt{3}\sin\left(\dfrac{\pi}{3} - \dfrac{\pi}{6q}\right)A_1 \\[2mm]
N_2 = \sqrt{3}\sin\left(\dfrac{\pi}{3} - \dfrac{\pi}{2q}\right)A_1 \\[2mm]
\vdots \\[2mm]
N_j = \sqrt{3}\sin\left[\dfrac{\pi}{3} - (2j-1)\dfrac{\pi}{6q}\right]A_1, \quad j = 1,2,\cdots,q \\[2mm]
\vdots \\[2mm]
N_q = \sqrt{3}\sin\dfrac{\pi}{6q}A_1
\end{cases}
\tag{7-33}
$$

各线圈的匝数比 $N_1 : N_2 : \cdots : N_q$ 为

$$
N_1 : N_2 : \cdots : N_q = \sin\left(\frac{\pi}{3} - \frac{\pi}{6q}\right) : \sin\left(\frac{\pi}{3} - \frac{\pi}{2q}\right) : \cdots : \sin\frac{\pi}{6q}
\tag{7-34}
$$

绕组基波绕组因数 k_{w1} 为

$$
k_{w1} = \frac{Q_t}{4\sum\limits_{n=1}^{q}N_n}\frac{A_1}{2} = \sqrt{3}q\sin\frac{\pi}{6q}
\tag{7-35}
$$

每极槽数为 6、9、12、15、18 的 B 类三相合成正弦绕组每槽槽线数分配及基波绕组因数见表 7-1。

综上所述，三相合成正弦绕组理论上能够消除各次谐波磁动势，而仅存在与基波共生的各次齿谐波。三相合成正弦绕组一相绕组的槽线匝数空间分布示意图如图 7-3 所示。因含 3 次及 3 的倍数次谐波，所以相绕组空间离散序列波形不是正弦波。式（7-17）和式（7-34）是该绕组理想的线匝数分配方式，但由于线圈匝数的量化结果，而匝数总是有限的，实际中线匝数分配难以达到理想状态。由此，实际的三相合成正弦绕组会含有齿谐波之外的谐波。

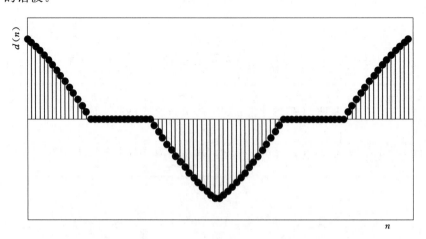

图 7-3　三相合成正弦绕组一相绕组的槽线匝数空间分布示意图

例如，表 7-1 中的方案 6，此绕组为 A 类绕组，若线圈从节距大到小，线圈匝数分别取为 11 匝、18 匝、11 匝、4 匝[55]，则由 HAW 分析，绕组的基波绕组因数为 0.9259，5 次谐波绕组因数为 0.07509，7 次谐波绕组因数为 0.00811，11 次谐波绕组因数为 0.00707，即存在 5 次、7 次和 11 次谐波。若采用普通的节距为 11 的三相双层 60°相带叠绕组，则其基波、5 次、7 次和 11 次谐波绕组因数分别为 0.9495、0.1629、0.09592、0.01646。可见，三相合成正弦绕组谐波含量比普通绕组小得多[54][55]。绕组的幅度谱如图 7-4 所示。图中棒形图从左到右分别对应理想三相合成正弦绕组、量化三相合成正弦绕组和普通三相双层绕组的幅度谱。频谱中显示，理想的三相合成正弦绕组的一相含有 3 次、9 次谐波，不含 5 次、7 次和 11 次谐波，但基波绕组因数比普通绕组低。

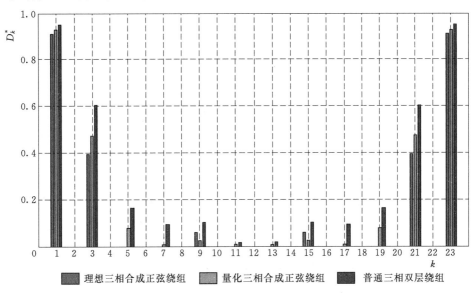

图 7-4　$q=4$ 时三相合成正弦绕组和普通绕组方案的幅度频谱

7.1.2　三相低谐波绕组及优化设计

由 7.1.1 节所得，对三相整数槽双层绕组，当名义节距 $y=2q$ 时，绕组可设计成 B 类三相合成正弦绕组；当名义节距 $y=2q+1$ 时，绕组可设计成 A 类三相合成正弦绕组。而当名义节距 $y=2q+2\sim3q$ 时，因绕组占槽数目的减小，根据 HAW 理论，绕组仅可设计成低谐波绕组，即三相绕组合成磁动势中除基波和齿谐波外，还必然含有其他次数的谐波成分。此时的绕组可按不同的谐波要求而设计出不同的低谐波绕组方案。绕组设计的目标是使谐波的综合含量尽可能达到最小。

【例 7-1】　型号为 Y250-6 的三相异步电动机，槽数 $Q=72$，试将其设计成名义节距 $y=10$ 的低谐波绕组[54]。

解： 每极每相槽数 $q=Q/(2pm)=72/(6\times3)=4$，槽距角 $\alpha=15°$。极距 τ 为
$$\tau=\frac{Q}{2p}=\frac{72}{6}=12$$
因为 q 是整数，所以单元电机数 $t=p=3$，单元电机槽数 $Q_t=Q/t=72/3=24$ 槽。下面就一个单元电机进行绕组设计。

绕组名义节距 $y=10$，极距 $\tau=12$，即绕组按短距 2 槽分配槽号，低谐波绕组的一相绕组分布示意图如图 7-5 所示。此绕组亦可设计成单双层绕组型式或其他绕组连接形式。

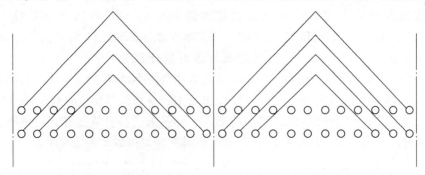

图 7-5　三相 $q=4$，$y=10$ 的低谐波绕组一相结构示意图

设图 7-5 中的一相绕组，节距最大的 2 个线圈，节距为 11，匝数均为 N_1 匝；节距为 9 的线圈，匝数为 N_2 匝；节距最小的线圈，节距为 7，匝数为 N_3 匝。其他槽中无此相线圈，即匝数为零。选取一单元电机分析时，单元电机的槽数 $Q_t=24$。根据 HAW 理论，单元电机绕组可能包含 1～12 次谐波。因绕组为偶对称，则每相绕组仅会有 1 次、3 次、5 次、7 次、9 次和 11 次谐波。对于三相低谐波散布绕组，参照三相合成正弦绕组，相绕组磁动势中可以含有 3 次及 3 的奇数倍次谐波，本例为 3 次和 9 次。三相低谐波散布绕组按谐波含量的不同有多种设计方案。

（1）由图 7-5，根据 HAW 理论，若设计该组除 3 次和 9 次谐波外，还有 11 次谐波，则设计出的绕组将不含有 5 次和 7 次谐波。参照式（3-94），设绕组对应的基波正弦散布序列 $d_1(n)$ 为

$$d_1(n)=A_1\cos\left(n\frac{2\pi}{24}-\frac{\pi}{24}\right)=A_1\cos\left(\frac{2n-1}{24}\pi\right),\quad n=1,2,\cdots,24$$

式中　A_1——基波标准正弦散布绕组单边频谱的幅值。

设绕组 3 次、9 次、11 次谐波正弦散布序列 $d_3(n)$、$d_9(n)$ 和 $d_{11}(n)$ 分别为

$$d_3(n)=A_3\cos\left(3n\frac{2\pi}{24}-3\frac{\pi}{24}\right)=A_3\cos\left(\frac{2n-1}{8}\pi\right),\quad n=1,2,\cdots,24$$

$$d_9(n)=A_9\cos\left(9n\frac{2\pi}{24}-9\frac{\pi}{24}\right)=A_9\cos\left(\frac{2n-1}{8}3\pi\right),\quad n=1,2,\cdots,24$$

$$d_{11}(n)=A_{11}\cos\left(11n\frac{2\pi}{24}-11\frac{\pi}{24}\right)=A_{11}\cos\left(\frac{2n-1}{24}11\pi\right),\quad n=1,2,\cdots,24$$

式中　A_3、A_9、A_{11}——3 次、9 次和 11 次谐波标准正弦散布绕组单边频谱的幅值。

由图 7-5 中的相绕组分布，有

$$\begin{cases}N_1=\dfrac{1}{2}\big[d_1(1)+d_3(1)+d_9(1)+d_{11}(1)\big]\\[4pt]N_2=d_1(2)+d_3(2)+d_9(2)+d_{11}(2)\\[4pt]N_3=d_1(3)+d_3(3)+d_9(3)+d_{11}(3)\\[4pt]d_1(4)+d_3(4)+d_9(4)+d_{11}(4)=0\\[4pt]d_1(5)+d_3(5)+d_9(5)+d_{11}(5)=0\\[4pt]d_1(6)+d_3(6)+d_9(6)+d_{11}(6)=0\end{cases}\qquad(7-36)$$

解得

$$\begin{cases} A_3 = 0.46592582629A_1 \\ A_9 = 0.1929927963A_1 \\ A_{11} = 0.1316524976A_1 \end{cases}$$

$$\begin{cases} N_1 = 0.75647172A_1 \\ N_2 = 0.87349830A_1 \\ N_3 = 0.87349830A_1 \end{cases}$$

即相绕组中各线圈匝数比为

$$N_1 : N_2 : N_3 = 1 : 1.15470005 : 1.15470005 \qquad (7-37)$$

故根据 HAW 理论，绕组的基波绕组因数 k_{w1} 为

$$k_{w1} = \frac{Q_t}{4(2N_1 + N_2 + N_3)} \frac{A_1}{2} = \frac{24}{4 \times 2 \times (1 + 1.1547005) \times 0.75647172} \times \frac{1}{2} = 0.920262323$$

绕组的幅度频谱如图 7-6 所示。由图中可见，绕组不产生 5 次和 7 次谐波。绕组谐波分析数据见表 7-3 中的方案 1。

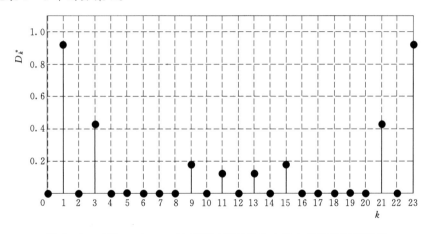

图 7-6　三相 $q=4$，$y=10$ 低谐波绕组设计方案 1 的绕组幅度频谱

（2）若设计该绕组除 3 次和 9 次谐波外，还有 7 次谐波，则设计出的绕组将不含有 5 次和 11 次谐波。同上，可得

$$\begin{cases} N_1 = 0.66846644A_1 \\ N_2 = 1.33693289A_1 \\ N_3 = 0.55377573A_1 \end{cases}$$

相绕组中各线圈匝数比为

$$N_1 : N_2 : N_3 = 1 : 2 : 0.82842712 \qquad (7-38)$$

基波绕组因数 k_{w1} 为

$$k_{w1} = \frac{Q_t}{4(2N_1 + N_2 + N_3)} \frac{A_1}{2} = \frac{24}{4 \times (1 + 1 + 2 + 0.82842712) \times 0.66846644} \times \frac{1}{2} = 0.9294713$$

绕组的幅度频谱如图 7-7 所示，绕组中无 5 次和 11 次谐波。绕组谐波分析数据见表 7-3 中的方案 2。

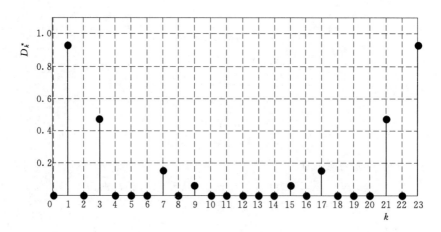

图 7-7　三相 $q=4$，$y=10$ 低谐波绕组设计方案 2 的绕组幅度频谱

（3）若设计该绕组除 3 次和 9 次谐波外，还有 5 次谐波，则设计出的绕组将不含有 7 次和 11 次谐波。绕组设计方案和谐波分析数据见表 7-2 和表 7-3 中的方案 3。

（4）若设计该绕组除 3 次和 9 次谐波外，还有 11 次和 7 次谐波，但不含有 5 次谐波。对绕组进行 11 次和 7 次综合谐波含量最小优化设计，其中的一个优化绕组设计方案及其谐波分析数据见表 7-2 和表 7-3 中的方案 4。

（5）若设计该绕组除 3 次和 9 次谐波外，还有 11 次和 5 次谐波，但不含有 7 次谐波。其中的一个优化绕组设计方案及其谐波分析数据见表 7-2 和表 7-3 中的方案 5。

（6）若设计该绕组除 3 次和 9 次谐波外，还有 5 次和 7 次谐波，但不含有 11 次谐波。其中的一个优化绕组设计方案及其谐波分析数据见表 7-2 和表 7-3 中的方案 6。

（7）若设计该绕组包含 1 次、3 次、5 次、7 次、9 次和 11 次，对绕组进行综合谐波含量最小优化设计，其中的一个优化绕组设计方案及其谐波分析数据见表 7-2 和表 7-3 中的方案 7。

表 7-2　　　　　　三相 $q=4$，$y=10$ 低谐波绕组设计方案的线圈匝数分配

线圈	方案 1	方案 2	方案 3	方案 4	方案 5	方案 6	方案 7
1	1	1	1	1	1	1	1
2	1.15470054	2	1.26598632	1.47010596	1.17035447	1.77157661	1.34589459
3	1.15470054	0.82842712	0.36700684	1.03295859	1.04390016	0.68483418	1.00726115

表 7-3　　　　　　三相 $q=4$，$y=10$ 低谐波绕组设计方案谐波分析表

ν	方案 1	方案 2	方案 3	方案 4	方案 5	方案 6	方案 7
1	0.92026232	0.92947125	0.94788912	0.92394671	0.92361243	0.93414382	0.92471954
3	0.42877398	0.47553800	0.60329968	0.44748373	0.44993746	0.50795079	0.45423334
5	0	0	0.20323948	0	0.02464539	0.05156130	0.01677202
7	0	0.15292095	0	0.06118191	0	0.11412532	0.03615666
9	0.17760400	0.06565810	0.01794165	0.08027763	0.15389158	0.05355256	0.10394996
11	0.12115483	0	0	0.072682178	0.10646326	0	0.08251085

从上述各绕组设计方案可见，根据全息谱分析理论，容易获得所含谐波分量较小的优化设计绕组。各种设计方案可按照绕组谐波要求灵活选择。

同理，除 $q=4$、$y=10$ 外，按相同的方法可得到不同 q 和 y 时的三相低谐波绕组设计方案。

另外，对单相电机不完全正弦绕组，由附表 2 和附表 3 可见，绕组因丢弃部分线圈而有谐波产生。这种单相正弦绕组也可以根据 HAW 理论，进行和三相低谐波绕组类似的优化设计，以减小绕组谐波含量，不拟多述。

7.2　交流电机绕组的谐波漏抗计算

漏抗是交流电机的重要参数，其大小对电机的经济性能及运行性能，包括稳态性能和动态性能，有很大的影响。如，异步电动机中的漏抗将影响功率因数、启动电流、启动转矩、最大转矩等。而谐波漏抗是漏抗的一部分，因此，对谐波漏抗的计算非常重要。在通常的设计计算中，广泛采用原始定义公式或图表求谐波漏抗。其最早由 Liwschitz 给出[39][40]，计算较复杂、误差较大。本节根据谐波电抗的定义，分别在空间域和频域论述谐波电抗的计算方法。在空间域，应用乔其图，给出常用的整数槽绕组谐波漏抗系数计算的解析公式，包括三相单层 $60°$ 相带、三相双层 $60°$ 相带、三相双层 $120°$ 相带、六相 $30°$ 相带、单相 $90°$ 相带等整数槽绕组及单相正弦绕组谐波漏抗系数计算公式。在频域，应用HAW 理论，给出了谐波漏抗系数频域中的通用计算公式，并列出了三相分数槽绕组谐波漏抗系数的部分计算结果。其他绕组，如新型多相绕组[138-140]和一些特种绕组，其谐波漏抗计算可参照这两种方法进行。

7.2.1　谐波漏抗的一般表达式

多相对称交流电机绕组通以多相对称电流时，在气隙中产生基波及一系列谐波旋转磁场。根据文献［6］和［9］，假定：

（1）各槽中线圈边的电流集中在槽中心处。

（2）忽略磁路磁阻及铁磁材料饱和等非线性因素的影响。

（3）电机气隙均匀，气隙谐波磁场只有径向分量；忽略槽开口对各次谐波磁场的影响，并近似以气隙系数来计及。

（4）忽略各次谐波磁场在对方绕组中所感生的电流对它本身的削弱作用。

则谐波漏抗 X_δ 为

$$X_\delta = 2\pi f \mu_0 \frac{m}{\pi^2} \frac{2\tau l_{ef}}{p\delta_{ef}} N^2 \sum S \tag{7-39}$$

式中　f——电流的频率；

　　　μ_0——空气磁导率，$\mu_0 = 4\pi \times 10^{-7} \text{H/m}$；

　　　m——相数；

　　　N——绕组每相串联匝数；

　　　l_{ef}——铁芯的计算长度，m；

τ——极距，m；

p——极对数；

δ_{ef}——有效气隙长度，m；

$\sum S$——谐波漏抗系数。

且

$$\sum S = \sum_{\nu_p \neq 1} \left(\frac{k_{uvp}}{\nu_p} \right)^2 \qquad (7-40)$$

即谐波漏抗 X_δ 对应于除基波外所有各次谐波磁场的影响，它正比于谐波漏抗系数 $\sum S$。式（7-40）中，ν_p 为相对于工作磁场磁极对数 p 的谐波次数，k_{uvp} 为 ν_p 次谐波绕组因数。从式（7-39）可看出，谐波漏抗的计算主要是 $\sum S$ 的计算。式（7-40）是定义在绕组谐波分析之上的各次谐波绕组因数加权平方和，它是在绕组频域中的计算。因 $\sum S$ 为一无穷级数的和，若采用各项直接累加求解，其收敛速度较慢。通常，$\sum S$ 可查图得出，但误差较大。下面论述 $\sum S$ 在空间域和频域的两种准确计算方法。

7.2.2 谐波漏抗系数的空间域计算法[6][52][39][40][123]

1. 谐波漏抗系数 $\sum S$ 的空间域计算原理

根据电机电磁场理论，如果 L 表示包括互感在内的绕组气隙总电感，由 m 相对称绕组通以有效值为 I 的对称交流电流所产生的磁场，其气隙中的磁场能量 W_m 与电感 L 及气隙中的磁场强度 $H(x)$、磁通密度 $B(x)$ 有关系式

$$W_m = \frac{m}{2} L I^2 = \frac{1}{2} \int_V H(x) B(x) dV = \frac{\mu_0}{2} \int_V H^2(x) dV \qquad (7-41)$$

式中 V——整个气隙体积，且有 $dV = \delta_{ef} l_{ef} dx$；

x——气隙中的空间坐标，m。

$H(x)$ 与气隙磁动势 $f(x)$ 有关系式

$$H(x) = \frac{f(x)}{\delta_{ef}} \qquad (7-42)$$

在忽略槽开口的影响下，整个气隙磁动势 $f(x)$ 呈阶梯形分布，故可分段处理 $f(x)$。现将槽数为 Q 的铁芯各齿距段处磁动势记为 $f(n)$，$n=1 \sim Q$，此时式（7-41）的积分可由求和替代，故有

$$W_m = \frac{\mu_0}{2} \frac{2p\tau l_{ef}}{\delta_{ef}} \frac{1}{Q} \sum_{n=1}^{Q} f^2(n) \qquad (7-43)$$

从而

$$L = \frac{2W_m}{mI^2} = \mu_0 \frac{2p\tau l_{ef}}{m\delta_{ef} I^2} \frac{1}{Q} \sum_{n=1}^{Q} f^2(n) \qquad (7-44)$$

而对应于 p 对极工作磁场的电感 L_p 为

$$L_p = \mu_0 \frac{2p\tau l_{ef}}{m\delta_{ef} I^2} \frac{F_p^2}{2} \qquad (7-45)$$

式中 F_p——p 对极工作磁动势的幅值，F_p 为

$$F_p = \frac{m}{2} \frac{2\sqrt{2}}{\pi} \frac{Nk_{wp}}{p} I \qquad (7-46)$$

228

所以，对应工作磁场的气隙电抗 X_p 为

$$X_p = 2\pi f L_p = 2\pi f \mu_0 \frac{m}{\pi^2} \frac{2\tau l_{ef}}{p\delta_{ef}} N^2 k_{wp}^2 \tag{7-47}$$

根据谐波漏抗的定义，谐波漏抗 X_δ 为

$$X_\delta = 2\pi f(L - L_p) = 2\pi f \mu_0 \frac{m}{\pi^2} \frac{2\tau l_{ef}}{p\delta_{ef}} N^2 \left[\frac{2}{QF_p^2} \sum_{n=1}^{Q} f^2(n) - 1 \right] k_{wp}^2 \tag{7-48}$$

对比式（7-39），可得谐波漏抗系数 $\sum S$ 为

$$\sum S = \left[\frac{2}{QF_p^2} \sum_{n=1}^{Q} f^2(n) - 1 \right] k_{wp}^2 \tag{7-49}$$

2. 乔其图及谐波漏抗系数 $\sum S$ 的空间域计算方法

由式（7-49），计算谐波漏抗系数 $\sum S$，关键是计算 $\sum\limits_{n=1}^{Q} f^2(n)$。下面以三相电机为例论述 $\sum S$ 的空间域计算方法，其他类型电机分析类同。

对三相交流电机，令 A、B、C 相绕组的空间域离散序列分别为 $d_A(n)$、$d_B(n)$、$d_C(n)$，$n = 1 \sim Q$；三相绕组中流过正序对称正弦交流电流，并令电流相量分别为 $\dot{I}_A$、$\dot{I}_B$、$\dot{I}_C$，且 $\dot{I}_B = e^{-j120} \dot{I}_A$、$\dot{I}_C = e^{j120} \dot{I}_A$。这样，三相绕组合成安导波及对应的磁动势也以与电流相同的频率变化。取空间坐标 x（x 为机械角度，单位为 rad）的原点为 1 号槽中心处，则有相量形式的三相合成安导波 $\dot{A}(x)$ 为

$$\dot{A}(x) = \sum_{n=1}^{Q} \sqrt{2} [\dot{I}_A d_A(n) + \dot{I}_B d_B(n) + \dot{I}_C d_C(n)] \delta \left[x - (n-1)\frac{2\pi}{Q} \right] \tag{7-50}$$

式中 δ——冲激函数。

由式（1-6），绕组产生的磁动势波 $\dot{F}(x)$ 为

$$\dot{F}(x) = \dot{F}_0 + \int_0^x \dot{A}(x)\mathrm{d}x \tag{7-51}$$

式中 $\dot{F}_0$——空间原点处的磁动势，它可以在不计磁动势中常数项的影响下，根据沿电机内圆正负磁通相等的原则确定。

$\dot{F}(x)$ 对应沿电机气隙圆周从 0 到 x 安导函数 $\dot{A}(x)$ 的相量和。当 x 变化时，相量 $\dot{F}(x)$ 的端点在复平面上对应一条曲线。考虑到关系式

$$\int_0^{2\pi} \dot{A}(x)\mathrm{d}x = 0 \tag{7-52}$$

则当 x 沿电机整个内圆变化一周时，这条曲线至少闭合一次，相应图形称为乔其图[6]。

由于认为电流分布集中在槽内，如令

$$\dot{A}(n) = \sqrt{2} [\dot{I}_A d_A(n) + \dot{I}_B d_B(n) + \dot{I}_C d_C(n)], \quad n = 1 \sim Q \tag{7-53}$$

则在第 J 个槽和下一槽的齿之间，式（7-51）化为

$$\dot{F}(x) = \dot{F}_0 + \sum_{n=1}^{J} \dot{A}(n), \quad (J-1)\frac{2\pi}{Q} < x < J\frac{2\pi}{Q}, \quad 1 \leqslant J \leqslant Q \quad (7-54)$$

此时的乔其图为一闭合多边形（Görges polygon）。在某时刻 t，x 处气隙磁动势的瞬时值为该相量 $\dot{F}(x)$ 在时轴上的投影。由文献 [6]，在任何瞬间，时间轴线都经过各槽点构成的多边形的中心线，即乔其图的重心是磁动势相量复平面的原点。据此，确定出 $\dot{F}_0$ 和各齿段的 $\dot{F}(x)$ 值。

例如，槽数 $Q=18$，极数 $2p=2$ 的三相 $60°$ 相带单层绕组，乔其图如图 7-8（a）所示；槽数 $Q=18$、极数 $2p=2$、节距 $y=7$ 的三相 $60°$ 相带双层绕组，乔其图如图 7-8（b）所示。图中已标出相量复平面的原点。

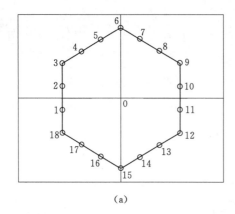
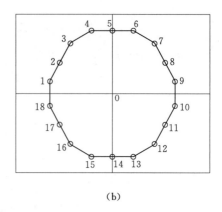

（a）   （b）

图 7-8   槽数 $Q=18$，极数 $2p=2$ 的三相 $60°$ 相带绕组乔其图
（a）单层绕组；（b）$y=7$ 的双层绕组

根据文献 [6] 和 [123]，$\sum_{n=1}^{Q} f^2(n)$ 等效为乔其图上各槽点处有单位质量时各槽点对与 t 时刻时间轴垂直的那根轴线的轴惯性矩。如果一图形具有 3 根或更多根对称轴，则过图形形心的轴惯性矩都相等。对三相对称绕组，参见图 7-8，乔其图有多根对称轴，故三相对称绕组各瞬间的轴惯性矩相等。这也表明，气隙中的磁场能量与时间无关，是恒定值。在这种情况下，上述的轴惯性矩将等于乔其图上所有点对多边形重心极惯性矩的一半。设乔其图中各槽点坐标为 (x_n, y_n)，$1 \leqslant n \leqslant Q$，极惯性矩用符号 I_p 表示，有

$$I_p = \sum_{n=1}^{Q} (x_n^2 + y_n^2) \quad (7-55)$$

代入式（7-49），可得谐波漏抗系数 $\sum S$ 为

$$\sum S = \left(\frac{I_p}{QF_p^2} - 1\right) k_{wp}^2 \quad (7-56)$$

7.2.3   常用整数槽绕组$\sum S$的计算

对于整数槽绕组，可以在空间域采用乔其图，由式（7-56）计算谐波漏抗系数。

1. 三相 $60°$ 相带整数槽单层绕组的 $\sum S$

【例 7-2】   试计算槽数 $Q=18$、极数 $2p=2$ 的三相 $60°$ 相带单层绕组谐波漏抗系数

ΣS。

解：该绕组乔其图如图 7-8（a）所示。设线圈匝数为 1，电流大小为 1A，则由乔其图计算出 $I_p = 84$，$F_p = 2.6089$，$k_{up} = 0.9659$。根据式（7-56），该绕组谐波漏抗系数 $\Sigma S = 0.026532$。

一般情况，对每极每相槽数为 q 的三相 60°相带整数槽单层绕组，由乔其图导出 ΣS 的解析计算公式为[39][40]

$$\Sigma S = \frac{\pi^2}{54q^2}(5q^2 + 1) - \left(\frac{1}{2q\sin\frac{\pi}{6q}}\right)^2 \tag{7-57}$$

根据式（7-57），$q = 2 \sim 10$ 时，三相 60°相带整数槽单层绕组 ΣS 的计算结果见表 7-4。

表 7-4   三相 60°相带整数槽单层绕组 ΣS

q	ΣS	q	ΣS
2	0.02653	7	0.00399
3	0.01295	8	0.00351
4	0.00816	9	0.00319
5	0.00593	10	0.00296
6	0.00472		

2. 三相 60°相带整数槽双层绕组 ΣS

【例 7-3】 试计算槽数 $Q = 18$，极数 $2p = 2$，节距 $y = 7$ 的三相 60°相带整数槽双层绕组谐波漏抗系数 ΣS。

解：该绕组乔其图如图 7-8（b）所示。设线圈匝数为 1，电流大小为 1A，则由乔其图计算出 $I_p = 972$，$F_p = 7.3080577$，$k_{up} = 0.90191$。根据式（7-56），该绕组谐波漏抗系数 $\Sigma S = 0.0090211$。

一般情况，对每极每相槽数为 q 的三相 60°相带整数槽双层绕组，设极距为 τ，节距为 y，节距比 $\beta = y/\tau$，令

$$c = |3q(1 - \beta)| \tag{7-58}$$

由乔其图导出 ΣS 的解析计算公式为[39][40]

$$\Sigma S = \begin{cases} \dfrac{\pi^2}{216q^3}(20q^3 - 6qc^2 + c^3 + 4q - c) - \left[\dfrac{\cos\left(c\dfrac{\pi}{6q}\right)}{2q\sin\dfrac{\pi}{6q}}\right]^2, & \dfrac{2}{3} \leqslant \beta \leqslant \dfrac{4}{3} \\[4mm] \dfrac{\pi^2}{216q^3}(19q^3 + 3q^2c - 9qc^2 + 2c^3 + 5q - 2c) - \left[\dfrac{\cos\left(c\dfrac{\pi}{6q}\right)}{2q\sin\dfrac{\pi}{6q}}\right]^2, & \dfrac{1}{3} \leqslant \beta \leqslant \dfrac{2}{3} \end{cases}$$

$$\tag{7-59}$$

根据式（7-59），三相 60°相带整数槽双层绕组 ΣS 部分计算结果见表 7-5 及图 7-9。

表 7 - 5

三相 60°相带整数槽双层绕组 $\sum S$

q	β	c	$\sum S$	q	β	c	$\sum S$
2	1	0	0.02653	5	1	0	0.00593
	5/6	1	0.02049		14/15	1	0.00497
	4/6	2	0.01990		13/15	2	0.00382
3	1	0	0.01295		12/15	3	0.00341
	8/9	1	0.01027		11/15	4	0.00382
	7/9	2	0.00902		10/15	5	0.00445
	6/9	3	0.00972		9/15	6	0.00412
	5/9	4	0.00773	6	1	0	0.00472
4	1	0	0.00816		17/18	1	0.00405
	11/12	1	0.00665		16/18	2	0.00309
	10/12	2	0.00534		15/18	3	0.00250
	9/12	3	0.00539		14/18	4	0.00251
	8/12	4	0.00612		13/18	5	0.00300
	7/12	5	0.00534		12/18	6	0.00354
					11/18	7	0.00341

3. 三相 120°相带整数槽双层绕组 $\sum S$

同理，对三相 120°相带整数槽双层绕组，令

$$q' = \frac{Q}{3p} \tag{7-60}$$

当 $q' \leqslant y \leqslant 2q'$ 时，绕组谐波漏抗系数 $\sum S$ 为

$$\sum S = \frac{\pi^2}{18q'^2}(1 + 3yq' - y^2 - q'^2) - \left[\frac{\sqrt{3}\sin\left(y\,\dfrac{\pi}{3q'}\right)}{2q'\sin\dfrac{\pi}{3q'}}\right]^2 \tag{7-61}$$

根据式 (7-61)，三相 120°相带整数槽双层绕组 $\sum S$ 部分计算结果见表 7-6 及图 7-10。

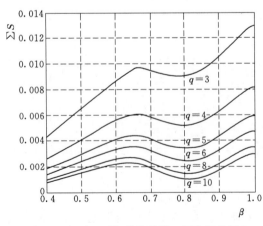

图 7 - 9　三相 60°相带整数槽双层绕组的 $\sum S$

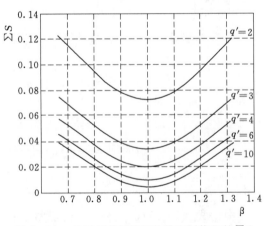

图 7 - 10　三相 120°相带整数槽双层绕组的 $\sum S$

表 7 - 6　　　　　　　　　　　　三相 120°相带整数槽双层绕组谐波漏抗系数 $\sum S$

q'	y	$\sum S$	q'	y	$\sum S$
2	2	0.122889	6	9	0.009715
	3	0.072467		10	0.015318
	4	0.122889		11	0.029612
3	3	0.074945		12	0.045364
	4	0.040177	10	10	0.038977
	5	0.040177		11	0.030277
	6	0.074945		12	0.020648
4	4	0.057761		13	0.012189
	5	0.032505		14	0.006466
	6	0.019899		15	0.004449
	7	0.032505		16	0.006466
	8	0.057761		17	0.012189
6	6	0.045364		18	0.020648
	7	0.029612		19	0.030277
	8	0.015318		20	0.038977

4. 六相双 Y 移 30°整数槽绕组 $\sum S$

对六相整数槽绕组，设每极每相槽数 q 为

$$q=\frac{Q}{2pm}=\frac{Q}{12p} \tag{7-62}$$

并令

$$c=|6q-y| \tag{7-63}$$

当 $c\leqslant q$ 时，绕组谐波漏抗系数 $\sum S$ 为

$$\sum S=\frac{\pi^2}{864q^3}\big[(44+24\sqrt{3})q^3-6qc^2+(2-\sqrt{3})c^3-(2-\sqrt{3})c+4q\big]$$

$$-\left[\frac{\sin\frac{\pi}{12}\cos\left(c\,\frac{\pi}{12q}\right)}{q\sin\frac{\pi}{12q}}\right]^2 \tag{7-64}$$

当 $q\leqslant c\leqslant 2q$ 时，谐波漏抗系数 $\sum S$ 为

$$\sum S=\frac{\pi^2}{864q^3}\big[(47+22\sqrt{3})q^3+(3-6\sqrt{3})qc^2+(6\sqrt{3}-9)q^2c+(\sqrt{3}-1)c^3$$

$$+(1-\sqrt{3})c+(1+2\sqrt{3})q\big]-\left[\frac{\sin\frac{\pi}{12}\cos\left(c\,\frac{\pi}{12q}\right)}{q\sin\frac{\pi}{12q}}\right]^2 \tag{7-65}$$

当 $2q\leqslant c\leqslant 3q$ 时，谐波漏抗系数 $\sum S$ 为

$$\sum S = \frac{\pi^2}{864q^3}\left[(31+30\sqrt{3})q^3 - 9qc^2 + (15-6\sqrt{3})q^2c + c^3 - c + 5q\right]$$

$$-\left[\frac{\sin\dfrac{\pi}{12}\cos\left(c\,\dfrac{\pi}{12q}\right)}{q\sin\dfrac{\pi}{12q}}\right]^2 \tag{7-66}$$

根据式（7-62）～式（7-66），六相双层30°相带整数槽绕组$\sum S$的部分计算结果见表7-7和图7-11。

表 7-7　　　　　　　　六相 30°相带整数槽双层绕组谐波漏抗系数 $\sum S$

q	β	c	$\sum S$	q	β	c	$\sum S$
3	1	0	0.002701		22/24	2	0.001395
	17/18	1	0.002529		21/24	3	0.001414
	16/18	2	0.002465		20/24	4	0.001463
	15/18	3	0.002520		19/24	5	0.001343
	14/18	4	0.002276		18/24	6	0.001231
	13/18	5	0.002104	4	17/24	7	0.001189
	11/18	6	0.002026		16/24	8	0.001176
	10/18	7	0.001776		16/24	9	0.001066
	9/18	8	0.001540		16/24	10	0.000948
	8/18	9	0.001351		16/24	11	0.000855
4	1	0	0.001568		16/24	12	0.000784
	23/24	1	0.001471				

5. 两相90°相带整数槽双层绕组$\sum S$

对两相90°相带整数槽双层绕组，令

$$q = \frac{Q}{4p} \tag{7-67}$$

$$c = |2q - y| \tag{7-68}$$

绕组谐波漏抗系数$\sum S$为[39][40]

$$\sum S = \frac{\pi^2}{48q^3}(4q^3 + c^3 - 3qc^2 + 2q - c) - \frac{1}{2}\left[\frac{\sin\left(y\,\dfrac{\pi}{4q}\right)}{q\sin\dfrac{\pi}{4q}}\right]^2 \tag{7-69}$$

根据式（7-69），两相90°相带整数槽双层绕组$\sum S$的部分计算结果见表7-8和图7-12。

6. 单相整数槽正弦绕组$\sum S$

单相整数槽正弦绕组的$\sum S$也可由式（7-56）计算。对每极槽数为τ、每极下有L档的单相电机整数槽正弦绕组，根据式（7-56）和第6章的正弦绕组分析，经整理，谐波漏抗系数$\sum S$为

表 7-8　　　　　　　　　两相 90°相带整数槽双层绕组谐波漏抗系数 $\sum S$

q	β	c	$\sum S$	q	β	c	$\sum S$
2	1	0	0.07172	5	1	0	0.02165
	3/4	1	0.04251		9/10	1	0.01697
	2/4	2	0.03586		8/10	2	0.01086
3	1	0	0.03882		7/10	3	0.00750
	5/6	1	0.02583		610	4	0.00792
	4/6	2	0.01769		5/10	5	0.01082
	3/6	3	0.01941	6	1	0	0.01868
4	1	0	0.02710		11/12	1	0.01543
	7/8	1	0.01980		10/12	2	0.01046
	6/8	2	0.01241		9/12	3	0.00670
	5/8	3	0.01066		8/12	4	0.00544
	4/8	4	0.01355		7/12	5	0.00665
					6/12	6	0.00934

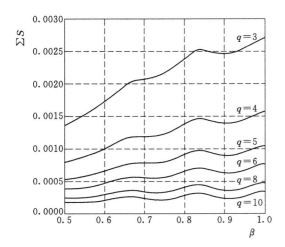

图 7-11　六相 30°相带整数槽双层绕组的 $\sum S$

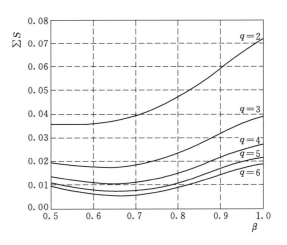

图 7-12　两相 90°相带整数槽双层绕组的 $\sum S$

$$\sum S=\begin{cases}\dfrac{\pi^2}{8\tau\sin^2\left[(2L-1)\dfrac{\pi}{2\tau}\right]}\left\{L-\dfrac{\sin\left(2L\dfrac{\pi}{\tau}\right)}{2\sin\dfrac{\pi}{\tau}}+(\tau-2L)\sin^2\left[(2L-1)\dfrac{\pi}{2\tau}\right]\right\}-k_{w1}^2, & \text{A 型正弦绕组}\\[4mm]\dfrac{\pi^2}{8\tau\sin^2\left(L\dfrac{\pi}{\tau}\right)}\left\{L-\dfrac{\cos\left[(L+1)\dfrac{\pi}{\tau}\right]\sin\left(L\dfrac{\pi}{\tau}\right)}{\sin\dfrac{\pi}{\tau}}+(\tau-2L-1)\sin^2\left(L\dfrac{\pi}{\tau}\right)\right\}-k_{w1}^2, & \text{B 型正弦绕组}\end{cases}$$

$$(7-70)$$

常用单相正弦绕组的谐波漏抗系数 $\sum S$ 已列于附表 1 中。

7.2.4 谐波漏抗系数的频域计算法[43][44]及其应用

从上面的分析可见，在空间域利用乔其图，对许多交流整数槽绕组，都可导出其谐波漏抗系数简便且准确的解析公式，避免了式（7-40）中各次谐波绕组因数的计算及无穷级数和的累加问题。但对复杂绕组和一些新型绕组，一般没有、很难或不可能得到一简单的计算公式。若直接使用式（7-49），需首先确定空间磁动势的分布。而当绕组所对应的乔其图不规则时，求解较困难。例如，27 槽 4 极、$y=6$ 的三相 60°相带分数槽绕组的乔其图如图 7-13 所示，图形比图 7-8 复杂。对一些非正规绕组，如变极绕组等，乔其图更为不规则。虽然理论上谐波漏抗系数空间域求解方法可行，但处理繁琐，无直接的解析计算公式。

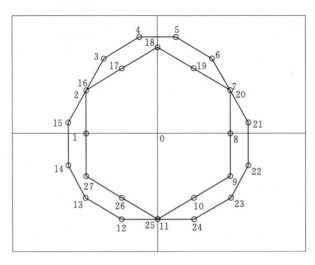

图 7-13　27 槽 4 极、$y=6$ 的三相 60°相带分数槽绕组乔其图

另外，对于分数槽绕组及非正规绕组，通常其磁动势谐波比整数槽绕组谐波多。谐波中除含有整数次谐波外，还包含分数次谐波。式（7-40）中的 $\sum S$ 没有计入异步电机笼型转子或同步电机阻尼绕组等对这些谐波的抑制作用。若准确计算阻尼作用对谐波漏抗的影响，将使过程过于复杂。考虑到低次谐波的阻尼作用比较显著[40][6]，为此，$\sum S$ 的简化计算方法是计算时除去式（7-40）中低于工作主波的谐波，而式中高于工作主波的各次谐波也不乘以阻尼系数，即分数槽等绕组的 $\sum S$ 定义为

$$\sum S = \sum_{\nu_p} \left(\frac{k_{w\nu p}}{\nu_p}\right)^2 - \sum_{\nu_p \leqslant 1} \left(\frac{k_{w\nu p}}{\nu_p}\right)^2 \tag{7-71}$$

这也意味着即使采用谐波漏抗的空间域计算方法，也不可避免地需要对绕组作谐波分析，求出次数 $\nu_p \leqslant 1$ 的分数次谐波的绕组因数。为此，绕组谐波漏抗可以采用 HAW 理论，在频域中计算。

下面先从单相标准正弦散布绕组的 $\sum S$ 计算开始，随之研究三相分数槽绕组的 $\sum S$ 计算。

1. 单相交流电机标准正弦散布绕组 $\sum S$ 的计算

一周期为 2π 的周期函数 $f(x)$ 与其直流分量 c_0、基波分量幅值 c_1、各次谐波分量幅

值 c_k 之间，满足帕塞瓦尔公式，即

$$\frac{1}{2\pi}\int_{-\pi}^{\pi}|f(x)|^2\mathrm{d}x = c_0^2 + \frac{1}{2}\sum_{k=1}^{\infty}c_k^2 \qquad (7-72)$$

对于式（3-96）定义的单相电机标准正弦散布绕组，其产生的磁动势仍使用符号 $f(x)$，$f(x)$ 也是周期函数，数学表达式参见式（3-117），波形如图 3-18 所示。式（3-117）说明，磁动势 $f(x)$ 中仅包含 $k=lQ+p$（l 为整数）次谐波磁动势。对标准正弦散布绕组，式（7-72）左右两边分别为

$$\frac{1}{2\pi}\int_0^{2\pi}|f(x)|^2\mathrm{d}x = \frac{1}{2\pi}\sum_{J=1}^{Q}\int_{(J-1)a}^{Ja}|\sum_{n=1}^{J}d(n)-a_0|^2\mathrm{d}x = \frac{1}{8}\frac{(iA_p)^2}{\sin^2\left(\frac{1}{2}p\alpha\right)} \qquad (7-73)$$

$$c_0^2 + \frac{1}{2}\sum_{k=1}^{\infty}c_k^2 = 0 + \frac{1}{2}\sum_{k=-\infty}^{\infty}|F(k)|^2 = \frac{1}{2}\sum_{l=-\infty}^{\infty}\left|\frac{iA_pQ}{2\pi}\frac{1}{lQ+p}\right|^2 = \frac{(iA_p)^2}{8\pi^2}\sum_{l=-\infty}^{\infty}\left|\frac{Q}{lQ+p}\right|^2 \qquad (7-74)$$

由式（7-73）和式（7-74），根据帕塞瓦尔公式，可得恒等式

$$\sum_{l=-\infty}^{\infty}\left|\frac{Q}{lQ+p}\right|^2 = \frac{\pi^2}{\sin^2\left(p\dfrac{\pi}{Q}\right)} \qquad (7-75)$$

谐波漏抗系数的计算可以在空间域进行，也可在频域中求解。但对单相标准正弦散布绕组，考虑到绕组存在的谐波次数为 $lQ+p$（l 为整数），即相对于 p 对极的 $\nu_p=l\dfrac{Q}{p}+1$ 次谐波，这些谐波的绕组因数均相等，由式（7-40）和式（7-75），在频域中计算谐波漏抗系数 $\sum S$ 更方便，$\sum S$ 为

$$\sum S = \sum_{\nu_p\neq 1}\left(\frac{k_{w\nu p}}{\nu_p}\right)^2 = k_{wp}^2\sum_{\substack{l=-\infty \\ l\neq 0}}^{\infty}\frac{1}{\left(l\dfrac{Q}{p}+1\right)^2} = k_{wp}^2\left[\frac{\left(p\dfrac{\pi}{Q}\right)^2}{\sin^2\left(p\dfrac{\pi}{Q}\right)}-1\right] \qquad (7-76)$$

式（7-76）也能由式（7-70）代入标准正弦绕组的挡数 L 后导出。

2. 三相对称分数槽绕组 $\sum S$ 的计算[40][51]

对于三相对称交流绕组，若气隙安导波表示成式（7-50），应用 TSDFT 和 HAW 理论，绕组正序合成磁动势为

$$f_1(x,t) = \frac{3}{2}\frac{\sqrt{2}I}{\pi}Q\sum_{\substack{k=-\infty \\ k\neq 0}}^{\infty}\frac{D_{1k}}{k}\sin(kx+\varphi_{1k}-\omega t-\varphi_A) \qquad (7-77)$$

式中　D_{1k}、φ_{1k}——绕组正序合成 k 次谐波全息谱的幅值和相位角，是全息谱在频域上以周期为 Q 作延拓的值；

ω——电流的角频率；

φ_A——A 相电流的初相位。

和单相标准正弦散布绕组谐波漏抗计算一样，若在频域中计算分数槽绕组的谐波漏抗，考虑到三相对称分数槽绕组正序电流产生的各次谐波磁动势均为圆形旋转磁动势，参

照式（7-76），由式（7-71）得三相分数槽绕组的 $\sum S$ 为

$$\sum S = \frac{k_{w1p}^2}{\left(\dfrac{D_{1p}}{p}\right)^2} \sum_{\substack{k=-\infty \\ k\neq 0}}^{\infty} \left(\frac{D_{1k}}{k}\right)^2 - \sum_{\nu_p \leqslant 1} \left(\frac{k_{w\nu p}}{\nu_p}\right)^2 \qquad (7-78)$$

利用全息谱的周期性及式（7-75）的恒等式，式（7-78）化为

$$\sum S = \left(\frac{p}{D_{1p}}k_{wp}\right)^2 \left\{ \sum_{k=1}^{Q-1} \left[\frac{\frac{\pi}{Q}D_{1k}}{\sin\left(k\,\frac{\pi}{Q}\right)}\right]^2 - \sum_{k\leqslant p}\left[\left(\frac{D_{1k}}{k}\right)^2 + \left(\frac{D_{1(Q-k)}}{k}\right)^2\right]\right\} \qquad (7-79)$$

根据式（7-79），三相 $60°$ 相带分数槽绕组 $\sum S$ 的部分计算结果见表7-9和图7-14。表中 $\sum S$ 为不计次谐波的结果，$\sum S'$ 为计入次谐波的结果。

表7-9 三相 $60°$ 相带分数槽绕组 $\sum S$

q	β	$\sum S$	$\sum S'$
$1\frac{1}{2}$	0.889	0.040731	0.040731
	0.667	0.040177	0.040177
$2\frac{1}{2}$	0.933	0.015932	0.015932
	0.800	0.014372	0.014372
$1\frac{3}{4}$	0.952	0.033084	0.050654
	0.762	0.027555	0.039607
$2\frac{1}{4}$	0.889	0.018380	0.029212
	0.741	0.016644	0.024560
$2\frac{3}{4}$	0.970	0.014638	0.022151
	0.848	0.012049	0.018078
$1\frac{7}{8}$	0.889	0.027464	0.045833
	0.711	0.025632	0.037669
$2\frac{3}{8}$	0.982	0.022942	0.027391
	0.842	0.019435	0.022830
$2\frac{7}{8}$	0.928	0.012841	0.021216
	0.812	0.011285	0.017806
$1\frac{2}{5}$	0.952	0.058500	0.070636
	0.714	0.050766	0.057683
$1\frac{4}{5}$	0.926	0.031164	0.048963
	0.741	0.027343	0.0388504
$2\frac{1}{5}$	0.909	0.020616	0.032801
	0.758	0.018555	0.027088
$1\frac{5}{7}$	0.972	0.036516	0.053254
	0.778	0.029588	0.041645

q	β	$\sum S$	$\sum S'$
$2\frac{2}{7}$	0.875	0.018009	0.027699
	0.729	0.016401	0.023726
$2\frac{6}{7}$	0.933	0.012826	0.021429
	0.817	0.011157	0.017869
$1\frac{7}{11}$	0.815	0.037569	0.044533
	0.611	0.032186	0.036380
$2\frac{1}{11}$	0.957	0.025247	0.041007
	0.797	0.022187	0.033609
$2\frac{7}{11}$	0.885	0.016167	0.019202
	0.759	0.014467	0.016807
$1\frac{11}{13}$	0.903	0.028217	0.047514
	0.722	0.025760	0.038482
$2\frac{4}{13}$	0.867	0.018014	0.026629
	0.722	0.016369	0.023108
$2\frac{10}{13}$	0.963	0.014451	0.022620
	0.843	0.012069	0.018551

3. 三相分数槽集中绕组的 $\sum S$ 的计算[53]

三相分数槽集中绕组属于三相分数槽绕组,是分数槽绕组中 $q<1$,$y=1$ 的绕组,故式(7-79)对三相分数槽集中绕组也成立。

例如 $Q=12$,$p=5$ 的三相分数槽双层集中绕组,按式(7-79)求得 $\sum S=0.73078$。不再赘述。

综上所述,交流绕组的谐波漏抗在空间域和在频域计算都可得到该漏抗的理论值。对于整数槽绕组,基于空间域的乔其图,容易导出绕组的谐波漏抗解析公式,计算方便,数值准确。但对分数槽绕组及其他非正规绕组,乔其图较复杂,无空间

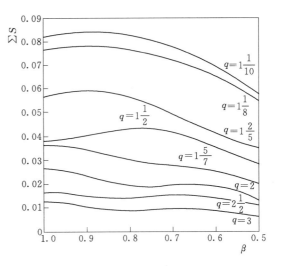

图 7-14 三相 60°相带分数槽绕组的 $\sum S$

域谐波漏抗解析公式,人工计算困难。此时应用基于全息谱分析理论的谐波漏抗频域计算方法,概念清晰,便于计算机编程和人工计算。需要特别指出的是,式(7-79)虽以三相绕组导出,但对多相电机公式也成立。式(7-79)是多相对称交流绕组谐波漏抗系数的频域通用计算公式。而式(7-49)和式(7-56)是空间域绕组谐波漏抗系数的通用计算公式。可视具体情况选择使用。

7.3 交流电机绕组自感系数和
互感系数的全息谱分析法

电机参数计算是分析电机运行性能的关键。7.2节仅讨论了绕组谐波漏抗的计算。电机最基本的参数包括电机绕组的自感系数和互感系数，是建立电机稳态及暂态数学模型的基础。

计算绕组电感可以使用磁场分析法和磁导分析法。磁场分析法计算准确，但计算复杂，工作量大。为简化分析，本节使用磁导分析法，以凸极式同步电机电枢绕组为例，应用全息谱分析理论来分析交流电机绕组的自感系数和互感系数。分析结果很容易推广到凸极式同步电机励磁绕组和阻尼绕组的自感系数及互感系数计算，也可将其用于隐极式同步电机和异步电机的参数计算。

下面分析凸极同步电机定子的自感系数和互感系数计算。

7.3.1 气隙导磁系数[23]

采用磁导分析法计算绕组电感时，不考虑铁芯饱和的影响，认为磁路的磁阻不随磁通密度的大小而变化。且将铁芯的磁阻归算到气隙中，即适当放大气隙来考虑铁芯磁阻的影响。同时，铁芯齿槽效应采用卡氏系数计入。另外，分析中还将忽略磁滞和涡流等次要因素的影响。

根据磁路欧姆定律，磁路的磁动势 f、磁导 Λ 和磁通 Φ 关系式为

$$f\Lambda = \Phi \tag{7-80}$$

如果要计算磁路的磁通密度 B，则有

$$f\lambda = B \tag{7-81}$$

式中 λ——导磁系数。

对于均匀磁路，$\lambda = \mu\dfrac{1}{L}$，其中 μ 为磁导率，L 为磁路长度。λ 表示单位面积的磁导。

在凸极同步电机的磁路中，由于气隙不均匀，沿转子坐标系的不同位置，气隙的长度不同，气隙磁导 Λ_δ 和单位面积的气隙磁导 λ_δ（气隙导磁系数）也不同。在转子上建立坐标 x，气隙导磁系数即为 x 的函数，用 $\lambda_\delta(x)$ 表示。x 以机械角度量。如图 7-15 所示，取凸极同步电机直轴 d 处为空间坐标 x 的原点，即此处 $x=0$。由于凸极同步电机气隙对

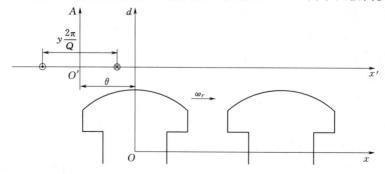

图 7-15 凸极同步电机中的空间坐标和定子的单个线圈

称于直轴，每个极下的气隙情况相同。当磁场对称分布时，气隙导磁系数 $\lambda_\delta(x)$ 是周期函数，周期为 2π 电弧度。因此，对 p 对极同步电机，有

$$\lambda_\delta(x) = \lambda_\delta\left(x \pm \frac{\pi}{p}\right) \qquad (7-82)$$

气隙导磁系数 $\lambda_\delta(x)$ 是 x 的偶函数。对 $\lambda_\delta(x)$ 进行谐波分析，它只含有偶数次谐波。$\lambda_\delta(x)$ 的一般表达式为

$$\lambda_\delta(x) = \frac{\lambda_0}{2} + \sum_l \lambda_l \cos(lpx), \quad l = 2,4,6,\cdots \qquad (7-83)$$

式中 $\dfrac{\lambda_0}{2}$——气隙导磁系数的常数部分；

λ_l——气隙导磁系数的各次谐波幅值。

凸极同步电机气隙不均匀，如果其等效气隙长度 $\delta(x)$ 已知，则气隙导磁系数 $\lambda_\delta(x)$ 为

$$\lambda_\delta(x) = \mu_0 \frac{1}{\delta(x)} \qquad (7-84)$$

对式（7-84）进行傅里叶级数分解，得出形为式（7-83）的气隙导磁系数表达式，式中各次谐波的大小为

$$\lambda_0 = \frac{1}{\pi} \int_0^{2\pi} \lambda_\delta(x)\mathrm{d}x = \frac{1}{\pi} \int_0^{2\pi} \mu_0 \frac{1}{\delta(x)}\mathrm{d}x \qquad (7-85)$$

$$\lambda_l = \frac{1}{\pi} \int_0^{2\pi} \lambda_\delta(x)\cos(lpx)\mathrm{d}x = \frac{1}{\pi} \int_0^{2\pi} \mu_0 \frac{1}{\delta(x)}\cos(lpx)\mathrm{d}x, \quad l = 2,4,6,\cdots \qquad (7-86)$$

根据凸极同步电机结构的特点，通常分别处理同步电机磁极极靴部分的等效气隙长度和极间部分的等效气隙长度。在极靴部分，认为磁力线全部沿径向通过气隙；在极间部分，磁场的分布情况与磁动势所加的位置有关。对极间部分的等效气隙长度，可以分别按磁动势最大值和零值处在极间中心线上这两种情况给出气隙的等效长度[23]。

有了气隙导磁系数，若已知气隙磁动势，就可以求出气隙磁场。进而求得绕组的磁链和相应的电感系数。

7.3.2 单个线圈的自感系数

对凸极同步电机中的单个线圈 A，如图 7-15 所示，取该线圈轴线处 O' 为定子坐标 x' 的原点。x' 以机械角度表示。设电机槽数为 Q，基波极对数为 p，线圈 A 的节距为 y，节距 y 对应的空间机械角为 $y\dfrac{2\pi}{Q}$，线圈匝数为 N_c，线圈流过电流 i，则由式（2-14），该线圈产生的磁动势 $f(x')$ 为

$$f(x') = \sum_{\nu=1}^{\infty} F_\nu \cos(\nu x') \qquad (7-87)$$

式中 F_ν——ν 次谐波磁动势的幅值，且有

$$F_\nu = \frac{2}{\pi\nu} i N_c \sin\left(\nu y \frac{\pi}{Q}\right), \quad \nu = 1,2,3,\cdots \qquad (7-88)$$

取直轴 d 处为坐标 x 的原点，气隙导磁系数 $\lambda_\delta(x)$ 可表示为式（7-83）。如图 7-15

所示，定义转子位置角 θ 为转子 d 轴和线圈轴线的夹角，θ 也以机械角度表示。设电机转子转动的机械角速度为 ω_r，则任意时刻 t 时的转子位置角 θ 为

$$\theta = \int_0^t \omega_r \mathrm{d}t + \theta_0 \qquad (7-89)$$

式中　θ_0——$t=0$ 时转子的初始位置角。

当转子匀速转动时，由式（7-89），有

$$\theta = \omega_r t + \theta_0 \qquad (7-90)$$

如图 7-15 所示，因 $x'=x+\theta$，由式（7-87），x 坐标下线圈产生的磁动势 $f(x)$ 写为

$$f(x) = \sum_{\nu=1}^{\infty} F_\nu \cos(\nu x + \nu\theta) \qquad (7-91)$$

根据式（7-81）～式（7-86），以 d 轴位置为坐标原点的气隙磁密 $B_\delta(x)$ 的表达式为

$$B_\delta(x) = f(x)\lambda_\delta(x) = \sum_{\nu=1}^{\infty} F_\nu \cos(\nu x + \nu\theta)\left[\frac{\lambda_0}{2} + \sum_{l=2,4,6,\cdots} \lambda_l \cos(lpx)\right] \qquad (7-92)$$

其中，ν 次气隙谐波磁动势 $f_\nu(x)$ 产生的气隙磁密 $B_{\delta f\nu}$ 为

$$
\begin{aligned}
B_{\delta f\nu} &= F_\nu \cos(\nu x + \nu\theta)\left[\frac{\lambda_0}{2} + \sum_{l=2,4,6,\cdots} \lambda_l \cos(lpx)\right] \\
&= F_\nu \frac{\lambda_0}{2}\cos(\nu x + \nu\theta) + \sum_{l=2,4,6,\cdots} F_\nu \frac{\lambda_l}{2}\cos[(\nu+lp)x + \nu\theta] \\
&\quad + \sum_{l=2,4,6,\cdots} F_\nu \frac{\lambda_l}{2}\cos[(\nu-lp)x + \nu\theta]
\end{aligned}
\qquad (7-93)
$$

即气隙磁密 $B_{\delta f\nu}$ 中含有 ν、$\nu+lp$、$\nu-lp$（$\nu=1,2,3,\cdots$；$l=2,4,6,\cdots$）次谐波。这些气隙磁密谐波相对电机极对数 p 的谐波次数分别为 $\dfrac{\nu}{p}$、$\dfrac{\nu}{p}+l$、$\dfrac{\nu}{p}-l$。

设电机定子铁芯长为 L，定子内径为 $2R$。设 ν 次谐波磁动势产生的气隙磁密 $B_{\delta f\nu}$ 中，ν、$\nu+lp$、$\nu-lp$ 次谐波磁密为 $B_{\delta\nu}$、$B_{\delta\nu(\nu+lp)}$、$B_{\delta\nu(\nu-lp)}$，这些磁密对应的自感磁链 $\psi_{\delta\nu}$、$\psi_{\delta\nu(\nu+lp)}$、$\psi_{\delta\nu(\nu-lp)}$ 分别为：

（1）对应 $B_{\delta f\nu}$ 中 ν 次谐波磁密 $B_{\delta\nu}$ 的线圈自感磁链 $\psi_{\delta\nu}$。如图 7-15 所示，自感磁链 $\psi_{\delta\nu}$ 为

$$\psi_{\delta\nu} = N_c \int_{-\theta-\frac{\nu}{Q}\pi}^{-\theta+\frac{\nu}{Q}\pi} B_{\delta\nu} \mathrm{d}(xRL), \quad \nu=1,2,3,\cdots \qquad (7-94)$$

由式（7-93）得

$$B_{\delta\nu\nu} = F_\nu \frac{\lambda_0}{2}\cos(\nu x + \nu\theta), \quad \nu=1,2,3,\cdots \qquad (7-95)$$

而

$$R = \frac{2p\tau}{2\pi} = \frac{p\tau}{\pi} \qquad (7-96)$$

式中　τ——电机基波极距，m，$\tau=\dfrac{2\pi R}{2p}$。

242

所以自感磁链 $\psi_{\delta\nu\nu}$ 为

$$\psi_{\delta\nu\nu} = N_c \int_{-\theta-\frac{y}{Q}\pi}^{-\theta+\frac{y}{Q}\pi} F_\nu \frac{\lambda_0}{2} \cos(\nu x + \nu\theta) \frac{p\tau L}{\pi} \mathrm{d}x, \quad \nu = 1,2,3,\cdots \qquad (7-97)$$

代入式（7-88），处理 $\psi_{\delta\nu\nu}$，得

$$\psi_{\delta\nu\nu} = i \frac{2pN_c^2\tau L}{\pi^2\nu^2} \lambda_0 \sin^2\left(\nu y \frac{\pi}{Q}\right), \quad \nu = 1,2,3,\cdots \qquad (7-98)$$

（2）对应 $B_{\delta f\nu}$ 中 $\nu+lp$ 次谐波磁密 $B_{\delta\nu(\nu+lp)}$ 的线圈自感磁链 $\psi_{\delta\nu(\nu+lp)}$。如图 7-15 所示，由式（7-93）和式（7-88），自感磁链 $\psi_{\delta\nu(\nu+lp)}$ 为

$$\psi_{\delta\nu(\nu+lp)} = N_c \int_{-\theta-\frac{y}{Q}\pi}^{-\theta+\frac{y}{Q}\pi} F_\nu \frac{\lambda_l}{2} \cos[(\nu+lp)x+\nu\theta] \frac{p\tau L}{\pi} \mathrm{d}x$$

$$= N_c \frac{p\tau L}{\pi} \frac{\lambda_l}{2} \int_{-\theta-\frac{y}{Q}\pi}^{-\theta+\frac{y}{Q}\pi} \frac{2iN_c}{\pi\nu} \sin\left(\nu \frac{y}{Q}\pi\right) \cos[(\nu+lp)x+\nu\theta] \mathrm{d}x$$

处理 $\psi_{\delta\nu(\nu+lp)}$，得

$$\psi_{\delta\nu(\nu+lp)} = i \frac{2pN_c^2\tau L}{\pi^2\nu(\nu+lp)} \lambda_l \sin\left(\nu y \frac{\pi}{Q}\right) \sin\left[(\nu+lp)y \frac{\pi}{Q}\right] \cos(lp\theta), \quad \nu=1,2,3,\cdots \quad l=2,4,6,\cdots$$

$$(7-99)$$

（3）对应 $B_{\delta f\nu}$ 中 $\nu-lp$ 次谐波磁密 $B_{\delta\nu(\nu-lp)}$ 的线圈自感磁链 $\psi_{\delta\nu(\nu-lp)}$。分析同（2），可得自感磁链 $\psi_{\delta\nu(\nu-lp)}$ 为

$$\psi_{\delta\nu(\nu-lp)} = i \frac{2pN_c^2\tau L}{\pi^2\nu(\nu-lp)} \lambda_l \sin\left(\nu y \frac{\pi}{Q}\right) \sin\left[(\nu-lp)y \frac{\pi}{Q}\right] \cos(lp\theta) \qquad (7-100)$$

其中，$\nu=1,2,3,\cdots$；$l=2,4,6,\cdots$；$\nu\neq lp$。当 $\nu-lp$ 为正值或负值时，式（7-100）均成立。且当谐波次数 $\nu-lp$ 为负值时，仍可使用式（2-18）定义的节距因数，认为 $\sin\left[(\nu-lp)y \frac{\pi}{Q}\right]$ 是 $\nu-lp$ 次谐波节距因数，即将节距因数扩展到负的谐波次数范围。而当谐波次数 $\nu-lp=0$ 时，此时的磁场分布是对应磁场波形傅里叶级数展开式中的常数项。由本书前面相关章节的分析及说明，可令常数项为零。即式（7-100）中不含 $\nu-lp=0$ 项。

从式（7-98）～式（7-100）可得，对应 $\psi_{\delta\nu\nu}$、$\psi_{\delta\nu(\nu+lp)}$、$\psi_{\delta\nu(\nu-lp)}$ 的线圈自感系数 $L_{\delta\nu\nu}$、$L_{\delta\nu(\nu+lp)}$、$L_{\delta\nu(\nu-lp)}$ 分别为

$$L_{\delta\nu\nu} = \frac{\psi_{\delta\nu\nu}}{i} = \frac{2pN_c^2\tau L}{\pi^2\nu^2} \lambda_0 \sin^2\left(\nu y \frac{\pi}{Q}\right), \quad \nu=1,2,3,\cdots \qquad (7-101)$$

$$L_{\delta\nu(\nu+lp)} = \frac{\psi_{\delta\nu(\nu+lp)}}{i} = \frac{2pN_c^2\tau L}{\pi^2\nu(\nu+lp)} \lambda_l \sin\left(\nu \frac{y}{Q}\pi\right)$$

$$\times \sin\left[(\nu+lp)\frac{y}{Q}\pi\right] \cos(lp\theta), \quad \nu=1,2,3,\cdots \quad l=2,4,6,\cdots$$

$$(7-102)$$

$$L_{\delta\nu(\nu-lp)} = \frac{\psi_{\delta\nu(\nu-lp)}}{i} = \frac{2pN_c^2\tau L}{\pi^2\nu(\nu-lp)} \lambda_l \sin\left(\nu y \frac{\pi}{Q}\right)$$

$$\times \sin\left[(\nu-lp)y \frac{\pi}{Q}\right] \cos(lp\theta), \quad \nu=1,2,3,\cdots \quad l=2,4,6,\cdots \quad \nu\neq lp$$

$$(7-103)$$

考虑线圈漏电感 $L_{c0\sigma}$ 后[23]，单个线圈的自感系数 L_c 为

$$L_c = L_{c0\sigma} + \sum_{\nu=1}^{\infty} L_{\delta\nu\nu} + \sum_{\substack{\nu=1,2,3,\cdots \\ l=2,4,6,\cdots}} L_{\delta\nu(\nu+lp)} + \sum_{\substack{\nu=1,2,3,\cdots \\ l=2,4,6,\cdots \\ \nu \neq lp}} L_{\delta\nu(\nu-lp)} \qquad (7-104)$$

因为转子位置角变化 π 电弧度后，定子线圈自感系数即重复一次，所以 L_c 可写成

$$L_c = L_{c0} + L_{c2}\cos(2p\theta) + L_{c4}\cos(4p\theta) + L_{c6}\cos(6p\theta) + \cdots \qquad (7-105)$$

其中

$$L_{c0} = L_{c0\sigma} + \frac{2pN_c^2\tau L}{\pi^2}\lambda \sum_{\nu=1}^{\infty}\left[\frac{\sin\left(\nu y\dfrac{\pi}{Q}\right)}{\nu}\right]^2 \qquad (7-106)$$

$$L_{c2} = \frac{2pN_c^2\tau L}{\pi^2}\lambda_2 \left\{ \sum_{\nu=1}^{\infty}\frac{\sin\left(\nu y\dfrac{\pi}{Q}\right)\sin\left[(\nu+2p)y\dfrac{\pi}{Q}\right]}{\nu(\nu+2p)} + \sum_{\substack{\nu=1 \\ \nu\neq 2p}}^{\infty}\frac{\sin\left(\nu y\dfrac{\pi}{Q}\right)\sin\left[(\nu-2p)y\dfrac{\pi}{Q}\right]}{\nu(\nu-2p)} \right\}$$
$$(7-107)$$

$$L_{c4} = \frac{2pN_c^2\tau L}{\pi^2}\lambda_4 \left\{ \sum_{\nu=1}^{\infty}\frac{\sin\left(\nu y\dfrac{\pi}{Q}\right)\sin\left[(\nu+4p)y\dfrac{\pi}{Q}\right]}{\nu(\nu+4p)} + \sum_{\substack{\nu=1 \\ \nu\neq 4p}}^{\infty}\frac{\sin\left(\nu y\dfrac{\pi}{Q}\right)\sin\left[(\nu-4p)y\dfrac{\pi}{Q}\right]}{\nu(\nu-4p)} \right\}$$
$$(7-108)$$

$$\vdots$$

L_d 的一般表达式为

$$L_d = \frac{2pN_c^2\tau L}{\pi^2}\lambda_l \left\{ \sum_{\nu=1}^{\infty}\frac{\sin\left(\nu y\dfrac{\pi}{Q}\right)\sin\left[(\nu+lp)y\dfrac{\pi}{Q}\right]}{\nu(\nu+lp)} \right.$$
$$\left. + \sum_{\substack{\nu=1 \\ \nu\neq lp}}^{\infty}\frac{\sin\left(\nu y\dfrac{\pi}{Q}\right)\sin\left[(\nu-lp)y\dfrac{\pi}{Q}\right]}{\nu(\nu-lp)} \right\}, \quad l=2,4,6,\cdots \quad (7-109)$$

对 L_{c0}，也可应用 L_{c2}、L_{c4}、$\cdots$ 的公式计算，只是需要加上线圈的漏电感 $L_{c0\sigma}$。

7.3.3　线圈间的互感系数[23]

如图 7-16 所示，定子绕组中的两个线圈 A 和 B，节距相同，均为 y。令线圈 B 的轴线落后线圈 A 的轴线 α 弧度。计算两个线圈间的互感系数与计算线圈的自感系数方法相

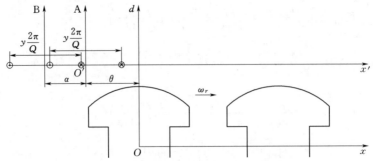

图 7-16　凸极同步电机中的两个线圈

244

同，仅积分时的上下限不同。参照式（7-97），设线圈 A 中流过电流 i，对应其 ν 次气隙谐波磁动势 $f_\nu(x)$ 产生的 ν 次谐波磁密 $B_{\delta\nu}$，对线圈 B，将积分上下限分别换为 $-\theta-\alpha+\dfrac{y}{Q}\pi$ 和 $-\theta-\alpha-\dfrac{y}{Q}\pi$，得线圈 AB 间互感磁链 $\psi_{\delta\nu AB}$ 为

$$\psi_{\delta\nu AB} = N_c \int_{-\theta-\alpha-\frac{y}{Q}\pi}^{-\theta-\alpha+\frac{y}{Q}\pi} F_\nu \frac{\lambda_0}{2}\cos(\nu x + \nu\theta)\frac{p\tau L}{\pi}\mathrm{d}x, \quad \nu = 1,2,3,\cdots$$

经处理，得

$$\psi_{\delta\nu AB} = i\frac{2pN_c^2\tau L}{\pi^2\nu^2}\lambda_0\sin^2\left(\nu y\frac{\pi}{Q}\right)\cos(\nu\alpha), \quad \nu = 1,2,3,\cdots \tag{7-110}$$

同理，可得对应 $B_{\delta f\nu}$ 中 $\nu+lp$ 次谐波磁密 $B_{\delta\nu(\nu+lp)}$ 的线圈 AB 间互感磁链 $\psi_{\delta\nu(\nu+lp)AB}$ 为

$$\psi_{\delta\nu(\nu+lp)AB} = N_c \int_{-\theta-\alpha-\frac{y}{Q}\pi}^{-\theta-\alpha+\frac{y}{Q}\pi} F_\nu \frac{\lambda_l}{2}\cos[(\nu+lp)x+\nu\theta]\frac{p\tau L}{\pi}\mathrm{d}x, \quad \nu = 1,2,3,\cdots \quad l = 2,4,6,\cdots$$

处理 $\psi_{\delta\nu(\nu+lp)AB}$，得

$$\psi_{\delta\nu(\nu+lp)AB} = i\frac{2pN_c^2\tau L}{\pi^2\nu(\nu+lp)}\lambda_l\sin\left(\nu y\frac{\pi}{Q}\right)\sin\left[(\nu+lp)y\frac{\pi}{Q}\right]\cos[lp(\theta+\alpha)+\nu\alpha] \tag{7-111}$$

其中，$\nu=1,2,3,\cdots$；$l=2,4,6,\cdots$。

对应 $B_{\delta f\nu}$ 中 $\nu-lp$ 次谐波磁密 $B_{\delta\nu(\nu-lp)}$ 的线圈 AB 间互感磁链 $\psi_{\delta\nu(\nu-lp)AB}$ 为

$$\psi_{\delta\nu(\nu-lp)AB} = i\frac{2pN_c^2\tau L}{\pi^2\nu(\nu-lp)}\lambda_l\sin\left(\nu y\frac{\pi}{Q}\right)\sin\left[(\nu-lp)y\frac{\pi}{Q}\right]\cos[lp(\theta+\alpha)-\nu\alpha] \tag{7-112}$$

其中，$\nu=1,2,3,\cdots$；$l=2,4,6,\cdots$；$\nu\neq lp$。

与磁链 $\psi_{\delta\nu AB}$、$\psi_{\delta\nu(\nu+lp)AB}$、$\psi_{\delta\nu(\nu-lp)AB}$ 对应的线圈 AB 间互感系数 $M_{\delta\nu AB}$、$M_{\delta\nu(\nu+lp)AB}$、$M_{\delta\nu(\nu-lp)AB}$ 分别为

$$M_{\delta\nu AB} = \frac{2pN_c^2\tau L}{\pi^2\nu^2}\lambda_0\sin^2\left(\nu y\frac{\pi}{Q}\right)\cos(\nu\alpha), \quad \nu = 1,2,3,\cdots \tag{7-113}$$

$$M_{\delta\nu(\nu+lp)AB} = \frac{2pN_c^2\tau L}{\pi^2\nu(\nu+lp)}\lambda_l\sin\left(\nu y\frac{\pi}{Q}\right)\sin\left[(\nu+lp)y\frac{\pi}{Q}\right]$$
$$\cos[lp(\theta+\alpha)+\nu\alpha], \quad \nu = 1,2,3,\cdots \quad l = 2,4,6,\cdots \tag{7-114}$$

$$M_{\delta\nu(\nu-lp)AB} = \frac{2pN_c^2\tau L}{\pi^2\nu(\nu-lp)}\lambda_l\sin\left(\nu y\frac{\pi}{Q}\right)\sin\left[(\nu-lp)y\frac{\pi}{Q}\right]$$
$$\cos[lp(\theta+\alpha)-\nu\alpha], \quad \nu = 1,2,3,\cdots \quad l = 2,4,6,\cdots \quad \nu\neq lp \tag{7-115}$$

计入线圈互漏电感 $M_{c0\sigma AB}$ 后，AB 两个线圈间的互感系数 M_{cAB} 为

$$M_{cAB} = M_{c0\sigma AB} + \sum_{\nu=1}^{\infty} M_{\delta\nu AB} + \sum_{\substack{\nu=1,2,3,\cdots \\ l=2,4,6,\cdots}} M_{\delta\nu(\nu+lp)AB} + \sum_{\substack{\nu=1,2,3,\cdots \\ l=2,4,6,\cdots \\ \nu\neq lp}} M_{\delta\nu(\nu-lp)AB} \tag{7-116}$$

式（7-116）可表示成

$$M_{cAB} = M_{c0\sigma AB} + \sum_{\nu=1}^{\infty} M_{\delta\nu AB} + \sum_{\substack{\nu=1,2,3,\cdots \\ l=2,4,6,\cdots}} M_{\delta\nu(\nu+lp)AB} + \sum_{\substack{\nu=lp+1,lp+2,lp+3,\cdots \\ l=2,4,6,\cdots}} M_{\delta\nu(\nu-lp)AB}$$
$$+ \sum_{\substack{\nu=1,2,3,\cdots,lp-1 \\ l=2,4,6,\cdots}} M_{\delta\nu(\nu-lp)AB} \tag{7-117}$$

将式 (7－117) 中的 $\displaystyle\sum_{\substack{\nu=1,2,3,\cdots\\l=2,4,6,\cdots}}M_{\delta\nu(\nu+lp)\mathrm{AB}}+\sum_{\substack{\nu=lp+1,lp+2,lp+3,\cdots\\l=2,4,6,\cdots}}M_{\delta\nu(\nu-lp)\mathrm{AB}}$ 合并，有

$$\sum_{\substack{\nu=1,2,3,\cdots\\l=2,4,6,\cdots}}M_{\delta\nu(\nu+lp)\mathrm{AB}}+\sum_{\substack{\nu=lp+1,lp+2,lp+3,\cdots\\l=2,4,6,\cdots}}M_{\delta\nu(\nu-lp)\mathrm{AB}}=$$

$$\sum_{\substack{\nu=1,2,3,\cdots\\l=2,4,6,\cdots}}\frac{2pN_c^2\tau L}{\pi^2\nu(\nu+lp)}\lambda_l\sin\left(\nu y\,\frac{\pi}{Q}\right)\sin\left[(\nu+lp)y\,\frac{\pi}{Q}\right]2\cos\left[\left(\frac{l}{2}p+\nu\right)\alpha\right]\cos\left[lp\left(\theta+\frac{\alpha}{2}\right)\right]$$

$$(7-118)$$

式 (7－117) 中的 $\displaystyle\sum_{\substack{\nu=1,2,3,\cdots,lp-1\\l=2,4,6,\cdots}}M_{\delta\nu(\nu-lp)\mathrm{AB}}$ 项，因为

$$\sum_{\substack{\nu=1,2,3,\cdots,lp-1\\l=2,4,6,\cdots}}M_{\delta\nu(\nu-lp)\mathrm{AB}}=\sum_{\substack{\nu=1,2,3,\cdots,\frac{l}{2}p-1\\l=2,4,6,\cdots}}M_{\delta\nu(\nu-lp)\mathrm{AB}}+M_{\delta\left(\frac{l}{2}p\right)\left(-\frac{l}{2}p\right)\mathrm{AB}}$$

$$+\sum_{\substack{\nu=\frac{l}{2}p+1,\frac{l}{2}p+2,\frac{l}{2}p+3,\cdots,lp-1\\l=2,4,6,\cdots}}M_{\delta\nu(\nu-lp)\mathrm{AB}}$$

其中

$$\sum_{\substack{\nu=1,2,3,\cdots,\frac{l}{2}p-1\\l=2,4,6,\cdots}}M_{\delta\nu(\nu-lp)\mathrm{AB}}+\sum_{\substack{\nu=\frac{l}{2}p+1,\frac{l}{2}p+2,\frac{l}{2}p+3,\cdots,lp-1\\l=2,4,6,\cdots}}M_{\delta\nu(\nu-lp)\mathrm{AB}}=$$

$$\sum_{\substack{\nu=1,2,3,\cdots,\frac{l}{2}p-1\\l=2,4,6,\cdots}}\frac{2pN_c^2\tau L}{\pi^2\nu(\nu-lp)}\lambda_l\sin\left(\nu y\,\frac{\pi}{Q}\right)\sin\left[(\nu-lp)y\,\frac{\pi}{Q}\right]2\cos\left[\left(\frac{l}{2}p-\nu\right)\alpha\right]\cos\left[lp\left(\theta+\frac{\alpha}{2}\right)\right]$$

$$(7-119)$$

而 $M_{\delta\left(\frac{l}{2}p\right)\left(-\frac{l}{2}p\right)\mathrm{AB}}$ 为

$$M_{\delta\left(\frac{l}{2}p\right)\left(-\frac{l}{2}p\right)\mathrm{AB}}=\frac{2pN_c^2\tau L}{\pi^2\left(\frac{l}{2}p\right)^2}\lambda_l\sin^2\left(\frac{l}{2}py\,\frac{\pi}{Q}\right)\cos\left[lp\left(\theta+\frac{\alpha}{2}\right)\right]\qquad(7-120)$$

所以，式 (7－116) 可写成

$$M_{c\mathrm{AB}}=M_{c0\mathrm{AB}}+M_{c2\mathrm{AB}}\cos\left[2p\left(\theta+\frac{\alpha}{2}\right)\right]+M_{c4\mathrm{AB}}\cos\left[4p\left(\theta+\frac{\alpha}{2}\right)\right]+\cdots\qquad(7-121)$$

其中

$$M_{c0\mathrm{AB}}=M_{c0\sigma\mathrm{AB}}+\frac{2pN_c^2\tau L}{\pi^2}\lambda_0\sum_{\nu=1}^{\infty}\left[\frac{\sin\left(\nu y\,\frac{\pi}{Q}\right)}{\nu}\right]^2\cos(\nu\alpha)\qquad(7-122)$$

$$M_{c2\mathrm{AB}}=\frac{2pN_c^2\tau L}{\pi^2}\lambda_2\left\{2\sum_{\nu=1}^{\infty}\frac{\sin\left(\nu y\,\frac{\pi}{Q}\right)\sin\left[(\nu+2p)y\,\frac{\pi}{Q}\right]}{\nu(\nu+2p)}\cos[(p+\nu)\alpha]\right.$$

$$\left.+2\sum_{\nu=1,2,3,\cdots,p-1}\frac{\sin\left(\nu y\,\frac{\pi}{Q}\right)\sin\left[(\nu-2p)y\,\frac{\pi}{Q}\right]}{\nu(\nu-2p)}\cos[(p-\nu)\alpha]+\frac{\sin^2\left(py\,\frac{\pi}{Q}\right)}{p^2}\right\}$$

$$(7-123)$$

$$\vdots$$

$$M_{dAB} = \frac{2pN_c^2\tau L}{\pi^2}\lambda_l\left\{2\sum_{\nu=1}^{\infty}\frac{\sin\left(\nu y\,\frac{\pi}{Q}\right)\sin\left[(\nu+lp)y\,\frac{\pi}{Q}\right]}{\nu(\nu+lp)}\cos\left[\left(\frac{l}{2}p+\nu\right)\alpha\right]\right.$$

$$+2\sum_{\nu=1,2,3,\cdots,\frac{l}{2}p-1}\frac{\sin\left(\nu y\,\frac{\pi}{Q}\right)\sin\left[(\nu-lp)y\,\frac{\pi}{Q}\right]}{\nu(\nu-lp)}\cos\left[\left(\frac{l}{2}p-\nu\right)\alpha\right]$$

$$\left.+\frac{\sin^2\left(\frac{l}{2}py\,\frac{\pi}{Q}\right)}{\left(\frac{l}{2}p\right)^2}\right\}, \quad l=2,4,6,\cdots \tag{7-124}$$

$$\vdots$$

若线圈 B 的轴线和线圈 A 的轴线重合，即 $\alpha=0$ 时，式（7-122）和式（7-123）变为式（7-107）和式（7-108）。式（7-107）~式（7-109）中的求和项也可处理成式（7-124）的形式。

另外，对式（7-105）和式（7-121），一般仅取其常数项和 2 次谐波项即可满足工程需要的精度[23]。

7.3.4　支路的自感系数

对交流电机分析，在各种文献中，一般情况下绕组的自感系数和互感系数计算，常是由单个线圈的自感和互感系数组合而成，其过程复杂[23][31][59-67]。正如谐波漏抗的计算一样，各支路的自感系数和互感系数也可以在空间域计算或在频域中计算。下面讨论频域中的计算方法。在频域中计算绕组各支路的自感系数和互感系数，是根据全息谱分析理论，宏观地把各支路的绕组离散序列分解成各次谐波绕组离散序列。因为绕组的自感系数和互感系数与绕组内部连接无关，将支路作为一整体，其自感系数和互感系数可由绕组的全息谱在频域中求出。

如图 7-17 所示，选取定子绕组 1 号槽位置为定子坐标的原点，选取转子直轴处为转子坐标原点，定义转子位置角 θ 为转子 d 轴和定子 1 号槽的夹角。坐标及 θ 均以机械角度表示。定子槽及线圈顺转子转向编号。设定子绕组支路的空间域离散序列为 $d(n)$，$D(\nu)$

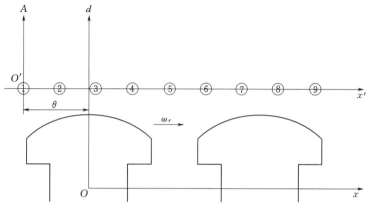

图 7-17　定转子坐标系和线圈编号

为其全息谱，且按周期 Q 进行周期延拓。D_ν 为 $D(\nu)$ 的幅值，φ_ν 为 $D(\nu)$ 的相位角。当支路流过电流 i 时，由式（3-136），以转子为坐标，此支路产生的磁动势 $f(x)$ 为

$$f(x) = \frac{iQ}{\pi} \sum_{\substack{\nu=0,1,\cdots,Q-1 \\ k=0,1,\cdots,\infty \\ k=0时,\nu\neq0}} \frac{D_\nu}{kQ+\nu} \sin[(kQ+\nu)x + \varphi_\nu + (kQ+\nu)\theta] \tag{7-125}$$

根据式（7-81）～式（7-86），$f(x)$ 中 $kQ+\nu$ 次谐波磁动势产生的气隙磁密 $B_{\delta f(kQ+\nu)}$ 为

$$\begin{aligned}
B_{\delta f(kQ+\nu)} &= \frac{iQ}{\pi} \frac{D_\nu}{kQ+\nu} \sin[(kQ+\nu)x + \varphi_\nu + (kQ+\nu)\theta]\left[\frac{\lambda_0}{2} + \sum_{l=2,4,6,\cdots} \lambda_l \cos(lpx)\right] \\
&= \frac{iQ}{\pi} \frac{D_\nu}{kQ+\nu} \frac{\lambda_0}{2} \sin[(kQ+\nu)x + \varphi_\nu + (kQ+\nu)\theta] \\
&\quad + \sum_{l=2,4,6,\cdots} \frac{iQ}{\pi} \frac{D_\nu}{kQ+\nu} \frac{\lambda_l}{2} \sin[(kQ+\nu+lp)x + \varphi_\nu + (kQ+\nu)\theta] \\
&\quad + \sum_{l=2,4,6,\cdots} \frac{iQ}{\pi} \frac{D_\nu}{kQ+\nu} \frac{\lambda_l}{2} \sin[(kQ+\nu-lp)x + \varphi_\nu + (kQ+\nu)\theta]
\end{aligned} \tag{7-126}$$

即气隙磁密 $B_{\delta f(kQ+\nu)}$ 中含有 $kQ+\nu$、$kQ+\nu+lp$、$kQ+\nu-lp$（$\nu=0,1,\cdots,Q-1$；$k=0,1,2,\cdots$，其中 $\nu=0$ 时 $k\neq0$；$l=2,4,6,\cdots$）次谐波。

根据 HAW 理论，参照单个线圈自感系数的分析，对应 $B_{\delta f(kQ+\nu)}$ 中 $kQ+\nu$ 次谐波磁密的支路自感系数 $L_{\delta(kQ+\nu)(kQ+\nu)}$ 为

$$L_{\delta(kQ+\nu)(kQ+\nu)} = \frac{p\tau L}{\pi^2} \frac{Q^2 D_\nu^2}{(kQ+\nu)^2} \frac{\lambda_0}{2} \tag{7-127}$$

对应 $B_{\delta f(kQ+\nu)}$ 中 $kQ+\nu+lp$ 次谐波磁密的支路自感系数 $L_{\delta(kQ+\nu)(kQ+\nu+lp)}$ 为

$$L_{\delta(kQ+\nu)(kQ+\nu+lp)} = \frac{p\tau L Q^2 D_\nu D_{(\nu+lp)}}{\pi^2(kQ+\nu)(kQ+\nu+lp)} \frac{\lambda_l}{2} \cos[lp\theta + \varphi_{(\nu+lp)} - \varphi_\nu] \tag{7-128}$$

对应 $B_{\delta f(kQ+\nu)}$ 中 $kQ+\nu-lp$ 次谐波磁密的支路自感系数 $L_{\delta(kQ+\nu)(kQ+\nu-lp)}$ 为

$$L_{\delta(kQ+\nu)(kQ+\nu-lp)} = \frac{p\tau L Q^2 D_\nu D_{(\nu-lp)}}{\pi^2(kQ+\nu)(kQ+\nu-lp)} \frac{\lambda_l}{2} \cos[lp\theta - \varphi_{(\nu-lp)} + \varphi_\nu] \tag{7-129}$$

其中 $kQ+\nu-lp\neq0$。

综合式（7-127）～式（7-129），考虑支路的槽漏电感和端部漏电感 $L_{0\sigma}$ 后，支路的自感系数 $L(\theta)$ 为

$$L(\theta) = L_{0\sigma} + \sum L_{\delta(kQ+\nu)(kQ+\nu)} + \sum L_{\delta(kQ+\nu)(kQ+\nu+p)} + \sum L_{\delta(kQ+\nu)(kQ+\nu-lp)} \tag{7-130}$$

式（7-130）中为简化公式表述，没有标出各求和项的范围，下同。

将式（7-130）写成

$$L(\theta) = L_0 + L_2 \cos(2p\theta + \theta_2) + L_4 \cos(4p\theta + \theta_4) + \cdots \tag{7-131}$$

其中

$$L_0 = L_{0\sigma} + \frac{p\tau L}{\pi^2} Q^2 \frac{\lambda_0}{2} \sum \frac{D_\nu^2}{(kQ+\nu)^2} \tag{7-132}$$

$$L_2\cos(2p\theta+\theta_2)=\frac{p\tau LQ^2}{\pi^2}\frac{\lambda_2}{2}\sum\frac{D_\nu D_{(\nu+2p)}}{(kQ+\nu)(kQ+\nu+2p)}\cos[2p\theta+\varphi_{(\nu+2p)}-\varphi_\nu]$$
$$+\frac{p\tau LQ^2}{\pi^2}\frac{\lambda_2}{2}\sum\frac{D_\nu D_{(\nu-2p)}}{(kQ+\nu)(kQ+\nu-2p)}\cos[2p\theta-\varphi_{(\nu-2p)}+\varphi_\nu]$$

$$(7-133)$$

$$\vdots$$

7.3.5 支路的互感系数

设定子绕组中的支路 A 和支路 B，它们的空间域离散序列分别为 $d_A(n)$ 和 $d_B(n)$，它们的全息谱分别为 $D_A(\nu)$ 和 $D_B(\nu)$，且按周期 Q 进行周期延拓。$D_{A\nu}$、$D_{B\nu}$ 为 $D_A(\nu)$、$D_B(\nu)$ 的幅值，$\varphi_{A\nu}$、$\varphi_{B\nu}$ 为 $D_A(\nu)$、$D_B(\nu)$ 的相位角。当支路 A 流过电流 i_A 时，由式（3-136），支路 A 产生的磁动势 $f_A(x)$ 为

$$f(x)=\frac{i_A Q}{\pi}\sum_{\substack{\nu=0,1,\cdots,Q-1\\k=0,1,\cdots,\infty\\k=0时,\nu\neq0}}\frac{D_{A\nu}}{kQ+\nu}\sin[(kQ+\nu)x+\varphi_{A\nu}+(kQ+\nu)\theta]\qquad(7-134)$$

根据式（7-81）～式（7-86），$f(x)$ 中 $kQ+\nu$ 次谐波磁动势产生的气隙磁密 $B_{\delta f(kQ+\nu)}$ 为

$$B_{\delta f(kQ+\nu)}=i_A\frac{Q}{\pi}\frac{D_{A\nu}}{kQ+\nu}\sin[(kQ+\nu)x+\varphi_{A\nu}+(kQ+\nu)\theta]\left[\frac{\lambda_0}{2}+\sum_{l=2,4,6,\cdots}\lambda_l\cos(lpx)\right]$$
$$=\frac{i_A Q}{\pi}\frac{D_{A\nu}}{kQ+\nu}\frac{\lambda_0}{2}\sin[(kQ+\nu)x+\varphi_{A\nu}+(kQ+\nu)\theta]$$
$$+\sum_{l=2,4,6,\cdots}\frac{i_A Q}{\pi}\frac{D_{A\nu}}{kQ+\nu}\frac{\lambda_l}{2}\sin[(kQ+\nu+lp)x+\varphi_{A\nu}+(kQ+\nu)\theta]$$
$$+\sum_{l=2,4,6,\cdots}\frac{i_A Q}{\pi}\frac{D_{A\nu}}{kQ+\nu}\frac{\lambda_l}{2}\sin[(kQ+\nu-lp)x+\varphi_{A\nu}+(kQ+\nu)\theta]\qquad(7-135)$$

分析同上，对应 $B_{\delta f(kQ+\nu)}$ 中 $kQ+\nu$ 次谐波磁密的支路 AB 间互感系数 $M_{\delta(kQ+\nu)(kQ+\nu)AB}$ 为

$$M_{\delta(kQ+\nu)(kQ+\nu)AB}=\frac{p\tau L}{\pi^2}\frac{Q^2 D_{A\nu}D_{B\nu}}{(kQ+\nu)^2}\frac{\lambda_0}{2}\cos(\varphi_{A\nu}-\varphi_{B\nu})\qquad(7-136)$$

对应 $B_{\delta f(kQ+\nu)}$ 中 $kQ+\nu+lp$ 次谐波磁密的支路自感系数 $M_{\delta(kQ+\nu)(kQ+\nu+lp)AB}$ 为

$$M_{\delta(kQ+\nu)(kQ+\nu+lp)AB}=\frac{p\tau LQ^2 D_{A\nu}D_{B(\nu+lp)}}{\pi^2(kQ+\nu)(kQ+\nu+lp)}\frac{\lambda_l}{2}\cos[lp\theta+\varphi_{B(\nu+lp)}-\varphi_{A\nu}]\qquad(7-137)$$

对应 $B_{\delta f(kQ+\nu)}$ 中 $kQ+\nu-lp$ 次谐波磁密的支路自感系数 $M_{\delta(kQ+\nu)(kQ+\nu-lp)AB}$ 为

$$M_{\delta(kQ+\nu)(kQ+\nu-lp)AB}=\frac{p\tau LQ^2 D_{A\nu}D_{B(\nu-lp)}}{\pi^2(kQ+\nu)(kQ+\nu-lp)}\frac{\lambda_l}{2}\cos[lp\theta-\varphi_{B(\nu-lp)}+\varphi_{A\nu}]\qquad(7-138)$$

其中 $kQ+\nu-lp\neq0$。

综合式（7-136）～式（7-138），考虑支路 AB 间的槽互漏电感和端部互漏电感 $M_{0\sigma AB}$ 后，支路 AB 间的互感系数 $M_{AB}(\theta)$ 为

$$M_{AB}(\theta)=M_{0\sigma AB}+\sum M_{\delta(kQ+\nu)(kQ+\nu)AB}+\sum M_{\delta(kQ+\nu)(kQ+\nu+p)AB}+\sum M_{\delta(kQ+\nu)(kQ+\nu-lp)AB}$$

$$(7-139)$$

若将式（7-139）写成

$$M_{AB}(\theta) = M_{0AB} + M_{2AB}\cos(2p\theta + \theta_{2AB}) + L_{4AB}\cos(4p\theta + \theta_{4AB}) + \cdots \qquad (7-140)$$

其中

$$M_{0AB} = M_{0\sigma AB} + \frac{p\tau L}{\pi^2}Q^2\frac{\lambda_0}{2}\sum\frac{D_{A\nu}D_{B\nu}}{(kQ+\nu)^2}\cos(\varphi_{A\nu} - \varphi_{B\nu}) \qquad (7-141)$$

$$
\begin{aligned}
M_{2AB}\cos(2p\theta + \theta_{2AB}) ={}& \frac{p\tau LQ^2}{\pi^2}\frac{\lambda_2}{2}\sum\frac{D_{A\nu}D_{B(\nu+2p)}}{(kQ+\nu)(kQ+\nu+2p)}\cos[2p\theta + \varphi_{B(\nu+2p)} - \varphi_{A\nu}] \\
&+ \frac{p\tau LQ^2}{\pi^2}\frac{\lambda_2}{2}\sum\frac{D_{A\nu}D_{B(\nu-2p)}}{(kQ+\nu)(kQ+\nu-2p)}\cos[2p\theta - \varphi_{B(\nu-2p)} + \varphi_{A\nu}]
\end{aligned}
$$

$$\qquad (7-142)$$

$$\vdots$$

7.3.6 同步电机定子绕组自感系数和互感系数的全息谱计算实例

随着电力工业的发展，发电机的容量不断增大，对发电机组安全可靠运行的要求越来越高。对相应的发电机组继电保护性能的要求也越来越高。而发电机定子绕组内部故障是发电机的常见故障之一，此故障会对发电机和电力系统产生严重的影响。因此，需要分析和计算发电机的定子绕组内部故障，为大中型发电机组继电保护装置的设计、继电保护方案的制订提供可靠的依据[66]。

目前，同步发电机的定子绕组内部故障分析，常采用多回路分析法。多回路分析法是由清华大学高景德先生、王祥珩先生提出，并成功地应用于同步发电机绕组内部故障电量计算及继电保护方案灵敏度的分析中。多回路理论可以较为准确地计算出绕组故障后电机内部各电磁量和各回路电流分布，它对发电机绕组内部故障保护装置的设计、制造和运行起到了积极的推动作用[66]。

多回路分析法以定子单个线圈为基础，采用磁导分析法或磁场分析法计算同步电机各回路的电气参数。在磁导分析法中，计算单个线圈的电感多是采用绕组函数理论来考虑空间谐波磁场的影响[23][66]。由这些分析过程可见，按单个线圈作为基本分析单元的交流电机多回路分析法及绕组函数理论为基础的参数计算方法，过程较繁琐，理解比较困难，编程处理复杂。另外，对各次谐波磁动势，不应采用和基波类似的 d、q 分解，因为分数次谐波的 q 轴并不是在基波的 q 轴处，此处气隙导磁系数不是 q 轴气隙导磁系数，不具有应用双反应理论的特征。且多回路分析法中认为回路是由单个线圈所组成，以单个线圈来讨论电机，虽可以处理各种绕组内部故障以及其他问题，但没有考虑到一支路的电气参数与线圈之间连接的方式无关，增加了数据输入的难度及计算的复杂性。下面采用绕组的全息谱分析理论实例计算一同步电机的自感系数和互感系数。

【例 7-4】 计算北京重型电机厂 TDK143/25-12 型 550kW 凸极同步电机定子线圈、支路及相绕组的自感系数和互感系数的常数项[23][58]。

解：该电机极对数 $p=6$，每极每相槽数为 3，定子绕组为三相双层 60° 相带整数槽绕组，节距为 8，每相并联支路数为 6。

先计算线圈的电感系数。参照文献 [23] 和 [58] 线圈自感系数常数项为 0.0884mH，相邻线圈互感系数常数项为 0.0830mH。按交流绕组的全息谱分析理论，根据式（7-105）、式（7-106）和式（7-121）、式（7-122），经计算，在图7-18给出了仅计入基波时定子第1号线圈与顺序排列的第 j 号线圈互感常数项的关系曲线。定子线圈互感常数项随槽号的变化规律为正弦函数形式。图7-19给出了计入不同最高谐波次数下的定子线圈互感常数项随槽号的变化曲线。图7-19中曲线Ⅰ对应最高谐波次数为 p 次（基波次数），曲线Ⅱ对应最高谐波次数为 $2p$ 次，曲线Ⅲ为计入了所有谐波时的线圈间互感系数关系曲线。表7-10列出了这些不同最高谐波次数下所计算出的互感系数值。

按式（7-131）和式（7-132）计算，仅计入气隙磁场基波时，支路的自感系数常数项为2.930mH；计及气隙磁场空间谐波时，支路的自感系数常数项为18.89mH。

按式（7-140）和式（7-141）计算，仅计入气隙磁场基波时，同一相相邻支路的互感系数常数项为2.930mH；计及气隙磁场空间谐波时，同一相相邻支路的互感系数常数项为-0.1499mH。

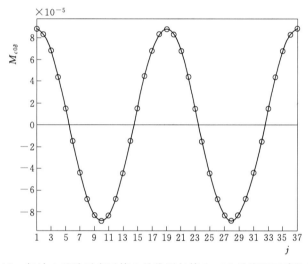

图7-18　仅计入基波时定子第1号线圈与第1～37号线圈互感的常数项

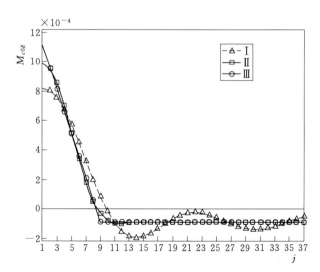

图7-19　计入最高谐波不同时定子第1号线圈与第1～37号线圈互感的常数项

表 7－10　　　　　550kW 凸极同步电机线圈互感常数项与谐波次数的关系　　　　　单位：mH

槽号	1	2	3	4	5	6	7	8	9	10	11	12	24	36
p 次时	0.821	0.804	0.754	0.674	0.571	0.452	0.326	0.200	0.084	−0.016	−0.096	−0.153	−0.039	−0.064
$2p$ 次时	0.994	0.957	0.853	0.698	0.517	0.336	0.176	0.051	−0.033	−0.079	−0.098	−0.099	−0.088	−0.089
理论值	1.111	0.961	0.811	0.661	0.511	0.361	0.211	0.061	−0.089	−0.089	−0.089	−0.089	−0.089	−0.089

　　同理，仅计入气隙磁场基波时，一相绕组的自感系数常数项为 105.5mH，相绕组间的互感系数常数项为−52.77mH。计及气隙磁场空间谐波时，一相绕组的自感系数常数项为 128.9mH，相绕组间的互感系数常数项为−48.57mH。

　　从上面绕组自感系数、互感系数的全息谱理论分析可以看出：

　　（1）以绕组全息谱分析理论为基础，解决了交流电机绕组各种内部故障时，求解各支路电气参数的计算技术难点。该方法适用于任意绕组类型的隐极式、凸极式同步电机和异步电机定转子绕组内部故障分析，概念清晰，通用性强。

　　（2）根据复绕组因数的周期性，容易导出能计入各次空间谐波磁场的绕组自感系数和互感系数常数项的表达式，提高了电气参数计算的精确度，也减小了计算的工作量。

　　（3）计算计入各次空间谐波磁场的自感系数和互感系数 2 次、4 次等项，可参照 7.2 节中空间域的电抗求解方法，考虑气隙导磁系数的 2 次、4 次等项后，应用绕组全息谱分析理论编程计算，或在频域中参照式（7－133）和式（7－142）计算。

　　精确的参数计算为提高交流电机绕组内部故障电气量的计算准确度奠定了基础。

附　录

附表 1

单相正弦 A 类、B 类绕组的每槽线数分配、基波绕组因数、平均节距和 $\sum s$ 表

编号	每极槽数	节距=1	节距=2	节距=3	节距=4	节距=5	节距=6	节距=7	节距=8	节距=9	节距=10	节距=11	节距=12	节距=13	节距=14	基波绕组因数	平均节距	$\sum s$
							槽 线 数 百 分 数											
1	4	29.29		70.71												0.7654	2.4142	0.03106
2			58.58		41.42											0.8284	2.8284	0.03639
3	6	13.40		36.60		50.00										0.7765	3.7321	0.01397
4			26.79		46.41		26.79									0.8038	4.0000	0.01497
5				42.26		57.74										0.8565	4.1547	0.02027
6					63.40		36.60									0.9151	4.7321	0.04022
7	8		15.22		28.13		36.75		19.89							0.7956	5.2263	0.00820
8				23.46		35.12		41.42								0.8286	5.3592	0.00968
9					33.18		43.35		23.46							0.8698	5.8056	0.01496
10						45.88		54.12								0.9123	6.0824	0.02915
11							64.88		35.12							0.9506	6.7023	0.05965
12	9		12.06		22.67		30.54		34.73							0.7935	5.7588	0.00643
13				18.48		28.31		34.73		18.48						0.8204	6.2743	0.00732
14					25.78		34.73		39.49							0.8554	6.6742	0.01041
15						34.73		42.60		22.67						0.8931	6.7588	0.01872
16							46.79		53.21							0.9292	7.0642	0.03662
17								65.27		34.73						0.9606	7.6946	0.06979

续表

每极槽数 = 12

| 编号 | 每极槽数 | 槽线数百分数 | | | | | | | | | | | | | | 基波绕组因数 | 平均节距 | ΣS |
		节距=1	节距=2	节距=3	节距=4	节距=5	节距=6	节距=7	节距=8	节距=9	节距=10	节距=11	节距=12	节距=13	节距=14			
18	12	3.407		9.990		15.89		20.71		24.12		25.88				0.7832	7.5958	0.00352
19			6.815		13.17		18.62		22.80		25.43		13.17			0.7899	7.7274	0.00358
20				10.34		16.45		21.44		24.97		26.79				0.8062	7.8284	0.00383
21					14.13		19.98		24.47		27.29		14.13			0.8288	8.1463	0.00468
22						18.35		23.91		27.85		29.89				0.8550	8.3854	0.00694
23							23.27		28.50		31.78		16.25			0.8828	8.8284	0.01191
24								29.29		34.11		36.60				0.9104	9.1463	0.02122
25									37.14		41.42		21.44			0.9361	9.6861	0.03683
26										48.24		51.76				0.9589	10.035	0.06097
27											65.89		34.11			0.9775	10.682	0.09640

每极槽数 = 16

| 编号 | 每极槽数 | 槽线数百分数 | | | | | | | | | | | | | | | | 基波绕组因数 | 平均节距 | ΣS |
		节距=3	节距=4	节距=5	节距=6	节距=7	节距=8	节距=9	节距=10	节距=11	节距=12	节距=13	节距=14	节距=15	节距=16	节距=17	节距=18			
28	16	5.802		9.422		12.68		15.45		17.63		19.13		19.89				0.7976	10.333	0.00207
29			7.840		11.38		14.49		17.03		18.93		20.09		10.24			0.8116	10.581	0.00231
30				10.00		13.46		16.40		18.71		20.30		21.12				0.8288	10.784	0.00292
31					12.35		15.72		18.48		20.54		21.80		11.11			0.8481	11.141	0.00429
32						14.96		18.23		20.79		22.56		23.46				0.8686	11.427	0.00690
33							17.93		21.09		23.43		24.87		12.68			0.8893	11.866	0.01139
34								21.43		24.45		26.53		27.59				0.9097	12.206	0.01845
35									25.69		28.55		30.31		15.45			0.9291	12.710	0.02887
36										31.12		33.77		35.12				0.9470	13.080	0.04350
37											38.42		40.79		20.79			0.9629	13.648	0.06321

编号	每极槽数	节距=3	节距=4	节距=5	节距=6	节距=7	节距=8	节距=9	节距=10	节距=11	节距=12	节距=13	节距=14	节距=15	节距=16	节距=17	节距=18	基波绕组因数	平均节距	ΣS
								槽线数百分数												
38	18	4.581		7.480		10.15		12.53		14.50		16.04		17.10		17.63		0.7952	11.591	0.00162
39			6.1721		9.023		11.60		13.82		15.63		16.96		17.77		9.023	0.8066	11.816	0.00176
40				7.840		10.64		13.12		15.20		16.81		17.92		18.48		0.8209	12.003	0.00212
41					9.617		12.36		14.73		16.66		18.07		18.94		9.617	0.8372	12.330	0.00292
42						11.54		14.23		16.49		18.24		19.44		20.05		0.8548	12.599	0.00446
43							13.68		16.30		18.43		20.00		20.96		10.64	0.8731	13.003	0.00713
44								16.09		18.64		20.62		21.98		22.67		0.8915	13.330	0.01138
45									18.88		21.35		23.16		24.28		12.33	0.9096	13.796	0.01770
46										22.21		24.58		26.19		27.01		0.9268	14.160	0.02664
47											26.32		28.56		29.93		15.20	0.9430	14.680	0.03877

附表 2

单相正弦 A 类、B 类绕组的谐波绕组因数表

编号	每极槽数	ν=3	ν=5	ν=7	ν=9	ν=11	ν=13	ν=15	ν=17	ν=19	ν=21	ν=23	ν=25	ν=27	ν=29
							谐波绕组因数								
1	4	0	0	−0.7654	0										
2	4	0	0	0.8284	0										
3	6	0	0	0	0	−0.7765									
4	6	0	0	0	0	0.8038									
5	6	0.1094	−0.1494	0.1494	−0.1094	−0.8565									
6	6	0.3660	−0.1830	−0.1830	0.3660	0.9151									
7	8	0	0	0	0	0	0	0.7956							
8	8	0.0458	−0.0685	0.0808	−0.0808	0.0685	−0.0458	−0.8286							

编号	每极槽数	谐波绕组因数													
		ν=3	ν=5	ν=7	ν=9	ν=11	ν=13	ν=15	ν=17	ν=19	ν=21	ν=23	ν=25	ν=27	ν=29
9	8	0.1659	-0.1659	0.0687	0.0687	-0.1659	0.1659	0.8698							
10		0.3605	-0.1493	-0.1493	0.1493	0.1493	-0.3605	-0.9123							
11		0.5995	0.1029	-0.2483	-0.2483	0.1029	0.5995	0.9506							
12	9	0	0	0	0	0	0	0	-0.7935						
13		0.0321	-0.0492	0.0603	-0.0642	0.0603	-0.0492	0.0321	0.8204						
14		0.1188	-0.1351	0.0882	0	-0.0882	0.1351	-0.1188	-0.8554						
15		0.2660	-0.1736	-0.0394	0.1480	-0.0394	-0.1736	0.2660	0.8931						
16		0.4608	-0.0632	-0.2232	0	0.2232	0.0632	-0.4608	-0.9292						
17		0.6736	0.2340	-0.1527	-0.3054	-0.1527	0.2340	0.6736	0.9606						
18	12	0	0	0	0	0	0	0	0	0	0	-0.7832			
19		0	0	0	0	0	0	0	0	0	0	0.7899			
20		0.0135	-0.0215	0.0280	-0.0326	0.0350	-0.0350	0.0326	-0.0280	0.0215	-0.0135	-0.8062			
21		0.0517	-0.0706	0.0706	-0.0517	0.0189	0.0189	-0.0517	0.0706	-0.0706	0.0517	0.8288			
22		0.1216	-0.1305	0.0754	0.0078	-0.0676	0.0676	-0.0078	-0.0754	0.1305	-0.1216	-0.8550			
23		0.2247	-0.1645	0	0.1043	-0.0602	-0.0602	0.1043	0	-0.1645	0.2247	0.8828			
24		0.3566	-0.1305	-0.1305	0.0956	0.0956	-0.0956	-0.0956	0.1305	0.1305	-0.3566	-0.9104			
25		0.5073	0	-0.2144	-0.0785	0.1359	0.1359	-0.0785	-0.2144	0	0.5073	0.9361			
26		0.6628	0.2261	-0.1305	-0.2476	-0.1170	0.1170	0.2476	0.1305	-0.2261	-0.6628	-0.9589			
27		0.8070	0.5116	0.1705	-0.1248	-0.2954	-0.2954	-0.1248	0.1705	0.5116	0.8070	0.9775			

编号	每极槽数	ν=3	ν=5	ν=7	ν=9	ν=11	ν=13	ν=15	ν=17	ν=19	ν=21	ν=23	ν=25	ν=27	ν=29	ν=31	ν=33	ν=35
							谐 波 绕 组 因 数											
28	16	0.0057	-0.0092	0.0124	-0.0151	0.0173	-0.0187	0.0195	-0.0195	0.0187	-0.0173	0.0151	-0.0124	0.0092	-0.0057	-0.7976		
29		0.0222	-0.0332	0.0392	-0.0392	0.0332	-0.0222	0.0078	0.0078	-0.0222	0.0332	-0.0392	0.0392	-0.0332	0.0222	0.8116		
30		0.0537	-0.0711	0.0675	-0.0451	0.0123	0.0192	-0.0382	0.0382	-0.0192	-0.0123	0.0451	-0.0675	0.0711	-0.0537	-0.8288		
31		0.1027	-0.1146	0.0751	-0.0100	-0.0425	0.0545	-0.0241	-0.0241	0.0545	-0.0425	-0.0100	0.0751	-0.1146	0.1027	0.8481		
32		0.1702	-0.1495	0.0428	0.0562	-0.0722	0.0104	0.0555	-0.0555	-0.0104	0.0722	-0.0562	-0.0428	0.1495	-0.1702	-0.8686		
33		0.2553	-0.1583	-0.0315	0.1058	-0.0210	-0.0760	0.0508	0.0508	-0.0760	-0.0210	0.1058	-0.0315	-0.1583	0.2553	0.8893		
34		0.3553	-0.1248	-0.1248	0.0834	0.0834	-0.0707	-0.0707	0.0707	0.0707	-0.0834	-0.0834	0.1248	0.1248	-0.3553	-0.9097		
35		0.4656	-0.0384	-0.1929	-0.0256	0.1289	0.0619	-0.0926	-0.0926	0.0619	0.1289	-0.0256	-0.1929	-0.0384	0.4656	0.9291		
36		0.5807	0.1022	-0.1855	-0.1654	0.0269	0.1506	0.0831	-0.0831	-0.1506	-0.0269	0.1654	0.1855	-0.1022	-0.5807	-0.9470		
37		0.6941	0.2875	-0.0675	-0.2266	-0.1657	0.0158	0.1629	0.1629	0.0158	-0.1657	-0.2266	-0.0675	0.2875	0.6941	0.9629		
38	18	0.0040	-0.0065	0.0088	-0.0109	0.0126	-0.0140	0.0149	-0.0154	0.0154	-0.0149	0.0140	-0.0126	0.0109	-0.0088	0.0065	-0.0040	-0.7952
39		0.0157	-0.0240	0.0294	-0.0313	0.0294	-0.0240	0.0157	-0.0054	-0.0054	0.0157	-0.0240	0.0294	-0.0313	0.0294	-0.0240	0.0157	0.8066
40		0.0381	-0.0532	0.0556	-0.0454	0.0257	-0.0022	-0.0183	0.0303	-0.0303	0.0183	0.0022	-0.0257	0.0454	-0.0556	0.0532	-0.0381	-0.8209
41		0.0737	-0.0904	0.0737	-0.0334	-0.0109	0.0392	-0.0403	0.0167	0.0167	-0.0403	0.0392	-0.0109	-0.0334	0.0737	-0.0904	0.0737	0.8372
42		0.1235	-0.1274	0.0678	0.0109	-0.0569	0.0464	0.0021	-0.0443	0.0443	-0.0021	-0.0464	0.0569	-0.0109	-0.0678	0.1274	-0.1235	-0.8548
43		0.1879	-0.1532	0.0283	0.0694	-0.0653	-0.0098	0.0618	-0.0347	-0.0347	0.0618	-0.0098	-0.0653	0.0694	0.0283	-0.1532	0.1879	0.8731
44		0.2657	-0.1554	-0.0416	0.0416	-0.0092	-0.0776	0.0362	0.0569	-0.0569	-0.0362	0.0776	0.0092	-0.0416	0.0416	0.1554	-0.2657	-0.8915
45		0.3549	-0.1233	-0.1233	0.0805	0.0805	-0.0656	-0.0656	0.0616	0.0616	-0.0656	-0.0656	0.0805	0.0805	-0.1233	-0.1233	0.3549	0.9096
46		0.4523	-0.0496	-0.1852	-0.0109	0.1247	0.0431	-0.0925	-0.0678	0.0678	0.0925	-0.0431	-0.1247	0.0109	0.1852	0.0496	-0.4523	-0.9268
47		0.5539	0.0668	-0.1924	-0.1336	0.0588	0.1379	0.0355	-0.1024	-0.1024	0.0355	0.1379	0.0588	-0.1336	-0.1924	0.0668	0.5539	0.9430

附表 3

单相正弦 A 类、B 类绕组的谐波强度表

编号	每极槽数	ν=3	ν=5	ν=7	ν=9	ν=11	ν=13	ν=15	ν=17	ν=19	ν=21	ν=23	ν=25	ν=27	ν=29
1	4	0	0	0.1429	0.1111	0	0	0.0667	0.0588	0	0	0.0435	0.0400	0	0
2		0	0	0.1429	0.1111	0	0	0.0667	0.0588	0	0	0.0435	0.0400	0	0
3	6	0	0	0	0	0.0909	0.0769	0	0	0	0	0.0435	0.0400	0	0
4		0	0	0	0	0.0909	0.0769	0	0	0	0	0.0435	0.0400	0	0
5		0.0426	0.0349	0.0249	0.0142	0.0909	0.0769	0.0085	0.0103	0.0092	0.0061	0.0435	0.0400	0.0047	0.0060
6		0.1333	0.0400	0.0286	0.0444	0.0909	0.0769	0.0267	0.0118	0.0105	0.0190	0.0435	0.0400	0.0148	0.0069
7	8	0	0	0	0	0	0	0.0667	0.0588	0	0	0	0	0	0
8		0.0184	0.0165	0.0139	0.0108	0.0075	0.0042	0.0667	0.0588	0.0029	0.0039	0.0042	0.0039	0.0031	0.0019
9		0.0636	0.0381	0.0113	0.0088	0.0173	0.0147	0.0667	0.0588	0.0100	0.0091	0.0034	0.0032	0.0071	0.0066
10		0.1317	0.0327	0.0234	0.0182	0.0149	0.0304	0.0667	0.0588	0.0208	0.0078	0.0071	0.0065	0.0061	0.0136
11		0.2102	0.0216	0.0373	0.0290	0.0098	0.0485	0.0667	0.0588	0.0332	0.0052	0.0114	0.0104	0.0040	0.0217
12	9	0	0	0	0	0	0	0	0.0588	0.0526	0	0	0	0	0
13		0.0130	0.0120	0.0105	0.0087	0.0067	0.0046	0.0026	0.0588	0.0526	0.0019	0.0026	0.0029	0.0029	0.0025
14		0.0463	0.0316	0.0147	0.0000	0.0094	0.0121	0.0093	0.0588	0.0526	0.0066	0.0069	0.0041	0	0.0036
15		0.0993	0.0389	0.0063	0.0184	0.0040	0.0150	0.0199	0.0588	0.0526	0.0142	0.0085	0.0018	0.0061	0.0015
16		0.1653	0.0136	0.0343	0	0.0218	0.0052	0.0331	0.0588	0.0526	0.0236	0.0030	0.0096	0.0000	0.0083
17		0.2338	0.0487	0.0227	0.0353	0.0145	0.0187	0.0468	0.0588	0.0526	0.0334	0.0106	0.0064	0.0118	0.0055
18	12	0	0	0	0	0	0	0	0	0	0	0.0435	0.0400	0	0
19		0	0	0	0	0	0	0	0	0	0	0.0435	0.0400	0	0
20		0.0056	0.0053	0.0050	0.0045	0.0039	0.0033	0.0027	0.0020	0.0014	0.0008	0.0435	0.0400	0.0006	0.0009
21		0.0208	0.0170	0.0122	0.0069	0.0021	0.0018	0.0042	0.0050	0.0045	0.0030	0.0435	0.0400	0.0023	0.0029
22		0.0474	0.0305	0.0126	0.0010	0.0072	0.0061	0.0006	0.0052	0.0080	0.0068	0.0435	0.0400	0.0053	0.0053
23		0.0849	0.0373	0	0.0131	0.0062	0.0052	0.0079	0	0.0098	0.0121	0.0435	0.0400	0.0094	0.0064
24		0.1306	0.0287	0.0205	0.0117	0.0095	0.0081	0.0070	0.0084	0.0075	0.0187	0.0435	0.0400	0.0145	0.0049
25		0.1806	0	0.0327	0.0093	0.0132	0.0112	0.0056	0.0135	0	0.0258	0.0435	0.0400	0.0201	0
26		0.2304	0.0472	0.0194	0.0287	0.0111	0.0094	0.0172	0.0080	0.0124	0.0329	0.0435	0.0400	0.0256	0.0081
27		0.2752	0.1047	0.0249	0.0142	0.0275	0.0232	0.0085	0.0103	0.0275	0.0393	0.0435	0.0400	0.0306	0.0180

谐 波 强 度

编号	每极槽数	谐波强度 ν=3	ν=5	ν=7	ν=9	ν=11	ν=13	ν=15	ν=17	ν=19	ν=21	ν=23	ν=25	ν=27	ν=29	ν=31	ν=33	ν=35
28		0.0024	0.0023	0.0022	0.0021	0.0020	0.0018	0.0016	0.0014	0.0012	0.0010	0.0008	0.0006	0.0004	0.0002	0.0323	0.0303	0.0002
29		0.0091	0.0082	0.0069	0.0054	0.0037	0.0021	0.0006	0.0006	0.0014	0.0019	0.0021	0.0019	0.0015	0.0009	0.0323	0.0303	0.0008
30		0.0216	0.0172	0.0116	0.0060	0.0013	0.0018	0.0031	0.0027	0.0012	0.0007	0.0024	0.0033	0.0032	0.0022	0.0323	0.0303	0.0018
31		0.0404	0.0270	0.0126	0.0013	0.0046	0.0049	0.0019	0.0017	0.0034	0.0024	0.0005	0.0035	0.0050	0.0042	0.0323	0.0303	0.0035
32	16	0.0653	0.0344	0.0070	0.0072	0.0076	0.0009	0.0043	0.0038	0.0006	0.0040	0.0028	0.0020	0.0064	0.0068	0.0323	0.0303	0.0056
33		0.0957	0.0356	0.0051	0.0132	0.0022	0.0066	0.0038	0.0034	0.0045	0.0011	0.0052	0.0014	0.0066	0.0099	0.0323	0.0303	0.0082
34		0.1302	0.0274	0.0196	0.0102	0.0083	0.0060	0.0052	0.0046	0.0041	0.0044	0.0040	0.0055	0.0051	0.0135	0.0323	0.0303	0.0112
35		0.1670	0.0083	0.0297	0.0031	0.0126	0.0051	0.0066	0.0059	0.0035	0.0066	0.0012	0.0083	0.0015	0.0173	0.0323	0.0303	0.0143
36		0.2044	0.0216	0.0280	0.0194	0.0026	0.0122	0.0058	0.0052	0.0084	0.0014	0.0076	0.0078	0.0040	0.0211	0.0323	0.0303	0.0175
37		0.2403	0.0597	0.0100	0.0261	0.0156	0.0013	0.0113	0.0099	0.0009	0.0082	0.0102	0.0028	0.0111	0.0249	0.0323	0.0303	0.0206
38		0.0017	0.0016	0.0016	0.0015	0.0014	0.0014	0.0012	0.0011	0.0010	0.0009	0.0008	0.0006	0.0005	0.0004	0.0003	0.0002	0.0286
39		0.0065	0.0060	0.0052	0.0043	0.0033	0.0023	0.0013	0.0004	0.0004	0.0009	0.0013	0.0015	0.0014	0.0013	0.0010	0.0006	0.0286
40		0.0155	0.0130	0.0097	0.0061	0.0028	0.0002	0.0015	0.0022	0.0019	0.0011	0.0001	0.0013	0.0020	0.0023	0.0021	0.0014	0.0286
41		0.0293	0.0216	0.0126	0.0044	0.0012	0.0036	0.0032	0.0012	0.0010	0.0023	0.0020	0.0005	0.0015	0.0030	0.0035	0.0027	0.0286
42	18	0.0482	0.0298	0.0113	0.0014	0.0061	0.0042	0.0002	0.0030	0.0027	0.0001	0.0024	0.0027	0.0005	0.0027	0.0048	0.0044	0.0286
43		0.0717	0.0351	0.0046	0.0088	0.0068	0.0009	0.0047	0.0023	0.0021	0.0034	0.0005	0.0030	0.0029	0.0011	0.0057	0.0065	0.0286
44		0.0994	0.0349	0.0067	0.0130	0.0009	0.0067	0.0027	0.0038	0.0034	0.0019	0.0038	0.0004	0.0043	0.0016	0.0056	0.0090	0.0286
45		0.1301	0.0271	0.0194	0.0098	0.0080	0.0055	0.0048	0.0040	0.0036	0.0034	0.0031	0.0035	0.0033	0.0047	0.0044	0.0118	0.0286
46		0.1627	0.0107	0.0285	0.0013	0.0122	0.0036	0.0067	0.0043	0.0038	0.0048	0.0020	0.0054	0.0004	0.0069	0.0017	0.0148	0.0286
47		0.1958	0.0142	0.0291	0.0157	0.0057	0.0113	0.0025	0.0064	0.0057	0.0018	0.0064	0.0025	0.0052	0.0070	0.0023	0.0178	0.0286

参 考 文 献

［1］ 许实章. 交流电机的绕组理论［M］. 北京：机械工业出版社，1985.

［2］ 许实章. 新型电机绕组——理论与设计［M］. 北京：机械工业出版社，2002.

［3］ 黄士鹏. 交流电机绕组理论［M］. 哈尔滨：黑龙江科技出版社，1986.

［4］ 陈世元，黄士鹏. 交流电机的绕组理论［M］. 北京：中国电力出版社，2007.

［5］ 程小华. 交流电机绕组的变极理论［M］. 北京：科学出版社，2014.

［6］ B 海勒尔，V 哈马塔. 异步电机中谐波磁场的作用［M］. 北京：机械工业出版社，1980.

［7］ 汪国梁. 电机学［M］. 北京：机械工业出版社，1987.

［8］ 许实章. 电机学［M］. 北京：机械工业出版社，1981.

［9］ 陈世坤. 电机设计［M］. 北京：机械工业出版社，1982.

［10］ K 福格特，等. 电机学-旋转电机设计［M］. 北京：机械工业出版社，1986.

［11］ 彭友元. 电机绕组手册［M］. 沈阳：辽宁科学技术出版社，1995.

［12］ E O 布赖姆. 快速傅里叶变换［M］. 上海：上海科学技术出版社，1979.

［13］ 蒋长锦，蒋勇. 快速傅里叶变换及其 C 程序［M］. 合肥：中国科学技术大学出版社，2004.

［14］ 张彦仲，沈乃汉. 快速傅里叶变换及沃尔什变换［M］. 北京：航空工业出版社，1989.

［15］ 程佩青. 数字信号处理教程［M］. 北京：清华大学出版社，2012.

［16］ R N Bracewell. 傅里叶变换及其应用［M］. 北京：机械工业出版社，2002.

［17］ 崔翔. 信号分析与处理［M］. 北京：中国电力出版社，2005.

［18］ 郑君理，应启珩，杨为理. 信号与系统（上册）［M］. 3 版. 北京：高等教育出版社，2011.

［19］ R G Lyons. Understanding Digital Signal Processing, Second Edition［M］. 北京：机械工业出版社，2005.

［20］ 陈怀琛. 数字信号处理教程 MATLAB 释义与实现［M］. 北京：电子工业出版社，2008.

［21］ 陈永校，汤宗武. 小功率电动机［M］. 北京：机械工业出版社，1992.

［22］ 汪国梁，何秀伟，沈官秋. 三相与单相异步电机［M］. 西安：陕西科学技术出版社，1981.

［23］ 高景德，王祥珩，李发海. 交流电机及其系统的分析［M］. 北京：清华大学出版社，1993.

［24］ 王祥珩，高景德，金启玫. 凸极同步电机回路参数的计算［J］. 清华大学学报（自然科学版），1987（1）：9-19.

［25］ 黄家裕. 同步电机基本方程和短路分析［M］. 北京：水利电力出版社，1993.

［26］ 陈珩. 同步电机运行基本理论与计算机算法［M］. 北京：水利电力出版社，1992.

［27］ 黄纯华. 大型同步发电机运行［M］. 北京：水利电力出版社，1992.

［28］ 陈文纯. 电机瞬变过程［M］. 北京：机械工业出版社，1982.

［29］ 刘取. 电力系统稳定性及发电机励磁控制［M］. 北京：中国电力出版社，2007.

［30］ 刘云. 交流电机绕组的嵌装与接线［M］. 北京：机械工业出版社，1984.

［31］ T A Lipo. Analysis of Synchronous Machines［M］. New York：CRC Press，2012.

［32］ 孙云鹏. 单相异步电动机及其应用［M］. 北京：机械工业出版社，1994.

［33］ 范毓礼. 三相交流电机分数槽绕组的设计［J］. 电机技术，1986（3）：1-4.

［34］ 范毓礼. 三相交流电机分数槽绕组的设计（续）［J］. 电机技术，1986（4）：1-4.

［35］ 范毓礼. 不对称分数槽绕组对称化设计及其磁势的谐波分析［J］. 电工技术学报，1989（1）：62.

［36］ 李仁发，阎学文. 用傅里叶变换法分析转子谐波漏抗［J］. 微电机，1988（2）：8-11.

［37］ 曲家骐，陈利仙. 多极旋转变压器正弦绕组的结构分析［J］. 微电机，1981（2）：10－14＋48.

［38］ 陈利仙. 应用于多极旋转变压器的Ⅲ型正弦绕组［J］. 微特电机，1991（3）：8－13.

［39］ M M Liwschitz. Differential leakage with respect to the fundamental wave and to the harmonics［J］. AIEE，1944，63（4）：1139－1150.

［40］ M M Liwschitz. Differential leakage of a fractional－slot winding［J］. AIEE，1946，65（5）：314－320.

［41］ M M Liwschitz. Harmonics of the Salient－Pole Synchronous Machine and Their Effects Part Ⅲ. Differential Leakage of the Damper Winding with Respect to the Main Wave. Current Distribution in the Damper Bars［J］. Transactions of the American Institute of Electrical Engineers. Part Ⅲ：Power Apparatus and Systems. 1958，77（3）：462－469.

［42］ C H Lee. Differential Leakage of 3－Phase Winding with Consequent Pole Connection［J］. Transactions of the American Institute of Electrical Engineers. Part Ⅲ：Power Apparatus and Systems. 1959，78（3）：759－761.

［43］ 黄建. 单相单绕组变极多速异步电动机及单相电动机的节能［D］. 西安：西安交通大学，1985.

［44］ 侯新贵. 单相电机单绕组变极理论及变极电机的性能计算［D］. 西安：西安交通大学，1988.

［45］ 林丁生，周同春. 单相异步电动机定子谐波漏抗的理论分析［J］. 中小型电机，1987（4）：3－8.

［46］ 陈乔夫. 傅里叶变换在异步电机气隙磁场分析中的应用［J］. 中小型电机，1985（4）：6－9＋5.

［47］ 李朗如，马志云. 交流电机绕组系数的一般计算法［J］. 中小型电机技术情报，1981（2）：1－5.

［48］ 李晓松. 绕组系数计算公式的统一形式及在低谐波绕组设计中的应用［J］. 中小型电机，1999（1）：1－3.

［49］ 李晓松，陈乔夫. 双层同心式低谐波绕组研究［J］. 微特电机，2004（8）：14－16.

［50］ 廖慰祖. 关于谐波漏抗的计算［J］. 大电机技术，1980（2）：54－59＋72.

［51］ 范瑜. 分数槽绕组谐波漏抗的计算［J］. 哈尔滨电工学院学报，1981（3）：73－88.

［52］ 廖民，黄耀群，黄兴民. 六相双Y移30°绕组及三相60°相带绕组谐波漏抗的实用计算方法［J］. 中小型电机，1990（4）：4－8.

［53］ 张炳义，梁丙雪，徐广人，等. 真分数槽集中绕组相带谐波比漏磁导系数研究［J］. 电机与控制学报，2015，19（3）：14－19.

［54］ 赵庆普. 低谐波绕组的研究［J］. 中小型电机，1990（6）：2－7.

［55］ 丁华章. 低谐波绕组的原理与计算［J］. 中小型电机，1988（5）：4－9.

［56］ 张海兵，姚英学. 新型密槽正弦绕组异步电机的谐波磁势分析［J］. 机械制造，2006（11）：39－41.

［57］ Nabia A Al－Nuaim，H A Toliyat. A Novel Method for Modeling Dynamic Air－Gap Electricity in Synchronous Machines Based on Modefied Winding Function Theory［J］. IEEE Trans. on EC，1998，13（2）：156－162.

［58］ 王祥珩. 凸极同步电机气隙磁导系数及其在电机设计和参数计算中的应用［D］. 北京：清华大学，1980.

［59］ 王祥珩. 凸极同步电机多回路理论及其在多分支绕组内部故障时的应用［D］. 北京：清华大学，1985.

［60］ T S Kulig，G W Buchley，D Lambrecht，M Liese. A New Approach to Determine Transient Generator Winding and Damper Currents in Case of Internal Faults and Abnormal Operation，Part Ⅰ：Fundamentals［C］. IEEE/PES，Winter Meeting，New Orleans，USA，1986.

［61］ T S Kulig，G W Buchley，D Lambrecht，M Liese. A New Approach to Determine Transient Generator Winding and Damper Currents in Case of Internal Faults and Abnormal Operation，Part Ⅱ：Analysis［C］. IEEE/PES，Winter Meeting，New Orleans，USA，1986.

［62］　T S Kulig，G W Buchley，D Lambrecht，M Liese. A New Approach to Determine Transient Gener-ator Winding and Damper Currents in Case of Internal and External Faults and Abnormal Operation，Part Ⅲ：Results ［C］. IEEE Trans. on EC，1990，5 (1)：70 - 78.

［63］　张龙照. 同步电机定子绕组不对称状态的研究 ［D］. 北京：清华大学，1989.

［64］　尹项根. 同步发电机定子绕组故障瞬变全过程数字仿真及其微机继电保护新原理的研究 ［D］. 武汉：华中理工大学，1989.

［65］　刘世明. 三峡发电机组内部故障分析方法及其继电保护系统的研究 ［D］. 武汉：华中理工大学，1999.

［66］　屠黎明. 同步发电机定子绕组内部故障分析方法及其应用的研究 ［D］. 南京：东南大学，1999.

［67］　屠黎明，胡敏强，郑蔚. 基于绕组函数的凸极同步电机电感参数计算 ［J］. 电力系统自动化，2000 (4)：19 - 22＋51.

［68］　林鹤云，屠黎明，胡敏强. 大型水轮发电机回路参数的有限元计算 ［J］. 中国电机工程学报，1998 (4)：35 - 38＋43.

［69］　Xiaogang Luo，Yuefeng Liao，H A Toliyat，A El - Antably and T A Lipo. Multiple coupled circuit modeling of induction machines ［J］. IEEE Transactions on Industry Applications，1995，31 (2)：311 - 318.

［70］　P P Reichmeider，D Querrey，C A Gross，D Novosel and S Salon. Partitioning of synchronous ma-chine windings for internal fault analysis ［J］. IEEE Transactions on EC，2000，15 (4)：372 - 375.

［71］　P P Reichmeider，C A Gross，D Querrey，D Novosel and S Salon. Internal faults in synchronous machines. Ⅰ. The machine model ［J］. IEEE Transactions on EC，2000，15 (4)：376 - 379.

［72］　P P Reichmeider，D Querrey，C A Gross，D Novosel and S Salon. Internal faults in synchronous machines. Ⅱ. Model performance ［J］. IEEE Transactions on EC，2000，15 (4)：380 - 383.

［73］　曾令全，陈文添. 具有短距效果的单层绕组交流电机的特性改善 ［J］. 电机技术，2001 (4)：16 - 17.

［74］　张建理. 汉语时间系统中的"前"、"后"认知和表达 ［J］. 浙江大学学报（人文社会科学版），2003 (5)：85 - 92.

［75］　叶龙娣. 汉语时间系统及"前"、"后"的认知研究 ［J］. 哈尔滨学院学报，2010 (8)：76 - 79.

［76］　朴珉秀. 现代汉语方位词"前、后、上、下"研究 ［D］. 上海：复旦大学，2005.

［77］　李发海，朱东起. 电机学 ［M］. 北京：科学出版社，2001.

［78］　吴大榕. 电机学 ［M］. 北京：水利电力出版社，1979.

［79］　胡虔生，胡敏强. 电机学 ［M］. 北京：中国电力出版社，2005.

［80］　蒋豪贤. 电机学 ［M］. 广州：华南理工大学出版社，1997.

［81］　陈正元. 电机学 ［M］. 北京：中国电力出版社，2015.

［82］　戈宝军，梁艳萍，温嘉斌. 电机学 ［M］. 北京：中国电力出版社，2016.

［83］　王成元，夏加宽，杨俊友，等. 电机现代控制技术 ［M］. 北京：机械工业出版社，2006.

［84］　D C White，H H Woodson. Electromechanical Energy Conversion ［M］. New York，US：Wiley，1959.

［85］　C L Fortescue. Method of Symmetrical Coordinates Applied to the Solution of Polyphase Networks ［J］. Transactions of the American Institute of Electrical Engineers，1918，37 (2)：1027 - 1140.

［86］　R H Park. Two - Reaction Theory of Synchronous Machines - Generalized Method of Analysis - Part Ⅰ ［J］. Transactions of the American Institute of Electrical Engineers，1929，48 (3)：716 - 727.

［87］　R H Park. Two - Reaction Theory of Synchronous Machines - Ⅱ ［J］. Transactions of the American Institute of Electrical Engineers，1933，52 (2)：352 - 354.

[88] G Kron. Generalized Theory of Electrical Machinery [J]. Transactions of the American Institute of Electrical Engineers, 1930, 49 (2): 666 - 683.

[89] W V Lyon. Applications of the Method of Symmetrical Components [M]. New York: McGraw - Hill, 1937.

[90] W V Lyon. Transient Analysis of Alternating - Current Machinery [M]. New York: Technology Press of MIT and John Wiley & Sons, 1954.

[91] H C Stanley. An Analysis of the Induction Motor [J]. Transactions of the American Institute of Electrical Engineers, 1938, 57 (12): 751 - 757.

[92] E Clarke. Circuit Analysis of A - C Power System [M]. Vol. I and Vol. II, John Wiley & Sons, 1943 and 1950.

[93] G Kron. Equivalent Circuits of Electric Machinery [M]. New York, US: Wiley, 1951.

[94] Y H Ku. Transient Analysis of Rotating Machines and Stationary Networks by Means of Rotating Reference Frames [J]. Transactions of the American Institute of Electrical Engineers, 1951, 70 (1): 943 - 957.

[95] P C Krause, C H Thomas. Simulation of Symmetrical Induction Machinery [J]. IEEE Trans. on PAS, Vol. 87, 1968.

[96] F Blaschke. The Principle of Field - Orientation Applied to the New TRANSVEKTOR Closed - Loop Control System for Rotating - Field Machines [J]. Siemens Review, 1972 (34): 162 - 164.

[97] 杨顺昌. 参考系理论及感应电动机系统分析 [M]. 重庆: 重庆大学出版社, 1987.

[98] 汤蕴璆, 王成元. 交流电机动态分析 [M]. 北京: 机械工业出版社, 2015.

[99] 张曾常. 单相电机变极绕组方案比较 [J]. 中小型电机, 1988 (3): 8 - 10 + 20.

[100] E Levi. 多相电动机直接设计法 [M]. 北京: 机械工业出版社, 1989.

[101] E A Klingshirn. High Phase Order Induction Motors - Part I. Description and Theoretical Considerations [J]. IEEE Transactions on Power Apparatus and Systems, 1983, PAS - 102 (1): 47 - 53.

[102] E A Klingshirn. High Phase Order Induction Motors - Part II - Experimental Results [J]. IEEE Transactions on Power Apparatus and Systems, 1983, PAS - 102 (1): 54 - 59.

[103] H A Toliyat, T A Lipo, J C White. Analysis of a concentrated winding induction machine for adjustable speed drive applications. I. Motor analysis [J]. IEEE Transactions on Energy Conversion. 1991, 6 (4): 679 - 683.

[104] H A Toliyat, T A Lipo, J C White. Analysis of a concentrated winding induction machine for adjustable speed drive applications. II. Motor design and performance [J]. IEEE Transactions on Energy Conversion. 1991, 6 (4): 684 - 692.

[105] H R Fudeh, C M Ong. Modeling and analysis of induction machines containing space harmonics Part I: Modeling and Transformation [J]. IEEE Transactions Power Apparatus and Systems, 1983, PAS - 102 (8): 2608 - 2615.

[106] H R Fudeh, C M Ong. Modeling and analysis of induction machines containing space harmonics Part II: Analysis of Asynchronous and Synchronous Actions [J]. IEEE Transactions Power Apparatus and Systems, 1983, PAS - 102 (8): 2616 - 2628.

[107] 刘一平, 许上明, 濮绍文. 中小微型电机绕组布线和接线彩色图册 [M]. 上海: 上海科学技术出版社, 2004.

[108] 孙克军, 赫苏敏, 高玉奎. 中小型交流电机绕组制造工艺与试验方法 [M]. 北京: 机械工业出版社, 2000.

[109] 林政安. 分数槽新型正弦绕组设计原理 [J]. 移动电源与车辆, 1996 (2): 8 - 11.

[110] 裴定一, 祝跃飞. 算法数论 [M]. 北京: 科学出版社, 2002.

[111]　邓谋杰，谭艳华，孙涌泉．数论基础［M］．哈尔滨：哈尔滨出版社，2000.

[112]　张德馨．整数论［M］．哈尔滨：哈尔滨工业大学出版社，2011.

[113]　谭丽娟，陈运．模逆算法的分析、改进及测试［J］．电子科技大学学报，2004（4）：383－386＋394.

[114]　吴殿红，刘阳．两种求解最大公约数算法的比较及实际应用［J］．黑龙江科技信息，2007（1）：42.

[115]　陈菊明，刘锋，梅生伟，等．多相电路坐标变换的一般理论［J］．电工电能新技术，2006（1）：44－48.

[116]　谭建成．永磁无刷直流电机技术［M］．北京：机械工业出版社，2011.

[117]　陈益广．永磁同步电机单层分数槽集中绕组磁动势与电感［J］．天津大学学报，2012，45（9）：798－802.

[118]　陈益广，潘玉玲，贺鑫．永磁同步电机分数槽集中绕组磁动势［J］．电工技术学报，2010，25（10）：30－36.

[119]　田园园，莫会成．分数槽集中绕组永磁交流伺服电机定子磁动势及绕组系数分析［J］．微电机，2012，45（4）：1－7.

[120]　佟文明，吴胜男，安忠良．基于绕组函数法的分数槽集中绕组永磁同步电机电感参数研究［J］．电工技术学报，2015，30（13）：150－157.

[121]　A O Di Tommaso，F Genduso，R Miceli and C Spataro. Assisted software design of a wide variety of windings in rotating electrical machinery［C］. 2014 Ninth International Conference on Ecological Vehicles and Renewable Energies（EVER），Monte－Carlo，2014：1－6.

[122]　A O D Tommaso，F Genduso and R Miceli. A New Software Tool for Design，Optimization，and Complete Analysis of Rotating Electrical Machines Windings［J］. IEEE Transactions on Magnetics，2015，51（4）：1－10.

[123]　A O Di Tommaso，F Genduso，R Miceli，G R Galluzzo. An Exact Method for the Determination of Differential Leakage Factors in Electrical Machines With Non－Symmetrical Windings［J］. IEEE Transactions on Magnetics，2016，52（9）：1－9.

[124]　C Alteheld，A K Hartmann and R Gottkehaskamp. A new systematic method to design windings of polyphase rotating electrical machines and evaluation of their optimization potential［C］. 2016 XXII International Conference on Electrical Machines（ICEM）. IEEE，2016：1257－1263.

[125]　J Pyrönen，T Jokinen，V Hrabovcová. Design of Rotating Electrical Machines［M］. West Sussex：John Wiley ＆ Sons Limited，2008.

[126]　J Figueroa，J Cros and P Viarouge. Generalized transformations for polyphase phase－Modulation motors［J］. IEEE Transactions on Energy Conversion，2006，21（2）：332－341.

[127]　H A Toliyat，M M Rahimian and T A Lipo. dq modeling of five phase synchronous reluctance machines including third harmonic of air－gap MMF［C］. Conference Record of the 1991 IEEE Industry Applications Society Annual Meeting，Dearborn，MI，USA，1991：231－237.

[128]　李山．多相感应电机控制技术的研究［D］．重庆：重庆大学，2009.

[129]　王晋．多相永磁电机的理论分析及其控制研究［D］．武汉：华中科技大学，2011.

[130]　薛山．多相永磁同步电机驱动技术研究［D］．北京：中国科学院研究生院（电工研究所），2006.

[131]　曾令全，刘耀年，佟科．具有短距效果的单层绕组交流电机的特性改善［J］．中小型电机，2001（6）：45－46＋59.

[132]　杨秀和．分数槽三相正弦绕组［J］．防爆电机，1998（1）：21－24.

[133]　夏光祥，唐菊凤．整数槽三相正弦绕组［J］．中小型电机，1991（5）：17－18.

[134]　李文贵，马武刚．短节距在三相异步电机单层绕组中的运用［J］．电工技术，2004（9）：

54 - 55.

[135] 杨政. 无相带磁势谐波的三相绕组 [J]. 中小型电机，1994 (1)：3 - 7.

[136] J Bukšnaitis. Power Indexes of Induction Motors and Electromagnetic Efficiency their Windings [J]. ELECTRONICS AND ELECTRICAL ENGINEERING，2010，4 (100)：11 - 14.

[137] J Bukšnaitis. Research of Electromagnetic Parameters of Sinusoidal Three - Phase Windings [J]. ELECTRONICS AND ELECTRICAL ENGINEERING，2007，8 (80)：77 - 82.

[138] 晏明，马伟明，欧阳斌，等. 双九相同步电机定子漏感计算 [J]. 中国电机工程学报，2016，36 (2)：524 - 531.

[139] 吴新振，王祥珩. 12/3 相双绕组异步发电机定子谐波漏感的计算 [J]. 中国电机工程学报，2007 (21)：71 - 75.

[140] 康敏，黄进，刘东，等. 多相异步电机参数的计算与测量 [J]. 中国电机工程学报，2010，30 (24)：81 - 87.

[141] E Levi. Multiphase Electric Machines for Variable - Speed Applications [J]. IEEE Transactions on Industrial Electronics，2008，55 (5)：1893 - 1909.

[142] A A Rockhill，T A Lipo. A generalized transformation methodology for polyphase electric machines and networks [C]. 2015 IEEE International Electric Machines & Drives Conference (IEMDC)，Coeur d'Alene，ID，2015：27 - 34.